工程有限元方法

李映辉　常学平　李翔宇　编著

科 学 出 版 社
北　京

内 容 简 介

本书系统介绍了有限元方法的基本理论和基本方法，重点强调有限元方法的工程概念、数学力学基础、建模方法及实际应用，既给出了有限元方法基本原理的清晰推导，又提供了较多的例题和丰富的习题，主要内容包括工程有限元方法的数学基础、弹性力学与传热学基础、杆件结构有限元法、连续体问题有限元法、单元插值基函数、等参单元与数值积分、有限元应力解的改进、板壳结构有限元法、动力学问题有限元法、热传导和热应力有限元法。除第 1 章外，其余每章均配有大量例题和习题，以强化基本概念、基本方法和基本理论，加深读者对内容的理解和运用。

本书适用于力学、机械、土木、航空航天等专业的本科生、研究生、工程技术人员、科研工作者。

图书在版编目(CIP)数据

工程有限元方法 / 李映辉, 常学平, 李翔宇编著. -- 北京 : 科学出版社, 2025. 3. -- ISBN 978-7-03-080579-9

Ⅰ. TB115. 1

中国国家版本馆 CIP 数据核字第 2024A4M300 号

责任编辑：华宗琪 / 责任校对：彭 映
责任印制：罗 科 / 封面设计：义和文创

科学出版社出版
北京东黄城根北街 16 号
邮政编码：100717
http://www.sciencep.com
成都锦瑞印刷有限责任公司印刷
科学出版社发行 各地新华书店经销
*
2025 年 3 月第 一 版 开本：787×1092 1/16
2025 年 3 月第一次印刷 印张：16 1/2
字数：391 000

定价：89.00 元

（如有印装质量问题，我社负责调换）

前　言

作为一种数值分析工具，有限元方法对促进当代科学技术的发展和工程实际应用已发挥并将继续发挥其重要作用。特别是在固体力学和结构分析领域，有限元方法取得了巨大的进展，利用它人们已成功解决了一大批具有重大意义的科学和工程问题。近年来，随着计算机辅助软件技术的快速发展，借助计算机辅助软件进行有限元分析与研究迅速成为各应用领域的热点之一，因此有限元分析及其应用已逐渐成为相关专业本科生及研究生须学习和掌握的重要内容。

随着大型建造业、高风险及大型工程的迅速发展，如大型飞机舰船、高架路桥、跨海大桥和超高建筑等高风险工程项目，对其进行可行性预研、可靠性分析及总体可信度论证或评估等工作显得越来越重要。近几年，对产品的材料与结构进行有限元分析与计算机辅助研究已经成为提高研究效率、降低研发成本、提升产品性能及降低风险的有效手段之一。据有关统计，在我国机械制造业中，采用有限元法开发和设计的新产品已超过 70%。在机械工程、车辆工程、土木工程、航空航天、材料加工等领域从事工程设计与优化、材料宏微观模拟与分析的论文中，有 90%以上采用有限元法作为分析工具。可以看出，有限元分析已经成为科研、产品设计、教学中广泛使用的重要工具。

目前，有限元分析已从过去只有少数专业人员掌握的理论和方法，变成本科生、研究生、科技工作者、工程技术设计人员广泛使用的通用分析工具，其中一个重要的原因就是有限元分析商业软件的普及。但拥有了先进或完全自动化的有限元分析软件，并不意味着就能够得到正确的分析结果或掌握了有限元分析方法。本书针对这一发展现状，力求提供反映时代特色的实用教程，强调有限元方法的工程理解和融会贯通，既给出有限元方法基本原理的清晰推导，又提供丰富的例题和习题。作者整理自己多年讲授有限元方法形成的教学讲义及经典案例，为工科院校力学、机械、土木、航空航天等专业本科生及研究生学习有限元课程提供一本教材，同时也为上述专业的工程技术人员和教师提供一本参考读物。本书取材原则是仅包括课程所讲内容，不包括专题，据作者十余年教学经验评估，讲完本书全部内容需要 48～64 学时。

在介绍基本原理和方法的基础上，本书给出了具有工程性质或启发性的算例，希望启迪读者尽快掌握有限元方法。

全书共 11 章，具体如下：

第 1 章绪论，简要介绍有限元方法的发展过程及历史。

第 2 章工程有限元方法的数学基础，主要内容包括泛函与变分概念、泛函极值及微分方程边值问题近似解法。

第 3 章弹性力学与传热学基础，首先介绍弹性力学的基础知识，包括应力、平衡方程、位移、几何关系、本构关系、边界条件、能量原理等；然后介绍传热学的场方程。

第 4 章杆件结构有限元法，介绍三大类杆件单元，包括杆单元、扭转单元和梁单元。在杆单元中介绍一维杆单元、平面杆单元和空间杆单元。梁单元包括一维梁单元、平面梁单元和空间梁单元。在一维梁单元部分介绍欧拉-伯努力（Euler-Bernoulli）梁单元、考虑剪切效应的 Euler-Bernoulli 梁单元、挠度和转角独立插值的铁摩辛柯（Timoshenko）梁单元。

第 5 章连续体问题有限元法，详细介绍单元插值基函数构造、单元应变矩阵、单元应力矩阵、单元刚度矩阵和等效结点载荷推导，以及单元平衡方程的建立；然后按同样思路介绍平面四结点矩形单元、轴对称三结点三角形单元和四结点矩形单元、空间四结点四面体单元和八结点六面体单元，并由此总结出广义坐标有限元法。有限元方程组求解部分介绍高斯（Gauss）消元法、三角分解法和迭代解法。有限元解的性质和收敛性部分介绍有限元解收敛准则、收敛速度和位移元解的下限性等。

第 6 章单元插值函数，主要介绍在自然（局部）坐标系下，标准单元插值基函数的构造方法。对于一维单元，介绍拉格朗日（Lagrange）单元和埃尔米特（Hermite）单元插值基函数的构造；对于二维问题，介绍三角形单元、Lagrange 矩形单元和塞瑞迪特（Serendipity）矩形单元插值基函数的构造，它们都属于 C_0 型单元；对于三维问题，介绍四面体单元、Lagrange 六面体单元和 Serendipity 六面体单元和五面体单元插值基函数的构造，这些单元也都属于 C_0 型单元。

第 7 章等参单元与数值积分，详细给出三维等参单元、二维等参单元和轴对称等参单元刚度矩阵和等效结点载荷详细的计算方案，介绍常见单元涉及的牛顿-科茨（Newton-Cotes）积分、Gauss 积分、艾恩斯（Irons）积分和哈默（Hammer）积分，以及选择积分阶次原则。

第 8 章有限元应力解的改进，讨论有限元模型建立中需要考虑的若干问题及应力结果改进的一些方法。在有限元模型建立方面，讨论单元类型和形状、网格布局、网格过渡等内容；在有限元应力结果改进方面，主要介绍有限元应力解的性质、总体应力修匀法、单元应力修匀法。

第 9 章板壳结构有限元法，介绍基于薄板理论的四结点矩形单元、三结点三角形单元、基于厚板理论的明德林（Mindlin）厚板单元。另外，以三结点三角形平面壳单元为例，说明平面壳单元刚度方程的建立过程。

第 10 章动力学问题有限元法，介绍结构动力学的有限元建立方法、单元质量矩阵和单元阻尼矩阵。在动力学方程求解方面介绍模态叠加法和直接积分法；在模态叠加法部分介绍结构振动特性，如固有频率和模态等概念及求解方法，以及用模态叠加法得到结构动力学响应的方法；在直接积分法中，对显式中心差分法和隐式纽马克（Newmark）法进行介绍，并给出相应计算流程。

第 11 章热传导和热应力有限元法，介绍结构稳态温度场、瞬态温度场和由温度变化引起的应力场的有限元法。在瞬态热传导有限元法部分，基于瞬态热传导方程和边界条件给出等效积分形式，并由此推导瞬态热传导温度的有限元方程，给出求解瞬态热传导有限元方程的模态叠加法和直接积分法，讨论直接积分法中数值解稳定的时间步长及相关参数的取值方法。

除第 1 章外，其余各章均有大量例题和习题，以强化基本概念、基本方法和基本理论，加深读者对内容的理解和运用。

全书由李映辉和常学平执笔，李翔宇统筹安排。在本书的编写过程中，得到了西南交通大学翟婉明院士的大力支持，邵永波教授审阅了文稿，他们都对本书的编写提出了十分宝贵的意见。另外，西南交通大学力学与航空航天学院力学相关教师和西南石油大学机电工程学院力学教研室的老师也对本书的编写提供了非常宝贵的资料和建议。作者谨在此向他们表示衷心的感谢。

限于编者水平，书中难免存在不足或疏漏之处，恳请读者批评指正。

目 录

第1章　绪　　论

1.1　微分方程数值解法

人类认识客观世界的第一任务就是获取复杂对象的各类信息，这是人们从事科学研究、进行工程设计的基础。而在工程技术领域，存在大量的力学问题，力学研究内容丰富，概括地说，包括线性问题和非线性问题、静力学问题和动力学问题。线性问题是以小变形假设为前提的各种静、动力学问题；而非线性问题的种类繁多，如材料非线性问题（非线性弹性问题和弹塑性问题等）、几何非线性问题和多物理场耦合问题（流体和固体的耦合问题，电、磁、热和结构的耦合问题）等。虽然固体力学的问题种类多，但其数学模型可以说是统一的，包括平衡方程（描述内力和外力的平衡关系）、本构方程（描述应力和应变的关系）、几何方程（描述应变和位移的关系）和边界条件以及初始条件（仅针对动力学问题）。线性问题的数学模型是线性的。非线性问题是指三类基本方程和边界条件中至少有一个包含了非线性因素的问题，或数学模型是非线性的物理问题。

在科学技术领域，对于许多力学和物理问题，人们已经获得了它们应遵循的基本方程（常微分方程或偏微分方程）和相应的定解条件。但能用解析方法求出精确解的只是少数性质比较简单且几何形状相对规则的问题。对于大多数问题，由于方程的某些特征的非线性性质，或由于求解区域的几何形状比较复杂，不能得到解析的答案。这类问题的解决通常有两种途径：一是引入简化假设，将方程和几何边界简化为能够处理的情况，从而得到问题在简化状态下的解答。但是这种方法只在有限的情况下是可行的，因为过多的简化可能导致误差很大甚至错误的解答。因此，人们多年来寻找和发展了另一种求解途径和方法——**数值解法**。特别是近几十年来，随着电子计算机的飞速发展和广泛应用，数值分析方法已成为求解科学技术问题的主要工具。

目前，数值分析方法可以分为两大类，一类以有限差分法为代表，其特点是直接求解基本方程和相应定解条件的近似解。有限差分法的求解步骤是：首先将求解域划分为网格，然后在网格的结点上用差分方程近似微分方程。当采用较多的结点时，近似解的精度可以得到改进。借助于有限差分法，能够求解某些相当复杂的问题，特别是求解建立于空间坐标系的流体流动问题，有限差分法有自己的优势。因此，在流体力学领域，它至今仍占支配地位。但用于几何形状复杂的问题时，它的精度将降低，甚至发生困难。

另一类数值分析方法是首先建立和原问题基本方程及定解条件等效的积分提法，然后建立近似解法，如配点法、最小二乘法、伽辽金（Galerkin）法、力矩法等都属于这一类数值方法。如果原问题的方程具有某些特定的性质，则它的等效积分提法可以归结为某个泛函的变分。相应的近似解法实际上是求解泛函的驻值问题，利兹法就属于这一类近似方法。上述不同方法在不同的领域或类型的问题中得到成功的应用，但是也只能限于几何形状规则的问题，基本原因是：它们都是在整个求解区域上假设近似函数。因此，对于几何形状复杂的问题，不可能建立合乎要求的近似函数。而有限元法的出现，是数值分析方法研究领域内重大突破性的进展。

1.2　有限元法的基本思想及发展历史

作为一种数值分析工具，有限元法（又称有限单元法或有限元方法）对促进当代科学技术的发展和工程实际应用已经发挥并将继续发挥其重要作用。有限元法的基本思想是将连续的求解区域离散为一组有限个且按一定方式相互联结在一起的单元组合体。由于单元能按不同的联结方式进行组合，且单元本身又可以有不同的形状，因此可以模型化几何形状复杂的求解域。有限元法作为数值分析方法的另一个重要特点是利用在每一个单元内假设的近似函数来分片地表示全求解域上待求的未知场函数。单元内的近似函数通常由未知场函数或其导数在单元的各个结点的数值及其插值函数来表达。这样一来，一个问题的有限元分析中，未知场函数或其导数在各个结点上的数值就成为新的未知量（即自由度），从而使一个连续的无限自由度问题变成离散的有限自由度问题。一经求解出这些未知量，就可以通过插值函数计算出各个单元内场函数的近似值，从而得到整个求解域上的近似解。显然随着单元数目的增加，即单元尺寸的缩小，或者随着单元自由度的增加及插值函数精度的提高，解的近似程度将不断改进。如果单元是满足收敛要求的，那么近似解最后将收敛于精确解。

从应用数学角度来看，有限元法基本思想的提出，可以追溯到 20 世纪 40 年代。航空事业的飞速发展，对飞机结构提出了越来越高的要求，即重量轻、强度高、刚度好，人们不得不进行精确的设计和计算，正是在这一背景下，逐渐在工程中产生了矩阵力学分析方法。1941 年 Hrenikoff 使用“框架变形功方法”求解了一个弹性问题，1943 年 Courant 发表了一篇使用三角形区域的多项式函数来求解扭转问题的论文，这些工作开创了有限元分析的先河。1956 年波音公司的 Turner、Clough、Martin 和 Topp 在分析飞机结构时系统研究了离散杆、梁、三角形的单元刚度表达式，并求得了平面应力问题的正确解答；1960 年 Clough 在处理平面弹性问题时，第一次提出并使用“**有限元法**”的名称。随后大量的工程师开始使用这一离散方法来处理结构、流体、热传导等复杂问题。1955 年德国的 Argyris 出版了第一部关于结构分析中的能量原理和矩阵方法的专著，为后续有限元研究奠定了重要的基础；1967 年 Zienkiewicz 和 Cheung 出版了第一部有关有限元分析的专著。1970 年以后，有限元法开始应用于处理非线性和大变形问题，Oden 于 1972 年出版了第一部关于处理非线性连续体的专著。这一时期的理论研究工作是比较超前的，但由于当时计算机的发展状态和计算能力的限制，还只能处理一些较简单的实际问题。1975 年，对一个 300 个单元的模型，在当时先进的计算机上进行 2000 万次计算大约需要 30h 的机时，花费约 3 万美元，如此高昂的计算成本严重限制了有限元法的发展和普及。然而，许多工程师都对有限元法的发展前途非常清楚，因为它提供了一种处理复杂形状真实问题的有力工具。

在工程师研究和应用有限元法的同时，一些数学家也在研究有限元法的数学基础。从确定单元特性和建立求解方程的理论基础和途径来说，正如上面所提到的，Turner、

Clough 等学者提出有限元法是利用直接刚度法。直接刚度法来源于结构分析的刚度法，这对我们明确有限元法的一些基本物理概念是很有帮助的，但是它只能处理一些比较简单的实际问题。1943 年 Courant 的那一篇开创性的论文“Variational methods for the solution of problems of equilibrium and vibrations”就是研究求解平衡问题的变分方法，1963 年 Besseling、Melosh 和 Jones 等研究了有限元法的数学原理，证明了有限元法是基于变分原理的利兹法的另一种形式，从而使利兹法分析的所有理论基础都适用于有限元法，确认了有限元法是处理连续介质问题的一种普遍方法。利用变分原理建立有限元方程和经典利兹法的主要区别是有限元法假设的近似函数不是在全求解域，而是在单元上规定的，而且事先不要求满足任何边界条件，因此它可以用来处理很复杂的连续介质问题。还有学者进一步研究了加权残值法与有限元法的关系。对于一些尚未确定出能量泛函的复杂问题，也可以建立起有限元分析的基本方程，这可以极大地扩展有限元法的应用领域。我国胡海昌于 1954 年提出了广义变分原理，钱伟长最先研究了拉格朗日乘子法与广义变分原理之间的关系，冯康研究了有限元分析的精度与收敛性问题。

1.3 有限元法在工程和科学研究中的意义

几十年来，有限元法的应用已由弹性力学平面问题扩展到空间问题、板壳问题，由静力平衡问题扩展到稳定问题、动力问题和波动问题；分析的对象从弹性材料扩展到塑性、黏弹性、黏塑性和复合材料等，从固体力学扩展到流体力学、传热学等连续介质力学领域。在工程分析中的作用已从分析和校核扩展到优化设计并和计算机辅助设计技术相结合。就工程领域而言，有限元分析是进行科学计算极为重要的方法之一，利用有限元分析可以获取几乎任意复杂工程结构的各种机械性能信息，还可以直接就工程设计进行各种评判，可以就各种工程事故进行技术分析。1990 年 10 月美国波音公司开始在计算机上对新型客机 B-777 进行“无纸设计”，仅用了三年半的时间，于 1994 年 4 月第一架波音 B-777 便试飞成功，这是制造技术史上划时代的成就，其中在结构设计和评判中就大量采用有限元分析这一重要手段。据有关资料，一个新产品的问题有 60%以上可以在设计阶段消除，如果人们有先进的精确分析手段，就可以在产品设计（包括结构设计和工艺设计）时进行参数分析和优化，在最短的时间内制定新工艺，以便获得高品质的产品，而工程计算和评判将在这一过程中起关键作用。

由于有限元法在科学研究和工程分析中具有重要作用和地位，关于有限元法的研究已成为数值计算的主流。目前，国际上通用的有限元分析软件有 ANSYS、ABAQUS、MSC/NASTRAN、MSC/MARC、ADINA、ALGOR、PRO/MECHANICA，还有一些专门的有限元分析软件，如 LS-DYNA、DEFORM、PAM-STAMP、AUTOFORM、SUPER-FORGE 等。

1.4 有限元分析的内容及相关基本概念

固体结构有限元分析的力学基础是弹性力学，而方程求解的原理是采用加权残值法或泛函极值原理，实现的方法是数值离散技术，最后的技术载体是有限元分析软件。在处理实际问题时需要基于计算机硬件平台来进行处理。因此，有限元分析的主要内容包括基本变量和力学方程、数学求解原理、离散结构和连续体的有限元分析实现、分析中的建模技巧、分析实现的软件平台等。

虽然有限元分析实现的最后载体是经技术集成后的有限元分析软件，但能够使用和操作有限元分析软件，并不意味着掌握了有限元分析这一复杂的工具，因为对于同一问题，使用同一种有限元分析软件，不同的人会得到完全不同的计算结果，如何评判计算结果的有效性和准确性，这是人们不得不面对的重要问题。只有在掌握了有限元分析基本原理的基础上，才能真正理解有限元法的本质，应用有限元法及其软件系统来分析解决实际问题，以便获得正确的计算结果。

有限元法是求解微分方程，特别是椭圆型方程系统化、现代化的数值方法。与椭圆型方程等价的另一数学形式是变分原理。正是以变分原理为数学基础，有限元法才在理论上臻于完善，并在实践上取得巨大成功。事实上，近代有限元法和变分原理的发展是紧密联系和相辅相成的。变分原理把求解微分方程的问题转化为在容许函数空间内寻找泛函极值或驻值的问题。若容许函数空间未受到任何人为的限制，则找到的解将与微分方程的解完全等价。实际上，有限元法并不追求问题的精确解，而是在一个大大缩小了的容许函数空间中寻找一个精度能够满足使用要求的近似解。因此，有限元法的另一个数学基础是离散逼近原理。

离散逼近，首先是把求解域划分成一系列称为单元的小区域。这样做可以带来许多好处，例如，便于处理复杂的问题，因为剖分后可使问题的性质在每一个单元内尽可能地单纯化，便于处理参数的不连续性，适配复杂的边界几何形状等。其次是在每个单元内采用已知的函数序列（通常采用多项式函数序列）作为容许函数空间的基底函数，并在相邻单元的公共边界上设法满足按变分原理所要求的连续性条件。最后将全部单元组合拼装起来构成处理原问题的数学模型进行求解。显然，在不违反变分约束的前提下，有限元解的精度依赖于所取容许函数空间的大小，而后者则是单元网格划分精细程度和每个单元线性独立基底函数个数这两个因素的综合。因此，有限元变化的总趋势将是随所取容许函数空间的扩大而向精确解逼近的过程。对于一个给定的问题，为了改善其有限元的精度，具体地说可以采取以下三种方法。

第一种方法是不改变各单元上基底函数的配置情况，通过逐步加密有限元网格来使得结果向精确解逼近。与此方法相应的收敛过程称为 h 收敛过程。这种方法在有限元应用中最为常见，并且往往采用较为简单的单元构造形式。

第二种方法是保持有限元网格固定不变，逐步增加各单元上基底函数配置的个数。通过这种方法来改善结果精度的过程称为 p 收敛过程。

第三种方法是上述两种方法的联合使用，既加密有限元网格的划分，又增加各单元上基底函数配置的个数，这种过程称为 h-p 收敛过程。

1.4.1 有限元法的实现过程

有限元法的实现过程主要是指有限元模型的建立与求解过程，主要包括五个步骤：

对象离散化、单元分析、总体方程构造（单元方程综合或建模）、方程求解及结果输出。

1. 对象离散化

当研究对象为连续介质问题时，首先需要将所研究的对象进行合理的离散化分割，即根据预期精度或经验将连续问题进行有限元分割。对于杆件结构体，由于其结构本身存在着自然的结点连接关系，因此杆件结构本身可以作为一种自然的离散系统。由此可见，对于各种实体结构，通常需要根据实际情况将连续体进行适当的分割，得到有限单元，使得研究对象的整体变为由一系列有限单元构成的组合体。

2. 单元分析

有限元法的核心工作之一是对各单元进行分析。例如，通过分析各单元的结点力和结点位移之间的关系及边界条件，以便建立能够用于描述实体总体结构特征的单元刚度矩阵。通常，对于实体结构的单元刚度矩阵，需要先确定其内部的位移插值函数及力学描述变量，再通过变分原理得到。对于简单的杆件结构的刚度矩阵则可通过直观的力学概念得到。

3. 总体方程构造

将单元刚度矩阵组成总体方程刚度矩阵，且总体方程应满足相邻单元在公共结点上的位移协调条件，即整个结构的所有结点载荷与结点位移之间应存在相互变量关系。有限元的总体方程即被研究对象的有限元模型。

4. 方程求解

在求解有限元模型时，应考虑总体刚度方程中所引入的边界条件，以便得到符合实际情况的唯一解。通过选择合适的线性代数方程组的数值求解方法，求得结构中各单元结点上的变量值，进而可以求出结点外任意点上的变量值。这些变量值可以是位移、应变和应力等物理量。事实上，随着有限元划分的数量增多，总体方程的维数增大，其求解过程将变得十分庞大。

5. 结果输出

有限元模型求解结束后，可通过数值解序列或由其构成的图形显示结果，分析被研究对象的物理结构变形情况，以及各种物理量间的变化关系，如通过列表显示各种数据信息。

现代有限元法是工程分析中处理偏微分方程边值问题最有效的数值方法之一，对于工程中的许多场变量的定解问题，通过有限元法可以得到满足工程要求的近似解。此外，有限元法的推广应用在很大程度上依赖于计算机及其软件技术的先进程度。

1.4.2 建立有限元方程的方法

有限元方程是建立有限元模型的基础，是进行有限元分析的前提。以下简要介绍建立有限元方程的常用方法。

1. 直接方法

直接方法是指直接从结构力学引申得到有限元方程，其具有过程简单、物理意义明确、易于理解等特点。由于其基本概念和建模方法的物理意义十分清晰，对理解有限元法的相关概念和具体应用十分有益。但是，直接方法不适用于对复杂问题的研究。

2. 变分方法

变分方法是常用的方法之一，主要用于线性问题的模型建立。该方法要求被分析问题存在“能量泛函”，由泛函取驻值来建立有限元方程。对于线性弹性问题，常用最小势能原理、最小余能原理或其他形式的广义变分原理进行分析。某些非线性问题（弹塑性问题）的虚功方程也可归于此类。

3. 加权残值法

对于线性自共轭形式的方程，加权残值法可得到和变分方法相同的结果，如对称的刚度矩阵。对于那些“能量泛函”不存在的问题（主要是一些非线性问题和依赖于时间的问题），加权残值法是一种很有效的方法，如伽辽金（Galerkin）法（即选择形函数为权函数的加权残值法）。

第 2 章 工程有限元法的数学基础

求解场方程数值解的方法主要有两类：一类是假设解的近似函数形式，直接求解微分方程数值解的强形式方法，如有限差分法；另一类是首先建立描述原问题微分方程的等效积分形式，假设解的近似函数，通过求解积分方程的近似解得到原问题解的弱形式方法，如有限元法、变分直接法等。基于弱形式的公式通常是一组稳定的离散系统方程，可以获得高精度解。有限元法就是一种典型的基于微分方程弱形式的近似数值求解方法。

本章介绍有限元法的数理基础，主要内容包括泛函与变分概念、泛函极值以及微分方程边值问题的近似解法。

2.1 泛函与变分概念

2.1.1 泛函概念

泛函定义：设 C 为函数集合，B 为实数（或复数）的集合，若对于 C 中的任一元素 $y(x)$，在 B 中均有唯一的元素 J 与之对应，则称 J（数）为函数 $y(x)$的泛函，记为

$$J = J[y(x)] \tag{2.1.1}$$

其中，函数集合 C 称为泛函 J 的定义域，数集 B 称为泛函 J 的值域。

泛函有如下性质：

（1）泛函（因变量 J）的值（数）由自变函数 $y(x)$决定，取决于函数的取形，而非自变量 x 的值进而确定的函数 y 的值，即取决于函数集合 C 中的函数关系（函数的取形）。

（2）泛函反映数与函数之间的对应关系，如 $J = J[y(x)]$，$y(x)$为自变函数（函数），J 为因变量（数），给出的是一个自变函数 $y = y(x)$或几个自变函数 $y_1(x), y_2(x), \cdots$ 与因变量 J（数）之间的对应关系。

通常泛函多以积分形式出现，最简单的泛函为

$$J[y(x)] = \int_a^b F\left(x, y, y'\right) \mathrm{d}x \tag{2.1.2}$$

泛函的一般形式为

$$J[y(x)] = \int_a^b F\left(x, y, y', y'', \cdots, y^{(n)}\right) \mathrm{d}x \tag{2.1.3}$$

其中，被积函数 $F(x, y, y', y'', \cdots, y^{(n)})$ 称为**泛函的核**。

不同自变函数泛函的形式如下：

（1）一个多元自变函数 $y = y(x_1, x_2, \cdots, x_n)$ 的泛函为

$$J = J[y(x_1, x_2, \cdots, x_n)] = \iint\cdots\int F\left(x_1, x_2, \cdots, x_n, \frac{\partial y}{\partial x_1}, \frac{\partial y}{\partial x_2}, \frac{\partial^2 y}{\partial x_1^2}, \frac{\partial^2 y}{\partial x_1 \partial x_2}, \frac{\partial^2 y}{\partial x_2^2}, \cdots\right) \mathrm{d}x \tag{2.1.4a}$$

（2）多个一元自变函数 $y_1(x), y_2(x), \cdots, y_n(x)$ 的泛函为

$$J = J[y_1(x), y_2(x), \cdots, y_n(x)] = \int F(x, y_1, y_2, \cdots, y_n, \cdots, y_1', y_2', \cdots, y_n', \cdots)\mathrm{d}x \quad (2.1.4b)$$

（3）多个多元自变函数 $y_1 = y_1(x_1, x_2, \cdots, x_n), y_2 = y_2(x_1, x_2, \cdots, x_n), \cdots, y_m = y_m(x_1, x_2, \cdots, x_n)$ 的泛函为

$$J = J[y_1(x_1, x_2, \cdots, x_n), y_2(x_1, x_2, \cdots, x_n), \cdots, y_m(x_1, x_2, \cdots, x_n)] \quad (2.1.4c)$$

2.1.2 变分概念

1. 自变量的差（增量）

自变量 x 和 x_0 的差记为 $\Delta x = x - x_0$，称为自变量的增量。

2. 函数的增量与函数的微分

若自变量 x 有增量 Δx，则函数 $y(x)$ 的增量 Δy 定义为

$$\Delta y = y(x + \Delta x) - y(x) = y'(x)\Delta x + o(\Delta x) \quad (2.1.5)$$

其中，第一项 $y'(x)\Delta x$ 为增量 Δy 的线性部分；$o(\Delta x)$ 为比 Δx 高阶的无穷小量。记 $\mathrm{d}x = \lim\limits_{|\Delta x| \to 0} \Delta x$，则 $\lim\limits_{|\Delta x| \to 0} [y'(x)\Delta x] = y'(x)\mathrm{d}x$，记 $\mathrm{d}y = y'(x)\mathrm{d}x$，$\mathrm{d}y$ 称为函数 $y(x)$ 的一阶微分（简称微分），类似有二阶微分 $\mathrm{d}^2 y$、三阶微分 $\mathrm{d}^3 y$ 等，并且当 $|\Delta x| \to 0$ 时，有

$$\Delta y = y(x + \Delta x) - y(x) = y'(x)\mathrm{d}x + \frac{1}{2!} y''(x)(\mathrm{d}x)^2 + \cdots = \mathrm{d}y + \frac{1}{2!}\mathrm{d}^2 y + \cdots \quad (2.1.6)$$

3. 自变函数变分

变分定义：对任意定值 $x \in [x_0, x_1]$，自变函数 $y(x)$ 与自变函数 $y_0(x)$ 之差 $y(x) - y_0(x)$ 称为自变函数 $y(x)$ 在 $y_0(x)$ 处的变分（简称**自变函数变分**），记为 δy，符号 δ 称为**变分算子**。于是

$$\delta y = y(x) - y_0(x) = \chi \eta(x) \quad (2.1.7)$$

其中，χ 为 Lagrange 引入的实数；$\eta(x)$ 是满足 $\eta(x_0) = \eta(x_1) = 0$ 的可微函数。自变函数变分的几何意义如图 2.1 所示，自变函数变分 δy 与自变函数增量 Δy 的区别如图 2.2 所示。

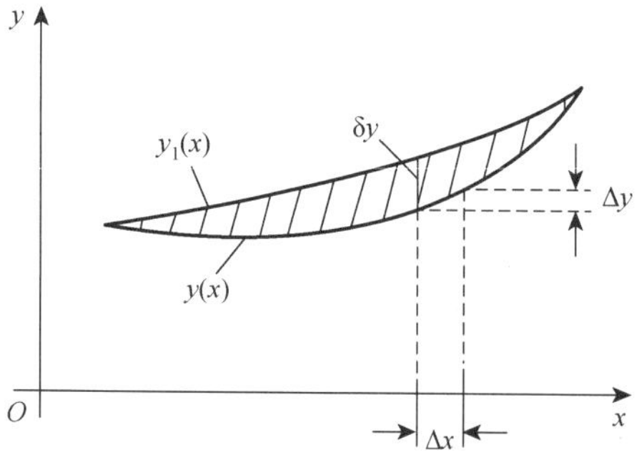

图 2.1　自变函数变分的几何意义

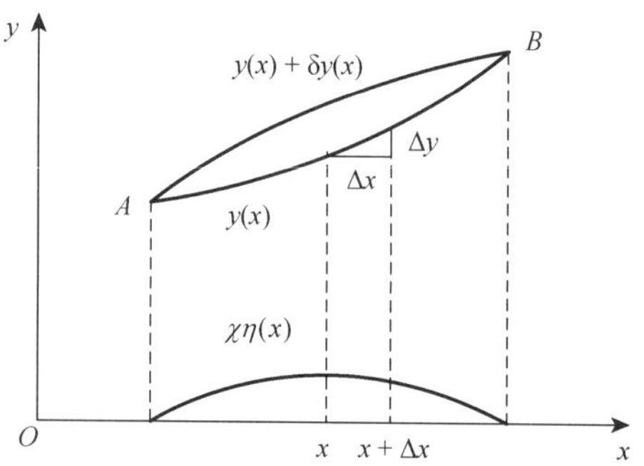

图 2.2　自变函数变分 δy 与自变函数增量 Δy 的区别

变分的特性如下。

（1）自变函数变分 δy 是两个不同的函数 $y(x)$ 和 $y_0(x)$ 在自变量 x 固定时的差，结果是一个 x 的新函数。

（2）函数增量 Δy 是自变量 x 的增量 Δx 导致函数 $y(x)$ 的值的改变量（增量），函数依然是原来的函数。

（3）自变函数变分有如下性质。

性质 1：因为 $y_1(x)$ 和 $y(x)$ 为同一函数类，所以 δy 与 $y(x)$ 有相同的连续、光滑性。

性质 2：若 $y_1(x)$ 和 $y(x)$ 边界条件相同，则 $\delta y = y_1(x) - y(x)$ 满足齐次边界条件，即在边界上 $\delta y = 0$。

性质 3：δy 的函数值非常小，函数 δy 非常多（具有任意性）。

4. 核函数（被积函数）变分

对于泛函 $J[y(x)] = \int_a^b F(x, y, y')\mathrm{d}x$，若核函数（被积函数）为 $F = F(x, y, y')$ 足够光滑，参照微分 $\mathrm{d}y$、$\mathrm{d}^2 y$ 的定义，有

$$\delta F = \frac{\partial F}{\partial y}\delta y + \frac{\partial F}{\partial y'}\delta y', \quad \delta^2 F = \frac{\partial^2 F}{\partial y^2}(\delta y)^2 + 2\frac{\partial^2 F}{\partial y \partial y'}\delta y \delta y' + \frac{\partial^2 F}{\partial y'^2}(\delta y')^2 \tag{2.1.8}$$

则核函数的增量为

$$\begin{aligned} \Delta F &= F\left(x, y + \delta y, y' + \delta y'\right) - F\left(x, y, y'\right) \\ &= \frac{\partial F}{\partial y}\delta y + \frac{\partial F}{\partial y'}\delta y' + \frac{1}{2!}\left[\frac{\partial^2 F}{\partial y^2}(\delta y)^2 + 2\frac{\partial^2 F}{\partial y \partial y'}\delta y \delta y' + \frac{\partial^2 F}{\partial y'^2}(\delta y')^2\right] + \cdots \\ &= \delta F + \frac{1}{2!}\delta^2 F + \cdots \end{aligned} \tag{2.1.9}$$

按照与一阶微分和二阶微分类似的定义，称 δF 为**核函数 F 的一阶变分**，$\delta^2 F$ 为**核函数 F 的二阶变分**。

5. 泛函变分

考察泛函

$$J[y(x)] = \int_{x_0}^{x_1} F(x, y, y')\mathrm{d}x \tag{2.1.10}$$

若自变函数有一个微小增量，则泛函的增量为

$$\begin{aligned} \Delta J &= J[y + \delta y] - J[y] = \int_{x_0}^{x_1}\left[F(x, y + \delta y, y' + \delta y') - F(x, y, y')\right]\mathrm{d}x \\ &= \int_{x_0}^{x_1} \Delta F \mathrm{d}x = \int_{x_0}^{x_1} \delta F \mathrm{d}x + \frac{1}{2!}\int_{x_0}^{x_1} \delta^2 F \mathrm{d}x + \cdots \\ &= \delta J + \frac{1}{2!}\delta^2 J + \cdots \end{aligned} \tag{2.1.11}$$

对比函数微分定义

$$\Delta y = y(x+\Delta x) - y(x) = y'(x)\mathrm{d}x + \frac{1}{2!}y''(x)(\mathrm{d}x)^2 + \cdots$$
$$= \mathrm{d}y + \frac{1}{2!}\mathrm{d}^2 y + \cdots$$

定义泛函的一阶变分和二阶变分如下：

（1）泛函的一阶变分（简称**泛函变分**）为

$$\delta J = \int_a^b \delta F \mathrm{d}x = \int_a^b \left(\frac{\partial F}{\partial y}\delta y + \frac{\partial F}{\partial y'}\delta y' \right)\mathrm{d}x \tag{2.1.12}$$

（2）泛函的二阶变分为

$$\delta^2 J = \int_a^b \delta^2 F \mathrm{d}x = \int_a^b \left[\frac{\partial^2 F}{\partial y^2}(\delta y)^2 + 2\frac{\partial^2 F}{\partial y \partial y'}\delta y \delta y' + \frac{\partial^2 F}{\partial y'^2}(\delta y')^2 \right]\mathrm{d}x \tag{2.1.13}$$

（3）多个自变函数 $y_1(x)$、$y_2(x)$ 的泛函 $J[y_1(x), y_2(x)] = \int_a^b F(x, y_1, y_1', y_2, y_2')\mathrm{d}x$ 的变分为

$$\delta J = \int_a^b \delta F \mathrm{d}x = \int_a^b \left(\frac{\partial F}{\partial y_1}\delta y_1 + \frac{\partial F}{\partial y_1'}\delta y_1' + \frac{\partial F}{\partial y_2}\delta y_2 + \frac{\partial F}{\partial y_2'}\delta y_2' \right)\mathrm{d}x \tag{2.1.14}$$

2.1.3　变分的性质

考虑泛函 $J = J[y_1(x), y_2(x), \cdots, y_n(x)] = \int F(x, y_1, y_2, \cdots, y_n, \cdots, y_1', y_2', \cdots, y_n')\mathrm{d}x$，这里涉及三个变分概念：一是**自变函数变分** $\delta y_1, \delta y_2, \cdots, \delta y_n$，二是**核函数（被积函数）变分** δF，三是**泛函变分** δJ。

1. 自变函数变分的性质

由于

$$(\delta y)' = (y - y_0)' = y' - y_0' = \delta(y') \tag{2.1.15}$$

所以有

$$(\delta y)' = \delta(y') \tag{2.1.16}$$

即自变函数求导（微分）与求变分的运算次序可换。类似地，有以下公式成立：

$$\begin{cases} (\delta y)' = \delta(y'),\quad \delta(\mathrm{d}y) = \mathrm{d}(\delta y),\quad \delta y^{(n)} = (\delta y)^{(n)},\quad \delta(\mathrm{d}^{(n)} y) = \mathrm{d}^{(n)}(\delta y) \\ \dfrac{\partial(\delta y)}{\partial x_1} = \delta\left(\dfrac{\partial y}{\partial x_1}\right),\quad \dfrac{\partial(\delta y)}{\partial x_2} = \delta\left(\dfrac{\partial y}{\partial x_2}\right),\quad \dfrac{\partial^{(n)}(\delta y)}{\partial x_1} = \delta\left(\dfrac{\partial^{(n)} y}{\partial x_1}\right) \end{cases} \tag{2.1.17}$$

2. 核函数变分的性质

核函数和自变函数的四则运算同微分运算，有如下性质：

$$\begin{cases} \mathrm{d}(y_1 + y_2) = \mathrm{d}y_1 + \mathrm{d}y_2,\quad \mathrm{d}(y_1 \cdot y_2) = y_2 \mathrm{d}y_1 + y_1 \mathrm{d}y_2,\quad \mathrm{d}\left(\dfrac{y_1}{y_2}\right) = \dfrac{y_2 \mathrm{d}y_1 - y_1 \mathrm{d}y_2}{y_2^2} \\ \delta(F_1 + F_2) = \delta F_1 + \delta F_2,\quad \delta(F_1 \cdot F_2) = F_2 \delta F_1 + F_1 \delta F_2,\quad \delta\left(\dfrac{F_1}{F_2}\right) = \dfrac{F_2 \delta F_1 - F_1 \delta F_2}{F_2^2} \end{cases} \tag{2.1.18}$$

3. 泛函变分的性质

对于泛函，其积分与变分运算同样可以交换次序。对于一阶变分，有

$$\delta J = \int_{x_0}^{x_1} \delta F \, \mathrm{d}x \tag{2.1.19a}$$

对于二阶变分，有

$$\delta^2 J = \int_{x_0}^{x_1} \delta^2 F \, \mathrm{d}x \tag{2.1.19b}$$

2.2 泛 函 极 值

变分原理就是求泛函极值原理，泛函可以理解为函数的函数。在应用变分原理时，求泛函的一阶变分和二阶变分是最基本的两个变分运算。

2.2.1 泛函的极值问题

在讨论泛函极值问题前，首先回顾一下**函数极值的必要条件**：若函数 $y = y(x)$在点 x_0 处有极大（小）值，则在 x_0 处有 $\mathrm{d}y = 0$；若 $\mathrm{d}y = 0$ 且 $\mathrm{d}^2 y > 0$，则函数 $y = y(x)$在点 x_0 处有极小值；若 $\mathrm{d}y = 0$ 且 $\mathrm{d}^2 y < 0$，则函数 $y = y(x)$在点 x_0 处有极大值；$x = x_0$ 称为极值点。如果函数 $y = y(x)$在点 x_0 处有极值，那么可根据 $\mathrm{d}y = 0$ 求极值点 x_0。

泛函极值的必要条件：若泛函 $J = J[y(x)]$在点 $y_0(x)$处有极大（小）值，则在 $y_0(x)$处有 $\delta J = 0$。若 $\delta J = 0$ 且 $\delta^2 J > 0$，则泛函 $J = J[y(x)]$在点 $y_0(x)$处有极小值；若 $\delta J = 0$ 且 $\delta^2 J < 0$，则泛函 $J = J[y(x)]$在点 $y_0(x)$处有极大值；$y(x) = y_0(x)$称为泛函的**极值曲线（函数）**。如果泛函 $J = J[y(x)]$在点 $y_0(x)$处有极值，那么可根据 $\delta J = 0$ 求极值曲线（函数）$y_0(x)$，或 $y_0(x)$应该满足的方程。

函数极值和泛函极值具有如下性质：

（1）函数的极值是一个数，求极值点得到的也是一个数，或该数应该满足的代数方程。

（2）泛函的极值是一个数，求极值曲线（函数）得到的是一个函数表达式，或该函数应该满足的微分方程。

2.2.2 欧拉（Euler）方程

1. 变分学基本引理

引理：设 $f(x)$是$[a, b]$上的连续函数，若对任意满足 $g(a) = g(b) = 0$ 的连续函数 $g(x)$，恒有

$$\int_a^b f(x)\, g(x) \, \mathrm{d}x = 0 \tag{2.2.1}$$

则在区间$[a, b]$上有 $f(x) \equiv 0$。

2. 一维问题的 Euler 方程

对于泛函 $J[y(x)]=\int_{x_0}^{x_1}F(x,y,y')\mathrm{d}x$，且 $y(x_0)=a$，$y(x_1)=b$，则泛函极值条件为

$$
\begin{aligned}
\delta J&=\int_{x_0}^{x_1}\delta F\mathrm{d}x=\int_{x_0}^{x_1}\left(\frac{\partial F}{\partial y}\delta y+\frac{\partial F}{\partial y'}\delta y'\right)\mathrm{d}x=\left(\frac{\partial F}{\partial y'}\delta y\right)\Bigg|_{x_0}^{x_1}+\int_{x_0}^{x_1}\left(\frac{\partial F}{\partial y}-\frac{\mathrm{d}}{\mathrm{d}x}\frac{\partial F}{\partial y'}\right)\delta y\mathrm{d}x\\
&=\int_{x_0}^{x_1}\left(\frac{\partial F}{\partial y}-\frac{\mathrm{d}}{\mathrm{d}x}\frac{\partial F}{\partial y'}\right)\delta y\mathrm{d}x=0
\end{aligned}
\tag{2.2.2}
$$

由 δy 的任意性及变分学基本引理得

$$
\frac{\partial F}{\partial y}-\frac{\mathrm{d}}{\mathrm{d}x}\frac{\partial F}{\partial y'}=0\quad\text{或}\quad F_y-\frac{\mathrm{d}}{\mathrm{d}x}F_{y'}=0 \tag{2.2.3}
$$

该方程称为泛函 $J[y(x)]=\int_a^b F(x,y,y')\mathrm{d}x$ 的 **Euler 方程**。

3. 含多个自变函数的 Euler 方程

对于含有两个自变函数的泛函 $J[y_1(x),y_2(x)]=\int_{x_0}^{x_1}F(x,y_1,y_1',y_2,y_2')\mathrm{d}x$，边界条件为 $y_1(x_0)=y_{10}$，$y_2(x_0)=y_{20}$，$y_1(x_1)=y_{11}$，$y_2(x_1)=y_{21}$，则其 Euler 方程为

$$
\begin{cases}
\dfrac{\partial F}{\partial y_1}-\dfrac{\mathrm{d}}{\mathrm{d}x}\dfrac{\partial F}{\partial y_1'}=0\\
\dfrac{\partial F}{\partial y_2}-\dfrac{\mathrm{d}}{\mathrm{d}x}\dfrac{\partial F}{\partial y_2'}=0
\end{cases}
\tag{2.2.4}
$$

4. 自变函数含高阶导数的 Euler 方程

对于含有二阶导数的泛函 $J[y(x)]=\int_a^b F(x,y,y',y'')\mathrm{d}x$，边界条件为 $y(x_0)=y_0$，$y'(x_0)=y_0'$，$y(x_1)=y_1$，$y'(x_1)=y_1'$，则其 Euler 方程为

$$
\frac{\partial F}{\partial y}-\frac{\mathrm{d}}{\mathrm{d}x}\frac{\partial F}{\partial y'}+\frac{\mathrm{d}^2}{\mathrm{d}x^2}\frac{\partial F}{\partial y''}=0\quad\text{或}\quad F_y-\frac{\mathrm{d}}{\mathrm{d}x}F_{y'}+\frac{\mathrm{d}^2}{\mathrm{d}x^2}F_{y''}=0 \tag{2.2.5}
$$

对于含有 n 阶导数的泛函 $J[y(x)]=\int_a^b F(x,y,y',y'',\cdots,y^{(n)})\mathrm{d}x$，边界条件为 $y^{(k)}(x_0)=y_0^{(k)}$，$y^{(k)}(x_1)=y_1^{(k)}\left(k=0,1,\cdots,n-1\right)$，其 Euler 方程（$2n$ 阶）为

$$
\frac{\partial F}{\partial y}-\frac{\mathrm{d}}{\mathrm{d}x}\frac{\partial F}{\partial y'}+\frac{\mathrm{d}^2}{\mathrm{d}x^2}\frac{\partial F}{\partial y''}-\cdots+(-1)^n\frac{\mathrm{d}^n}{\mathrm{d}x^n}\frac{\partial F}{\partial y^{(n)}}=0 \tag{2.2.6a}
$$

或

$$
F_y-\frac{\mathrm{d}}{\mathrm{d}x}F_{y'}+\frac{\mathrm{d}^2}{\mathrm{d}x^2}F_{y''}-\cdots+(-1)^n\frac{\mathrm{d}^n}{\mathrm{d}x^n}F_{y^{(n)}}=0 \tag{2.2.6b}
$$

5. 多元自变函数的 Euler 方程

对于二元自变函数的泛函 $J=J[f(x,y)]=\iint\limits_{D}F(x,y,f,f_x,f_y)\mathrm{d}x\mathrm{d}y$，其中边界曲线为 l，边界条件为 $f(x,y)|_l=g(x,y)$，Euler 方程为

$$F_f-\frac{\partial}{\partial x}F_p-\frac{\partial}{\partial y}F_q=0 \tag{2.2.7}$$

其中，$p=f_x$，$q=f_y$。将式（2.2.7）展开为

$$F_{pp}f_{xx}+2F_{pq}f_{xy}+F_{qq}f_{yy}+F_{px}f_x+F_{qy}f_y+F_{xp}+F_{yq}-F_f=0 \tag{2.2.8}$$

对于三元自变函数的泛函：

$$J\left[u(x,y,z)\right]=\iiint\limits_{D}F\left(x,y,z,u,u_x,u_y,u_z\right)\mathrm{d}x\mathrm{d}y\mathrm{d}z \tag{2.2.9}$$

式（2.2.9）的 Euler 方程为

$$F_u-\frac{\partial}{\partial x}F_p-\frac{\partial}{\partial y}F_q-\frac{\partial}{\partial z}F_r=0 \tag{2.2.10}$$

其中，$p=u_x$，$q=u_y$，$r=u_z$。

对于两个二元自变函数的泛函：

$$J\left[u(x,y),v(x,y)\right]=\iint\limits_{D}F\left(x,y,u,v,u_x,u_y,v_x,v_y\right)\mathrm{d}x\mathrm{d}y \tag{2.2.11}$$

式（2.2.11）对应的 Euler 方程为

$$\begin{cases}F_u-\dfrac{\partial}{\partial x}F_p-\dfrac{\partial}{\partial y}F_q=0\\[2ex] F_v-\dfrac{\partial}{\partial x}F_r-\dfrac{\partial}{\partial y}F_s=0\end{cases} \tag{2.2.12}$$

其中，$p=u_x$，$q=u_y$，$r=v_x$，$s=v_y$。

对于含二阶偏导数的二元函数的泛函：

$$J\left[u(x,y)\right]=\iint\limits_{D}F\left(x,y,u,u_x,u_y,u_{xx},u_{xy},u_{yy}\right)\mathrm{d}x\mathrm{d}y \tag{2.2.13}$$

式（2.2.13）对应的 Euler 方程为

$$F_u-\frac{\partial}{\partial x}F_p-\frac{\partial}{\partial y}F_q+\left(\frac{\partial^2}{\partial x^2}F_r+\frac{\partial^2}{\partial x\partial y}F_s+\frac{\partial^2}{\partial y^2}F_t\right)=0 \tag{2.2.14}$$

其中，$p=u_x$，$q=u_y$，$r=u_{xx}$，$s=u_{xy}$，$t=u_{yy}$。

例 2.1　设 $J[y(x)]=\int_{x_0}^{x_1}\left(y^2+y'^2\right)\mathrm{d}x$，求 δJ、$\delta^2 J$。

解　$\delta J\left[y(x)\right]=\int_{x_0}^{x_1}\delta\left(y^2+y'^2\right)\mathrm{d}x=\int_{x_0}^{x_1}\left(2y\,\delta y+2y'\,\delta y'\right)\mathrm{d}x=2\int_{x_0}^{x_1}\left(y\,\delta y+y'\,\delta y'\right)\mathrm{d}x$

$\delta^2 J\left[y(x)\right]=\int_{x_0}^{x_1}\delta\left(y\,\delta y+y'\,\delta y'\right)\mathrm{d}x=\int_{x_0}^{x_1}\left[\left(\delta y\right)^2+\left(\delta y'\right)^2\right]\mathrm{d}x$

例 2.2　设泛函为 $J\left[u\left(x_1,x_2,x_3\right)\right]=\iiint\limits_{\Omega}\left[\left(\frac{\partial u}{\partial x_1}\right)^2+\left(\frac{\partial u}{\partial x_2}\right)^2+\left(\frac{\partial u}{\partial x_3}\right)^2+2uf\left(x_1,x_2,x_3\right)\right]\mathrm{d}\Omega$，求 δJ。

解

$$
\begin{aligned}
\delta J\left[u\left(x_1,x_2,x_3\right)\right]&=\delta\iiint\limits_{\Omega}\left[\left(\frac{\partial u}{\partial x_1}\right)^2+\left(\frac{\partial u}{\partial x_2}\right)^2+\left(\frac{\partial u}{\partial x_3}\right)^2+2uf\left(x_1,x_2,x_3\right)\right]\mathrm{d}\Omega\\
&=\iiint\limits_{\Omega}\left[2\frac{\partial u}{\partial x_1}\delta\left(\frac{\partial u}{\partial x_1}\right)+2\frac{\partial u}{\partial x_2}\delta\left(\frac{\partial u}{\partial x_2}\right)+2\frac{\partial u}{\partial x_3}\delta\left(\frac{\partial u}{\partial x_3}\right)+2f\left(x_1,x_2,x_3\right)\delta u\right]\mathrm{d}\Omega\\
&=2\iiint\limits_{\Omega}\left[\frac{\partial u}{\partial x_1}\frac{\partial\delta u}{\partial x_1}+\frac{\partial u}{\partial x_2}\frac{\partial\delta u}{\partial x_2}+\frac{\partial u}{\partial x_3}\frac{\partial\delta u}{\partial x_3}+f\delta u\right]\mathrm{d}\Omega
\end{aligned}
$$

例 2.3　求泛函 $J[f]=\int_0^1\left(f'^2+xf\right)\mathrm{d}x$ 满足边界条件 $f(0)=0$、$f(1)=1$ 时的极值函数。

解

$$
F\left(x,f,f'\right)=f'^2+xf,\quad \frac{\partial F}{\partial f}=x,\quad \frac{\mathrm{d}}{\mathrm{d}x}\left(\frac{\partial F}{\partial f'}\right)=2f''
$$

Euler 方程为

$$
x-2f''=0\quad\rightarrow\quad f''=\frac{1}{2}x
$$

积分得

$$
f(x)=\frac{1}{12}x^3+C_1x+C_2
$$

代入边界条件后，得到极值函数：

$$
f(x)=\frac{1}{12}\left(x^3+11x\right)
$$

例 2.4　求泛函 $J[y,z]=\int_0^{\pi/2}\left(y'^2+z'^2+2yz\right)\mathrm{d}x$ 在满足边界条件 $y(0)=0$、$y\left(\frac{\pi}{2}\right)=-1$、$z(0)=0$、$z\left(\frac{\pi}{2}\right)=1$ 时的极值函数。

解　泛函被积函数为 $F=y'^2+z'^2+2yz$，故有 $F_y=2z$，$F_{y'}=2y'$，$F_z=2y$，$F_{z'}=2z'$。由泛函取极值的必要条件 $\delta J=0$，可得

$$
F_y-\frac{\mathrm{d}}{\mathrm{d}x}F_{y'}=0
$$

$$
F_z-\frac{\mathrm{d}}{\mathrm{d}x}F_{z'}=0
$$

则 Euler 方程为 $y''-z=0$，$z''-y=0$，消去 z 得 $y''''-y=0$。其通解为

$$
y(x)=c_1\mathrm{e}^x+c_2\mathrm{e}^{-x}+c_3\cos x+c_4\sin x
$$

$$
z(x)=y''(x)=c_1\mathrm{e}^x+c_2\mathrm{e}^{-x}-c_3\cos x-c_4\sin x
$$

代入边界条件得

$$c_1 = c_2 = c_3 = 0,\quad c_4 = -1$$

于是所求极值函数为

$$y = -\sin x,\quad z = \sin x,\quad x \in \left[0, \frac{\pi}{2}\right]$$

例 2.5　求泛函 $J[u,v] = \int_{x_0}^{x_1} F(u',v')\,\mathrm{d}x$ 的极值函数。

解　Euler 方程为

$$\begin{cases} F_u - \dfrac{\mathrm{d}}{\mathrm{d}x}F_{u'} = 0 \\ F_v - \dfrac{\mathrm{d}}{\mathrm{d}x}F_{v'} = 0 \end{cases}$$

由于不显含 u、v，所以有 $F_u = 0$，$F_v = 0$。而 $F_{u'} = F_{u'}(u',v')$，则

$$\frac{\mathrm{d}}{\mathrm{d}x}F_{u'} = \frac{\partial F_{u'}}{\partial u'}\frac{\mathrm{d}u'}{\mathrm{d}x} + \frac{\partial F_{u'}}{\partial v'}\frac{\mathrm{d}v'}{\mathrm{d}x} = F_{u'u'}u'' + F_{u'v'}v''$$

同理有 $\dfrac{\mathrm{d}}{\mathrm{d}x}F_{v'} = F_{v'u'}u'' + F_{v'v'}v''$。因此，有 Euler 方程组：

$$\begin{cases} F_{u'u'}u'' + F_{u'v'}v'' = 0 \\ F_{v'u'}u'' + F_{v'v'}v'' = 0 \end{cases}$$

解此方程组，得

$$\begin{cases} \left(F_{u'u'}F_{v'v'} - F_{u'v'}^2\right)u'' = 0 \\ \left(F_{u'u'}F_{v'v'} - F_{u'v'}^2\right)v'' = 0 \end{cases}$$

则当 $F_{u'u'}F_{v'v'} - F_{u'v'}^2 \neq 0$ 时，可解得 $u'' = 0, v'' = 0$。则其通解为

$$u = C_1 x + C_2,\quad v = C_3 x + C_4$$

其中，C_1、C_2、C_3、C_4 由边界条件确定。

例 2.6　讨论泛函 $J[y] = \int_0^2 \left(6y'^2 - y'^4 + yy'\right)\mathrm{d}x$ 满足边界条件 $y(0) = 0$、$y(2) = 1$ 的极值性，并求出它的极值。

解　首先运用 Euler 方程求解极值函数：

$$F = 6y'^2 - y'^4 + y\,y' \Rightarrow F_y = y',\quad F_{y'} = 12y' - 4y'^3 + y$$

$$F_y - \frac{\mathrm{d}}{\mathrm{d}x}F_{y'} = 12y''\left(y'^2 - 1\right) = 0 \Rightarrow y = c_1 x + c_2$$

由边界条件可得 $c_1 = \dfrac{1}{2}$，$c_2 = 0$，故得满足边界条件的极值函数为 $y = \dfrac{1}{2}x$。

则泛函的极值为

$$J\left[\frac{1}{2}x\right] = \int_0^2 \left[6\times\left(\frac{1}{2}\right)^2 - \left(\frac{1}{2}\right)^4 + \frac{1}{2}\times\frac{1}{2}x\right]\mathrm{d}x = \frac{27}{8}$$

例 2.7　求泛函 $J\left[u(x,y)\right]=\iint_D\left[\left(\frac{\partial^2 u}{\partial x^2}\right)^2+\left(\frac{\partial^2 u}{\partial y^2}\right)^2+2\left(\frac{\partial^2 u}{\partial x\partial y}\right)^2-2uf(x,y)\right]\mathrm{d}xy$ 的 Euler 方程。

解　这里的 $F\left(u,u_{xx},u_{xy},u_{yy}\right)=\left(\frac{\partial^2 u}{\partial x^2}\right)^2+\left(\frac{\partial^2 u}{\partial y^2}\right)^2+2\left(\frac{\partial^2 u}{\partial x\partial y}\right)^2-2uf\left(x,y\right)$，故 $F_u=-2f$，$F_p=F_{u_x}=0$，$F_q=F_{u_y}=0$，$F_r=F_{u_{xx}}=2u_{xx}$，$F_s=F_{u_{xy}}=4u_{xy}$，$F_t=F_{u_{yy}}=2u_{yy}$，则 Euler 方程为

$$\begin{aligned}&F_u-\frac{\partial}{\partial x}F_p-\frac{\partial}{\partial x}F_q+\left(\frac{\partial^2}{\partial x^2}F_r+\frac{\partial^2}{\partial x\partial y}F_s+\frac{\partial^2}{\partial y^2}F_t\right)\\&=-2f(x,y)+2\frac{\partial^4 u}{\partial x^4}+4\frac{\partial^4 u}{\partial x^2\partial y^2}+2\frac{\partial^4 u}{\partial y^4}=0\end{aligned}$$

即

$$\frac{\partial^4 u}{\partial x^4}+2\frac{\partial^4 u}{\partial x^2\partial y^2}+\frac{\partial^4 u}{\partial y^4}=f(x,y)$$

2.3　微分方程边值问题近似解法

求解微分方程边值问题的方法有很多，本节仅介绍试射法、差分法、加权残值法和瑞利-里茨（Rayleigh-Ritz）法。对前两种方法以二阶常微分方程边值问题为例进行说明。

考虑二阶微分方程：

$$y''=f(x,y,y'),\quad a<x<b \tag{2.3.1}$$

其边界条件可以分为三类：

（1）$y(a)=\alpha$，$y(b)=\beta$；

（2）$y'(a)=\alpha$，$y'(b)=\beta$；

（3）$\alpha_1 y(a)+\beta_1 y'(a)=\gamma_1$，$\alpha_2 y(b)+\beta_2 y'(b)=\gamma_2$　（$|\alpha_1|+|\beta_1|\neq 0,|\alpha_2|+|\beta_2|\neq 0$）。

分别称为第一、第二和第三边值问题。

2.3.1　试射法

1. 基本思想

该方法将边值问题转化为初值问题求解。对于第一边值问题：

$$\begin{cases}y''=f(x,y,y'),\quad a<x<b\\y(a)=\alpha,\quad y(b)=\beta\end{cases} \tag{2.3.2}$$

用一组参数 t_k 逼近 $y'(a)$，使初值问题

$$\begin{cases}y''=f(x,y,y'),\quad a<x<b\\y(a)=\alpha,\quad y'(a)=t_k\end{cases} \tag{2.3.3}$$

的解 $y_k(x)$满足 $\lim\limits_{k\to\infty} y_k(b)=\beta$。即对给定误差 ε，当 $|y_k(b)-\beta|<\varepsilon$ 或 $|y_k(b)-\beta|/|\beta|<\varepsilon$ 时，$y_k(x)$为所求近似解。

求解过程如下：

（1）取初始估计值 $t_1=\dfrac{y(b)-y(a)}{b-a}$，求解初值问题（2.3.3）得到解 $y_1(x)$，记 $\beta_1=y_1(b)$。

（2）取 t_2 满足 $t_2=\dfrac{\beta}{\beta_1}t_1$，取 $y'(a)=t_2$，再解方程（2.3.3）得到解 $y_2(x)$，记 $\beta_2=y_2(b)$。当 $|y_2(b)-\beta|<\varepsilon$ 时，$y_2(x)$为所求解。否则，进行下一步。

（3）取 t_3 满足 $t_3=t_2+\dfrac{t_2-t_1}{\beta_2-\beta_1}(\beta-\beta_2)$，取 $y'(a)=t_3$，再解方程（2.3.3）得到解 $y_3(x)$，记 $\beta_3=y_3(b)$。当 $|y_3(b)-\beta|<\varepsilon$ 时，$y_3(x)$为所求解。否则，令 $t_1=t_2$，$t_2=t_3$，$\beta_1=\beta_2$，$\beta_2=\beta_3$，重复此过程。

2. 二阶线性方程的特殊试射法

对于微分方程：

$$\begin{cases} y''+p(x)y'+q(x)y=f(x), & a<x<b \\ y(a)=\alpha, \quad y(b)=\beta \end{cases} \tag{2.3.4}$$

先求解如下两个初值问题：

$$\begin{cases} u''+p(x)u'+q(x)u=f(x), & a<x<b \\ u(a)=\alpha, \quad u'(a)=0 \end{cases} \tag{2.3.5a}$$

$$\begin{cases} v''+p(x)v'+q(x)v=0, & a<x<b \\ v(a)=0, \quad v'(a)=1 \end{cases} \tag{2.3.5b}$$

得到 $u(x)$、$v(x)$，再线性叠加得到

$$y(x)=u(x)+\frac{\beta-u(b)}{v(b)}v(x) \tag{2.3.6}$$

例 2.8　用试射法解边值问题：

$$\begin{cases} y''=\dfrac{1}{8}\left(32+2x^3-yy'\right), & 1<x<3 \\ y(1)=17, \quad y(3)=\dfrac{43}{3} \end{cases}$$

其中，允许误差 $\varepsilon=10^{-6}$，准确解为 $y(x)=x^2+\dfrac{16}{x}$。

解　求解区间端点为 $a=1$、$b=3$，边界条件中的 $\alpha=17$、$\beta=\dfrac{43}{3}$。将原问题转化为求解一系列初值问题：

$$\begin{cases} y''=\dfrac{1}{8}\left(32+2x^3-yy'\right), & 1<x<3 \\ y(1)=17, \quad y'(1)=t_k, \quad k=1,2,\cdots \end{cases}$$

其中，t_k 为待选参数。令 $y'=z$，将其化为一阶方程组：

$$\begin{cases} y'=z, \quad y(1)=17 \\ z'=\dfrac{1}{8}\left(32+2x^3-yz\right), \quad z(1)=t_k \end{cases}$$

取 $h=0.4$、$M=\dfrac{b-a}{h}=5$，用四阶标准龙格-库塔法解此初值问题。首先取

$$t_1=\frac{y(3)-y(1)}{3-1}=\frac{43/3-17}{3-1}=-\frac{4}{3}$$

求解结果记为 $y_1(x)$，得 $\beta_1=y_1(b)=20.47920$，再取

$$t_2=\frac{\beta}{\beta_1}t_1=-0.933196$$

解初值问题，求解结果记为 $y_2(x)$，得 $\beta_2=y_2(b)=20.64263$，显然 $|\beta_2-\beta|>\varepsilon$。继续取

$$t_3=t_2+\frac{t_2-t_1}{\beta_2-\beta_1}\left(\beta-\beta_2\right)=-16.380940$$

解初值问题，求解结果记为 $y_3(x)$，得 $\beta_3=y_3(b)=12.86446$，显然$|\beta-\beta_3|>\varepsilon$。

重复试射，直至第八步才得到合乎精度要求的数值解。每步的 t_k 及 β_k 值见表 2.1，第八步试射的数值解 y_n、准确解 $y(x_n)$及误差 $y_n-y(x_n)$如表 2.2 所示，可见解的精度是很高的。

表 2.1　试射法待选参数每步计算值

k	t_k	β_k	k	t_k	β_k
1	−1.33333	20.47920	5	−13.97505	14.33318
2	−0.933196	20.64263	6	−14.00000	14.33318
3	−16.38094	12.86446	7	−14.00000	14.33334
4	−13.46371	14.64552	8	−14.00001	14.33333

表 2.2　数值解与准确解计算结果对比

x_n	y_n	$y(x_n)$	$y_n-y(x_n)$	x_n	y_n	$y(x_n)$	$y_n-y(x_n)$
1.00	17.00000	17.00000	0.00×10^{0}	2.20	12.11273	12.11273	0.00×10^{0}
1.20	14.77334	14.77334	0.48×10^{-5}	2.40	12.42667	12.42667	0.00×10^{0}
1.40	13.38857	13.38857	0.29×10^{-5}	2.60	12.91385	12.91385	-0.95×10^{-6}
1.60	12.56000	12.56000	0.19×10^{-5}	2.80	13.55429	13.55429	0.00×10^{0}
1.80	12.12889	12.12889	0.95×10^{-6}	3.00	14.33333	14.33333	-0.95×10^{-6}
2.00	12.00000	12.00000	0.95×10^{-6}				

2.3.2　差分法

以方程（2.3.4）为例，将区间$[a, b]$分成 n 等份，步长 $h=(b-a)/n$，分点 $x_k=a+kh$（$k=0, 1, \cdots, n$），用差分表示分点的导数：

$$y'(x_k) \approx \frac{y(x_k+1)-y(x_k-1)}{2h}, \quad y''(x_k) \approx \frac{y(x_k+1)-2y(x_k)+y(x_k-1)}{h^2} \tag{2.3.7}$$

将式（2.3.7）代入式（2.3.4），并记 $y_k = y(x_k)$， $p_k = p(x_k)$，$q_k = q(x_k)$，$f_k = f(x_k)$，有

$$\frac{y_{k+1}-2y_k+y_{k-1}}{h^2}+p_k\frac{y_{k+1}-y_{k-1}}{2h}+q_k y_k = f_k, \quad k=1,2,\cdots,n-1 \tag{2.3.8}$$

方程（2.3.8）含 $n+1$ 个未知数 $y_0, y_1, \cdots, y_n$，但仅有 $n-1$ 个方程。根据边界条件补充方程如下。

（1）第一边值问题：

$$y_0 = \alpha, \quad y_n = \beta \tag{2.3.9}$$

方程（2.3.8）的矩阵形式为

$$\boldsymbol{Ay} = \boldsymbol{f} \tag{2.3.10}$$

其中

$$\boldsymbol{A} = \begin{bmatrix} -2+h^2q_1 & 1+\frac{1}{2}hp_1 & & & & \\ 1-\frac{1}{2}hp_2 & -2+h^2q_2 & 1+\frac{1}{2}hp_2 & & & \\ & 1-\frac{1}{2}hp_3 & -2+h^2q_3 & & & \\ & & & \ddots & & \\ & & & & -2+h^2q_{n-2} & 1+\frac{1}{2}hp_{n-2} \\ & & & & 1-\frac{1}{2}hp_{n-1} & -2+h^2q_{n-1} \end{bmatrix}, \quad \boldsymbol{y} = \begin{Bmatrix} y_1 \\ y_2 \\ \vdots \\ y_{n-2} \\ y_{n-1} \end{Bmatrix}$$

$$\boldsymbol{f} = \begin{Bmatrix} h^2 f_1 - \left(1-\frac{1}{2}hp_1\right)\alpha \\ h^2 f_2 \\ \vdots \\ h^2 f_{n-2} \\ h^2 f_{n-1} - \left(1+\frac{1}{2}hp_{n-1}\right)\beta \end{Bmatrix}$$

（2）第三边值问题：

$$\alpha_1 y(a) + \beta_1 y'(a) = \gamma_1, \quad \alpha_2 y(b) + \beta_2 y'(b) = \gamma_2 \tag{2.3.11}$$

利用三点数值微分公式，有

$$\alpha_1 y_0 + \beta_1 \frac{-y_2+4y_1-3y_0}{2h} = \gamma_1, \quad \alpha_2 y_n + \beta_2 \frac{y_{n-2}-4y_{n-1}-3y_n}{2h} = \gamma_2 \tag{2.3.12}$$

将式（2.3.12）代入式（2.3.11）中，整理后得

$$\begin{cases} (2h\alpha_1 - 3\beta_1)\,y_0 + 4\beta_1 y_1 - \beta_1 y_2 = 2h\gamma_1 \\ \beta_2 y_{n-2} - 4\beta_2 y_{n-1} + (2h\alpha_2 + 3\beta_2)\,y_n = 2h\gamma_2 \end{cases} \tag{2.3.13}$$

将方程（2.3.8）与方程（2.3.13）联立即可求解。

（3）第二边值问题：在方程（2.3.13）中，取 $\alpha_1=\alpha_2=0$，即可获得第二边值问题的解。

例 2.9　取步长 $h=\dfrac{1}{2}$，用差分法求解边值问题：

$$\begin{cases} -u''+\dfrac{2}{(x+2)^2}=0, \quad -1<x<1 \\ u(-1)=1, \quad u(1)=\dfrac{1}{3} \end{cases}$$

解　$y_0=\alpha=1$，$y_n=\beta=\dfrac{1}{3}$，$h=\dfrac{1}{2}$，$x_i=-1+ih(i=0,1,\cdots,4)$，$p_i=1$，$q_i=0$，$f_1=\dfrac{8}{9}$，$f_2=\dfrac{1}{2}$，$f_3=\dfrac{8}{25}$，且

$$\boldsymbol{A}=\begin{bmatrix} -2 & \dfrac{5}{4} & 0 \\ \dfrac{3}{4} & -2 & \dfrac{5}{4} \\ 0 & \dfrac{3}{4} & -2 \end{bmatrix}, \quad \boldsymbol{f}=\begin{Bmatrix} -\dfrac{7}{12} \\ \dfrac{1}{8} \\ -\dfrac{51}{300} \end{Bmatrix}$$

由 $\boldsymbol{Au}=\boldsymbol{f}$，解得

$$\boldsymbol{u}=\begin{Bmatrix} u(-0.5) \\ u(0) \\ u(0.5) \end{Bmatrix}=\begin{Bmatrix} 0.4093 \\ 0.1882 \\ 0.1553 \end{Bmatrix}$$

2.3.3　加权残值法

1. 场方程的等效积分（弱）形式

对于如图 2.3 所示问题，其场方程和边界条件分别如下：

$$\boldsymbol{A}(\boldsymbol{u})=\begin{Bmatrix} A_1(\boldsymbol{u}) \\ A_2(\boldsymbol{u}) \\ \vdots \\ A_m(\boldsymbol{u}) \end{Bmatrix}=0, \quad \boldsymbol{u}\in V \qquad (2.3.14)$$

$$\boldsymbol{B}(\boldsymbol{u})=\begin{Bmatrix} B_1(\boldsymbol{u}) \\ B_2(\boldsymbol{u}) \\ \vdots \\ B_l(\boldsymbol{u}) \end{Bmatrix}=0, \quad \boldsymbol{u}\in S \qquad (2.3.15)$$

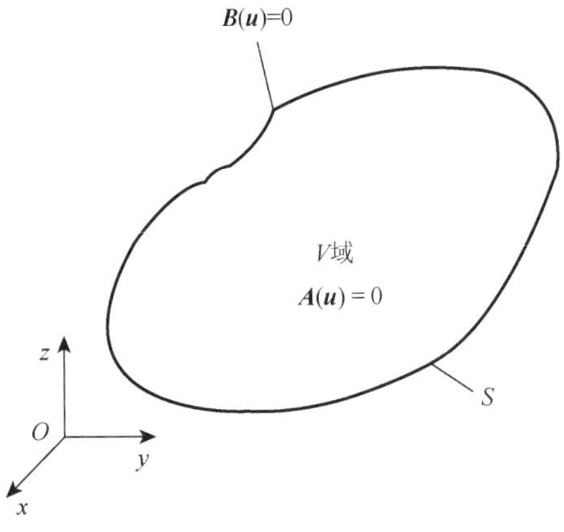

图 2.3　场方程及边界条件

其中，$\boldsymbol{A}$、$\boldsymbol{B}$ 为微分算子，$\boldsymbol{u}=[u_1 \quad u_2 \quad \cdots \quad u_m]^{\mathrm{T}}$。

对于任意向量 $\boldsymbol{v}=[v_1 \quad v_2 \quad \cdots \quad v_m]^{\mathrm{T}}$，$\bar{\boldsymbol{v}}=[\bar{v}_1 \quad \bar{v}_2 \quad \cdots \quad \bar{v}_l]^{\mathrm{T}}$，有

$$\int_V \boldsymbol{v}^{\mathrm{T}} \boldsymbol{A}(\boldsymbol{u})\mathrm{d}V \equiv \int_V [v_1 A_1(\boldsymbol{u}) + v_2 A_2(\boldsymbol{u}) + \cdots + v_m A_m(\boldsymbol{u})]\mathrm{d}V \equiv 0 \tag{2.3.16}$$

$$\int_S \bar{\boldsymbol{v}}^{\mathrm{T}} \boldsymbol{B}(\boldsymbol{u})\mathrm{d}S \equiv \int_S [\bar{v}_1 B_1(\boldsymbol{u}) + \bar{v}_2 B_2(\boldsymbol{u}) + \cdots + \bar{v}_l B_l(\boldsymbol{u})]\mathrm{d}S \equiv 0 \tag{2.3.17}$$

将方程（2.3.16）和方程（2.3.17）联立，有

$$\int_V \boldsymbol{v}^{\mathrm{T}} \boldsymbol{A}(\boldsymbol{u})\mathrm{d}V + \int_S \bar{\boldsymbol{v}}^{\mathrm{T}} \boldsymbol{B}(\boldsymbol{u})\mathrm{d}S = 0 \tag{2.3.18}$$

同样由方程(2.3.18)及向量 $\boldsymbol{v}$ 和 $\bar{\boldsymbol{v}}$ 的任意性，可得到场方程(2.3.14)及边界条件(2.3.15)。方程（2.3.18）称为场方程（2.3.14）和边界条件（2.3.15）的**等效积分形式**。

方程（2.3.18）积分存在条件如下：

（1）向量 $\boldsymbol{v}$ 和 $\bar{\boldsymbol{v}}$ 单值，且在域 V 和边界 S 上可积。

（2）若算子 $\boldsymbol{A}$ 的最高阶导数为 n，则 $\boldsymbol{u}$ 的 $n-1$ 阶导数必须连续，称函数 $\boldsymbol{u}$ 具有 **C_{n-1} 连续性**。若 $n=1$，则称函数 $\boldsymbol{u}$ 具有 **C_0 连续性**。

对方程（2.3.18）分部积分得到

$$\int_V \boldsymbol{C}^{\mathrm{T}}(\boldsymbol{v})\boldsymbol{D}(\boldsymbol{u})\mathrm{d}V + \int_S \boldsymbol{E}^{\mathrm{T}}(\bar{\boldsymbol{v}})\boldsymbol{F}(\boldsymbol{u})\mathrm{d}S = 0 \tag{2.3.19}$$

其中，$\boldsymbol{C}$、$\boldsymbol{D}$、$\boldsymbol{E}$、$\boldsymbol{F}$ 为微分算子。方程（2.3.19）降低了对场函数 $\boldsymbol{u}$ 的连续性要求，提高了对任意向量函数 $\boldsymbol{v}$ 和 $\bar{\boldsymbol{v}}$ 的要求，这样的积分形式称为场方程(2.3.14)和边界条件(2.3.15)的**等效积分弱形式**。

对于 $2m$ 阶微分方程，含 $0\sim m-1$ 阶导数的边界条件称为**强制边界条件**。含 $m\sim 2m-1$ 阶导数的边界条件称为**自然边界条件**。用等效积分形式（2.3.18）或其弱形式（2.3.19）求解场函数时，构造的近似函数预先满足**强制边界条件**，这样在等效积分形式（2.3.18）或弱形式（2.3.19）中不出现强制边界条件，仅出现自然边界条件。

2. 加权残值法的建立

1）基本原理

设场方程（2.3.14）的近似解为

$$\tilde{\boldsymbol{u}} = \begin{Bmatrix} \tilde{u}_1 \\ \tilde{u}_2 \\ \vdots \\ \tilde{u}_m \end{Bmatrix} = [\boldsymbol{N}_1 \quad \boldsymbol{N}_2 \quad \cdots \quad \boldsymbol{N}_n] \begin{Bmatrix} a_1 \\ a_2 \\ \vdots \\ a_n \end{Bmatrix} = \begin{bmatrix} N_1^{(1)} & N_2^{(1)} & \cdots & N_n^{(1)} \\ N_1^{(2)} & N_2^{(2)} & \cdots & N_n^{(2)} \\ \vdots & \vdots & & \vdots \\ N_1^{(m)} & N_2^{(m)} & \cdots & N_n^{(m)} \end{bmatrix} \begin{Bmatrix} a_1 \\ a_2 \\ \vdots \\ a_n \end{Bmatrix} = \boldsymbol{Na} \tag{2.3.20}$$

其中，a_i 为待定参数；$\boldsymbol{N}_i$ 为试函数（又称基函数）向量。将方程(2.3.20)代入场方程(2.3.14)及边界条件（2.3.15）得到残值（余量）：

$$\boldsymbol{R} = \boldsymbol{A}(\tilde{\boldsymbol{u}}) = \boldsymbol{A}(\boldsymbol{Na}), \quad \bar{\boldsymbol{R}} = \boldsymbol{B}(\tilde{\boldsymbol{u}}) = \boldsymbol{B}(\boldsymbol{Na}) \tag{2.3.21}$$

用 n 组规定的权函数 $\boldsymbol{W}_j$ 和 $\bar{\boldsymbol{W}}_j$ 来代替任意函数 $\boldsymbol{v}$ 和 $\bar{\boldsymbol{v}}$，等效积分形式（2.3.18）或其弱形式（2.3.19）变为

$$\int_V \boldsymbol{W}_j^{\mathrm{T}} \boldsymbol{A}(\boldsymbol{Na})\mathrm{d}V + \int_S \bar{\boldsymbol{W}}_j^{\mathrm{T}} \boldsymbol{B}(\boldsymbol{Na})\mathrm{d}S = 0, \quad j = 1,2,\cdots,n \tag{2.3.22a}$$

或者

$$\int_V \boldsymbol{W}_j^{\mathrm{T}} \boldsymbol{R}\mathrm{d}V + \int_S \bar{\boldsymbol{W}}_j^{\mathrm{T}} \bar{\boldsymbol{R}}\mathrm{d}S = 0, \quad j = 1,2,\cdots,n \tag{2.3.22b}$$

或者

$$\int_V \boldsymbol{C}^{\mathrm{T}}\boldsymbol{W}_j \boldsymbol{D}(\boldsymbol{Na})\mathrm{d}V + \int_S \boldsymbol{E}^{\mathrm{T}}(\bar{\boldsymbol{W}}_j)\boldsymbol{F}(\boldsymbol{Na})\mathrm{d}S = 0, \quad j = 1,2,\cdots,n \tag{2.3.22c}$$

方程（2.3.22）的数学意义是通过选择待定参数，使残值在某平均意义上为零。通过使残值（余量）的加权积分为零求微分方程近似解的方法称为**加权残值（余量）法**。

2）常见加权残值法

权函数的不同取法对应于不同的加权残值法，常见的加权残值法包括配点法、子域法、最小二乘法、力矩法、Galerkin 法等。

（1）配点法

配点法的权函数取为

$$\boldsymbol{W}_j = \delta\left(\boldsymbol{x} - \boldsymbol{x}_j\right) \tag{2.3.23}$$

其中，$\delta(\cdot)$ 函数具有如下性质：当 $\boldsymbol{x} \neq \boldsymbol{x}_j$ 时，$\boldsymbol{W}_j = 0$，且 $\int_V \boldsymbol{W}_j \,\mathrm{d}V = \boldsymbol{I}$。得到

$$\int_V \boldsymbol{W}_j^{\mathrm{T}} \boldsymbol{R}\mathrm{d}V = \boldsymbol{R}\left(\boldsymbol{x}_j\right) = 0, \quad j = 1,2,\cdots,n \tag{2.3.24}$$

该方法相当于强迫残值在域内 n 个点等于 0。

（2）子域法

如果求解域 $\Omega = \bigcup \Omega_j, \Omega_i \bigcap \Omega_j = \varnothing$，$\boldsymbol{W}_j = \begin{cases} \boldsymbol{I}, x \in \Omega_j \\ 0, x \notin \Omega_j \end{cases}$，则

$$\int_V \boldsymbol{W}_j^{\mathrm{T}} \boldsymbol{R}\mathrm{d}V = \int_V \boldsymbol{R}\mathrm{d}V = 0, \quad j = 1,2,\cdots,n \tag{2.3.25}$$

该方法就是强迫残值在 n 个子域的积分为零。

（3）最小二乘法

当方程的近似解 $\tilde{\boldsymbol{u}} = \sum_{i=1}^{n} \boldsymbol{N}_i \boldsymbol{a}_i$ 时，权函数取以下形式：

$$\boldsymbol{W}_j = \frac{\partial}{\partial a_j} \boldsymbol{A}\left(\sum_{i=1}^{n} \boldsymbol{N}_i a_i\right), \quad j = 1,2,\cdots,n \tag{2.3.26}$$

此方法实质是使得函数

$$\boldsymbol{I}\left(a_1, a_2, \cdots, a_n\right) = \int_\Omega \boldsymbol{A}^{\mathrm{T}}\left(\sum_{i=1}^{n} \boldsymbol{N}_i a_i\right)\boldsymbol{A}\left(\sum_{i=1}^{n} \boldsymbol{N}_i a_i\right)\mathrm{d}\Omega \tag{2.3.27}$$

取最小值，即要求

$$\frac{\partial \boldsymbol{I}}{\partial a_i} = 0 \tag{2.3.28}$$

（4）力矩法（又称积分法）

对于一维问题，如果微分方程 $\boldsymbol{A}(\boldsymbol{u}) = 0$ 的近似解已满足边界条件，取 W_j=$1, x, x^2, \cdots$，则得到

$$\int_\Omega \boldsymbol{A}(\bar{\boldsymbol{u}})\mathrm{d}\Omega = 0, \quad \int_\Omega x\boldsymbol{A}(\bar{\boldsymbol{u}})\mathrm{d}\Omega = 0, \quad \int_\Omega x^2 \boldsymbol{A}(\bar{\boldsymbol{u}})\mathrm{d}\Omega = 0, \cdots \tag{2.3.29}$$

对于二维问题，权函数取为 W_j=$1, x, y, x^2, xy, y^2, \cdots$。

（5）Galerkin 法

Galerkin 法中，权函数与试函数处于同一函数空间，且 $\boldsymbol{W}_j=\boldsymbol{N}_j$，$\bar{\boldsymbol{W}}_j=-\boldsymbol{N}_j\left(j=1,2,\cdots,n\right)$，则其等效积分形式或弱形式为

$$\int_V \boldsymbol{N}_j^{\mathrm{T}}\boldsymbol{A}(\boldsymbol{Na})\mathrm{d}V-\int_S \boldsymbol{N}_j^{\mathrm{T}}\boldsymbol{B}(\boldsymbol{Na})\mathrm{d}S=0,\quad j=1,2,\cdots,n \tag{2.3.30a}$$

或

$$\int_V \boldsymbol{C}^{\mathrm{T}}(\boldsymbol{N}_j)\boldsymbol{D}(\boldsymbol{Na})\mathrm{d}V-\int_S \boldsymbol{E}^{\mathrm{T}}(\boldsymbol{N}_j)\boldsymbol{F}(\boldsymbol{Na})\mathrm{d}S=0,\quad j=1,2,\cdots,n \tag{2.3.30b}$$

当场方程满足一定条件时，用 Galerkin 法得到的代数方程组系数矩阵是对称的，因此有限元格式常用 Galerkin 法。

2.3.4　Rayleigh-Ritz 法

1. 基本思想

对场方程（2.3.14）和边界条件（2.3.15），应用其等效积分（弱）形式构造泛函：

$$\varPi=\int_V \boldsymbol{F}\left(\boldsymbol{u},\frac{\partial \boldsymbol{u}}{\partial \boldsymbol{x}},\cdots\right)\mathrm{d}V+\int_S \boldsymbol{E}\left(\boldsymbol{u},\frac{\partial \boldsymbol{u}}{\partial \boldsymbol{x}},\cdots\right)\mathrm{d}S \tag{2.3.31}$$

其中，$\boldsymbol{E}$ 和 $\boldsymbol{F}$ 为微分算子。若该泛函的变分为零（或泛函取极值），则该极值曲线就为该场方程的解，这种求解场方程解的方法称为 **Rayleigh-Ritz 法**、**变分原理**或**变分法**。该方法得到的解是场方程的精确解，也可以利用该方法求得其近似解，这种直接通过泛函变分得到场方程解的方法称为**变分直接法**。

2. 泛函的构造

1）线性自伴随微分算子概念

考察微分方程 $\boldsymbol{L}(\boldsymbol{u})+\boldsymbol{b}=0$，如果对于任意常数 α、β，算子 $\boldsymbol{L}$ 均满足：

$$\boldsymbol{L}(\alpha\boldsymbol{u}_1+\beta\boldsymbol{u}_2)=\alpha\boldsymbol{L}(\boldsymbol{u}_1)+\beta\boldsymbol{L}(\boldsymbol{u}_2) \tag{2.3.32}$$

则称微分算子 $\boldsymbol{L}$ 为**线性算子**。

定义 $\boldsymbol{L}(\boldsymbol{u})$ 和任意函数 $\boldsymbol{v}$ 的内积 $\left\langle \boldsymbol{L}(\boldsymbol{u}),\boldsymbol{v}\right\rangle=\int_V \boldsymbol{L}(\boldsymbol{u})\boldsymbol{v}\,\mathrm{d}V$，分部积分得到

$$\int_V \boldsymbol{L}(\boldsymbol{u})\boldsymbol{v}\mathrm{d}V=\int_V \boldsymbol{u}\boldsymbol{L}^*(\boldsymbol{v})\mathrm{d}V+\mathrm{b.t.}(\boldsymbol{u},\boldsymbol{v}) \tag{2.3.33}$$

如果 $\boldsymbol{L}^*=\boldsymbol{L}$，就称算子 $\boldsymbol{L}$ 为**自伴随微分算子**。

2）线性自伴随微分算子的泛函

考察场方程和边界条件：

$$\begin{aligned}&\boldsymbol{A}(\boldsymbol{u})\equiv\boldsymbol{L}(\boldsymbol{u})+\boldsymbol{f}=0,\quad \boldsymbol{u}\in V\\&\boldsymbol{B}(\boldsymbol{u})=0,\quad \boldsymbol{u}\in S\end{aligned} \tag{2.3.34}$$

如果场方程和边界条件（2.3.34）中，$\boldsymbol{L}$ 为线性自伴随微分算子，则可定义满足 $\delta\varPi=0$（即有极值曲线）的泛函：

$$\varPi=\int_V\left(\frac{1}{2}\boldsymbol{u}^{\mathrm{T}}\boldsymbol{L}(\boldsymbol{u})+\boldsymbol{u}^{\mathrm{T}}\boldsymbol{f}\right)\mathrm{d}V+\mathrm{b.t.}(\boldsymbol{u}) \tag{2.3.35}$$

即原问题的微分方程和边界条件等价于泛函的变分等于零，即**泛函取极值**。

3）求解过程

Rayleigh-Ritz 法（变分直接法）的求解过程步骤如下：

（1）根据场方程和边界条件，构造具有极值的泛函 Π ；

（2）假设近似解为 $\tilde{\boldsymbol{u}}=\boldsymbol{Na}$ ，其中 $\boldsymbol{N}=\begin{bmatrix}N_1 & N_2 & \cdots & N_n\end{bmatrix}$ 为一组线性无关的试函数，$\boldsymbol{a}=\begin{bmatrix}a_1 & a_2 & \cdots & a_n\end{bmatrix}^{\mathrm{T}}$ 为一组待定系数；

（3）将近似解代入泛函 Π ，得到关于 $a_1,a_2,\cdots,a_n$ 的多元函数 $\Pi=\Pi(a_1,a_2,\cdots,a_n)$ ，由多元函数的极值条件得

$$\frac{\partial \Pi}{\partial \boldsymbol{a}}=\begin{Bmatrix}\dfrac{\partial \Pi}{\partial a_1}\\ \dfrac{\partial \Pi}{\partial a_2}\\ \vdots \\ \dfrac{\partial \Pi}{\partial a_n}\end{Bmatrix}=0 \tag{2.3.36}$$

这是一个关于 $a_1,a_2,\cdots,a_n$ 的 n 元线性方程组。

（4）求解线性方程组（2.3.36）得到 a_i ，就可得到近似解。

Rayleigh-Ritz 法（变分直接法）在应用中需要说明以下几点：

（1）上述线性方程组也可以通过变分得到。将 $\tilde{\boldsymbol{u}}=\boldsymbol{Na}$ 代入泛函，由泛函驻值条件得

$$\delta\Pi=\frac{\partial \Pi}{\partial a_1}\delta a_1+\frac{\partial \Pi}{\partial a_2}\delta a_2+\cdots+\frac{\partial \Pi}{\partial a_n}\delta a_n=0 \tag{2.3.37}$$

再由 δa_i 的任意性得到方程组（2.3.36）。

（2）如果 Π 为二次泛函，即 $\Pi=\dfrac{1}{2}\boldsymbol{a}^{\mathrm{T}}\boldsymbol{Ka}-\boldsymbol{a}^{\mathrm{T}}\boldsymbol{F}$ ，其中 $\boldsymbol{K}$ 为对称矩阵，则

$$\frac{\partial \Pi}{\partial \boldsymbol{a}}=\boldsymbol{Ka}-\boldsymbol{F}=0 \tag{2.3.38}$$

（3）试函数 $N_1,N_2,\cdots,N_n$ 应该取自完备的函数系列，满足该要求的试函数是**完备的**。

（4）如果泛函中场函数的最高微分阶数为 m，试函数 $N_1,N_2,\cdots,N_n$ 应该满足 C_{m-1} 连续性要求，满足该要求的试函数称为**协调函数**。

（5）通常选取的试函数满足边界条件，这样泛函相对比较简单。但选取满足全部边界条件的试函数通常比较困难，这也是该方法在求解复杂区域问题时的困难。

例 2.10　采用 Galerkin 法求解微分方程：

$$\begin{cases}y''-y+x=0\\ y\big|_{x=0}=y\big|_{x=1}=0\end{cases}$$

解　选取满足边界条件的近似函数：

$$y_n=x(1-x)\left(a_1+a_2x+\cdots+a_nx^{n-1}\right)$$

其中，$a_1,a_2,\cdots,a_n$ 为待定系数。若求二次近似，取 $y_1=x(1-x)a_1$ ，将其代入微分方程得

到关于 a_1 的方程：

$$\int_0^1 (y''-y+x)\varphi_1 \mathrm{d}x=\int_0^1\left[-2a_1-a_1x(1-x)+x\right]x(1-x)\,\mathrm{d}x=0$$

求得 $a_1=5/22$，故一阶近似解为 $y_1=\dfrac{5}{22}x(1-x)$。

若求三次近似，选取 $y_2=x(1-x)(a_1+a_2x)$，将其代入原方程中得到关于 a_1、a_2 的两个方程：

$$\int_0^1 (y''-y+x)\varphi_1 \mathrm{d}x=\int_0^1\left[-2a_1+a_2(2-6x)-x(1-x)(a_1+a_2x)+x\right]x(1-x)\,\mathrm{d}x=0$$

$$\int_0^1 (y''-y+x)\varphi_2 \mathrm{d}x=\int_0^1\left[-2a_1+a_2(2-6x)-x(1-x)(a_1+a_2x)+x\right]x^2(1-x)\,\mathrm{d}x=0$$

对以上两式进行积分，并求解待定系数，得到 $a_1=71/360$，$a_2=7/41$。故三次近似解为

$$y_2=x(1-x)\left(\frac{71}{360}+\frac{7}{41}x\right)$$

2.4 本章小结

本章介绍了有限元法的数学基础，内容包括泛函与变分、泛函的极值条件，以及求解微分方程边值问题的试射法、差分法、各种常见的加权残值法和变分直接法。在加权残值法中介绍了场方程和边界条件对应的等效积分形式及其等效积分弱形式，该方法是构造场方程能量泛函的基础。在变分直接法中介绍了当场方程微分算子为线性自伴随微分算子时，其能量泛函的构造及求解该类场方程近似解的过程。

本章涉及的概念有泛函、（自变函数、核函数、泛函）变分、泛函极值、Euler 方程、试射法、差分法、加权残值法、变分直接法等，这些概念及方法是后续有限元法的基础，需要完全理解和掌握。

2.5 习　　题

【习题 2.1】　设某物理问题的微分方程和边界条件为

$$\begin{cases}\dfrac{\mathrm{d}^2\varphi}{\mathrm{d}x^2}+\varphi+x=0, & 0\leqslant x\leqslant 1\\ \varphi(0)=\varphi(1)=0\end{cases}$$

若试函数为 $\varphi(x)=c_1\varphi_1(x)+c_2\varphi_2(x)$，$\varphi_1(x)=x(1-x)$，$\varphi_2(x)=x^2(1-x)$，试用如下方法求解该问题：①Galerkin 法；②最小二乘法；③Rayleigh-Ritz 法。

【习题 2.2】　对于如下方程及边界条件：

$$\begin{cases}\dfrac{\mathrm{d}^2\varphi}{\mathrm{d}x^2}+\varphi=x\\ \varphi(0)=0,\quad \varphi(1)=1\end{cases}$$

试推导出与它等效的泛函。若近似函数 $\varphi=a_0+a_1x+a_2x^2$，用泛函极值方法求待定系数 a_0、a_1、a_2。

【习题 2.3】 泛函及边界条件为

$$\begin{cases} \Pi\left[y(x)\right]=\int_0^{\frac{\pi}{2}}\left[\left(y'\right)^2-y^2\right]\mathrm{d}x \\ y(0)=0,\quad y\left(\dfrac{\pi}{2}\right)=1 \end{cases}$$

求该泛函在极值条件下的函数 $y(x)$。

【习题 2.4】 若函数 $y(x)$ 的二次泛函为

$$\Pi[y]=\int_{x_1}^{x_2}\left[p(x)y^2+2q(x)yy'+r(x)\left(y'\right)^2+2f(x)y+2g(x)y'\right]\mathrm{d}x$$

试证明其所对应的 Euler 方程为

$$\left(r\,y'\right)'+\left(q'-p\right)y+g'-f=0$$

【习题 2.5】 若函数 $y(x)$ 的二次泛函为

$$\Pi\left[y\right]=\frac{1}{2}\int_{x_1}^{x_2}\left[p(x)y^2+2q(x)yy'+r(x)\left(y'\right)^2\right]\mathrm{d}x$$

在边界条件 $y(x_1)=y(x_2)=0$ 和附加条件 $\frac{1}{2}\int_{x_1}^{x_2}k(x)y^2\,\mathrm{d}x=1$ 下取极值的变分问题成立。试证所对应的欧拉方程为

$$r\,y'+\left(q'-p+\lambda k\right)y=0$$

其中，λ 为标量参数。

【习题 2.6】 试推导泛函：

$$\Pi\left[\varphi\right]=\frac{1}{2}\int_V\left[\left(\frac{\partial\varphi}{\partial x}\right)^2+\left(\frac{\partial\varphi}{\partial y}\right)^2+\left(\frac{\partial\varphi}{\partial z}\right)^2-2C\varphi\right]\mathrm{d}V$$

取极值条件对应的欧拉方程，其中 C 为常数。

【习题 2.7】 微分方程和边界条件为

$$\begin{cases} y''+4y=\cos x,\quad 0\leqslant x\leqslant\dfrac{\pi}{4} \\ y\left(0\right)=0,\qquad y\left(\dfrac{\pi}{4}\right)=0 \end{cases}$$

给出该问题的解析解，用试射法求其数值解并与解析解比较。

【习题 2.8】 用差分法求解如下微分方程的边值问题：

$$\begin{cases} y''+y=-\sin(2x),\quad 0<x<\pi \\ y(0)=\dfrac{1}{3},\qquad y(\pi)=1 \end{cases}$$

【习题 2.9】 某问题的微分方程及边界条件为

$$\begin{cases} \dfrac{\partial^2\phi}{\partial x^2}+\dfrac{\partial^2\phi}{\partial y^2}+c\phi+Q=0\quad（在\ \Omega\ 内） \\ \phi=\overline{\phi}\ （在\ \Gamma_1\ 上），\quad \dfrac{\partial\phi}{\partial n}=\overline{q}\quad（在\ \Gamma_2\ 上） \end{cases}$$

其中，c 和 Q 仅是坐标的函数，试证明此方程的微分算子是自伴随的，并建立相应的自然变分原理。

【习题 2.10】　设泛函为

$$\Pi[\varphi]=\int_V\left[\frac{k}{2}\left(\frac{\partial\varphi}{\partial x}\right)^2+\frac{k}{2}\left(\frac{\partial\varphi}{\partial y}\right)^2-Q\varphi\right]\mathrm{d}V-\int_{\Gamma_\varphi}\left(\frac{a}{2}\varphi^2-q\varphi\right)\mathrm{d}\Gamma$$

其中，k、Q、a、q 仅是坐标的函数，试确定其对应的 Euler 方程，并识别 Γ_φ 上的自然边界条件和 $\Gamma-\Gamma_\varphi$ 上的强制边界条件。

习题解答

第 3 章　弹性力学与传热学基础

第 2 章介绍了求解场问题的变分直接法，该方法通过构造同场方程及边界条件等价的泛函，然后将近似解表示为一组试函数（线性无关并在全域内满足边界条件）的线性组合，通过泛函的极值条件得到场方程的近似解。要构造同场方程及边界条件等价的泛函，就需要得到该场问题涉及的基本物理量、基本方程及边界条件。本章简要介绍各类弹性力学问题和热传导问题涉及的基本变量、基本方程和边界条件，介绍各类弹性力学问题和热传导问题能量泛函的构造，以及相应的变分原理。为便于程序设计，基本物理量、基本方程和边界条件均采用矩阵描述。

3.1　弹性力学基础

弹性力学研究弹性体在机械或热载荷作用下的应力和变形，当外载荷去除后，弹性体将恢复其原始状态。材料力学中的研究对象集中在杆和梁，分析方法是基于这些构件的变形特征做出假设，如梁弯曲问题的直法线假设等。而弹性力学则针对的是一般的弹性实体的应力和变形问题，具有更加广泛的适用范围。本节简要介绍弹性力学的基础知识，为学习弹性力学有限元法奠定基础。

3.1.1　基本假设与基本物理量

1. 基本假设

为突出所处理问题的实质，并使问题得以简单化和抽象化，在弹性力学中，提出以下五个基本假定：

（1）**连续性假定**，即认为物质中无空隙，因此可采用连续函数来描述对象。

（2）**均匀性假定**，即认为物体内各个位置的物质具有相同的力学特性，因此各个位置材料的描述是相同的。

（3）**各向同性假定**，即认为物体内同一位置的物质在各个方向上具有相同的力学特性，因此同一位置材料在各个方向上的描述是相同的。

（4）**线弹性假定**，即物体变形与外力作用的关系是线性的，外力去除后，物体可恢复原状，因此描述材料性质的方程是线性方程。

（5）**小变形假定**，即物体变形远小于物体的几何尺寸，因此在建立方程时，可以忽略高阶小量（二阶以上）。

以上基本假定和真实情况虽然有一定的差别，但从宏观尺度上来看，特别是对于工程问题，大多数情况下还是比较接近实际的。

2. 基本物理量

在外力的作用下，若物体内任意两点之间发生相对位移，则这样的物体称为**变形体**。当变形体受到外界的作用（如外力或约束）时，如何来描述它的变形和受力呢？我们可以观察到物体在受力后产生了内部和外部位置的变化，因此物体各点的位移应该是描述该过程最直接的物理量，这些物理量将受到物体的形状、组成物体的材质及外力的影响。总之，在材料确定的情况下，有如下三类基本的力学物理量。

1）**位移**

位移描述物体变形前后的位置，物体中任意一点（x, y, z）沿三个坐标轴方向的 3 个位移分别为 u、v、w，对应的位移向量为

$$\boldsymbol{u}(x,y,z)=\begin{Bmatrix} u(x,y,z) \\ v(x,y,z) \\ w(x,y,z) \end{Bmatrix} \tag{3.1.1}$$

2）**应变**

应变描述物体的变形程度，6 个应变分量分为 3 个正应变 ε_{xx}、ε_{yy}、ε_{zz}（简记为 ε_x、ε_y、ε_z）和三个剪应变 ε_{xy}、ε_{yz}、ε_{zx}。其中剪应变常用工程应变 γ_{xy}、γ_{yz}、γ_{zx} 表示，有如下关系：

$$\gamma_{xy}=2\varepsilon_{xy},\quad \gamma_{yz}=2\varepsilon_{yz},\quad \gamma_{zx}=2\varepsilon_{zx} \tag{3.1.2}$$

应变表示为列向量形式为

$$\boldsymbol{\varepsilon}=[\varepsilon_x \quad \varepsilon_y \quad \varepsilon_z \quad \gamma_{xy} \quad \gamma_{yz} \quad \gamma_{zx}]^{\mathrm{T}}$$

3）**应力**

应力描述物体的受力状态，6 个应力分量分别为 3 个正应力 σ_{xx}、σ_{yy}、σ_{zz}（简记为 σ_x、σ_y、σ_z）和三个剪应力 σ_{xy}、σ_{yz}、σ_{zx}（通常用 τ_{xy}、τ_{yz}、τ_{zx} 表示），其中 σ_{ij} 的第一个下标表示受力面的法向方向，第二个下标表示力的方向。应力表示为列向量形式为

$$\boldsymbol{\sigma}=[\sigma_x \quad \sigma_y \quad \sigma_z \quad \tau_{xy} \quad \tau_{yz} \quad \tau_{zx}]^{\mathrm{T}}$$

3.1.2　基本方程

对于一个待分析的对象，包括复杂的几何形状、给定的材料类型、指定的边界条件（受力和约束状况）。受外部作用的任意形状变形体，在其微小体元 dxdydz 中，基于位移、应变、应力这三大类物理量，可以建立以下三大类方程。

1. 几何方程

物体在外力作用下其内部各部分之间要产生相对运动，这种运动形态称为**变形**。描述变形体变形程度的方程称为**几何方程**。设一个变形体微小体元在变形前为 APB，而变

形后为 $A'P'B'$，P 点变形到 P' 点的 x 方向位移为 u，y 方向位移为 v，如图 3.1 所示。

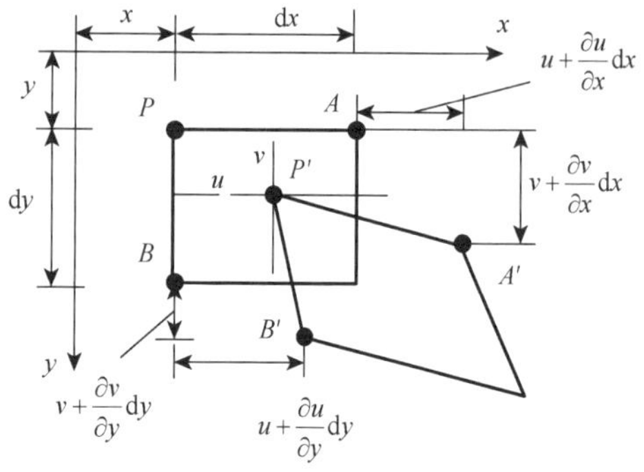

图 3.1　微元体的变形

由图 3.1 可见，变形体微小体元在受力后，其几何形状的改变主要有两个方面：沿各个方向上的长度变化以及夹角的变化，下面给出具体的描述。

1）沿坐标 x 方向的正应变

沿坐标 x 方向的正应变为

$$\varepsilon_x = \frac{P'A' - PA}{PA} = \frac{u + \frac{\partial u}{\partial x}\mathrm{d}x - u}{\mathrm{d}x} = \frac{\partial u}{\partial x} \quad (3.1.3)$$

类似地，可得到其他方向的正应变为 $\varepsilon_y = \frac{\partial v}{\partial y}$，$\varepsilon_z = \frac{\partial w}{\partial z}$。

2）夹角的变化

$P'A'$ 线与 PA 线的夹角为

$$\alpha = \frac{\left(v + \frac{\partial v}{\partial x}\mathrm{d}x\right) - v}{\mathrm{d}x} = \frac{\partial v}{\partial x} \quad (3.1.4a)$$

$P'B'$ 线与 PB 线的夹角为

$$\beta = \frac{\left(u + \frac{\partial u}{\partial y}\mathrm{d}y\right) - u}{\mathrm{d}y} = \frac{\partial u}{\partial y} \quad (3.1.4b)$$

则夹角的总变化（剪应变）为

$$\gamma_{xy} = \alpha + \beta = \frac{\partial u}{\partial y} + \frac{\partial v}{\partial x} \quad (3.1.4c)$$

类似地，可得其他剪应变为 $\gamma_{yz} = \frac{\partial v}{\partial z} + \frac{\partial w}{\partial y}$，$\gamma_{zx} = \frac{\partial u}{\partial z} + \frac{\partial w}{\partial x}$。

由前面的变形分析可知，基于小变形假定得到应变和位移之间的关系为

$$\begin{cases} \varepsilon_x = \frac{\partial u}{\partial x}, \quad \varepsilon_y = \frac{\partial v}{\partial y}, \quad \varepsilon_z = \frac{\partial w}{\partial z} \\ \frac{1}{2}\gamma_{xy} = \varepsilon_{xy} = \frac{1}{2}\left(\frac{\partial u}{\partial y} + \frac{\partial v}{\partial x}\right), \quad \frac{1}{2}\gamma_{yz} = \varepsilon_{yz} = \frac{1}{2}\left(\frac{\partial v}{\partial z} + \frac{\partial w}{\partial y}\right), \quad \frac{1}{2}\gamma_{zx} = \varepsilon_{zx} = \frac{1}{2}\left(\frac{\partial u}{\partial z} + \frac{\partial w}{\partial x}\right) \end{cases} \quad (3.1.5)$$

应变和位移的关系又称**几何关系**或**几何方程**，其微分算子形式为

$$\boldsymbol{\varepsilon} = \boldsymbol{L}\boldsymbol{u} \quad (3.1.6)$$

其中，$\boldsymbol{L}$ 为应变微分算子矩阵，表示为

$$
\boldsymbol{L}=\begin{bmatrix}
\dfrac{\partial}{\partial x} & 0 & 0 & \dfrac{\partial}{\partial y} & 0 & \dfrac{\partial}{\partial z} \\
0 & \dfrac{\partial}{\partial y} & 0 & \dfrac{\partial}{\partial x} & \dfrac{\partial}{\partial z} & 0 \\
0 & 0 & \dfrac{\partial}{\partial z} & 0 & \dfrac{\partial}{\partial y} & \dfrac{\partial}{\partial x}
\end{bmatrix}^{\mathrm{T}} \tag{3.1.7}
$$

2. 物理方程

描述材料应力-应变关系的方程称为材料的物理方程。材料的物理方程也称为材料的**应力-应变关系**或**本构方程**，线弹性材料的物理方程又称**胡克定律**。对于各向异性线弹性材料，其物理方程的一般形式为

$$
\begin{Bmatrix}\sigma_x\\ \sigma_y\\ \sigma_z\\ \tau_{xy}\\ \tau_{yz}\\ \tau_{zx}\end{Bmatrix}=
\begin{bmatrix}
D_{11} & D_{12} & D_{13} & D_{14} & D_{15} & D_{16}\\
D_{21} & D_{22} & D_{23} & D_{24} & D_{25} & D_{26}\\
D_{31} & D_{32} & D_{33} & D_{34} & D_{35} & D_{36}\\
D_{41} & D_{42} & D_{43} & D_{44} & D_{45} & D_{46}\\
D_{51} & D_{52} & D_{53} & D_{54} & D_{55} & D_{56}\\
D_{61} & D_{62} & D_{63} & D_{64} & D_{65} & D_{66}
\end{bmatrix}
\begin{Bmatrix}\varepsilon_x\\ \varepsilon_y\\ \varepsilon_z\\ \gamma_{xy}\\ \gamma_{yz}\\ \gamma_{zx}\end{Bmatrix} \tag{3.1.8}
$$

相对应的微分算子形式为

$$
\boldsymbol{\sigma}=\boldsymbol{D\varepsilon} \tag{3.1.9}
$$

其中，$\boldsymbol{D}$ 为材料的**弹性矩阵**，其元素 D_{ij} 称为材料的**弹性系数**或**刚度系数**。对各向同性材料，可以用两个独立的常数 E 和 μ 描述材料的弹性矩阵，分别称为**弹性模量**和**泊松比**。这时材料的弹性矩阵为

$$
\boldsymbol{D}=\frac{E(1-\mu)}{(1+\mu)(1-2\mu)}\begin{bmatrix}
1 & \dfrac{\mu}{1-\mu} & \dfrac{\mu}{1-\mu} & 0 & 0 & 0\\
\dfrac{\mu}{1-\mu} & 1 & \dfrac{\mu}{1-\mu} & 0 & 0 & 0\\
\dfrac{\mu}{1-\mu} & \dfrac{\mu}{1-\mu} & 1 & 0 & 0 & 0\\
0 & 0 & 0 & \dfrac{1-2\mu}{2(1-\mu)} & 0 & 0\\
0 & 0 & 0 & 0 & \dfrac{1-2\mu}{2(1-\mu)} & 0\\
0 & 0 & 0 & 0 & 0 & \dfrac{1-2\mu}{2(1-\mu)}
\end{bmatrix} \tag{3.1.10}
$$

3. 平衡方程

一个变形体在外力作用下处于平衡状态，则其中任意一个微元体都应该是平衡的。

考虑如图 3.2 所示平行六面微元体的平衡，其三条棱边长度分别为 dx、dy、dz。假设在 $x=0$ 的面上的应力分量为 σ_x、τ_{xy}、τ_{xz}，且它们的方向与坐标轴正方向相反。

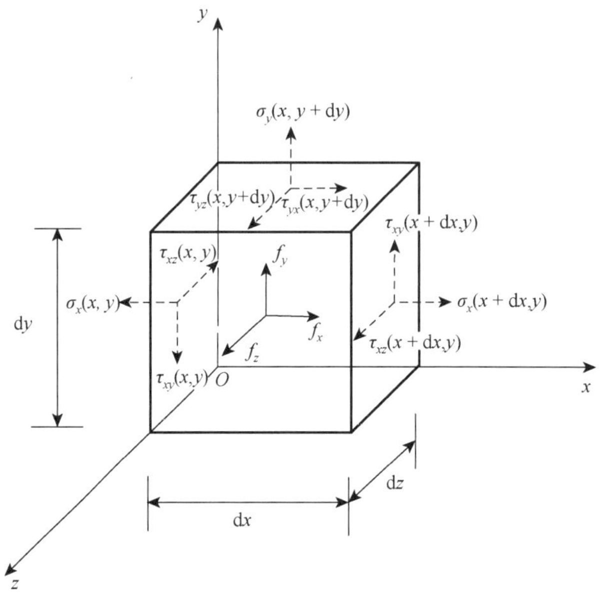

图 3.2　微元体的平衡

在 $x=\mathrm{d}x$ 的面上，x 改变了 dx，将该三个应力分量按 Taylor（泰勒）级数展开，以 σ_x 为例，有

$$\sigma_x(x+\mathrm{d}x, y)=\sigma_x(x, y)+\frac{\partial \sigma_x(x, y)}{\partial x}\mathrm{d}x+\frac{\partial^2 \sigma_x(x, y)}{2\partial x^2}(\mathrm{d}x)^2+\cdots \tag{3.1.11}$$

保留一阶精度得到该面上的三个应力分量分别为 $\sigma_x+\frac{\partial \sigma_x}{\partial x}\mathrm{d}x$、$\tau_{xy}+\frac{\partial \tau_{xy}}{\partial x}\mathrm{d}x$、$\tau_{xz}+\frac{\partial \tau_{xz}}{\partial x}\mathrm{d}x$，它们的指向与坐标轴正方向一致，其他面上的应力分量类似。用 f_x、f_y、f_z 分别表示沿坐标轴方向的体积力分量。该六面微元体的静力平衡包括力和力矩的平衡条件，即

$$\begin{cases}\sum F_x=0, & \sum F_y=0, & \sum F_z=0\\ \sum M_x=0, & \sum M_y=0, & \sum M_z=0\end{cases} \tag{3.1.12}$$

由 $\sum F_x=0$，有

$$\left(\sigma_x+\frac{\partial \sigma_x}{\partial x}\mathrm{d}x\right)\mathrm{d}y\mathrm{d}z-\sigma_x\mathrm{d}y\mathrm{d}z+\left(\tau_{yx}+\frac{\partial \tau_{yx}}{\partial y}\mathrm{d}y\right)\mathrm{d}x\mathrm{d}z-\tau_{yx}\mathrm{d}x\mathrm{d}z$$
$$+\left(\tau_{zx}+\frac{\partial \tau_{zx}}{\partial z}\mathrm{d}z\right)\mathrm{d}x\mathrm{d}y-\tau_{zx}\mathrm{d}x\mathrm{d}y+f_x\mathrm{d}x\mathrm{d}y\mathrm{d}z=0$$

简化可得

$$\frac{\partial \sigma_x}{\partial x}+\frac{\partial \tau_{yx}}{\partial y}+\frac{\partial \tau_{zx}}{\partial z}+f_x=0 \tag{3.1.13}$$

类似地，由 $\sum F_y = 0$、$\sum F_z = 0$ 可分别得到另外两个方程。

另外，由力矩平衡条件可写出力矩平衡方程，略去高阶微小量，可得如下关系：

$$\tau_{xy} = \tau_{yx}, \quad \tau_{yz} = \tau_{zy}, \quad \tau_{zx} = \tau_{xz} \tag{3.1.14}$$

方程（3.1.14）称为**剪（切）应力互等定理**。

归纳上面的推导，空间问题的平衡方程描述有如下几种形式。

（1）分量形式

$$\begin{cases} \dfrac{\partial \sigma_x}{\partial x} + \dfrac{\partial \tau_{yx}}{\partial y} + \dfrac{\partial \tau_{zx}}{\partial z} + f_x = 0 \\ \dfrac{\partial \tau_{xy}}{\partial x} + \dfrac{\partial \sigma_y}{\partial y} + \dfrac{\partial \tau_{zy}}{\partial z} + f_y = 0 \\ \dfrac{\partial \tau_{xz}}{\partial x} + \dfrac{\partial \tau_{yz}}{\partial y} + \dfrac{\partial \sigma_z}{\partial z} + f_z = 0 \end{cases} \tag{3.1.15}$$

其中，$\boldsymbol{f} = \begin{bmatrix} f_x & f_y & f_z \end{bmatrix}^{\mathrm{T}}$ 为体积力载荷列向量。

（2）矩阵形式

$$\begin{bmatrix} \dfrac{\partial}{\partial x} & 0 & 0 & \dfrac{\partial}{\partial y} & 0 & \dfrac{\partial}{\partial z} \\ 0 & \dfrac{\partial}{\partial y} & 0 & \dfrac{\partial}{\partial x} & \dfrac{\partial}{\partial z} & 0 \\ 0 & 0 & \dfrac{\partial}{\partial z} & 0 & \dfrac{\partial}{\partial y} & \dfrac{\partial}{\partial x} \end{bmatrix} \begin{Bmatrix} \sigma_x \\ \sigma_y \\ \sigma_z \\ \tau_{xy} \\ \tau_{yz} \\ \tau_{zx} \end{Bmatrix} + \begin{Bmatrix} f_x \\ f_y \\ f_z \end{Bmatrix} = \mathbf{0} \tag{3.1.16}$$

（3）微分算子形式

$$\boldsymbol{L}^{\mathrm{T}} \boldsymbol{\sigma} + \boldsymbol{f} = \mathbf{0} \tag{3.1.17}$$

其中，$\boldsymbol{L}$ 为应力微分算子矩阵，与几何方程中应变微分算子矩阵（3.1.7）相同。

3.1.3　弹性力学问题的边界条件

边界条件简称 BC，一般包括力边界条件和位移边界条件，对于变形体的几何空间 V，如图 3.3 所示，其外表面被力边界和位移边界完全不重叠地包围，即有关系 $S = S_\sigma + S_u$，其中 S_σ 为给定的力边界，S_u 为给定的位移边界。

1. 力边界条件

对于如图 3.4 所示的力边界条件，假设过 P 点作 3 个相互垂直并与坐标平面平行的微元面，这些面上的应力分量已知。再作一个与坐标轴倾斜的微元面，其上作用的应力矢量为 $\boldsymbol{t} = [t_x \quad t_y \quad t_z]^{\mathrm{T}}$。则力边界条件可表示为

$$\boldsymbol{t}=\boldsymbol{n}\boldsymbol{\sigma}=\overline{\boldsymbol{t}} \quad （在 S_\sigma 边界上） \tag{3.1.18}$$

其中，$\overline{\boldsymbol{t}}=\begin{bmatrix}\overline{t}_x & \overline{t}_y & \overline{t}_z\end{bmatrix}^{\mathrm{T}}$ 为 S_σ 上已知的面力列向量；$\boldsymbol{n}$ 为该倾斜微元面的外法线方向余弦矩阵，表达式为

$$\boldsymbol{n}=\begin{bmatrix} n_x & 0 & 0 & n_y & 0 & n_z \\ 0 & n_y & 0 & n_x & n_z & 0 \\ 0 & 0 & n_z & 0 & n_y & n_x \end{bmatrix} \tag{3.1.19}$$

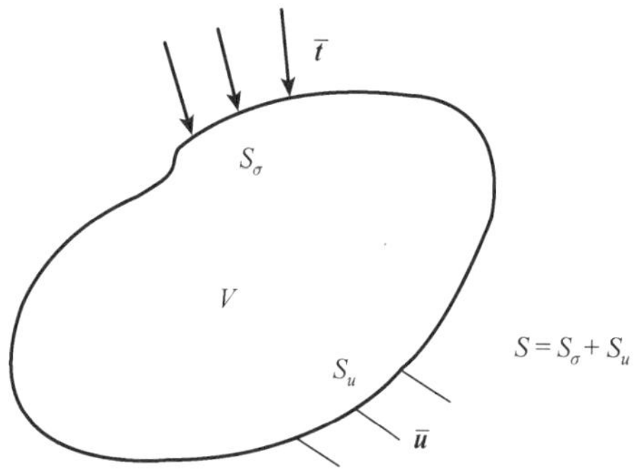

图 3.3　边界条件 $S_\sigma \cup S_u=\Gamma$，$S_\sigma \cap S_u=\varnothing$

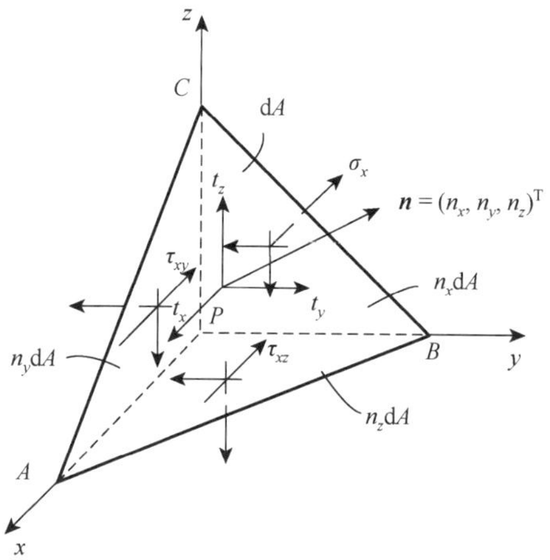

图 3.4　微元体边界平衡

2. 位移边界条件

位移边界条件为

$$\boldsymbol{u}=\overline{\boldsymbol{u}} \quad （在 S_u 边界上） \tag{3.1.20}$$

其中，$\overline{\boldsymbol{u}}=\begin{bmatrix}\overline{u}_x & \overline{u}_y & \overline{u}_z\end{bmatrix}^{\mathrm{T}}$ 为给定边界 S_u 上的位移列向量。

3.1.4　弹性力学问题的场方程

归纳起来，弹性力学问题的基本变量包括位移、应变和应力三类基本物理量，弹性力学方程包括几何方程、物理方程、平衡方程三类基本方程，边界条件包括位移边界条件和力边界条件。现将各类弹性静力学问题的基本物理量、基本方程和边界条件总结如下。

1. 空间问题的场方程

空间弹性力学问题的基本物理量包括 3 个位移分量 $u(x, y, z)$、$v(x, y, z)$、$w(x, y, z)$，6 个应变分量 ε_x、ε_y、ε_z、γ_{xy}、γ_{yz}、γ_{zx} 和 6 个应力分量 σ_x、σ_y、σ_z、τ_{xy}、τ_{yz}、τ_{zx}，总计 15

个基本物理量。基本方程包括 6 个几何方程、6 个物理方程和 3 个平衡方程，共计 15 个基本方程。基本方程及边界条件如下。

几何方程：

$$\boldsymbol{\varepsilon} = \boldsymbol{L}\boldsymbol{u} \tag{3.1.21}$$

物理方程：

$$\boldsymbol{\sigma} = \boldsymbol{D}\boldsymbol{\varepsilon} \tag{3.1.22}$$

平衡方程：

$$\boldsymbol{L}^{\mathrm{T}}\boldsymbol{\sigma} + \boldsymbol{f} = \boldsymbol{0} \tag{3.1.23}$$

力边界条件：

$$\boldsymbol{t} = \boldsymbol{n}\boldsymbol{\sigma} = \bar{\boldsymbol{t}} \quad （在 S_\sigma 边界上） \tag{3.1.24}$$

位移边界条件：

$$\boldsymbol{u} = \bar{\boldsymbol{u}} \quad （在 S_u 边界上） \tag{3.1.25}$$

2. 平面问题的场方程

任何物体都是三维的，但可以根据其几何构型、变形和受力特征将变形体简化为**平面问题**（简称 2D 问题），平面问题可分为平面应力问题和平面应变问题。如果在力作用下，变形体不可忽略的应力分量都位于同一平面内，其余应力分量很小可以忽略，就称具有这种应力状态的力学问题为**平面应力问题**。如果不能忽略的应力分量都位于 Oxy 平面，那么有

$$\sigma_x = f_1(x,y), \quad \sigma_y = f_2(x,y), \quad \tau_{xy} = f_3(x,y), \quad \sigma_z \approx 0, \quad \tau_{yz} \approx 0, \quad \tau_{zx} \approx 0$$

如果在力作用下，变形体不可忽略的应变分量都位于同一平面内，其余应变分量很小可以忽略，称具有这种应变状态的力学问题为**平面应变问题**。如果不能忽略的应变分量都位于 Oxy 平面，那么有

$$\varepsilon_x = g_1(x,y), \quad \varepsilon_y = g_2(x,y), \quad \gamma_{xy} = g_3(x,y), \quad \varepsilon_z \approx 0, \quad \gamma_{yz} \approx 0, \quad \gamma_{zx} \approx 0$$

平面弹性力学问题的基本物理量包括 2 个位移分量 $u(x, y)$、$v(x, y)$，3 个应变分量 ε_x、ε_y、γ_{xy} 和 3 个应力分量 σ_x、σ_y、τ_{xy}，总计 8 个基本物理量。基本方程包括 3 个几何方程、3 个物理方程和 2 个平衡方程，共计 8 个基本方程。有限元法中，将平面应力和平面应变问题表达成统一的形式，以便于程序设计，场方程也采用统一形式。下面都是在假设不能忽略的应力分量或应变分量都位于 Oxy 平面的前提下，介绍平面问题的基本物理量、基本方程和边界条件。

1）基本物理量

平面应力和平面应变问题的位移向量可表达为

$$\boldsymbol{u}(x,y) = \begin{Bmatrix} u(x,y) \\ v(x,y) \end{Bmatrix} \tag{3.1.26}$$

对应的应变列向量可以统一表达为

$$\boldsymbol{\varepsilon} = \begin{bmatrix} \varepsilon_x & \varepsilon_y & \gamma_{xy} \end{bmatrix}^{\mathrm{T}} \tag{3.1.27}$$

平面应力和平面应变问题的应力列向量可以统一表达为

$$\boldsymbol{\sigma}=\begin{bmatrix}\sigma_x & \sigma_y & \tau_{xy}\end{bmatrix}^{\mathrm{T}} \tag{3.1.28}$$

可见对于平面问题，非零基本物理量共计 8 个。这里需要注意的是：对于平面应变问题，$\varepsilon_z=0$，但 $\sigma_z\neq 0$；对于平面应力问题，$\sigma_z=0$，但 $\varepsilon_z\neq 0$。虽然平面应变问题中 $\sigma_z\neq 0$ 和平面应力问题中 $\varepsilon_z\neq 0$，但它们不属于平面问题的基本物理量。

2）基本方程

（1）几何方程

几何方程为

$$\boldsymbol{\varepsilon}=\begin{Bmatrix}\varepsilon_x\\ \varepsilon_y\\ \gamma_{xy}\end{Bmatrix}=\begin{bmatrix}\dfrac{\partial}{\partial x} & 0\\ 0 & \dfrac{\partial}{\partial y}\\ \dfrac{\partial}{\partial y} & \dfrac{\partial}{\partial x}\end{bmatrix}\begin{Bmatrix}u\\ v\end{Bmatrix}=\boldsymbol{L}\boldsymbol{u} \tag{3.1.29}$$

其中，$\boldsymbol{L}=\begin{bmatrix}\partial/\partial x & 0 & \partial/\partial y\\ 0 & \partial/\partial y & \partial/\partial x\end{bmatrix}^{\mathrm{T}}$ 为平面问题的应变微分算子。

（2）物理方程

将二维平面问题的物理方程写成如下统一形式：

$$\boldsymbol{\sigma}=\begin{Bmatrix}\sigma_x\\ \sigma_y\\ \tau_{xy}\end{Bmatrix}=\frac{E_0}{1-\mu_0^2}\begin{bmatrix}1 & \mu_0 & 0\\ \mu_0 & 1 & 0\\ 0 & 0 & \dfrac{1-\mu_0}{2}\end{bmatrix}\begin{Bmatrix}\varepsilon_x\\ \varepsilon_y\\ \gamma_{xy}\end{Bmatrix}=\boldsymbol{D}\boldsymbol{\varepsilon} \tag{3.1.30}$$

其中，$\boldsymbol{D}$ 为平面问题的弹性矩阵，且

$$\boldsymbol{D}=\frac{E_0}{1-\mu_0^2}\begin{bmatrix}1 & \mu_0 & 0\\ \mu_0 & 1 & 0\\ 0 & 0 & \dfrac{1-\mu_0}{2}\end{bmatrix} \tag{3.1.31}$$

对于平面应力问题，有 $E_0=E$，$\mu_0=\mu$，并且 $\sigma_z=0$，$\varepsilon_z\neq 0$，应变分量 ε_z 可直接利用物理方程用应力分量确定，表达式为 $\varepsilon_z=-\mu(\sigma_x+\sigma_y)/E$。对于平面应变问题，有 $E_0=E/(1-\mu^2)$，$\mu_0=\mu/(1-\mu)$，并且 $\varepsilon_z=0$，$\sigma_z\neq 0$，应力分量 σ_z 由关系 $\sigma_z=\mu(\sigma_x+\sigma_y)$ 确定。

（3）平衡方程

平面问题平衡方程的矩阵形式为

$$\begin{bmatrix}\dfrac{\partial}{\partial x} & 0 & \dfrac{\partial}{\partial y}\\ 0 & \dfrac{\partial}{\partial y} & \dfrac{\partial}{\partial x}\end{bmatrix}\begin{Bmatrix}\sigma_x\\ \sigma_y\\ \tau_{xy}\end{Bmatrix}+\begin{Bmatrix}f_x\\ f_y\end{Bmatrix}=\boldsymbol{L}^{\mathrm{T}}\boldsymbol{\sigma}+\boldsymbol{f}=\boldsymbol{0} \tag{3.1.32}$$

其中，$\boldsymbol{L}$ 与式（3.1.29）中平面问题的应变微分算子相同；$\boldsymbol{f}=\begin{bmatrix} f_x & f_y \end{bmatrix}^{\mathrm{T}}$。

3）边界条件

对于平面问题，力边界条件和位移边界条件简化为

$$\begin{cases} t_x = n_x\sigma_x + n_y\tau_{yx} \\ t_y = n_x\tau_{xy} + n_y\sigma_y \end{cases} \quad 或 \quad \boldsymbol{n\sigma}=\boldsymbol{t}\ （在 S_\sigma 边界上） \tag{3.1.33a}$$

$$\boldsymbol{u}=\bar{\boldsymbol{u}}\ （在 S_u 边界上） \tag{3.1.33b}$$

其中，$\bar{\boldsymbol{u}}=\begin{bmatrix}\bar{u} & \bar{v}\end{bmatrix}^{\mathrm{T}}$ 为给定的已知位移；$\boldsymbol{t}=\begin{bmatrix}t_x & t_y\end{bmatrix}^{\mathrm{T}}$ 为给定的已知面力；$\boldsymbol{n}=\begin{bmatrix} n_x & 0 & n_y \\ 0 & n_y & n_x \end{bmatrix}$。

3. 轴对称问题的场方程

1）柱坐标系

有许多实际工程问题，其几何形状、约束条件和载荷均关于某一固定轴对称，这类问题称为**轴对称问题**，该轴称为对称轴。通过对称轴的所有平面都是对称面。对于轴对称问题，所有的位移、应变和应力都关于对称轴对称。轴对称问题采用柱坐标 (r,θ,z) 描述比用直角坐标方便。如图 3.5 所示，以 z 轴为对称轴，则所有的位移、应变和应力分量都只是 r 和 z 的函数，与坐标 θ 无关。

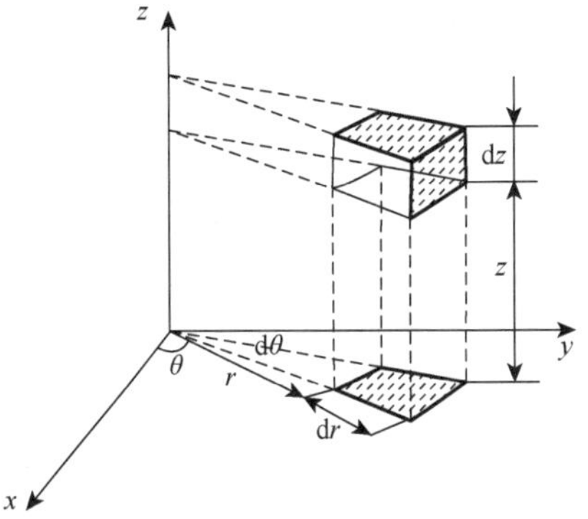

图 3.5　轴对称问题中的微元体

2）基本变量

对于轴对称问题，在柱坐标系中的位移列向量为

$$\boldsymbol{u}(r,z)=\begin{Bmatrix} u(r,z) \\ w(r,z) \end{Bmatrix} \tag{3.1.34}$$

其中，$u(r,z)$ 为沿 r 方向的位移分量（称为**径向位移**），$w=w(r,z)$ 为沿 z 方向的位移分量（称为**轴向位移**），由于对称，环向位移 $u_\theta=0$ 。4 个非零应变分量组成的列向量为

$$\boldsymbol{\varepsilon}=\begin{bmatrix}\varepsilon_r & \varepsilon_z & \gamma_{rz} & \varepsilon_\theta\end{bmatrix}^{\mathrm{T}} \tag{3.1.35}$$

其中，ε_r 为径向正应变；ε_z 为轴向正应变；ε_θ 为环向正应变；γ_{rz} 为 r 向与 z 向之间的剪应变，由对称性有 $\gamma_{r\theta}=\gamma_{\theta z}=0$ 。4 个非零应力分量组成的列向量为

$$\boldsymbol{\sigma}=\begin{bmatrix}\sigma_r & \sigma_z & \tau_{rz} & \sigma_\theta\end{bmatrix}^{\mathrm{T}} \tag{3.1.36}$$

其中，σ_r 为径向正应力；σ_z 为轴向正应力；σ_θ 为环向正应力；τ_{rz} 为圆柱面上的剪切应力，剪切应力 $\tau_{r\theta}=\tau_{\theta z}=0$ 。

可见轴对称问题三大类非零的基本力学变量共有 10 个，其中包括 2 个位移分量、4 个应变分量和 4 个应力分量。

3）基本方程

（1）几何方程

轴对称问题几何方程的矩阵形式为

$$\boldsymbol{\varepsilon}=\begin{Bmatrix}\varepsilon_r\\\varepsilon_z\\\gamma_{rz}\\\varepsilon_\theta\end{Bmatrix}=\begin{bmatrix}\dfrac{\partial}{\partial r} & 0\\ 0 & \dfrac{\partial}{\partial z}\\ \dfrac{\partial}{\partial z} & \dfrac{\partial}{\partial r}\\ \dfrac{1}{r} & 0\end{bmatrix}\begin{Bmatrix}u\\w\end{Bmatrix}=\boldsymbol{L}\boldsymbol{u} \tag{3.1.37}$$

其中，$\boldsymbol{L}=\begin{bmatrix}\dfrac{\partial}{\partial r} & 0 & \dfrac{\partial}{\partial z} & \dfrac{1}{r}\\ 0 & \dfrac{\partial}{\partial z} & \dfrac{\partial}{\partial r} & 0\end{bmatrix}^{\mathrm{T}}$为轴对称问题的应变微分算子。

（2）物理方程

轴对称问题物理方程的矩阵形式为

$$\boldsymbol{\sigma}=\begin{Bmatrix}\sigma_r\\\sigma_z\\\tau_{rz}\\\sigma_\theta\end{Bmatrix}=\frac{E(1-\mu)}{(1-\mu^2)(1-2\mu)}\begin{bmatrix}1-\mu & \mu & 0 & \mu\\ \mu & 1-\mu & 0 & \mu\\ 0 & 0 & 1/2-\mu & 0\\ \mu & \mu & 0 & 1-\mu\end{bmatrix}\begin{Bmatrix}\varepsilon_r\\\varepsilon_z\\\gamma_{rz}\\\varepsilon_\theta\end{Bmatrix}=\boldsymbol{D}\boldsymbol{\varepsilon} \tag{3.1.38}$$

其中，$\boldsymbol{D}=\dfrac{E(1-\mu)}{(1-\mu^2)(1-2\mu)}\begin{bmatrix}1-\mu & \mu & 0 & \mu\\ \mu & 1-\mu & 0 & \mu\\ 0 & 0 & 1/2-\mu & 0\\ \mu & \mu & 0 & 1-\mu\end{bmatrix}$为轴对称问题的弹性矩阵。

（3）平衡方程

轴对称问题平衡方程的矩阵形式为

$$\begin{bmatrix}\dfrac{\partial}{\partial r}+\dfrac{1}{r} & 0 & \dfrac{\partial}{\partial z} & -\dfrac{1}{r}\\ 0 & \dfrac{\partial}{\partial z} & \dfrac{\partial}{\partial r}+\dfrac{1}{r} & 0\end{bmatrix}\begin{Bmatrix}\sigma_r\\\sigma_z\\\tau_{rz}\\\sigma_\theta\end{Bmatrix}+\begin{Bmatrix}f_r\\f_z\end{Bmatrix}=\bar{\boldsymbol{L}}^{\mathrm{T}}\boldsymbol{\sigma}+\boldsymbol{f}=\boldsymbol{0} \tag{3.1.39}$$

其中，

$$\bar{\boldsymbol{L}}=\begin{bmatrix}\dfrac{\partial}{\partial r}+\dfrac{1}{r} & 0 & \dfrac{\partial}{\partial z} & -\dfrac{1}{r}\\ 0 & \dfrac{\partial}{\partial z} & \dfrac{\partial}{\partial r}+\dfrac{1}{r} & 0\end{bmatrix}^{\mathrm{T}} \tag{3.1.40}$$

称为轴对称问题的应力微分算子。

可见轴对称问题有 4 个几何方程、4 个物理方程和 2 个平衡方程。

4. 板弯曲问题的场方程

如果某构件一个方向的尺寸远小于另外两个方向的尺寸，那么这样的构件称为**板**，其中与最短尺寸方向垂直的外表面称为板的**上表面**或**下表面**（简称**表面**），其余各面称为**截面**。板中距离上下表面等距离的点所组成的面称为**中面**，如果中面上所有的点位于同一平面，那么称该板为**平板**，中面是描述板基本方程的参考平面。如果平板所受载荷均位于中面内，那么该问题简化为平面应力问题，不属于本节讨论的内容，本节仅讨论板受横向载荷或边缘弯曲载荷的情况。

1）薄板弯曲问题的场方程

在垂直于表面的横向载荷或在板边缘弯曲载荷作用下，板会发生弯曲变形，平板的位移场用中面的挠度和截面法线的转角描述。当板的厚度很小（厚度与板面内最小尺寸之比小于等于 0.2）时，可以忽略板的横向剪切变形，这种板称为**薄板**，如图 3.6 所示。

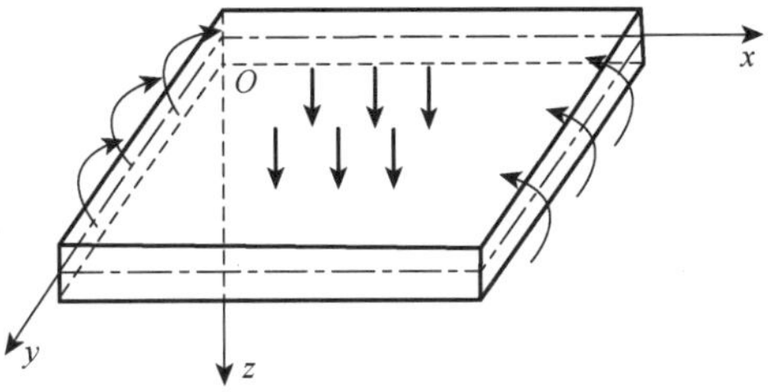

图 3.6　薄板及其坐标系

薄板理论的基本假设如下：①中面（$z=0$）上的点面内位移为零，即 $u(x,y,0)=0$，$v(x,y,0)=0$；②垂直于中面的法线上的点具有相同的横向位移，变形过程中板的厚度不变，即 $w(x,y,z)=w(x,y,0)=w(x,y)$；③垂直于中面的正应力可以忽略不计，即 $\sigma_z=0$；④变形前正交于板中面的直线变形后仍正交于中面，即 $\varepsilon_z=0$，$\gamma_{xz}=0$，$\gamma_{yz}=0$。上述薄板理论的基本假设称为**基尔霍夫（Kirchhoff）直法线假设**。

（1）基本变量

基于以上基本假设，对于薄板问题，三大类力学变量如下。

位移场：

$$u(x,y,z)=-z\frac{\partial w(x,y)}{\partial x},\quad v(x,y,z)=-z\frac{\partial w(x,y)}{\partial y},\quad w(x,y,z)=w(x,y) \tag{3.1.41}$$

其中，u、v 为平板面内位移；w 为垂直于中面的横向位移。可见独立的位移量仅有横向位移。

应变场：

$$\boldsymbol{\varepsilon}=\begin{bmatrix}\varepsilon_x & \varepsilon_y & \gamma_{xy}\end{bmatrix}^{\mathrm{T}} \tag{3.1.42}$$

应力场：

$$\boldsymbol{\sigma}=\begin{bmatrix}\sigma_x & \sigma_y & \tau_{xy}\end{bmatrix}^{\mathrm{T}} \tag{3.1.43}$$

可见，薄板有 3 个位移变量、3 个应变变量和 3 个应力变量，共计 9 个基本物理量。

（2）基本方程

①几何方程。

薄板问题几何方程可写成如下矩阵形式：

$$\boldsymbol{\varepsilon}=\begin{Bmatrix}\varepsilon_x\\ \varepsilon_y\\ \gamma_{xy}\end{Bmatrix}=\begin{Bmatrix}\dfrac{\partial u}{\partial x}\\ \dfrac{\partial v}{\partial y}\\ \dfrac{\partial v}{\partial x}+\dfrac{\partial u}{\partial y}\end{Bmatrix}=-z\begin{Bmatrix}\dfrac{\partial^2 w}{\partial x^2}\\ \dfrac{\partial^2 w}{\partial y^2}\\ 2\dfrac{\partial^2 w}{\partial x\partial y}\end{Bmatrix}=-z\boldsymbol{L}w \quad \text{或} \quad \boldsymbol{\varepsilon}=z\boldsymbol{\kappa} \tag{3.1.44}$$

其中，$-\partial^2 w/\partial x^2$ 和 $-\partial^2 w/\partial y^2$ 称为中面的曲率；$-2\partial^2 w/\partial x\partial y$ 称为中面的扭率。$\boldsymbol{L}=\begin{bmatrix}-\dfrac{\partial^2}{\partial x^2} & -\dfrac{\partial^2}{\partial y^2} & -2\dfrac{\partial^2}{\partial x\partial y}\end{bmatrix}^{\mathrm{T}}$；$\boldsymbol{\kappa}=\begin{bmatrix}\kappa_x & \kappa_y & \kappa_{xy}\end{bmatrix}^{\mathrm{T}}=\begin{bmatrix}-\dfrac{\partial^2 w}{\partial x^2} & -\dfrac{\partial^2 w}{\partial y^2} & -2\dfrac{\partial^2 w}{\partial x\partial y}\end{bmatrix}^{\mathrm{T}}=\boldsymbol{L}w$。

②物理方程。

薄板弯曲的面内应力状态可视为平面应力状态，其面内应力（或内力矩）分量可用挠度表示为

$$\begin{cases}\sigma_x=\dfrac{E}{1-\mu^2}(\varepsilon_x+\mu\varepsilon_y)=-\dfrac{Ez}{1-\mu^2}\left(\dfrac{\partial^2 w}{\partial x^2}+\mu\dfrac{\partial^2 w}{\partial y^2}\right)\\ \sigma_y=\dfrac{E}{1-\mu^2}(\varepsilon_y+\mu\varepsilon_x)=-\dfrac{Ez}{1-\mu^2}\left(\dfrac{\partial^2 w}{\partial y^2}+\mu\dfrac{\partial^2 w}{\partial x^2}\right)\\ \tau_{xy}=G\gamma_{xy}=-2Gz\dfrac{\partial^2 w}{\partial x\partial y}\end{cases} \quad \text{或} \quad \boldsymbol{M}=\begin{Bmatrix}M_x\\ M_y\\ M_{xy}\end{Bmatrix}=\boldsymbol{D\kappa} \tag{3.1.45}$$

其中，$M_x=\int_{-t/2}^{t/2}\sigma_x z\mathrm{d}z=-D_0\left(\dfrac{\partial^2 w}{\partial x^2}+\mu\dfrac{\partial^2 w}{\partial y^2}\right)$，$M_y=\int_{-t/2}^{t/2}\sigma_y z\mathrm{d}z=-D_0\left(\dfrac{\partial^2 w}{\partial y^2}+\mu\dfrac{\partial^2 w}{\partial x^2}\right)$，$M_{xy}=\int_{-t/2}^{t/2}\tau_{xy}z\mathrm{d}z=-2D_0(1-\mu)\dfrac{\partial^2 w}{\partial x\partial y}$，$\boldsymbol{D}=D_0\begin{bmatrix}1 & \mu_0 & 0\\ \mu_0 & 1 & 0\\ 0 & 0 & \dfrac{1-\mu_0}{2}\end{bmatrix}$，其中 $D_0=\dfrac{Et^3}{12(1-\mu^2)}$ 称为板的弯曲刚度，t 为板的厚度。

③平衡方程。

假设平板表面上作用有横向分布力 $q(x,y)$，由微元体的平衡可推导平衡方程为

$$\begin{bmatrix}\dfrac{\partial}{\partial x} & \dfrac{\partial}{\partial y}\end{bmatrix}\begin{Bmatrix}Q_x\\ Q_y\end{Bmatrix}+q(x,y)=\nabla^{\mathrm{T}}\boldsymbol{Q}+q=0 \tag{3.1.46}$$

$$\begin{bmatrix}\dfrac{\partial}{\partial x} & 0 & \dfrac{\partial}{\partial y}\\ 0 & \dfrac{\partial}{\partial y} & \dfrac{\partial}{\partial x}\end{bmatrix}\begin{Bmatrix}M_x\\ M_y\\ M_{xy}\end{Bmatrix}-\begin{Bmatrix}Q_x\\ Q_y\end{Bmatrix}=\bar{\boldsymbol{L}}^{\mathrm{T}}\boldsymbol{M}-\boldsymbol{Q}=0 \tag{3.1.47}$$

其中，$\boldsymbol{Q}=\begin{Bmatrix}Q_x\\ Q_y\end{Bmatrix}$ 为截面横向剪力向量；$\nabla=\begin{Bmatrix}\dfrac{\partial}{\partial x}\\ \dfrac{\partial}{\partial y}\end{Bmatrix}$；微分算子 $\bar{\boldsymbol{L}}=\begin{bmatrix}\dfrac{\partial}{\partial x} & 0 & \dfrac{\partial}{\partial y}\\ 0 & \dfrac{\partial}{\partial y} & \dfrac{\partial}{\partial x}\end{bmatrix}$。

若弯曲刚度矩阵 **D** 为常数矩阵，则平衡方程可进一步简化为

$$D_0\left(\frac{\partial^4 w}{\partial x^4}+2\frac{\partial^4 w}{\partial x^2\partial y^2}+\frac{\partial^4 w}{\partial y^4}\right)-q(x,y)=0 \tag{3.1.48}$$

方程（3.1.48）称为**弹性薄板弯曲的双调和方程**。

可见，薄板弯曲有 3 个几何方程、3 个物理方程和 3 个平衡方程，共计 9 个基本方程。

（3）薄板弯曲问题的三种边界条件

①位移边界条件。

仅给定位移的边界，即给定挠度和转角为

$$w\big|_{s_1}=\bar{w},\quad \theta_n\big|_{s_1}=\left.\frac{\partial w}{\partial n}\right|_{s_1}=\bar{\theta}_n,\quad \theta_s\big|_{s_1}=\left.\frac{\partial w}{\partial s}\right|_{s_1}=\bar{\theta}_s \tag{3.1.49}$$

其中，$\bar{w}$、$\bar{\theta}_n$、$\bar{\theta}_s$ 分别为给定的挠度和绕截面边界曲线法向和切向的转角；n 和 s 分别为板截面边界曲线的外法向和切向。

②力边界条件。

仅给定外力的边界，即给定广义分量 M_n、M_{ns} 和 Q_n 为

$$M_n\big|_{s_3}=\bar{M}_n,\quad M_{ns}\big|_{s_3}=\bar{M}_{ns},\quad \left.\left(Q_n+\frac{\partial M_{ns}}{\partial s}\right)\right|_{s_3}=\bar{V}_n \tag{3.1.50}$$

其中，$\bar{M}_n$、$\bar{M}_{ns}$、$\bar{V}_n$ 分别为给定的截面力矩、扭矩和横向载荷。M_n、M_{ns}、Q_n 为边界截面上单位长度的力矩、扭矩和横向剪力，且

$$M_n=-D_0\left(\frac{\partial^2}{\partial n^2}+\frac{\mu\partial^2}{\partial s^2}\right),\quad Q_n=\frac{\partial M_n}{\partial n}+\frac{\partial M_{ns}}{\partial s}=-D_0\left(\frac{\partial^3}{\partial n^3}+\frac{\partial^3}{\partial n\partial s^2}\right)$$

$$M_{ns}=-D_0(1-\mu)\frac{\partial^2}{\partial n\partial s},\quad Q_n+\frac{\partial M_{ns}}{\partial s}=-D_0\left[\frac{\partial^3}{\partial n^3}+(2-\mu)\frac{\partial^3}{\partial n\partial s^2}\right]$$

若 s_3 为自由边界，则 $M_n\big|_{s_3}=0$，$M_{ns}\big|_{s_3}=0$，$\left.\left(Q_n+\partial M_{ns}/\partial s\right)\right|_{s_3}=0$，即

$$\left.\left(\frac{\partial^2}{\partial n^2}+\frac{\nu\partial^2}{\partial s^2}\right)\right|_{s_3}=0,\quad \left.\frac{\partial^2 w}{\partial n\partial s}\right|_{s_3}=0,\quad \left.\left[\frac{\partial^3}{\partial n^3}+(2-\mu)\frac{\partial^3}{\partial n\partial s^2}\right]\right|_{s_3}=0$$

③混合边界条件。

给定外力和位移的边界条件为

$$w\big|_{s_2}=\bar{w},\quad M_n\big|_{s_2}=\bar{M}_n,\quad M_{ns}\big|_{s_2}=\bar{M}_{ns} \tag{3.1.51}$$

如图 3.7 所示的简支边界，则边界条件为

$$w=0,\quad M_n=0,\quad M_{ns}=0$$

或

$$w=0,\quad M_n=0,\quad \theta_s=0$$

2）厚板弯曲问题的场方程

考虑剪切变形的影响，假设平板变形前正交于板中面的直线段，变形后仍为直线，

但不再垂直于中面，将具有这些特征的板称为**厚板**，如图 3.8 所示，厚板理论又称**赖斯纳-明德林（Reissner-Mindlin）厚板理论**，其基本假设如下：①中面（$z=0$）上的点面内位移为零，即 $u(x,y,0)=0$，$v(x,y,0)=0$；②垂直于中面的法线上的点具有相同的横向位移，变形过程中板的厚度不变，即 $w(x,y,z)=w(x,y,0)=w(x,y)$；③垂直于中面方向的正应力可以忽略不计，即 $\sigma_z=0$；④变形前正交于板中面的直线，变形后仍为直线，但不再垂直于中面。

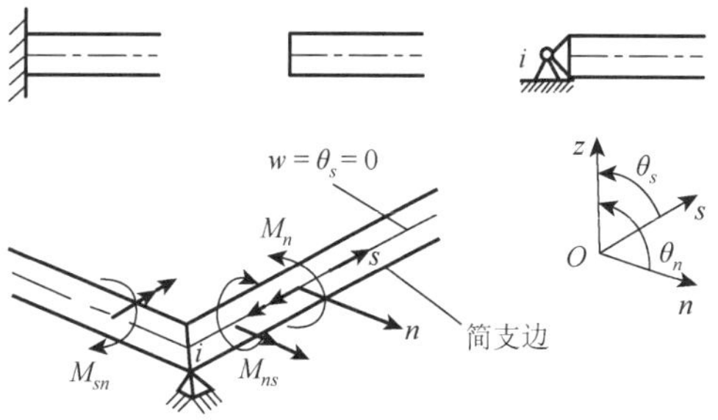

图 3.7　薄板弯曲问题的边界条件

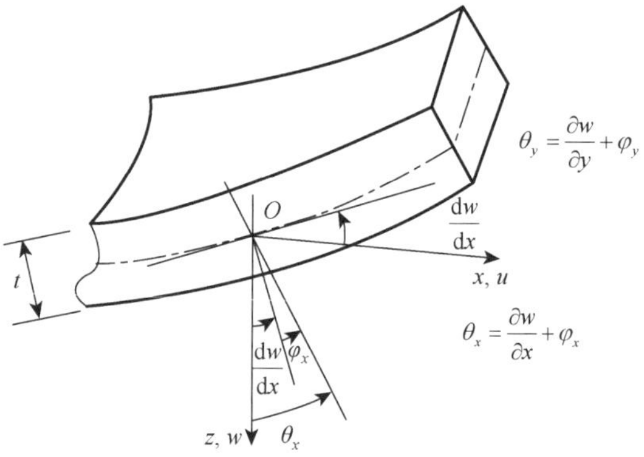

图 3.8　厚板弯曲变形

（1）基本变量

基于 Reissner-Mindlin 厚板理论的基本假设，三大类力学变量如下。

①位移场：

$$u(x,y,z)=-z\theta_x(x,y),\quad v(x,y,z)=-z\theta_y(x,y),\quad w(x,y,z)=w(x,y,0) \tag{3.1.52}$$

其中，u、v、w 为板中任意一点的位移；θ_x 和 θ_y 为截面法线的转角，表达式为

$$\theta_x=\frac{\partial w}{\partial x}+\varphi_x,\quad \theta_y=\frac{\partial w}{\partial y}+\varphi_y \tag{3.1.53}$$

其中，φ_x 和 φ_y 为由剪切变形引起的截面附加转动角度，因此厚板有 3 个独立位移分量：w、θ_x 和 θ_y。

②应变场：

$$\boldsymbol{\varepsilon}=\begin{bmatrix}\varepsilon_x & \varepsilon_y & \gamma_{xy} & \gamma_{xz} & \gamma_{yz}\end{bmatrix}^{\mathrm{T}} \tag{3.1.54}$$

③应力场：

$$\boldsymbol{\sigma}=\begin{bmatrix}\sigma_x & \sigma_y & \tau_{xy} & \tau_{yz} & \tau_{zx}\end{bmatrix}^{\mathrm{T}} \tag{3.1.55}$$

可见，对厚板问题非零的基本物理量共有 13 个，其中包括 3 个位移分量、5 个应变分量和 5 个应力分量。

（2）基本方程

①几何方程。

厚板问题几何方程可写成如下矩阵形式：

$$\begin{Bmatrix}\varepsilon_x\\\varepsilon_y\\\gamma_{xy}\end{Bmatrix}=\begin{Bmatrix}\dfrac{\partial u}{\partial x}\\\dfrac{\partial v}{\partial y}\\\dfrac{\partial v}{\partial x}+\dfrac{\partial u}{\partial y}\end{Bmatrix}=-z\begin{bmatrix}\dfrac{\partial}{\partial x}&0\\0&\dfrac{\partial}{\partial y}\\\dfrac{\partial}{\partial y}&\dfrac{\partial}{\partial x}\end{bmatrix}\begin{Bmatrix}\theta_x\\\theta_y\end{Bmatrix}=-z\boldsymbol{L\theta} \tag{3.1.56}$$

$$\begin{Bmatrix}\gamma_{xz}\\\gamma_{yz}\end{Bmatrix}=\begin{bmatrix}\dfrac{\partial w}{\partial x}+\dfrac{\partial u}{\partial z}\\\dfrac{\partial w}{\partial y}+\dfrac{\partial v}{\partial z}\end{bmatrix}=\begin{Bmatrix}\dfrac{\partial w}{\partial x}\\\dfrac{\partial w}{\partial y}\end{Bmatrix}-\begin{Bmatrix}\theta_x\\\theta_y\end{Bmatrix}\quad 或\quad \boldsymbol{\gamma}=\nabla w-\boldsymbol{\theta} \tag{3.1.57}$$

其中，$\boldsymbol{L}=\begin{bmatrix}\dfrac{\partial}{\partial x}&0&\dfrac{\partial}{\partial y}\\0&\dfrac{\partial}{\partial y}&\dfrac{\partial}{\partial x}\end{bmatrix}^{\mathrm{T}}$，$\boldsymbol{\theta}=\begin{Bmatrix}\theta_x\\\theta_y\end{Bmatrix}$，$\boldsymbol{\gamma}=\begin{Bmatrix}\gamma_{xz}\\\gamma_{yz}\end{Bmatrix}$。

可见，剪切变形引起的截面附加转动角度 $\varphi_x=-\gamma_{xz}$，$\varphi_y=-\gamma_{yz}$。式（3.1.56）为平板弯曲面内应变，式（3.1.57）为剪切应变。曲率和扭率为

$$\begin{Bmatrix}\kappa_x\\\kappa_y\\\kappa_{xy}\end{Bmatrix}=\begin{Bmatrix}-\dfrac{\partial\theta_x}{\partial x}\\-\dfrac{\partial\theta_y}{\partial y}\\-\left(\dfrac{\partial\theta_x}{\partial y}+\dfrac{\partial\theta_y}{\partial x}\right)\end{Bmatrix}=-\begin{bmatrix}\dfrac{\partial}{\partial x}&0\\0&\dfrac{\partial}{\partial y}\\\dfrac{\partial}{\partial y}&\dfrac{\partial}{\partial x}\end{bmatrix}\begin{Bmatrix}\theta_x\\\theta_y\end{Bmatrix}\quad 或\quad \boldsymbol{\kappa}=-\boldsymbol{L\theta} \tag{3.1.58}$$

②物理方程。

平板的截面上除了面内应力分量 σ_x、σ_y、τ_{xy}，还有剪应力分量 τ_{yz}、τ_{zx}。板的面内变形仍为平面应力状态，利用应力-应变关系和式（3.1.55）可得

$$\begin{cases}\sigma_x=\dfrac{E}{1-\mu^2}(\varepsilon_x+\mu\varepsilon_y)=-\dfrac{Ez}{1-\mu^2}\left(\dfrac{\partial\theta_x}{\partial x}+\mu\dfrac{\partial\theta_y}{\partial y}\right)\\\sigma_y=\dfrac{E}{1-\mu^2}(\varepsilon_y+\mu\varepsilon_x)=-\dfrac{Ez}{1-\mu^2}\left(\dfrac{\partial\theta_y}{\partial y}+\mu\dfrac{\partial\theta_x}{\partial x}\right)\\\tau_{xy}=G\gamma_{xy}=-Gz\left(\dfrac{\partial\theta_x}{\partial y}+\dfrac{\partial\theta_y}{\partial x}\right)\end{cases} \tag{3.1.59}$$

实际的剪切应力 τ_{yz} 和 τ_{zx} 在板的厚度方向按抛物线分布。简化起见，可将上述两个剪应力分量简化为沿板厚度方向均匀分布，即

$$\tau_{xz}=kG\gamma_{xz},\quad \tau_{yz}=kG\gamma_{yz} \tag{3.1.60}$$

其中，k 为截面剪切校正因子，通过修正的剪切应变能与按实际剪应力和剪应变计算得到的剪切应变能相等得到，如按照矩形截面计算可得 $k=5/6$。

内力矩和剪力表达式可用矩阵分别表达为

$$\boldsymbol{M} = \begin{Bmatrix} M_x \\ M_y \\ M_{xy} \end{Bmatrix} = -\boldsymbol{DL\theta} = \boldsymbol{D\kappa} \tag{3.1.61}$$

和

$$\boldsymbol{Q} = \begin{Bmatrix} Q_x \\ Q_y \end{Bmatrix} = \boldsymbol{\alpha}(\nabla w - \boldsymbol{\theta}) \tag{3.1.62}$$

其中，M_x、M_y、M_{xy} 为截面单位宽度上的弯矩和扭矩，Q_x、Q_y 为截面单位宽度上的剪力，具体表达为

$$M_x = -D_0\left(\frac{\partial\theta_x}{\partial x} + \mu\frac{\partial\theta_y}{\partial y}\right),\quad M_y = -D_0\left(\frac{\partial\theta_y}{\partial y} + \mu\frac{\partial\theta_x}{\partial x}\right),\quad M_{xy} = -D_0(1-\mu)\left(\frac{\partial\theta_x}{\partial y} + \frac{\partial\theta_y}{\partial x}\right) \tag{3.1.63}$$

$$Q_x = kGt\gamma_{xz} = kGt\left(\frac{\partial w}{\partial x} - \theta_x\right),\quad Q_y = kGt\gamma_{yz} = kGt\left(\frac{\partial w}{\partial y} - \theta_y\right) \tag{3.1.64}$$

式（3.1.61）和式（3.1.62）中的弯曲刚度矩阵和剪切刚度矩阵分别为

$$\boldsymbol{D} = D_0\begin{bmatrix} 1 & \mu_0 & 0 \\ \mu_0 & 1 & 0 \\ 0 & 0 & \dfrac{1-\mu_0}{2} \end{bmatrix},\quad \boldsymbol{\alpha} = kGt\begin{bmatrix} 1 & 0 \\ 0 & 1 \end{bmatrix} = kGt\boldsymbol{I} = \alpha\boldsymbol{I} \tag{3.1.65}$$

其中，$\alpha = kGt$。

③平衡方程。

厚板的平衡方程与薄板平衡方程（3.1.46）和（3.1.47）相同，具体表达如下：

$$\begin{bmatrix} \dfrac{\partial}{\partial x} & \dfrac{\partial}{\partial y} \end{bmatrix}\begin{Bmatrix} Q_x \\ Q_y \end{Bmatrix} + q(x,y) = \nabla^{\mathrm{T}}\boldsymbol{Q} + q = 0 \tag{3.1.66a}$$

$$\begin{bmatrix} \dfrac{\partial}{\partial x} & 0 & \dfrac{\partial}{\partial y} \\ 0 & \dfrac{\partial}{\partial y} & \dfrac{\partial}{\partial x} \end{bmatrix}\begin{Bmatrix} M_x \\ M_y \\ M_{xy} \end{Bmatrix} - \begin{Bmatrix} Q_x \\ Q_y \end{Bmatrix} = \bar{\boldsymbol{L}}^{\mathrm{T}}\boldsymbol{M} - \boldsymbol{Q} = 0 \tag{3.1.66b}$$

可见，弹性厚板弯曲问题包括 5 个几何方程、5 个物理方程和 3 个平衡方程，共计 13 个基本方程。

5. 杆件问题的场方程

在实际工程中广泛采用杆件结构，包括轴向拉压杆件、扭转轴和弯曲梁等一维结构。

1）轴向拉压杆件

（1）基本变量

在轴向拉伸或压缩时，外力或其合力作用线沿杆件轴线，杆件主要变形为轴向伸长或缩短，如图 3.9 所示。以轴向拉压变形为主要变形的杆件，其三大类变量分别为轴向位移 $u(x)$、轴向应变 $\varepsilon_x(x)$ 和轴向应力 $\sigma_x(x)$。

（2）基本方程

①几何方程。

对于仅受轴力作用的杆件，可视为一维问题。杆上任意一点仅有轴向应变，由几何关系可得

$$\varepsilon_x = \frac{\mathrm{d}u}{\mathrm{d}x} \tag{3.1.67}$$

②物理方程：

$$\varepsilon_x = \frac{\sigma_x}{E} \tag{3.1.68}$$

③平衡方程：

$$\frac{\mathrm{d}\sigma_x}{\mathrm{d}x} + f_x = 0 \tag{3.1.69}$$

（3）边界条件

对于图 3.9 中杆件，端部的边界条件可写为

$$u(x)\big|_{x=0} = 0,\quad \sigma_x(x)\big|_{x=l} = \frac{P}{A} = \overline{p}_x \tag{3.1.70}$$

2）扭转轴

在垂直杆轴平面内作用的力偶使杆件任意两个横截面都发生绕轴线的相对转动，这样的变形称为**扭转变形**，以扭转变形为主的杆件称为**轴**，如图 3.10 所示。

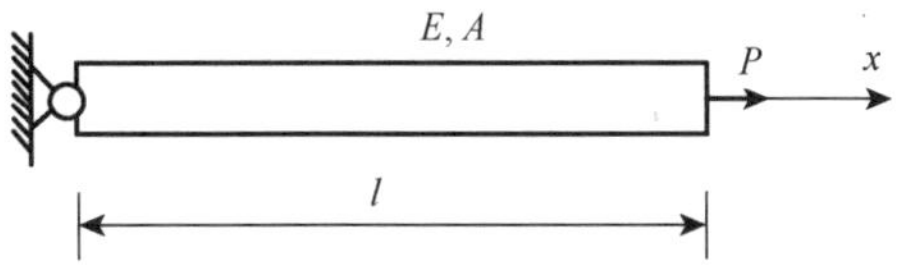

图 3.9　轴向拉压杆

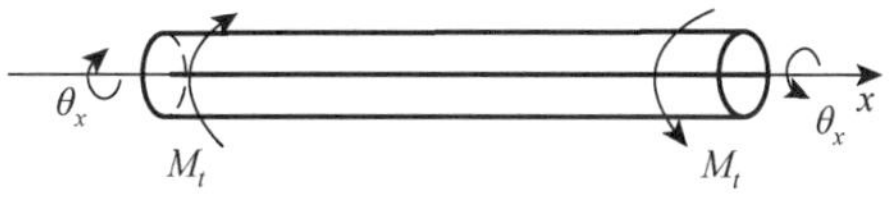

图 3.10　扭转轴

（1）基本变量

受力偶作用的等截面直杆发生扭转变形，其三大类变量为截面扭转角位移 $\theta_x(x)$、应变（扭率）$\alpha(x)$和截面剪应力 $\tau(x)$。

（2）基本方程

①几何方程。

受扭矩作用的等截面直杆，不考虑扭转引起的翘曲，杆件截面发生剪切变形，从圆轴截面内取半径为 r 的微段，其扭率和剪应变分别为

$$\alpha = \frac{\mathrm{d}\theta_x}{\mathrm{d}x},\quad \gamma_r = r\frac{\mathrm{d}\theta_x}{\mathrm{d}x} = r\alpha \tag{3.1.71}$$

其中，θ_x 为绕 x 轴的扭转角，其正方向按右手螺旋法则确定。

②物理方程。

扭转圆轴在半径 r 处的剪应力为

$$\tau_r = G\gamma_r = Gr\frac{\mathrm{d}\theta_x}{\mathrm{d}x} \tag{3.1.72}$$

其中，G 为材料的切变模量。则杆轴的截面扭矩为

$$M_t=\int_A r\tau_r \mathrm{d}A=\int_A rGr\frac{\mathrm{d}\theta_x}{\mathrm{d}x}\mathrm{d}A=G\frac{\mathrm{d}\theta_x}{\mathrm{d}x}\int_A r^2\mathrm{d}A=GI_r\frac{\mathrm{d}\theta_x}{\mathrm{d}x} \tag{3.1.73a}$$

或

$$M_t=GI_r\alpha=GI_r\frac{\mathrm{d}\theta_x}{\mathrm{d}x} \tag{3.1.73b}$$

此方程也称为用力和扭转角表达的本构关系，其中 I_r 为截面极惯性矩。

③平衡方程。

由微元体的平衡可得平衡方程为

$$\frac{\mathrm{d}M_t}{\mathrm{d}x}-m_t(x)=0 \tag{3.1.74a}$$

或

$$GI_r\frac{\mathrm{d}^2\theta_x}{\mathrm{d}x^2}-m_t(x)=0 \tag{3.1.74b}$$

其中，$m_t(x)$ 为作用于轴上的外力偶。

（3）边界条件

端部的位移边界条件为

$$\theta_x=\bar{\theta}_x \tag{3.1.75}$$

其中，$\bar{\theta}_x$ 为给定的扭角位移。

3）Euler-Bernoulli 梁

当杆件受到垂直于杆件轴线的外力（称为横向外力）或外力偶（外力偶矩矢垂直于杆件的轴线）作用时，杆件将发生弯曲变形，以弯曲变形为主的杆件称为**梁**，如图 3.11 所示。梁截面的横向变形很小，可以忽略不计，因此截面上任意一点的横向位移可用轴线上点的挠度描述。当梁的高度远小于长度时，其层间剪切变形可以忽略，梁变形前垂直于中面的截面，变形后仍然垂直于中面且保持为平面，满足这种假设条件的梁称为 **Euler-Bernoulli 梁**。

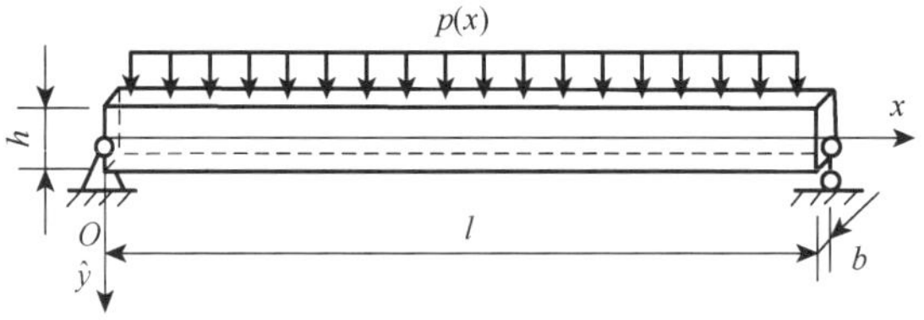

图 3.11　弯曲梁

（1）基本变量

Euler-Bernoulli 梁发生弯曲变形，三大类变量为横向位移（也称为**挠度**）$v(x)$、轴向应力 $\sigma_x(x)$ 和轴向应变 $\varepsilon_x(x)$。

（2）基本方程

①几何方程。

考虑距离中性层 $\hat{y}$ 的纤维层，则该层上任意点的轴向位移 $u=-\hat{y}\,\mathrm{d}v/\mathrm{d}x$，相应的轴向

应变为

$$\varepsilon_x(x,\hat{y}) = -\hat{y}\frac{\mathrm{d}^2 v}{\mathrm{d}x^2} \tag{3.1.76}$$

②物理方程。

物理方程为

$$\sigma_x = E\varepsilon_x \tag{3.1.77}$$

其中，E 为材料的弹性模量。

③平衡方程。

y 方向力平衡方程为

$$-EI\frac{\mathrm{d}^4 v}{\mathrm{d}x^4} + p(x) = 0 \tag{3.1.78}$$

其中，$p(x)$为作用于梁上的横向分布力；EI 为梁的抗弯刚度。

绕 z 轴力矩平衡方程为

$$M(x) = -EI\frac{\mathrm{d}^2 v}{\mathrm{d}x^2} \tag{3.1.79}$$

可见 Euler-Bernoulli 梁有 1 个几何方程、1 个物理方程和 1 个平衡方程。

（3）边界条件

对于如图 3.11 所示的简支梁，其边界条件可以表示为

$$\begin{aligned} &v(x)\big|_{x=0} = 0,\quad v(x)\big|_{x=l} = 0 \\ &M\big|_{x=0} = 0,\quad M\big|_{x=l} = 0 \quad \text{或} \quad v''(x)\big|_{x=0} = 0,\quad v''(x)\big|_{x=l} = 0 \end{aligned} \tag{3.1.80}$$

同样可以给出固支和悬臂等梁的边界条件。

4）Timoshenko 梁

当梁的高度相对于跨度不太小，即短粗梁时，层间剪切变形不能忽略，其横向剪应力产生的剪切变形引起的附加挠度不能忽略，因此原来垂直于中面的截面，变形后不再垂直于中面，但截面仍保持为平面，这种梁称为 **Timoshenko 梁**（图 3.12）。

（1）基本变量

Timoshenko 梁发生弯曲变形时，三大类变量为横向位移 $w(x)$和转角 $\theta(x)$、正应力 $\sigma_x(x)$和剪应力 $\tau_{xz}(x)$、正应变 $\varepsilon_x(x)$和剪应变 $\gamma_{xz}(x)$。其中梁截面上任意一点的轴向位移 $u=-z\theta$，其中 θ 为截面转角。

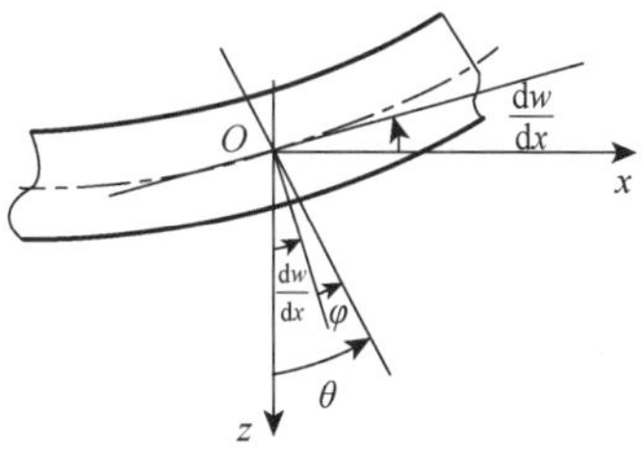

图 3.12　Timoshenko 梁

（2）基本方程

①几何方程。

几何方程为

$$\varepsilon_x = \frac{\mathrm{d}u}{\mathrm{d}x} = -z\frac{\mathrm{d}\theta}{\mathrm{d}x} = -z\kappa,\quad \gamma_{xz} = \frac{\mathrm{d}w}{\mathrm{d}x} - \theta \tag{3.1.81}$$

其中，$\kappa = \mathrm{d}\theta/\mathrm{d}x$。

②物理方程。

物理方程为

$$\sigma_x = E\varepsilon_x = -Ez\frac{\mathrm{d}\theta}{\mathrm{d}x} \tag{3.1.82}$$

剪切应力和剪力分别为

$$\tau_{xz} = G\gamma_{xz} = G\left(\frac{\mathrm{d}w}{\mathrm{d}x} - \theta\right) \tag{3.1.83}$$

$$Q = A_s\tau_{xz} = A_sG\gamma_{xz} = kAG\gamma_{xz} \tag{3.1.84}$$

剪应变和剪应力在截面上按抛物线分布，变形后截面不再是平面，所以引入校正因子 k。

③平衡方程。

平衡方程为

$$\begin{aligned} &EI\theta'' + \kappa GA\left(w' - \theta\right) = 0 \\ &\kappa GA\left(w'' - \theta'\right) = p(x) \end{aligned} \tag{3.1.85}$$

可见，Timoshenko 梁有 2 个几何方程、2 个物理方程和 2 个平衡方程，共计 6 个基本方程。

（3）边界条件

对图 3.11 所示简支梁，其边界条件可以表示为

$$\begin{aligned} &v(x)\big|_{x=0} = 0, \quad v(x)\big|_{x=l} = 0 \\ &M\big|_{x=0} = 0, \quad M\big|_{x=l} = 0 \end{aligned} \tag{3.1.86}$$

3.1.5 初应力与初应变

很多原因会导致结构中出现初应变，如皱缩、晶体生长或温度的变化等。初应变向量可表达为

$$\boldsymbol{\varepsilon}_0 = \begin{bmatrix} \varepsilon_{x0} & \varepsilon_{y0} & \varepsilon_{z0} & \gamma_{xy0} & \gamma_{yz0} & \gamma_{zx0} \end{bmatrix}^{\mathrm{T}} \tag{3.1.87}$$

对于正交各向异性材料，在材料主方向的热应变为

$$\boldsymbol{\varepsilon}_0' = \Delta T\begin{bmatrix} \alpha_{x'} & \alpha_{y'} & \alpha_{z'} & 0 & 0 & 0 \end{bmatrix}^{\mathrm{T}} \tag{3.1.88}$$

其中，$\alpha_{x'}$、$\alpha_{y'}$、$\alpha_{z'}$ 为材料主方向的热膨胀系数；ΔT 为温度变化量。

对于各向同性材料，$\alpha_{x'}=\alpha_{y'}=\alpha_{z'}=\alpha$，温度的变化引起的初应变为

$$\boldsymbol{\varepsilon}_0 = \alpha\Delta T\begin{bmatrix} 1 & 1 & 1 & 0 & 0 & 0 \end{bmatrix}^{\mathrm{T}} \tag{3.1.89}$$

考虑初应力和初应变的线弹性材料本构方程为

$$\boldsymbol{\sigma} = \boldsymbol{D}(\boldsymbol{\varepsilon} - \boldsymbol{\varepsilon}_0) + \boldsymbol{\sigma}_0 \quad 或 \quad \boldsymbol{\varepsilon} = \boldsymbol{C}\left(\boldsymbol{\sigma} - \boldsymbol{\sigma}_0\right) + \boldsymbol{\varepsilon}_0 \tag{3.1.90}$$

其中，$\boldsymbol{\sigma}_0$ 为初应力；$\boldsymbol{C} = \boldsymbol{D}^{-1}$ 为材料的柔度矩阵。

3.1.6 能量泛函与变分原理

1. 应变能与应变余能

单位体积的应变能（余能）称为应变能（余能）密度，对于三维问题，应变能密度 u_ε 和余能密度 u_σ 表达式为

$$u_\varepsilon = \frac{1}{2}(\sigma_x\varepsilon_x + \sigma_y\varepsilon_y + \sigma_z\varepsilon_z + \tau_{xy}\gamma_{xy} + \tau_{yz}\gamma_{yz} + \tau_{zx}\gamma_{zx}) = \frac{1}{2}\boldsymbol{\sigma}^{\mathrm{T}}\boldsymbol{\varepsilon} = \frac{1}{2}\boldsymbol{\varepsilon}^{\mathrm{T}}\boldsymbol{D}\boldsymbol{\varepsilon} \tag{3.1.91}$$

$$u_\sigma = \frac{1}{2}(\varepsilon_x\sigma_x + \varepsilon_y\sigma_y + \varepsilon_z\sigma_z + \gamma_{xy}\tau_{xy} + \gamma_{yz}\tau_{yz} + \gamma_{zx}\tau_{zx}) = \frac{1}{2}\boldsymbol{\varepsilon}^{\mathrm{T}}\boldsymbol{\sigma} = \frac{1}{2}\boldsymbol{\sigma}^{\mathrm{T}}\boldsymbol{C}\boldsymbol{\sigma} \tag{3.1.92}$$

考虑结构的初应力 $\boldsymbol{\sigma}_0$ 和初应变 $\boldsymbol{\varepsilon}_0$，对应变能（余能）密度（含初应力和初应变）在其所包含的体积上积分得到其应变能（余能）：

$$U_\varepsilon = \frac{1}{2}\int_V \boldsymbol{\varepsilon}^{\mathrm{T}}\boldsymbol{D}\boldsymbol{\varepsilon}\mathrm{d}V - \frac{1}{2}\int_V \boldsymbol{\varepsilon}^{\mathrm{T}}\boldsymbol{D}\boldsymbol{\varepsilon}_0\mathrm{d}V + \frac{1}{2}\int_V \boldsymbol{\varepsilon}^{\mathrm{T}}\boldsymbol{\sigma}_0\mathrm{d}V \tag{3.1.93}$$

$$U_\sigma = \frac{1}{2}\int_V \boldsymbol{\sigma}^{\mathrm{T}}\boldsymbol{C}\boldsymbol{\sigma}\mathrm{d}V - \frac{1}{2}\int_V \boldsymbol{\sigma}^{\mathrm{T}}\boldsymbol{C}\boldsymbol{\sigma}_0\mathrm{d}V + \frac{1}{2}\int_V \boldsymbol{\sigma}^{\mathrm{T}}\boldsymbol{\varepsilon}_0\mathrm{d}V \tag{3.1.94}$$

如果体积 V 上的体积力为 $\boldsymbol{f}$，面力为 $\boldsymbol{t}$，则外力势为

$$E_p = -\left(\int_V \boldsymbol{f}^{\mathrm{T}}\boldsymbol{u}\mathrm{d}V + \int_{S_\sigma} \boldsymbol{t}^{\mathrm{T}}\boldsymbol{u}\mathrm{d}S\right) \tag{3.1.95}$$

2. 能量变分原理

1）虚位移原理与最小势能原理

通常将满足位移边界条件容许的微小位移称为**虚位移**或**位移变分**，满足变形协调条件容许的微小应变称为**虚应变**或**应变变分**。外力在虚位移上做的功称为**外力虚功**，应力在虚应变上做的功称为**内力虚功**，外力虚功和内力虚功统称为**虚功**。基于弹性体平衡方程和力边界条件的等效积分形式可得

$$\int_V \boldsymbol{\sigma}^{\mathrm{T}}\delta\boldsymbol{\varepsilon}\mathrm{d}V - \left(\int_V \boldsymbol{f}^{\mathrm{T}}\delta\boldsymbol{u}\mathrm{d}V + \int_{S_\sigma} \boldsymbol{t}^{\mathrm{T}}\delta\boldsymbol{u}\mathrm{d}S\right) = 0 \tag{3.1.96}$$

方程（3.1.96）称为**虚功方程**，基于虚功方程得到如下虚位移原理。

虚位移原理：若力系是平衡的，则力系在虚位移和虚应变上所做的虚功总和为零（即外力虚功 = 内力虚功）；反之，若力系在虚位移和虚应变上所做的虚功和为零，则力系一定是平衡的。因此，虚位移原理是力系平衡的充要条件。

考虑初应变 $\boldsymbol{\varepsilon}_0$ 和初应力 $\boldsymbol{\sigma}_0$，并利用 $\boldsymbol{\sigma} = \boldsymbol{D}\boldsymbol{\varepsilon}$ 以及变分与积分运算的性质，进一步得

$$\delta\left(\frac{1}{2}\int_V \boldsymbol{\varepsilon}^{\mathrm{T}}\boldsymbol{D}\boldsymbol{\varepsilon}\mathrm{d}V - \frac{1}{2}\int_V \boldsymbol{\varepsilon}^{\mathrm{T}}\boldsymbol{D}\boldsymbol{\varepsilon}_0\mathrm{d}V + \frac{1}{2}\int_V \boldsymbol{\varepsilon}^{\mathrm{T}}\boldsymbol{\sigma}_0\mathrm{d}V\right) - \delta\left(\int_V \boldsymbol{f}^{\mathrm{T}}\boldsymbol{u}\mathrm{d}V + \int_{S_\sigma} \boldsymbol{t}^{\mathrm{T}}\boldsymbol{u}\mathrm{d}S\right) = 0 \tag{3.1.97}$$

定义势能泛函：

$$\Pi_p = \frac{1}{2}\int_V \boldsymbol{\varepsilon}^{\mathrm{T}}\boldsymbol{D}\boldsymbol{\varepsilon}\mathrm{d}V - \frac{1}{2}\int_V \boldsymbol{\varepsilon}^{\mathrm{T}}\boldsymbol{D}\boldsymbol{\varepsilon}_0\mathrm{d}V + \frac{1}{2}\int_V \boldsymbol{\varepsilon}^{\mathrm{T}}\boldsymbol{\sigma}_0\mathrm{d}V - \left(\int_V \boldsymbol{f}^{\mathrm{T}}\boldsymbol{u}\mathrm{d}V + \int_{S_\sigma} \boldsymbol{t}^{\mathrm{T}}\boldsymbol{u}\mathrm{d}S\right) \tag{3.1.98}$$

则由式（3.1.98）有

$$\delta\Pi_p = 0 \tag{3.1.99}$$

最小势能原理：在给定的外力作用下，真实位移使系统的势能泛函 Π_p 的变分为零，即泛函 Π_p 取驻值，可进一步证明该驻值为势能泛函的最小值。即在满足位移边界条件的所有可能位移中，真实位移使得系统的势能泛函 Π_p 取最小值。

2）虚应力原理与最小余能原理

类似将满足力边界条件容许的微小约束力称为**虚约束力**或**约束力变分**，满足平衡方程容许的微小应力称为**虚应力**或**应力变分**。虚约束力在位移上做的功称为**外力余虚功**，虚应力在应变上做的功称为**内力余虚功**，外力余虚功和内力余虚功统称为**余虚功**。基于弹性体几何方程和位移边界条件的等效积分形式可得

$$\int_V (\delta\boldsymbol{\sigma})^{\mathrm{T}} \boldsymbol{\varepsilon} \mathrm{d}V - \int_{S_u} (\delta\boldsymbol{t})^{\mathrm{T}} \overline{\boldsymbol{u}} \mathrm{d}S = 0 \tag{3.1.100}$$

方程（3.1.100）称为**余虚功方程**，基于余虚功方程得到如下虚应力原理。

虚应力原理：若位移是协调的，则虚应力和虚约束力所做的余虚功总和为零（即外力余虚功 = 内力余虚功）；反之，若虚应力和虚约束力所做余虚功总和为零，则位移一定是协调的。因此，虚应力原理是位移协调的充要条件。

利用变分与积分运算的性质，进一步得

$$\delta\frac{1}{2}\int_V \boldsymbol{\sigma}^{\mathrm{T}} \boldsymbol{\varepsilon} \mathrm{d}V - \delta\int_{S_u} \boldsymbol{t}^{\mathrm{T}} \overline{\boldsymbol{u}} \mathrm{d}S = 0 \tag{3.1.101}$$

定义余能泛函

$$\Pi_c = \frac{1}{2}\int_V \boldsymbol{\sigma}^{\mathrm{T}} \boldsymbol{\varepsilon} \mathrm{d}V - \int_{S_u} \boldsymbol{t}^{\mathrm{T}} \overline{\boldsymbol{u}} \mathrm{d}S \tag{3.1.102}$$

则有

$$\delta\Pi_c = 0 \tag{3.1.103}$$

最小余能原理：在弹性体内满足平衡方程，在边界上满足力边界条件的所有可能应力中，真实应力使系统的余能泛函 Π_c 的变分为零，即泛函 Π_c 取驻值，可进一步证明该驻值为余能泛函的最小值。

虚位移原理和虚应力原理统称**虚功原理**，虚功方程和余虚功方程统称**虚功方程**。虚位移原理可视为平衡方程和力边界条件的等效积分形式，而虚应力原理可视为几何方程和位移边界条件的等效积分形式。

3. 各类力学问题的势能泛函

从最小势能原理看，真实位移使系统的势能泛函取最小值，为此求解各类力学问题转化为给出其对应的势能泛函问题，下面给出各种力学问题的势能泛函。

1）杆件拉伸问题

将场方程（3.1.67）和（3.1.68）代入势能泛函（3.1.98）得到杆件拉压的势能泛函为

$$\begin{aligned}\varPi_p(u) &= \int_V \frac{1}{2}\sigma_x\varepsilon_x \mathrm{d}V - \int_0^l f(x)u\mathrm{d}x - \sum_k F_{ck}u_k \\ &= \int_0^l \frac{EA}{2}\left(\frac{\mathrm{d}u}{\mathrm{d}x}\right)^2 \mathrm{d}x - \int_0^l f(x)u\mathrm{d}x - \sum_k F_{ck}u_k\end{aligned} \tag{3.1.104}$$

其中，EA 为杆的截面拉压刚度；u 为轴向位移；$f(x)$ 为作用于杆件上的轴向分布载荷；F_{ck} 为作用于 x_k 处的轴向集中力；u_k 为 x_k 处的轴向位移。

2）轴扭转问题

将场方程（3.1.71）和（3.1.72）代入势能泛函（3.1.98）得到轴扭转的势能泛函为

$$\begin{aligned}\varPi_p(\theta_x) &= \int_0^l \frac{1}{2}GI_r\frac{\mathrm{d}\theta_x}{\mathrm{d}x}\frac{\mathrm{d}\theta_x}{\mathrm{d}x}\mathrm{d}x - \int_0^l m_t(x)\theta_x\mathrm{d}x - \sum_k M_{ck}\theta_{xk} \\ &= \int_0^l \frac{1}{2}GI_r\left(\frac{\mathrm{d}\theta_x}{\mathrm{d}x}\right)^2 \mathrm{d}x - \int_0^l m_t(x)\theta_x\mathrm{d}x - \sum_k M_{ck}\theta_{xk}\end{aligned} \tag{3.1.105}$$

其中，GI_r 为轴的截面扭转刚度；θ_x 为截面扭转角；$m_t(x)$为作用于轴上的分布力偶；M_{ck} 为作用于 x_k 处的轴上集中力偶矩；θ_{xk} 为 x_k 处的扭转角。

3）Euler-Bernoulli 梁弯曲问题

将几何方程（3.1.76）和物理方程（3.1.77）代入势能泛函（3.1.98）得到 Euler-Bernoulli 梁的势能泛函：

$$\varPi_p(\theta,w) = \int_0^l \frac{1}{2}EI\left(\frac{\mathrm{d}^2w}{\mathrm{d}x^2}\right)^2 \mathrm{d}x - \int_0^l q(x)w\mathrm{d}x - \int_0^l m(x)\frac{\mathrm{d}w}{\mathrm{d}x}\mathrm{d}x - \sum_j F_{cj}w_j - \sum_k M_{ck}\left(\frac{\mathrm{d}w}{\mathrm{d}x}\right)_k \tag{3.1.106}$$

其中，EI 为梁的横截面抗弯刚度；w 为横向挠度；$q(x)$ 为作用于梁上的横向分布载荷；$m(x)$为作用于梁上的分布力矩；F_{cj} 为作用于 x_j 处的横向集中力；w_j 为 x_j 处的横向位移；M_{ck} 为作用于 x_k 处的外力矩。

4）Timoshenko 梁弯曲问题

将几何方程（3.1.81）、物理方程（3.1.82）和（3.1.83）代入势能泛函（3.1.98）得到 Timoshenko 梁的势能泛函：

$$\varPi_p(\theta, w) = \int_0^l \frac{1}{2}EI\kappa^2\mathrm{d}x + \int_0^l \frac{1}{2}kGA\gamma_{xz}^2\mathrm{d}x - \int_0^l qw\mathrm{d}x - \int_0^l m\theta\mathrm{d}x - \sum_j F_{cj}w_j - \sum_k M_{ck}\theta_k \tag{3.1.107}$$

其中，$\kappa = -\mathrm{d}\theta/\mathrm{d}x$；$\gamma_{xz} = \mathrm{d}w/\mathrm{d}x - \theta$；$GA$ 为截面的抗剪刚度；k 为截面剪切修正因子，其余参数同 Euler-Bernoulli 梁弯曲问题。对于等截面梁，其表达式为

$$\begin{aligned}\varPi_p &= \frac{1}{2}EI\int_0^l\left(\frac{\mathrm{d}\theta}{\mathrm{d}x}\right)^2\mathrm{d}x + \frac{1}{2}kGA\int_0^l\left(\frac{\mathrm{d}w}{\mathrm{d}x}-\theta\right)^2\mathrm{d}x - \int_0^l qw\mathrm{d}x \\ &\quad - \int_0^l m\theta\mathrm{d}x - \sum_j F_{cj}w_j - \sum_k M_{ck}\theta_k\end{aligned} \tag{3.1.108}$$

5）平面问题

将平面问题的几何方程（3.1.29）和物理方程（3.1.30）代入势能泛函（3.1.98）得到平面问题的势能泛函：

$$\Pi_p = \int_V \frac{1}{2}\boldsymbol{\varepsilon}^{\mathrm{T}}\boldsymbol{D}\boldsymbol{\varepsilon}\mathrm{d}V - \int_V \boldsymbol{u}^{\mathrm{T}}\boldsymbol{f}\mathrm{d}V - \int_{S_\sigma} \boldsymbol{u}^{\mathrm{T}}\boldsymbol{t}\,\mathrm{d}S \tag{3.1.109}$$

其中，$\boldsymbol{D}$ 为二维弹性矩阵，对各向同性材料其表达式见式（3.1.31）；$\boldsymbol{f}$ 为二维体积力列向量；$\boldsymbol{t}$ 为二维表面力列向量；$\boldsymbol{u}$ 为二维位移列向量；$\boldsymbol{\varepsilon}$ 为平面问题应变列向量。

6）轴对称问题

将轴对称问题的几何方程（3.1.37）代入势能泛函（3.1.98）得到轴对称问题的势能泛函：

$$\begin{aligned}\Pi_p &= \int_V \frac{1}{2}\boldsymbol{\varepsilon}^{\mathrm{T}}\boldsymbol{D}\boldsymbol{\varepsilon}\mathrm{d}V - \int_{V^e} \boldsymbol{u}^{\mathrm{T}}\boldsymbol{f}\mathrm{d}V - \int_{S_\sigma} \boldsymbol{u}^{\mathrm{T}}\boldsymbol{t}\mathrm{d}S \\ &= 2\pi\left(\int_A \frac{1}{2}\boldsymbol{\varepsilon}^{\mathrm{T}}\boldsymbol{D}\boldsymbol{\varepsilon}r\mathrm{d}A - \int_A \boldsymbol{u}^{\mathrm{T}}\boldsymbol{f}r\mathrm{d}s - \int_{l_\sigma} \boldsymbol{u}^{\mathrm{T}}\boldsymbol{t}r\mathrm{d}l\right)\end{aligned} \tag{3.1.110}$$

其中，$\boldsymbol{D}$ 为轴对称弹性矩阵，对于各向同性材料，其表达式见式（3.1.38）；$\boldsymbol{f}$ 为轴对称体积力列向量；$\boldsymbol{t}$ 为轴对称表面力列向量；$\boldsymbol{u}$ 为轴对称位移列向量；$\boldsymbol{\varepsilon}$ 为轴对称应变列向量。

7）薄板弯曲问题

将薄板弯曲问题的几何方程（3.1.44）代入势能泛函（3.1.98）得到薄板弯曲问题的势能泛函：

$$\Pi_p = \int_A \left(\frac{1}{2}\boldsymbol{\kappa}^{\mathrm{T}}\boldsymbol{D}\boldsymbol{\kappa} - qw\right)\mathrm{d}x\mathrm{d}y - \int_{S_n} \theta_n \bar{M}_n \mathrm{d}S - \int_{S_t} \theta_s \bar{M}_{ns}\mathrm{d}S - \int_{S_s} w\bar{Q}_n \mathrm{d}S \tag{3.1.111}$$

其中，$\boldsymbol{D}$ 为弹性矩阵，对于各向同性材料，其表达式见式（3.1.45）；$\boldsymbol{\kappa} = \boldsymbol{L}w$ 为由几何方程（3.1.44）定义的广义应变；w 为横向挠度；q 为横向分布力；$\bar{M}_n$ 和 $\bar{M}_{ns}$ 分别为给定的绕 n 轴和 s 轴的力矩；θ_n 和 θ_s 分别为 $\bar{M}_n$ 和 $\bar{M}_{ns}$ 对应的绕 n 轴和 s 轴的转角；$\bar{Q}_n$ 为给定的剪力。

8）厚板弯曲问题

将厚板弯曲问题的几何方程（3.1.56）和（3.1.57）代入势能泛函（3.1.98）得到厚板弯曲问题的势能泛函：

$$\begin{aligned}\Pi_p &= \frac{1}{2}\int_A (\boldsymbol{L\theta})^{\mathrm{T}}\boldsymbol{DL\theta}\mathrm{d}x\mathrm{d}y + \frac{1}{2}\int_A (\nabla w - \boldsymbol{\theta})^{\mathrm{T}}\boldsymbol{\alpha}(\nabla w - \boldsymbol{\theta})\mathrm{d}x\mathrm{d}y \\ &\quad - \int_A wq\mathrm{d}x\mathrm{d}y - \int_{S_n} \theta_n \bar{M}_n \mathrm{d}S - \int_{S_t} \theta_s \bar{M}_{ns}\mathrm{d}S - \int_{S_s} w\bar{Q}_n \mathrm{d}S\end{aligned} \tag{3.1.112}$$

其中

$$\boldsymbol{L\theta} = \begin{bmatrix} \dfrac{\partial}{\partial x} & 0 & \dfrac{\partial}{\partial y} \\ 0 & \dfrac{\partial}{\partial y} & \dfrac{\partial}{\partial x} \end{bmatrix}^{\mathrm{T}} \begin{Bmatrix} \theta_x \\ \theta_y \end{Bmatrix}, \quad \boldsymbol{\alpha} = kGt\begin{bmatrix} 1 & 0 \\ 0 & 1 \end{bmatrix} = kGt\boldsymbol{I} = \alpha\boldsymbol{I}, \quad \nabla w - \boldsymbol{\theta} = \begin{Bmatrix} \partial w/\partial x - \theta_x \\ \partial w/\partial x - \theta_y \end{Bmatrix}$$

其余参数同薄板弯曲问题。

9）三维问题

将空间问题的几何方程（3.1.21）和物理方程（3.1.22）代入势能泛函（3.1.98）得到三维问题的势能泛函：

$$\Pi_p=\frac{1}{2}\int_V \boldsymbol{\varepsilon}^{\mathrm{T}}\boldsymbol{D}\boldsymbol{\varepsilon}\mathrm{d}V-\frac{1}{2}\int_V \boldsymbol{\varepsilon}^{\mathrm{T}}\boldsymbol{D}\boldsymbol{\varepsilon}_0\mathrm{d}V+\frac{1}{2}\int_V \boldsymbol{\varepsilon}^{\mathrm{T}}\boldsymbol{\sigma}_0\mathrm{d}V-\left(\int_V \boldsymbol{f}^{\mathrm{T}}\boldsymbol{u}\mathrm{d}V+\int_{S_\sigma}\boldsymbol{t}^{\mathrm{T}}\boldsymbol{u}\mathrm{d}S\right) \tag{3.1.113}$$

其中，$\boldsymbol{D}$ 为三维弹性矩阵，对于各向同性材料，其表达式见式（3.1.10）；$\boldsymbol{f}$ 为三维体积力列向量；$\boldsymbol{t}$ 为三维表面力列向量；$\boldsymbol{u}$ 为三维位移列向量；$\boldsymbol{\varepsilon}$ 为应变列向量；$\boldsymbol{\varepsilon}_0$ 为初始应变列向量；$\boldsymbol{\sigma}_0$ 为初始应力列向量。

3.2　热传导与热应力基础

3.2.1　傅里叶（Fourier）定律

1. 基本概念

物质传热模式包括传导、对流、辐射。物质中的每一点都有一个唯一的温度值，各点的温度值构成了温度场或温度分布。通常温度既是空间坐标的函数，又是时间的函数，记为 $T=T(x,y,z,t)$。若温度场与时间无关，则称为**稳态温度场**，记为 $T=T(x,y,z)$，对应的热传导称为**稳态热传导**；温度场随时间变化，则称为**非稳态温度场**或**瞬态温度场**，记为 $T=T(x,y,z,t)$，对应的热传导称为**瞬态热传导**。具有相同温度的点组成的几何曲面称为**等温面**。穿越等温面都会有温度变化，其中沿等温面法线方向上温度的变化称为**温度梯度**，表示为

$$\nabla T=\frac{\partial T}{\partial n}\boldsymbol{n}=\frac{\partial T}{\partial x}\boldsymbol{i}+\frac{\partial T}{\partial y}\boldsymbol{j}+\frac{\partial T}{\partial z}\boldsymbol{l} \tag{3.2.1}$$

其中，$\boldsymbol{n}$ 为等温面上的单位法向矢量；$\partial T/\partial n$ 为温度的法向导数；∇ 为梯度算子，定义为

$$\nabla=\begin{bmatrix}\dfrac{\partial}{\partial x} & \dfrac{\partial}{\partial y} & \dfrac{\partial}{\partial z}\end{bmatrix}^{\mathrm{T}} \tag{3.2.2}$$

通过单位表面积的热量称为**热流密度** $\boldsymbol{q}$（单位为 $\mathrm{W/m^2}$），表示为

$$\boldsymbol{q}=\begin{bmatrix}q_x & q_y & q_z\end{bmatrix}^{\mathrm{T}} \tag{3.2.3}$$

其中，q_x、q_y 和 q_z 分别为 x、y 和 z 方向的热流密度。

2. Fourier 热传导定律

1）三维热传导本构方程

Fourier 定律指出热流密度正比于温度梯度，即

$$\begin{Bmatrix}q_x\\ q_y\\ q_z\end{Bmatrix}=-\begin{bmatrix}k_{xx} & k_{xy} & k_{xz}\\ k_{yx} & k_{yy} & k_{yz}\\ k_{zx} & k_{zy} & k_{zz}\end{bmatrix}\begin{Bmatrix}\dfrac{\partial T}{\partial x}\\ \dfrac{\partial T}{\partial y}\\ \dfrac{\partial T}{\partial z}\end{Bmatrix}\quad 或\quad \boldsymbol{q}=-\boldsymbol{k}\nabla T \tag{3.2.4}$$

其中，$\boldsymbol{k}=\begin{bmatrix}k_{ij}\end{bmatrix}$ 称为**热传导矩阵**，矩阵元素 $k_{ij}(i,j=x,y,z)$ 称为**热传导系数**，其单位为

W/(m·K)。方程（3.2.4）称为**热传导本构方程**。对于各向同性均匀材料，矩阵元素 k_{ij} 为常数，则其热传导本构方程为

$$\boldsymbol{q} = -k\nabla T \tag{3.2.5}$$

其中，k 为热传导系数。热流密度的方向垂直于等温面，其正方向为温度降低的方向，表示物体内热量由热向冷的方向流动，因此热流密度方向与温度梯度方向相反。

2）平面热传导本构方程

对于平面热传导问题，热流密度 $\boldsymbol{q} = [q_x \quad q_y]^{\mathrm{T}}$，热传导本构方程（3.2.4）可以简化为

$$\begin{Bmatrix} q_x \\ q_y \end{Bmatrix} = -\begin{bmatrix} k_{xx} & k_{xy} \\ k_{yx} & k_{yy} \end{bmatrix} \begin{Bmatrix} \dfrac{\partial T}{\partial x} \\ \dfrac{\partial T}{\partial y} \end{Bmatrix} \tag{3.2.6}$$

对于各向同性材料，热传导本构方程（3.2.6）进一步简化为

$$\begin{Bmatrix} q_x \\ q_y \end{Bmatrix} = -k \begin{Bmatrix} \dfrac{\partial T}{\partial x} \\ \dfrac{\partial T}{\partial y} \end{Bmatrix} \tag{3.2.7}$$

3）轴对称热传导本构方程

对于轴对称热传导问题，热流密度为

$$\boldsymbol{q} = \begin{bmatrix} q_r & q_z \end{bmatrix}^{\mathrm{T}} \tag{3.2.8}$$

其中，q_r 和 q_z 分别为径向和轴向的热流密度。这时温度梯度的表达式为

$$\nabla T = \begin{bmatrix} \dfrac{\partial T}{\partial r} & \dfrac{\partial T}{\partial z} \end{bmatrix}^{\mathrm{T}} \tag{3.2.9}$$

其中，$\partial T / \partial r$ 和 $\partial T / \partial z$ 分别为径向和轴向的温度梯度。

热传导本构方程为

$$\begin{Bmatrix} q_r \\ q_z \end{Bmatrix} = \begin{bmatrix} k_{rr} & k_{rz} \\ k_{zr} & k_{zz} \end{bmatrix} \begin{Bmatrix} \dfrac{\partial T}{\partial r} \\ \dfrac{\partial T}{\partial z} \end{Bmatrix} \tag{3.2.10}$$

其中，k_{rr} 和 k_{zz} 分别为径向和轴向热传导系数；k_{rz} 和 k_{zr} 分别为径向和轴向耦合热传导系数。

对于各向同性材料，热传导本构方程（3.2.10）可进一步简化为

$$\begin{Bmatrix} q_r \\ q_z \end{Bmatrix} = -k \begin{Bmatrix} \dfrac{\partial T}{\partial r} \\ \dfrac{\partial T}{\partial z} \end{Bmatrix} \tag{3.2.11}$$

4）一维热传导本构方程

对于一维热传导问题，其热传导本构方程为

$$q_x = -k\frac{\partial T}{\partial x} \tag{3.2.12}$$

3.2.2　瞬态热传导问题

1. 三维瞬态热传导方程

考虑如图 3.13 所示微元体，内热源密度为 Q（W/kg，流出放热为正，流入吸热为负）。根据能量守恒定律，时间 dt 内流入微元体的热量 dQ_c 加上内热源产生的热量 dQ_i 应等于微元体热量的变化 dQ_e，即

$$\mathrm{d}Q_c + \mathrm{d}Q_i = \mathrm{d}Q_e \tag{3.2.13}$$

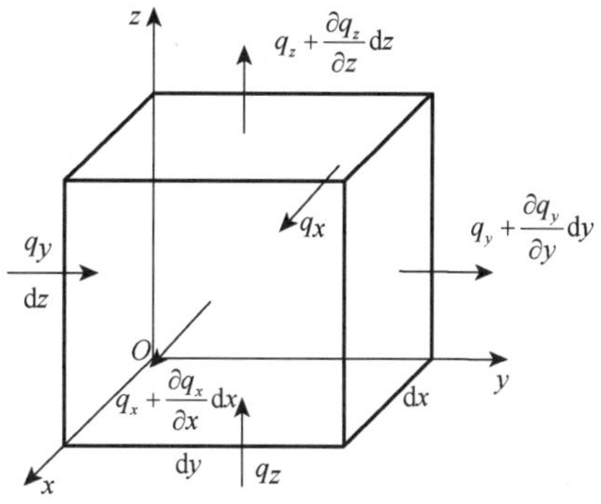

图 3.13　微元体热传导

时间间隔 dt 内流入微元体的热量为

$$\begin{aligned}\mathrm{d}Q_c &= q_x\mathrm{d}y\mathrm{d}z\mathrm{d}t+q_y\mathrm{d}x\mathrm{d}z\mathrm{d}t+q_z\mathrm{d}x\mathrm{d}y\mathrm{d}t\\ &\quad -\left(q_x+\frac{\partial q_x}{\partial x}\mathrm{d}x\right)\mathrm{d}y\mathrm{d}z\mathrm{d}t-\left(q_y+\frac{\partial q_y}{\partial y}\mathrm{d}y\right)\mathrm{d}x\mathrm{d}z\mathrm{d}t-\left(q_z+\frac{\partial q_z}{\partial z}\mathrm{d}z\right)\mathrm{d}x\mathrm{d}y\mathrm{d}t\\ &= -\left(\frac{\partial q_x}{\partial x}+\frac{\partial q_y}{\partial y}+\frac{\partial q_z}{\partial z}\right)\mathrm{d}x\mathrm{d}y\mathrm{d}z\mathrm{d}t\end{aligned} \tag{3.2.14}$$

时间间隔 dt 内热源产生的热量为

$$\mathrm{d}Q_i = Q\mathrm{d}x\mathrm{d}y\mathrm{d}z\mathrm{d}t \tag{3.2.15}$$

时间间隔 dt 内能量变化为

$$\mathrm{d}Q_e = c_p\mathrm{d}m\frac{\partial T}{\partial t}\mathrm{d}t = c_p\rho\frac{\partial T}{\partial t}\mathrm{d}V\mathrm{d}t = c_p\rho\frac{\partial T}{\partial t}\mathrm{d}x\mathrm{d}y\mathrm{d}z\mathrm{d}t \tag{3.2.16}$$

其中，c_p 为材料比热容，J/(kg·K)；m 为质量，kg；ρ 为材料密度，kg/m^3。

将式（3.2.14）～式（3.2.16）代入式（3.2.13）得

$$-\left(\frac{\partial q_x}{\partial x}+\frac{\partial q_y}{\partial y}+\frac{\partial q_z}{\partial z}\right)+Q=\rho c_p\frac{\partial T}{\partial t} \quad 或 \quad -\nabla^{\mathrm{T}}\boldsymbol{q}+Q=\rho c_p\frac{\partial T}{\partial t} \tag{3.2.17}$$

方程（3.2.17）称为**瞬态热传导方程**，又称**连续性方程**。

如果各方向传热不耦合（即热传导系数 $k_{xy}=k_{yz}=k_{zx}=0$），则由式（3.2.4）得

$$\rho c_p\frac{\partial T}{\partial t}-\frac{\partial}{\partial x}\left(k_{xx}\frac{\partial T}{\partial x}\right)-\frac{\partial}{\partial y}\left(k_{yy}\frac{\partial T}{\partial y}\right)-\frac{\partial}{\partial z}\left(k_{zz}\frac{\partial T}{\partial z}\right)-\rho Q=0 \tag{3.2.18}$$

对于各向同性材料，瞬态热传导方程（3.2.18）简化为

$$k\left(\frac{\partial^2 T}{\partial x^2}+\frac{\partial^2 T}{\partial y^2}+\frac{\partial^2 T}{\partial z^2}\right)+Q=\rho c_p\frac{\partial T}{\partial t} \quad 或 \quad k\nabla^{\mathrm{T}}(\nabla T)+Q=\rho c_p\frac{\partial T}{\partial t} \tag{3.2.19}$$

2. 平面瞬态热传导方程

对于平面问题，瞬态热传导方程（3.2.18）简化为

$$-\left(\frac{\partial q_x}{\partial x}+\frac{\partial q_y}{\partial y}\right)+Q=\rho c_p\frac{\partial T}{\partial t} \tag{3.2.20}$$

对于各向同性材料，可以简化为以温度为独立变量的方程：

$$k\left(\frac{\partial^2 T}{\partial x^2}+\frac{\partial^2 T}{\partial y^2}\right)+Q=\rho c_p\frac{\partial T}{\partial t} \tag{3.2.21}$$

3. 轴对称瞬态热传导方程

对于轴对称问题，瞬态热传导方程为

$$-\left(\frac{\partial q_r}{\partial r}+\frac{q_r}{r}+\frac{\partial q_z}{\partial z}\right)+Q=\rho c_p\frac{\partial T}{\partial t} \tag{3.2.22}$$

对于各向同性材料，简化为以温度为独立变量的方程：

$$k\left(\frac{\partial^2 T}{\partial r^2}+\frac{1}{r}\frac{\partial T}{\partial r}+\frac{\partial^2 T}{\partial z^2}\right)+Q=\rho c_p\frac{\partial T}{\partial t} \tag{3.2.23}$$

4. 一维瞬态热传导方程

对于一维热传导问题，其瞬态热传导方程为

$$\frac{\mathrm{d}}{\mathrm{d}x}\left(k\frac{\mathrm{d}T}{\mathrm{d}x}\right)+Q=\rho c_p\frac{\mathrm{d}T}{\mathrm{d}t} \tag{3.2.24}$$

3.2.3　稳态热传导方程

1. 三维热传导方程

对于各向异性材料热传导稳态问题，其稳态热传导方程为

$$-\left(\frac{\partial q_x}{\partial x}+\frac{\partial q_y}{\partial y}+\frac{\partial q_z}{\partial z}\right)+Q=0 \quad 或 \quad -\nabla^{\mathrm{T}}\boldsymbol{q}+Q=0 \tag{3.2.25}$$

若各方向传热不耦合（即热传导系数$k_{xy}=k_{yz}=k_{zx}=0$），则有

$$\frac{\partial}{\partial x}\left(k_{xx}\frac{\partial T}{\partial x}\right)+\frac{\partial}{\partial y}\left(k_{yy}\frac{\partial T}{\partial y}\right)+\frac{\partial}{\partial z}\left(k_{zz}\frac{\partial T}{\partial z}\right)-\rho Q=0 \tag{3.2.26}$$

对于各向同性材料，稳态热传导方程（3.2.26）可以用温度为独立变量表示为

$$k\left(\frac{\partial^2 T}{\partial x^2}+\frac{\partial^2 T}{\partial y^2}+\frac{\partial^2 T}{\partial z^2}\right)+Q=0 \quad 或 \quad k\nabla^{\mathrm{T}}(\nabla T)+Q=0 \tag{3.2.27}$$

2. 平面热传导方程

对于平面热传导问题，稳态热传导方程（3.2.25）可以简化为

$$-\left(\frac{\partial q_x}{\partial x}+\frac{\partial q_y}{\partial y}\right)+Q=0 \tag{3.2.28}$$

对于各向同性材料，可以简化为以温度为独立变量的方程：

$$k\left(\frac{\partial^2 T}{\partial x^2}+\frac{\partial^2 T}{\partial y^2}\right)+Q=0 \tag{3.2.29}$$

3. 轴对称热传导方程

对于轴对称问题，稳态热传导方程为

$$-\left(\frac{\partial q_r}{\partial r}+\frac{q_r}{r}+\frac{\partial q_z}{\partial z}\right)+Q=0 \tag{3.2.30}$$

对于各向同性材料，可以简化为以温度为独立变量的稳态热传导方程：

$$k\left(\frac{\partial^2 T}{\partial r^2}+\frac{1}{r}\frac{\partial T}{\partial r}+\frac{\partial^2 T}{\partial z^2}\right)+Q=0 \tag{3.2.31}$$

4. 一维热传导方程

对于一维热传导问题，其稳态热传导方程为

$$\frac{\mathrm{d}}{\mathrm{d}x}\left(k\frac{\mathrm{d}T}{\mathrm{d}x}\right)+Q=0 \tag{3.2.32}$$

3.2.4　热传导问题的边界条件和初始条件

1）边界条件

热传导问题的边界条件包括如下三类：

（1）在边界上给定温度值，即

$$T=\overline{T}\quad（在\ S_T\ 边界上） \tag{3.2.33}$$

（2）在边界上给定热流密度，即

$$q_n=\overline{q}_n\quad（在\ S_q\ 边界上） \tag{3.2.34}$$

其中，q_n 为热流密度 $\boldsymbol{q}$ 沿边界法线方向的分量值；$\overline{q}_n$ 为给定边界上的热流密度，沿边界外法线方向取正，即热量流出物体为正。热流密度边界条件还可以用温度梯度表达为

$$-k\frac{\partial T}{\partial n}=\overline{q}_n\quad（在\ S_q\ 边界上） \tag{3.2.35}$$

（3）物体和外界的换热边界条件为

$$q_n=h(T-T_a)\quad 或\quad k\partial T/\partial \boldsymbol{n}=h(T-T_a)\quad（在\ S_c\ 边界上） \tag{3.2.36}$$

其中，h 为换热系数，W/(m^2·K)；T_a 为环境温度。

上面三类热问题的边界构成了总的边界 $S=S_T+S_q+S_c$。

2）初始条件

初始条件，即对于瞬态热传导问题，还需要给出物体内各点温度的初始值，即

$$T=T(x,y,z,0)=T_0(x,y,z) \tag{3.2.37}$$

3.2.5　热传导问题的变分原理

对于各向同性材料，用温度表示的三维稳态热传导方程为

$$k\left(\frac{\partial^2 T}{\partial x^2}+\frac{\partial^2 T}{\partial y^2}+\frac{\partial^2 T}{\partial z^2}\right)+Q=0 \tag{3.2.38}$$

三类边界条件可以分为强制边界条件和自然边界条件。其中给定温度值的边界条件称为热传导问题的强制边界条件，给定热流密度的边界条件称为热传导问题的自然边界条件。

（1）强制边界条件：

$$T-\bar{T}=0 \quad （在 S_T 边界上） \tag{3.2.39}$$

（2）自然边界条件：

$$-k\frac{\partial T}{\partial n}-\bar{q}_n=0 \quad （在 S_q 边界上） \tag{3.2.40}$$

或

$$k\frac{\partial T}{\partial n}-h(T-T_a)=0 \tag{3.2.41}$$

由热传导方程（3.2.38）和自然边界条件，可以建立热传导问题的变分原理，即如下泛函的驻值问题：

$$\begin{aligned}\Pi_T=&\int_V\left\{\frac{1}{2}k\left[\left(\frac{\partial T}{\partial x}\right)^2+\left(\frac{\partial T}{\partial y}\right)^2+\left(\frac{\partial T}{\partial z}\right)^2\right]-TQ\right\}\mathrm{d}V\\&-\int_{S_q}T\,\bar{q}_n\mathrm{d}S-\frac{1}{2}\int_{S_c}h(T_a-T)^2\mathrm{d}S\end{aligned} \tag{3.2.42}$$

热传导问题变分原理：在满足温度边界条件的所有可能温度场中，真实的温度场使泛函（3.2.42）取极小值，因此有

$$\delta\Pi_T=0 \tag{3.2.43}$$

3.2.6 热应力问题

1. 一维问题

对于一维弹性力学问题，热变形引起的应变为

$$\varepsilon_0=\alpha(T-T_0)=\alpha\Delta T \tag{3.2.44}$$

其中，α 为热膨胀系数；T_0 为初始温度；T 为当前温度。若材料的弹性模量为 E，则其弹性体的总应变 ε 为

$$\varepsilon=\frac{\sigma}{E}+\varepsilon_0 \tag{3.2.45}$$

弹性体应力 σ 为

$$\sigma=E(\varepsilon-\varepsilon_0) \tag{3.2.46}$$

弹性体的应变能密度为

$$u_\varepsilon=\frac{1}{2}\sigma(\varepsilon-\varepsilon_0) \tag{3.2.47}$$

2. 三维问题

对于三维各向同性材料，热变形引起的应变 $\boldsymbol{\varepsilon}_0$ 为

$$\boldsymbol{\varepsilon}_0 = \alpha(T - T_0)[1 \quad 1 \quad 1 \quad 0 \quad 0 \quad 0]^{\mathrm{T}} \tag{3.2.48}$$

弹性体应力 $\boldsymbol{\sigma}$ 为

$$\boldsymbol{\sigma} = \boldsymbol{D}(\boldsymbol{\varepsilon} - \boldsymbol{\varepsilon}_0) \tag{3.2.49}$$

其中，$\boldsymbol{D}$ 为弹性矩阵。弹性体的应变能密度为

$$u_\varepsilon = \frac{1}{2}(\boldsymbol{\varepsilon} - \boldsymbol{\varepsilon}_0)^{\mathrm{T}}\boldsymbol{\sigma} = \frac{1}{2}(\boldsymbol{\varepsilon} - \boldsymbol{\varepsilon}_0)^{\mathrm{T}}\boldsymbol{D}(\boldsymbol{\varepsilon} - \boldsymbol{\varepsilon}_0) \tag{3.2.50}$$

弹性体的势能泛函为

$$\begin{aligned} \Pi_p &= \int_V \frac{1}{2}\boldsymbol{\varepsilon}^{\mathrm{T}}\boldsymbol{\sigma}\mathrm{d}V - \int_V \boldsymbol{u}^{\mathrm{T}}\boldsymbol{f}\mathrm{d}V - \int_{S_\sigma} \boldsymbol{u}^{\mathrm{T}}\bar{\boldsymbol{t}}\mathrm{d}S \\ &= \int_V \left(\frac{1}{2}\boldsymbol{\varepsilon}^{\mathrm{T}}\boldsymbol{D}\boldsymbol{\varepsilon} - \boldsymbol{\varepsilon}^{\mathrm{T}}\boldsymbol{D}\boldsymbol{\varepsilon}_0\right)\mathrm{d}V - \int_V \boldsymbol{u}^{\mathrm{T}}\boldsymbol{f}\mathrm{d}V - \int_{S_\sigma} \boldsymbol{u}^{\mathrm{T}}\bar{\boldsymbol{t}}\mathrm{d}S \end{aligned} \tag{3.2.51}$$

3.3　典型例题详解

例 3.1　图 3.14 所示长 l、宽 b、高 h、弯曲刚度为 EI 的简支梁，受均布载荷 $p(x)$ 作用。

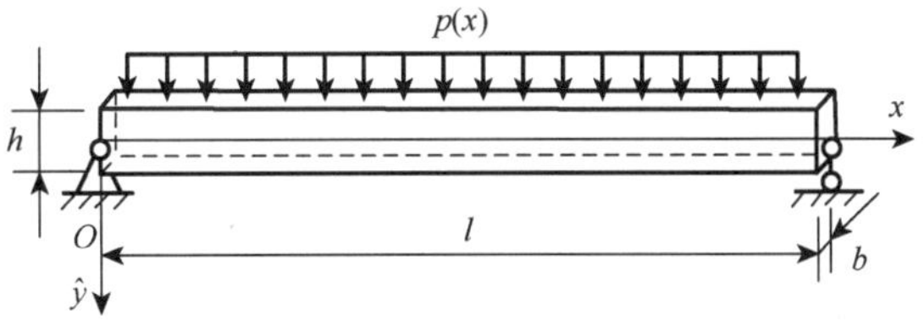

图 3.14　受均布载荷作用的简支梁

试解答如下问题：

（1）写出该问题的势能泛函。

（2）基于该泛函推导该问题对应的 Euler 方程和边界条件。

（3）当许可位移场为 $\hat{v}(x) = c_1 \sin(\pi x / l)$ 时，利用虚功原理求近似解。

（4）当许可位移场为 $\hat{v}(x) = c_1 \sin(\pi x / l) + c_2 \sin(3\pi x / l)$ 时，利用最小势能原理求近似解。

（5）当许可位移场取 $\hat{v}(x) = c_1 \sin(\pi x / l)$ 时，求该问题的 Galerkin 加权残值解；当许可位移场取 $\hat{v}(x) = c_1 \sin(\pi x / l) + c_2 \sin(3\pi x / l)$ 时，求该问题的加权残值最小二乘解和 Galerkin 加权残值解。

解　（1）受均布载荷作用的简支梁，其轴线上任一点挠度为 $v(x)$，应变能为

$$U = \frac{1}{2}\int_\Omega \sigma_x \varepsilon_x \mathrm{d}\Omega = \frac{1}{2}\int_0^l EI\left(\frac{\mathrm{d}^2 v}{\mathrm{d}x^2}\right)^2 \mathrm{d}x$$

相应的外力功为

$$W = \int_0^l p(x)v(x)\mathrm{d}x$$

则系统势能泛函为

$$\Pi = U - W = \int_0^l \left[\frac{1}{2} EI \left(\frac{\mathrm{d}^2 v}{\mathrm{d}x^2} \right)^2 - p(x)v(x) \right] \mathrm{d}x$$

（2）基于该泛函推导该问题对应的 Euler 方程和边界条件。

由 $\delta\Pi = 0$，得 Euler 方程

$$-EI \frac{\mathrm{d}^4 v}{\mathrm{d}x^4} + p(x) = 0$$

位移和力边界条件分别为

$$\mathrm{BC}(u): v\big|_{x=0} = 0, v\big|_{x=l} = 0, \quad \mathrm{BC}(p): v''\big|_{x=0} = 0, v''\big|_{x=l} = 0$$

（3）假设许可位移场为

$$\hat{v}(x) = c_1 \sin(\pi x / l)$$

其中，c_1 为待定系数。则它的微小变化，即虚位移场为

$$\delta\hat{v}(x) = \delta c_1 \sin(\pi x / l)$$

该简支梁的应变能变分为

$$\delta U = \int_\Omega \sigma_x \delta\varepsilon_x \mathrm{d}\Omega = \int_0^l \int_A E\varepsilon_x \delta\varepsilon_x \mathrm{d}A\mathrm{d}x$$

其中，A 为梁的横截面积，梁弯曲的几何方程为 $\varepsilon_x = -\hat{y}\dfrac{\mathrm{d}^2\hat{v}}{\mathrm{d}x^2}$，将其代入上式，则有

$$\delta U = \int_0^l E\left(\int_A \hat{y}^2 \mathrm{d}A\right)\left(\frac{\mathrm{d}^2\hat{v}}{\mathrm{d}x^2}\right)\left(\frac{\mathrm{d}^2\delta\hat{v}}{\mathrm{d}x^2}\right)\mathrm{d}x$$

将许可位移场代入上式，有

$$\delta U = \int_0^l EI(x/l)^2 c_1 \sin(\pi x / l)(x/l)^2 \sin(\pi x / l)\delta c_1 \mathrm{d}x = \frac{EIl}{2}(x/l)^4 c_1 \delta c_1$$

其中，$I = \int_A \hat{y}^2 \mathrm{d}A$ 为截面惯性矩。该简支梁的外力虚功为

$$\delta W = \int_0^l p(x)\delta\hat{v}(x)\mathrm{d}x = p\delta c_1 \int_0^l \sin(\pi x / l)\mathrm{d}x = \frac{2lp}{\pi}\delta c_1$$

由虚功原理，即 $\delta U = \delta W$，有

$$\frac{EIl}{2}(x/l)^4 c_1 \delta c_1 = \frac{2lp}{\pi}\delta c_1$$

消去 δc_1 后，有 $c_1 = \dfrac{4l^4}{EI\pi^5}p$，即

$$\hat{v}(x) = \frac{4l^4}{EI\pi^5} p \sin(\pi x / l)$$

（4）当许可位移场为

$$\hat{v}(x) = c_1 \sin(\pi x / l) + c_2 \sin(3\pi x / l)$$

时，应变能为

$$
\begin{aligned}
U &= \frac{1}{2}\int_{\Omega}\sigma_x\varepsilon_x \mathrm{d}\Omega = \frac{1}{2}\int_0^l EI\left(\frac{\mathrm{d}^2\hat{v}}{\mathrm{d}x^2}\right)^2 \mathrm{d}x \\
&= \frac{1}{2}\int_0^l EI\Big[c_1^2(\pi/l)^4\sin^2(\pi x/l) + c_2^2(3\pi/l)^4\sin^2(3\pi x/l) \\
&\quad +2c_1c_2(\pi/l)^2(3\pi/l)^2\sin(\pi x/l)\sin(3\pi x/l)\Big]\mathrm{d}x \\
&= \frac{EI}{2}\left[c_1^2(\pi/l)^4\frac{l}{2} + c_2^2(3\pi/l)^4\frac{l}{2}\right]
\end{aligned}
$$

相应的外力功为

$$
W = \int_0^l p(x)\big(c_1\sin(\pi x/l) + c_2\sin(3\pi x/l)\big)\mathrm{d}x = p\left(c_1\frac{2l}{\pi} + c_2\frac{2l}{3\pi}\right)
$$

则总势能泛函为 $\Pi = U - W$，为使得 Π 取极小值，有

$$
\begin{cases}
\dfrac{\partial \Pi}{\partial c_1} = \dfrac{EI}{2}\left[2c_1(\pi/l)^4\dfrac{l}{2}\right] - p\dfrac{2l}{\pi} = 0 \\
\dfrac{\partial \Pi}{\partial c_2} = \dfrac{EI}{2}\left[2c_2(3\pi x/l)^4\dfrac{l}{2}\right] - p\dfrac{2l}{3\pi} = 0
\end{cases}
$$

解出 c_1 和 c_2 后，得近似解为

$$
\hat{v}(x) = \frac{4l^4}{EI\pi^5}p\sin(\pi x/l) + \frac{4l^4}{243EI\pi^5}p\sin(3\pi x/l)
$$

（5）如果许可位移场取

$$
\hat{v}(x) = c_1\sin(\pi x/l)
$$

将上式代入梁弯曲问题的基本方程中，有残差：

$$
\mathfrak{R} = EI\frac{\mathrm{d}^4\left(c_1\sin\dfrac{\pi x}{l}\right)}{\mathrm{d}x^4} - p(x) \neq 0
$$

由 Galerkin 加权残值方程，有

$$
\int_0^l\left(\sin\frac{\pi x}{l}\right)\left[EI\frac{\mathrm{d}^4\big(c_1\sin(\pi x/l)\big)}{\mathrm{d}x^4} - p(x)\right]\mathrm{d}x = 0
$$

求解后，有 $c_1 = \dfrac{4l^4}{EI\pi^5}p$，即

$$
\hat{v}(x) = \frac{4l^4}{EI\pi^5}p\sin(\pi x/l)
$$

如果满足边界条件的许可位移场取

$$
\hat{v}(x) = c_1\sin(\pi x/l) + c_2\sin(3\pi x/l)
$$

将上式代入梁弯曲问题的基本方程中，有残差 $\mathfrak{R} = EI\dfrac{\mathrm{d}^4\hat{v}}{\mathrm{d}x^4} - p(x) \neq 0$。

由 Galerkin 加权残值方程，有

$$\begin{cases}\int_l \left(\sin\left(\pi x/l\right)\right)\mathscr{R}(x)\mathrm{d}x = EIc_1\left(\pi/l\right)^4\dfrac{l}{2} - p\dfrac{2l}{\pi} = 0\\ \int_l \left(\sin\left(3\pi x/l\right)\right)\mathscr{R}(x)\mathrm{d}x = EIc_2\left(3\pi/l\right)^4\dfrac{l}{2} - p\dfrac{2l}{3\pi} = 0\end{cases}$$

解出 c_1 和 c_2 后，则近似解为

$$\hat{v}(x) = \frac{4l^4}{EI\pi^5}p\sin\left(\pi x/l\right) + \frac{4l^4}{243EI\pi^5}p\sin\left(3\pi x/l\right)$$

下面求加权残值最小二乘解。取

$$\hat{v}(x) = c_1\sin\left(\pi x/l\right) + c_2\sin\left(3\pi x/l\right)$$

将上式代入梁弯曲问题的基本方程中，有残差 $\mathscr{R}$，取权函数为 1，则残差平方的积分为

$$E_{rr} = \int_\Omega \mathscr{R}^2\left(c_1, c_2\right)\mathrm{d}\Omega$$

由最小二乘法，有

$$\begin{cases}\dfrac{\partial E_{rr}\left(c_1, c_2\right)}{\partial c_1} = 0\\ \dfrac{\partial E_{rr}\left(c_1, c_2\right)}{\partial c_2} = 0\end{cases}$$

解出 c_1 和 c_2 后，得近似解为

$$\hat{v}(x) = \frac{4l^4}{EI\pi^5}p\sin\left(\pi x/l\right) + \frac{4l^4}{243EI\pi^5}p\sin\left(3\pi x/l\right)$$

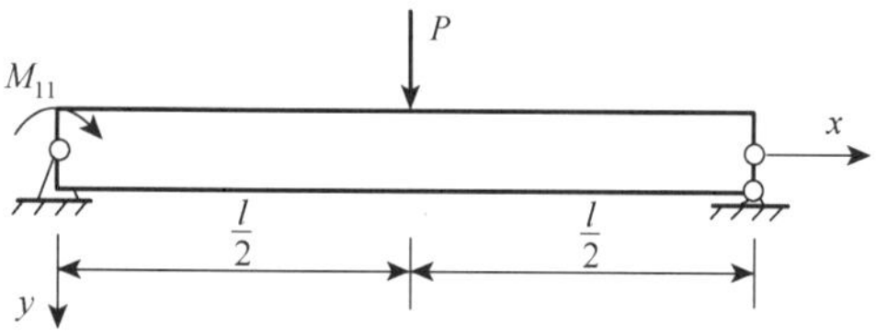

图 3.15　受有集中载荷和力偶的简支梁

例 3.2　如图 3.15 所示长 l、弯曲刚度为 EI 的简支梁，在 $x = l/2$ 处集中载荷 P 作用，$x = 0$ 处集中受力偶 M_0 作用。试解答如下问题：

（1）证明 $\hat{v}(x) = \sum_{n=1}^{\infty} c_n \sin\left(n\pi x/l\right)$ 可以作为方程挠度曲线的试函数。

（2）利用虚功原理求其挠度曲线。

解　（1）只要级数满足两端位移边界条件，这个级数就是满足要求的试函数，具体见（2）。

（2）假设位移的试函数为一个级数：

$$\hat{v}(x) = \sum_{n=1}^{\infty} c_n \sin\left(n\pi x/l\right)$$

可以验证该试函数满足两端的位移边界条件，因此它是许可位移，该函数为一无穷级数，含有无穷多个待定参数。不失一般性，如果令第 m 个参数 c_m 产生的虚增量 $\delta c_m \neq 0$，而其他参数的虚增量均为零，则这时的虚位移为

$$\begin{cases}\delta\hat{v}(x) = \delta c_m \sin\left(m\pi x/l\right)\\ \delta\hat{v}(x)\Big|_{x=l/2} = \delta c_m \sin\dfrac{m\pi}{2}\end{cases}$$

这时梁的应变能变分为

$$\begin{aligned}\delta U &= \int_0^l EI\left(\frac{\mathrm{d}^2\hat{v}}{\mathrm{d}x^2}\right)\left(\frac{\mathrm{d}^2\delta\hat{v}}{\mathrm{d}x^2}\right)\mathrm{d}x \\ &= EI\left(\frac{n\pi}{l}\right)^2\left(\frac{m\pi}{l}\right)^2\int_0^l\left(\sum_{n=1}^{\infty}c_n\sin\left(n\pi x/l\right)\right)\delta c_m\sin\left(m\pi x/l\right)\mathrm{d}x\end{aligned}$$

梁的外力虚功为

$$\delta W = M_0\delta v'\big|_{x=0} + P\delta v\big|_{x=l/2}$$

将上式代入虚功方程 $\delta U = \delta W$ 中并进行积分，有

$$\frac{EI\pi^4}{2l^3}m^4c_m\delta c_m = \frac{m\pi}{l}M_0\delta c_m + P\sin\frac{m\pi}{2}\delta c_m$$

由此可解得参数的一般表达式为

$$c_m = \frac{2l^3}{EI\pi^4m^4}\left(M_0\frac{m\pi}{l} + P\sin\frac{m\pi}{2}\right)$$

则挠曲线方程为

$$\hat{v}(x) = \sum_{n=1}^{\infty}\frac{2l^3}{EI\pi^4n^4}\left(M_0\frac{n\pi}{l} + P\sin\frac{n\pi}{l}\right)\sin\left(n\pi x/l\right)$$

例 3.3　如图 3.16 所示长 l、弯曲刚度为 EI 的悬臂梁，受均布载荷 P 作用。试解答如下问题：

（1）写出该问题的势能泛函，并基于泛函推导其对应的控制方程和边界条件。

（2）当取试函数 $\hat{v}(x) = c\left(1-\cos\left(\frac{\pi x}{2l}\right)\right)$ 时，利用最小势能原理求该近似解，并将 $x = l$ 处的位移与精确解进行比较。

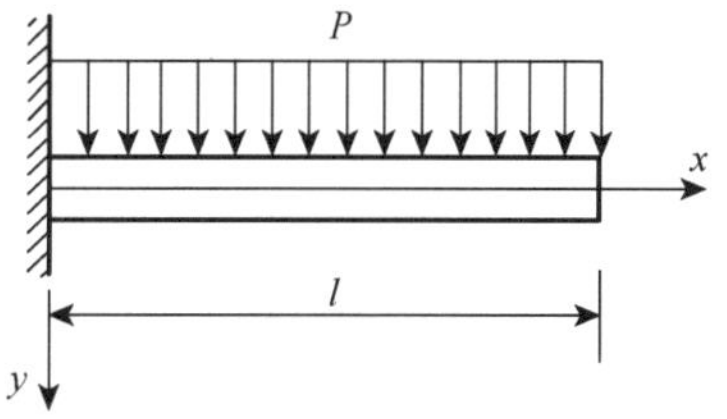

图 3.16　受均布外载悬臂梁

解　（1）该问题的势能泛函为

$$\Pi = U - W = \int_0^l\left[\frac{1}{2}EI\left(\frac{\mathrm{d}^2v}{\mathrm{d}x^2}\right)^2 - P(x)v(x)\right]\mathrm{d}x$$

基于该泛函推导其对应的控制方程为

$$-EI\frac{\mathrm{d}^4v}{\mathrm{d}x^4} + P(x) = 0$$

两端的位移和力边界条件分别为

$$\begin{aligned}&\mathrm{BC}(u): v\big|_{x=0} = 0,\quad v'\big|_{x=0} = 0 \\ &\mathrm{BC}(p): M = -EIv''\big|_{x=l} = 0,\quad F_S = -EI\,v'''\big|_{x=l} = 0\end{aligned}$$

（2）如果取试函数 $\hat{v}(x) = c\left(1-\cos\left(\frac{\pi x}{2l}\right)\right)$，$c$ 为待定系数，该函数满足该问题的边界条件，所以是许可位移函数，代入总势能的表达式，有

$$
\begin{aligned}
\Pi = U - W &= \int_0^l \left[\frac{1}{2} EI \left(\frac{\mathrm{d}^2 \hat{v}}{\mathrm{d}x^2} \right)^2 - P(x)\hat{v}(x) \right] \mathrm{d}x \\
&= \frac{1}{2} EI \left(\frac{\pi}{2l} \right)^4 c^2 \int_0^l \cos^2 \left(\frac{\pi x}{2l} \right) \mathrm{d}x - Pc \int_0^l \left(1 - \cos\left(\frac{\pi x}{2l} \right) \right) \mathrm{d}x \\
&= \frac{1}{2} c^2 EI \left(\frac{\pi}{2l} \right)^4 \left(\frac{l}{2} \right) - Pcl \left(1 - \frac{2}{\pi} \right)
\end{aligned}
$$

由最小势能原理，$\delta \Pi = 0$，可解得

$$
c = \frac{32}{\pi^4} \left(1 - \frac{2}{\pi} \right) \frac{Pl^4}{EI}
$$

将上式代入试函数，可求得 $x = l$ 处的最大挠度为

$$
\hat{v}\Big|_{x=l} = c = 0.11937 \frac{Pl^4}{EI}
$$

和精确解 $v\big|_{x=l} = Pl^4 / (8EI)$ 相比小 4.5%。

例 3.4　用最小势能原理证明：用位移表示的平面应力问题的平衡方程和边界条件为

$$
\begin{cases}
\dfrac{E}{1-\mu^2} \left(\dfrac{\partial^2 u}{\partial x^2} + \dfrac{1-\mu}{2} \dfrac{\partial^2 u}{\partial y^2} + \dfrac{1+\mu}{2} \dfrac{\partial^2 u}{\partial x \partial y} \right) + \bar{b}_x = 0 \\
\dfrac{E}{1-\mu^2} \left(\dfrac{\partial^2 v}{\partial y^2} + \dfrac{1-\mu}{2} \dfrac{\partial^2 u}{\partial x^2} + \dfrac{1+\mu}{2} \dfrac{\partial^2 u}{\partial x \partial y} \right) + \bar{b}_y = 0
\end{cases}
\quad （在 A 内）
$$

$$
\begin{cases}
\dfrac{E}{1-\mu^2} \left[n_x \left(\dfrac{\partial u}{\partial x} + \mu \dfrac{\partial v}{\partial y} \right) + n_y \dfrac{1-\mu}{2} \left(\dfrac{\partial u}{\partial y} + \dfrac{\partial v}{\partial x} \right) \right] = \bar{p}_x \\
\dfrac{E}{1-\mu^2} \left[n_y \left(\dfrac{\partial v}{\partial y} + \mu \dfrac{\partial u}{\partial x} \right) + n_x \dfrac{1-\mu}{2} \left(\dfrac{\partial v}{\partial x} + \dfrac{\partial u}{\partial y} \right) \right] = \bar{p}_y
\end{cases}
\quad （在 \Gamma_p 上）
$$

证明　位移表达的平面应力问题（厚度 $t = 1$）的应变能为

$$
\begin{aligned}
U &= \frac{1}{2} \iint_\Omega \left(\sigma_x \varepsilon_x + \sigma_y \varepsilon_y + \tau_{xy} \gamma_{xy} \right) \mathrm{d}x\mathrm{d}y \\
&= \frac{G}{1-\mu} \iint_\Omega \left(\varepsilon_x^2 + \varepsilon_y^2 + 2\mu \varepsilon_x \varepsilon_y + \frac{1-\mu}{2} \gamma_{xy}^2 \right) \mathrm{d}x\mathrm{d}y \\
&= \frac{E}{2(1-\mu^2)} \iint_\Omega \left[\left(\frac{\partial u}{\partial x} \right)^2 + \left(\frac{\partial v}{\partial y} \right)^2 + 2\mu \frac{\partial u}{\partial x} \frac{\partial v}{\partial y} + \frac{1-\mu}{2} \left(\frac{\partial v}{\partial x} + \frac{\partial u}{\partial y} \right)^2 \right] \mathrm{d}x\mathrm{d}y
\end{aligned}
$$

以上表达式中 E、G、μ 为材料常数，则势能泛函为

$$
\Pi = U - \int_A \left(\bar{b}_x u + \bar{b}_y v \right) \mathrm{d}x\mathrm{d}y - \int_{\Gamma_p} \left(\bar{p}_x u + \bar{p}_y v \right) \mathrm{d}s
$$

其中，$\bar{b}_x$ 和 $\bar{b}_y$ 为域内体积力，泛函的自变函数为位移分量。对上述势能泛函变分，进行分部积分后，有

$$
\begin{aligned}
\delta\Pi = & \frac{E}{2(1-\mu^2)}\int_A\left\{2\left(\frac{\partial u}{\partial x}+\mu\frac{\partial v}{\partial y}\right)\delta\left(\frac{\partial u}{\partial x}\right)+2\left(\frac{\partial v}{\partial y}+\mu\frac{\partial u}{\partial x}\right)\delta\left(\frac{\partial v}{\partial y}\right)\right.\\
&\left.+(1-\mu)\left(\frac{\partial v}{\partial x}+\frac{\partial u}{\partial y}\right)\left[\delta\left(\frac{\partial v}{\partial x}\right)+\delta\left(\frac{\partial u}{\partial y}\right)\right]\right\}\mathrm{d}x\mathrm{d}y\\
&-\int_A\left(\bar{b}_x\delta u+\bar{b}_y\delta v\right)\mathrm{d}x\mathrm{d}y-\int_{\Gamma_p}\left(\bar{p}_x\delta u+\bar{p}_y\delta v\right)\mathrm{d}s\\
= & -\int_A\left(\left\{\frac{E}{1-\mu^2}\left[\left(\frac{\partial^2 u}{\partial x^2}+\mu\frac{\partial^2 v}{\partial x\partial y}\right)+\frac{1-\mu}{2}\left(\frac{\partial^2 v}{\partial x\partial y}+\frac{\partial^2 u}{\partial y^2}\right)\right]+\bar{b}_x\right\}\delta u\right)\mathrm{d}x\mathrm{d}y\\
&-\int_A\left(\left\{\frac{E}{1-\mu^2}\left[\left(\frac{\partial^2 v}{\partial y^2}+\mu\frac{\partial^2 u}{\partial x\partial y}\right)+\frac{1-\mu}{2}\left(\frac{\partial^2 u}{\partial x\partial y}+\frac{\partial^2 v}{\partial x^2}\right)\right]+\bar{b}_y\right\}\delta v\right)\mathrm{d}x\mathrm{d}y\\
&+\int_\Gamma\left\{\frac{E}{1-\mu^2}\left[n_x\left(\frac{\partial u}{\partial x}+\mu\frac{\partial v}{\partial y}\right)+n_y\frac{1-\mu}{2}\left(\frac{\partial u}{\partial y}+\frac{\partial v}{\partial x}\right)\right]\delta u\right.\\
&\left.+\frac{E}{1-\mu^2}\left[n_y\left(\frac{\partial v}{\partial y}+\mu\frac{\partial u}{\partial x}\right)+n_x\frac{1-\mu}{2}\left(\frac{\partial u}{\partial y}+\frac{\partial v}{\partial x}\right)\right]\delta v\right\}\mathrm{d}s\\
&-\int_{\Gamma_p}\left(\bar{p}_x\delta u+\bar{p}_y\delta v\right)\mathrm{d}s=0
\end{aligned}
$$

其中，n_x 和 n_y 为边界外法线的方向余弦。由于 δu 和 δv 的任意性，要使得上式恒满足，则对应于它们的系数应分别为零。由面积积分项可得

$$
\begin{cases}
\dfrac{E}{1-\mu^2}\left(\dfrac{\partial^2 u}{\partial x^2}+\dfrac{1-\mu}{2}\dfrac{\partial^2 u}{\partial y^2}+\dfrac{1+\mu}{2}\dfrac{\partial^2 u}{\partial x\partial y}\right)+\bar{b}_x=0\\[2ex]
\dfrac{E}{1-\mu^2}\left(\dfrac{\partial^2 v}{\partial y^2}+\dfrac{1-\mu}{2}\dfrac{\partial^2 u}{\partial x^2}+\dfrac{1+\mu}{2}\dfrac{\partial^2 u}{\partial x\partial y}\right)+\bar{b}_y=0
\end{cases}
\quad (\text{在 } A \text{ 内})
$$

这就是用位移表示的平衡方程。将变分式中第一个线积分项的积分域分成力边界和位移边界两部分。把力边界部分和第二个线积分项结合起来，令 δu 和 δv 的系数分别为零，得到自然边界条件为

$$
\begin{cases}
\dfrac{E}{1-\mu^2}\left[n_x\left(\dfrac{\partial u}{\partial x}+\mu\dfrac{\partial v}{\partial y}\right)+n_y\dfrac{1-\mu}{2}\left(\dfrac{\partial u}{\partial y}+\dfrac{\partial v}{\partial x}\right)\right]=\bar{p}_x\\[2ex]
\dfrac{E}{1-\mu^2}\left[n_y\left(\dfrac{\partial v}{\partial y}+\mu\dfrac{\partial u}{\partial x}\right)+n_x\dfrac{1-\mu}{2}\left(\dfrac{\partial v}{\partial x}+\dfrac{\partial u}{\partial y}\right)\right]=\bar{p}_y
\end{cases}
\quad (\text{在 } \Gamma_p \text{ 上})
$$

例 3.5　如图 3.17 所示长 l、弯曲刚度为 EI、位于弹性地基上并在右端有弹簧支撑的梁，受分布载荷 $\bar{p}(x)$ 作用，已知弹性地基刚度为 k_f，右端弹簧支撑刚度为 K_s。试解答如下问题：

（1）证明其对应的势能泛函为

$$
\Pi=\int_0^l\frac{1}{2}EI\left(u''\right)^2\mathrm{d}x+\int_0^l\frac{k_f u^2}{2}\mathrm{d}x+\frac{K_s}{2}u^2(l)-\int_0^l\bar{p}u\mathrm{d}x
$$

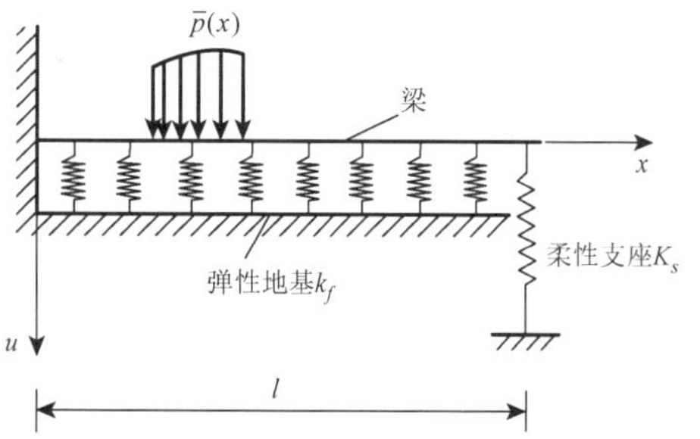

图 3.17　弹性地基梁

（2）基于该势能泛函证明梁的控制微分方程和边界条件为 $(EIu'')''=\bar{p}-k_f u$，$u|_{x=0}=u'|_{x=0}=0$，$(EIu'')|_{x=l}=0-(EIu'')'|_{x=l}+K_s u(l)=0$

解　（1）略，读者自己完成。

（2）对泛函求极值，可以得到

$$\delta\Pi=\int_0^l (EIu'')\delta u''\mathrm{d}x+\int_0^l k_f u\delta u\mathrm{d}x+K_s u(l)\delta u(l)-\int_0^l \bar{p}\,\delta u\mathrm{d}x=0$$

对上式右端的第一项进行分部积分，并利用几何边界条件 $\delta u\big|_{x=0}=\delta u'\big|_{x=0}=0$，将上式变为

$$\int_0^l\left[\left(EIu''\right)''-\bar{p}+k_f u\right]\delta u\mathrm{d}x+\left(EIu''\delta u'\right)\Big|_{x=l}+\left[-\left(EIu''\right)'+K_s u\right]\delta u\Big|_{x=l}=0$$

因为δu是任意的，上面这个方程中的每一项都应等于零。第一项为零，给出控制微分方程：

$$\left(EIu''\right)''-\bar{p}+k_f u=0$$

而其他两项为零，可以给出自然边界条件：

$$\left(EIu''\right)\big|_{x=l}=0,\quad -\left(EIu''\right)'\big|_{x=l}+K_s u\left(l\right)=0$$

例 3.6　二维稳态热传导方程和边界条件为

$$\begin{cases}k_x\dfrac{\partial^2 u(x,y)}{\partial x^2}+k_y\dfrac{\partial^2 u(x,y)}{\partial y^2}+Q(x,y)=0 & （在A内）\\ u(x,y)=\bar{u} & （在\Gamma=\partial A上）\end{cases}$$

试构造与该方程和边界条件等价的能量泛函。

解　设$\hat{u}(x,y)$为满足边界条件的解。则对于控制方程，可得到相应加权残值法的表达式：

$$\int_A\left[k_x\frac{\partial^2\hat{u}(x,y)}{\partial x^2}+k_y\frac{\partial^2\hat{u}(x,y)}{\partial y^2}+Q(x,y)\right]\delta\hat{u}(x,y)\mathrm{d}A=0$$

对于前两项积分，由高斯-格林（Gauss-Green）定理有

$$\int_A\left(k_x\frac{\partial^2\hat{u}(x,y)}{\partial x^2}+k_y\frac{\partial^2\hat{u}(x,y)}{\partial y^2}\right)\delta\hat{u}(x,y)\mathrm{d}A$$
$$=\int_{\partial A}\left(k_x\frac{\partial\hat{u}}{\partial x}\delta\hat{u}n_x+k_y\frac{\partial\hat{u}}{\partial y}\delta\hat{u}n_y\right)\mathrm{d}\Gamma-\int_A\left(k_x\frac{\partial\hat{u}}{\partial x}\frac{\partial\delta\hat{u}}{\partial x}+k_y\frac{\partial\hat{u}}{\partial y}\frac{\partial\delta\hat{u}}{\partial y}\right)\mathrm{d}A$$

由于在边界上有 $\delta\hat{u}=0$，则上式可以写为

$$\int_A\left(k_x\frac{\partial^2\hat{u}}{\partial x^2}+k_y\frac{\partial^2\hat{u}}{\partial y^2}\right)\delta\hat{u}\mathrm{d}A=-\int_A\left[\frac{1}{2}k_x\delta\left(\frac{\partial\hat{u}}{\partial x}\right)^2+\frac{1}{2}k_y\delta\left(\frac{\partial\hat{u}}{\partial y}\right)^2\right]\mathrm{d}A$$

$$=-\delta\left\{\frac{1}{2}\int_A\left[k_x\left(\frac{\partial\hat{u}}{\partial x}\right)^2+k_y\left(\frac{\partial\hat{u}}{\partial y}\right)^2\right]\mathrm{d}A\right\}$$

将上式代入控制方程的加权残值法表达式，有

$$\delta\left\{\frac{1}{2}\int_A\left[k_x\left(\frac{\partial\hat{u}}{\partial x}\right)^2+k_y\left(\frac{\partial\hat{u}}{\partial y}\right)^2-Q\hat{u}\right]\mathrm{d}A\right\}=0$$

则与该问题控制方程和边界条件对应的泛函为

$$\Pi(\hat{u})=\frac{1}{2}\int_A\left[k_x\left(\frac{\partial\hat{u}}{\partial x}\right)^2+k_y\left(\frac{\partial\hat{u}}{\partial y}\right)^2\right]\mathrm{d}A-\int_A Q\hat{u}\mathrm{d}A$$

例 3.7　如图 3.18 所示长宽为 $2a\times 2b$、弯曲刚度为 D 的四边固定矩形板，试用 Galerkin 法求其在均布载荷 q_0 作用下的挠度。

解　建立如图 3.18 所示的坐标系，则薄板相应的边界条件为

$$w\big|_{x=\pm a}=\left.\frac{\partial w}{\partial x}\right|_{x=\pm a}=0,\quad w\big|_{y=\pm b}=\left.\frac{\partial w}{\partial y}\right|_{y=\pm b}=0$$

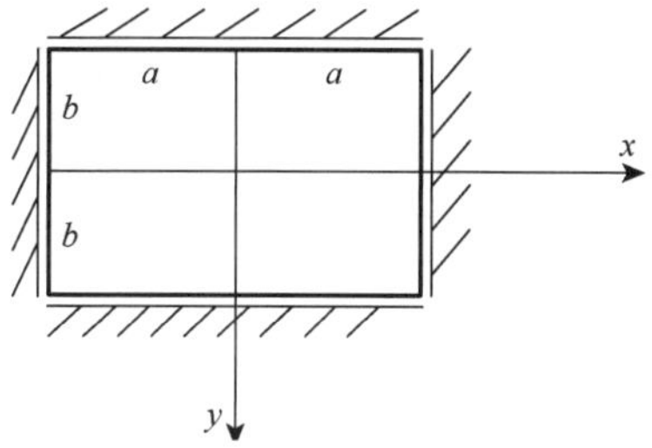

图 3.18　受均布荷载固定矩形板

由问题的对称性，板弯曲挠度函数取为

$$w_n=\left(x^2-a^2\right)^2\left(y^2-b^2\right)^2\left(a_1+a_2x^2+a_3y^2+\cdots\right)$$

这里取一阶近似：

$$w_1=a_1\left(x^2-a^2\right)^2\left(y^2-b^2\right)^2$$

将 w_1 代入弹性薄板的势能泛函

$$\Pi=\frac{1}{2}\iint_s D\left\{\left(\nabla^2 w\right)^2-2(1-\mu)\left[\frac{\partial^2 w}{\partial x^2}\frac{\partial^2 w}{\partial y^2}-\left(\frac{\partial^2 w}{\partial x\partial y}\right)^2\right]\right\}\mathrm{d}x\mathrm{d}y-\iint_s qw\mathrm{d}x\mathrm{d}y$$

利用 Galerkin 法，得到关于待定系数 a_1 的方程：

$$\begin{aligned}&\iint_s-\left(D\nabla^4 w-q_0\right)w_1\mathrm{d}x\mathrm{d}y\\&=-4D\int_0^a\int_0^b 8\Big[3\left(y^2-b^2\right)^2+3\left(x^2-a^2\right)^2\\&\quad+4\left(3x^2-a^2\right)\left(3y^2-b^2\right)\Big]a_1\left(x^2-a^2\right)^2\left(y^2-b^2\right)^2\mathrm{d}x\mathrm{d}y\\&\quad-4q_0\int_0^a\int_0^b\left(x^2-a^2\right)^2\left(y^2-b^2\right)^2\mathrm{d}x\mathrm{d}y=0\end{aligned}$$

求得系数 a_1，得到近似解为

$$w_1=\frac{7q_0}{128D\left(a^4+b^4+\frac{4}{7}a^2b^2\right)}\left(x^2-a^2\right)^2\left(y^2-b^2\right)^2$$

对于方板 $a=b$，可以得到相应的近似解为

$$w_1=\frac{49q_0}{2304Da^4}\left(x^2-a^2\right)^2\left(y^2-a^2\right)^2$$

最大挠度为

$$w_{\max}=w\big|_{x=0,y=0}=0.0213\frac{q_0a^4}{D}$$

与精确解 $0.0202q_0a^4/D$ 相比，误差仅为5%左右。

例 3.8　非等截面梁，几何尺寸、截面弯曲刚度及受力如图 3.19 所示，试利用最小势能原理求其中点的挠度。

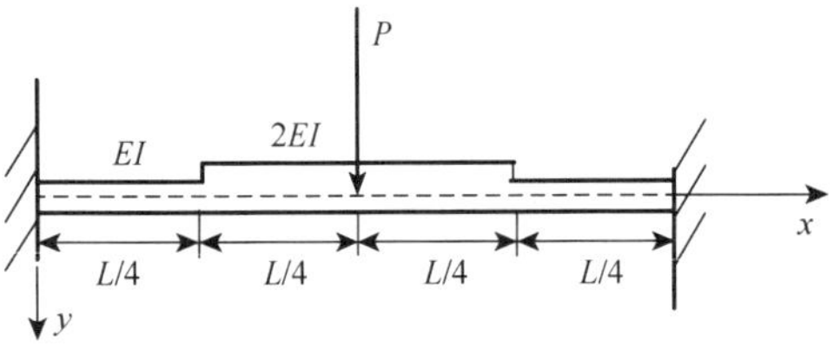

图 3.19　非等截面梁

解　假设形状函数为多项式，取简单的形式：

$$w(x)=a_1+a_2x+a_3x^2+a_4x^3,\quad 0\leqslant x\leqslant L/2$$

其中，a_1、a_2、a_3、a_4 为待定系数。这里对坐标函数的选择需要考虑到梁在两固定端部的边界条件，以及对称性，只分析二分之一的梁即可。显然还不满足边界条件，可以通过选择适当的待定系数，使其满足边界条件。可得

$$w'(x)=a_2+2a_3x+3a_4x^2$$

利用边界条件 $w\big|_{x=0}=w'\big|_{x=0}=0$ 和 $w\big|_{x=L/2}=\varDelta$，$w'\big|_{x=L/2}=0$，这里参数 $\varDelta$ 为梁中点处的挠度。得到

$$a_1=a_2=0,\quad a_3=\frac{12\varDelta}{L^2},\quad a_4=-\frac{16\varDelta}{L^3}$$

从而形状函数为

$$w(x)=\frac{4\varDelta x^2}{L^3}(3L-4x),\quad 0\leqslant x\leqslant L/2$$

整个梁的总势能泛函可以表示为

$$\varPi=2\frac{EI}{2}\int_0^{L/4}\left(w''\right)^2\mathrm{d}x+2\left(\frac{2EI}{2}\right)\int_{L/4}^{L/2}\left(w''\right)^2\mathrm{d}x-P\varDelta=\frac{144EI\varDelta^2}{L^2}-P\varDelta$$

由最小势能原理 $\delta\varPi=0$ 得

$$\frac{\partial\varPi}{\partial\varDelta}=\frac{288EI\varDelta}{L^2}-P=0$$

故

$$\varDelta=\frac{PL^2}{288EI}=0.00347\frac{PL^2}{EI}$$

与精确解 $\varDelta=0.00358PL^2/(EI)$ 相比较，相对误差只有 3%左右。可见变分求解非均匀或者非等截面的结构更为便利。

例 3.9　求解如图 3.20 所示弹性薄板的弯曲问题。

对于弹性薄板（图 3.20）承受横向载荷 $q(x,y)$ 作用下的弯曲问题，其对应的总势能可表示为

$$\varPi=\frac{1}{2}\iint_s D\left\{(\nabla^2 w)^2-2(1-\mu)\left[\frac{\partial^2 w}{\partial x^2}\frac{\partial^2 w}{\partial y^2}-\left(\frac{\partial^2 w}{\partial x\partial y}\right)^2\right]\right\}\mathrm{d}x\mathrm{d}y-\iint_s qw\mathrm{d}x\mathrm{d}y$$

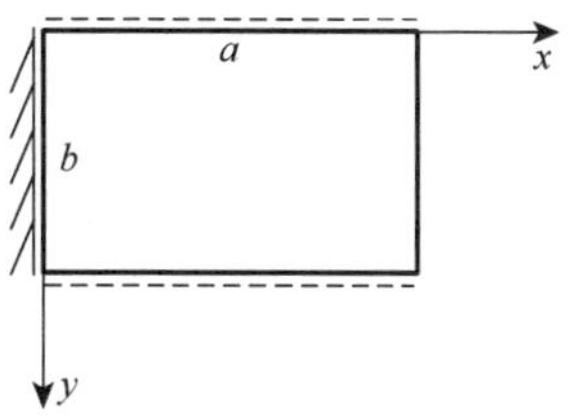

图 3.20　弹性薄板

其中，D 为板的抗弯刚度；$\nabla^2=\partial^2/\partial x^2+\partial^2/\partial y^2$。

这里，考虑边长为 $a\times b$ 的矩形薄板，板的支撑条件为：上下两边简支，左边夹支，右边自由，受均布载荷 q_0 作用。

解　取坐标系如图 3.20 所示，则位移边界条件为

$$w\big|_{x=0}=\left(\partial w/\partial x\right)\big|_{x=0}=0,\quad w\big|_{y=0}=w\big|_{y=b}=0$$

将板变形的形状函数取为

$$w(x,y)=a_1\left(\frac{x}{a}\right)^2\sin\left(\frac{\pi y}{b}\right)$$

显然其满足所有的位移边界条件，为了计算简单，这里只取到一阶近似形式。

将上式代入薄板的总势能泛函，可得

$$\begin{aligned}\varPi=&\frac{D}{2}\int_0^a\int_0^b\left[\left(a_1\frac{2}{a^2}\sin\left(\frac{\pi y}{b}\right)-a_1\frac{\pi^2x^2}{a^2b^2}\sin\left(\frac{\pi y}{b}\right)\right)^2\right.\\&\left.-2(1-\mu)\left(-a_1^2\frac{2\pi^2x^2}{a^4b^2}\sin^2\left(\frac{\pi y}{b}\right)-a_1^2\frac{4\pi^2x^2}{a^2b^2}\cos^2\left(\frac{\pi y}{b}\right)\right)\right]\mathrm{d}x\mathrm{d}y-\int_0^a\int_0^b q_0a_1\left(\frac{x}{a}\right)^2\sin\left(\frac{\pi y}{b}\right)\mathrm{d}x\mathrm{d}y\\=&\frac{a_1^2D}{2}\frac{b}{a^3}\left[2+\left(\frac{4}{3}-2\mu\right)\left(\frac{\pi a}{b}\right)^2+\frac{1}{10}\left(\frac{\pi a}{b}\right)^4\right]-\frac{2a_1}{3\pi}q_0ab\end{aligned}$$

由最小势能原理 $\delta\varPi=0$，可以求得待定系数 a_1，并得到薄板弯曲挠度的近似解为

$$w(x,y)=\frac{2q_0a^2x^2\sin(\pi y/b)}{3\pi D[2+(4/3-2\mu)\pi^2a^2/b^2+(\pi a)^4/(10b^4)]}$$

当 $a=b$ 及 $\mu=0.3$ 时，自由边中点 $(a,b/2)$ 处的挠度为 $w=0.0112q_0a^4/D$，其与精确解相比，只有 1%的误差。

例 3.10　试确定跨长为 L、弯曲刚度为 EI、受均布载荷 $q(x)$作用的梁轴线的挠度 $w(x)$。

解　梁的势能泛函为

$$U=\int_0^L\left[\frac{EI}{2}\left(\frac{\mathrm{d}^2w}{\mathrm{d}x^2}\right)^2-qw\right]\mathrm{d}x$$

按照最小势能原理，可得其欧拉-泊松方程：

$$\frac{\partial F}{\partial w}-\frac{\mathrm{d}}{\mathrm{d}w}\left(\frac{\partial F}{\partial w'}\right)+\frac{\mathrm{d}^2}{\mathrm{d}x^2}\left(\frac{\partial F}{\partial w''}\right)=0$$

其中，$F=\frac{EI}{2}\left(\frac{\mathrm{d}^2 w}{\mathrm{d}x^2}\right)-qw$。进一步化简为

$$-q+\frac{\mathrm{d}^2}{\mathrm{d}x^2}(EIw'')=0$$

或 $EI\frac{\mathrm{d}^4 w}{\mathrm{d}x^4}=q$，即梁的挠曲线方程。

3.4 本章小结

本章简要介绍了各类弹性力学和热传导问题涉及的基本物理量、基本方程和边界条件，给出了相对应的势能泛函及能量变分原理。本章涉及的物理概念较多，在弹性力学基础部分的物理概念有位移、应变、应力、初应变和初应力、材料刚度矩阵和柔度矩阵等，涉及的力学模型有三维弹性体、平面应力和平面应变问题、轴对称问题、薄板和厚板、杆、轴、Euler 梁和 Timoshenko 梁等；在传热学部分涉及的物理概念有温度梯度、热流密度、稳态和瞬态热传导，涉及的热传导模型包括三维热传导、平面热传导、轴对称热传导和一维热传导等。

这些基本概念和基本原理是后续弹性力学和热传导有限元的理论基础，需要理解和掌握。

3.5 习　　题

【习题 3.1】 设某一类一维物理问题的微分方程为

$$\begin{cases}\dfrac{\mathrm{d}^2\varphi}{\mathrm{d}x^2}+\varphi+x=0, & 0\leqslant x\leqslant 1\\ \varphi(0)=\varphi(1)=0\end{cases}$$

若采用试函数 $\varphi(x)=c_1\varphi_1(x)+c_2\varphi_2(x)$，其中 $\varphi_1(x)=x(1-x)$，$\varphi_2(x)=x^2(1-x)$。试用以下方法求解该问题：

（1）加权残值法中的 Galerkin 法和最小二乘法；

（2）Rayleigh-Ritz 法。

【习题 3.2】 如习题 3.2 图所示跨度 l、抗弯刚度 EI、一端固定、另一端弹性支承的梁，弹簧系数为 k，承受分布载荷 $\overline{q}(x)$ 作用。试用最小势能原理推导出以挠度表示的平衡方程和边界条件。

【习题 3.3】 如习题 3.3 图所示长度 l、抗弯刚度 EI、受均布载荷 $\overline{p}(x)$ 的悬臂梁。解答如下问题：

（1）推导用挠度描述的平衡方程并求出其精确解；

（2）写出两种以上的许可位移场（试函数）；

（3）基于许可位移，分别用最小势能原理、Galerkin 法和最小二乘法求挠度曲线，并和精确解比较。

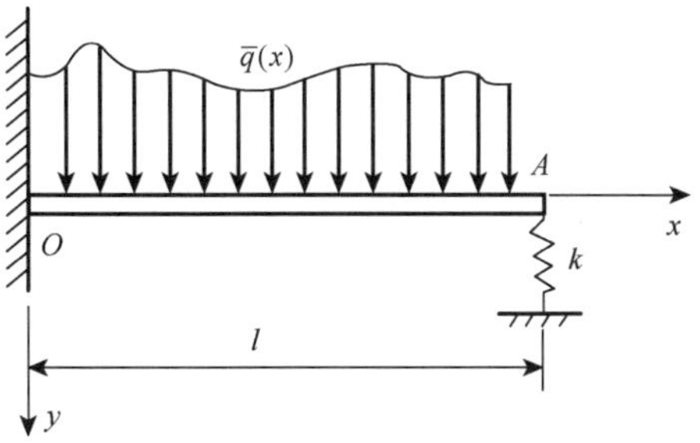

习题 3.2 图

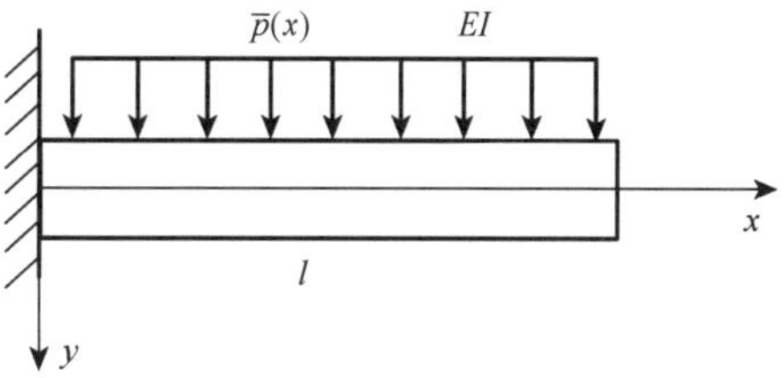

习题 3.3 图

【习题 3.4】 对于一维热传导问题，热传系数取 1，则微分方程为

$$\varphi(T)=\frac{\mathrm{d}^2T}{\mathrm{d}x^2}+Q=0,\quad 0\leqslant x\leqslant L$$

其中，$Q(x)=\begin{cases}1,\ 0\leqslant x\leqslant L/2\\ 0,\ L/2< x\leqslant L\end{cases}$，边界条件为在 $x=0$ 和 $x=L$ 时，$T=0$，若取 Fourier 级数作为近似解，即 $T\approx\sum\limits_{r=1}^{n}a_r\sin(r\pi x/L)$，其中 a_r 为待定参数。试用加权残值法求解该问题。

【习题 3.5】 弹性薄板挠度 w 微分方程是 $\frac{\partial^4 w}{\partial x^4}+2\frac{\partial^4 w}{\partial x^2\partial y^2}+\frac{\partial^4 w}{\partial y^4}=\frac{q(x,y)}{D}$，其中 $q(x,y)$ 为分布载荷，D 为弯曲刚度。试建立周边固支（$w=\partial w/\partial n=0$，$n$ 为边界外法线方向）问题的自然变分原理。

【习题 3.6】 两端简支的弹性基础上梁受均布载荷 q 作用，其势能泛函为

$$\Pi(w)=\int_0^L\left[\frac{EI}{2}\left(\frac{\mathrm{d}^2w}{\mathrm{d}x^2}\right)^2+\frac{kw^2}{2}+qw\right]\mathrm{d}x$$

其中，E 为弹性模量；I 为截面惯性矩；k 为基础的弹性常数；w 为梁的挠度。试用 Rayleigh-Ritz 法求解梁中点挠度，并对不同试函数解的精度进行比较。

习题解答

第 4 章　杆件结构有限元法

杆件结构是工程中常用的结构，按照力学理论，有些杆件可以简化为只能承受轴向力的杆，有些杆件可以简化为能够承受横向力和力矩的梁。在有限元法中，模拟杆的单元称为**杆单元**，模拟梁的单元称为**梁单元**。

在力学分析中，杆件结构可分为一维杆件、平面杆件和空间杆件。在有限元法中也有相应的一维杆单元、平面杆单元和空间杆单元，以及一维梁单元、平面梁单元和空间梁单元。这些单元在平面或空间的方位是由实际的杆件结构确定的，即这些单元可能会处于平面或空间中的任意方位，但是对于给定几何尺寸和材料性能的杆件，不管其处在任何方位，在指定外力的作用下，其力学行为都是一定的。在有限元法中，对于杆件结构，一般都是在单元所处的局部坐标系内进行单元分析，建立单元刚度矩阵和等效载荷列阵，再将局部坐标系下的单元量转换到总体坐标系内。本章将利用第 3 章介绍的各类杆件基本物理量、基本方程和势能泛函等建立常用杆单元、扭转单元和梁单元的单元刚度方程。

4.1　杆　单　元

考虑图 4.1 所示长度为 l^e、拉压刚度为 EA、仅受轴向载荷的杆件，杆件的两端点称为**结点或节点**（node），连接结点 1 和结点 2 的线段称为**杆单元**（element）。杆单元每个结点仅有一个沿杆件轴向的位移，称为**结点位移**，记为 $u_i(i=1,2)$；每个结点仅有一个沿杆件轴向的力，称为**结点力**，记为 $F_i(i=1,2)$，具有上述结点位移和结点力特征的单元称为**一维杆单元**。由单元的结点位移形成的列向量称为**单元结点位移列阵**，由单元的结点力形成的列向量称为**单元结点力列阵**，可分别表示为

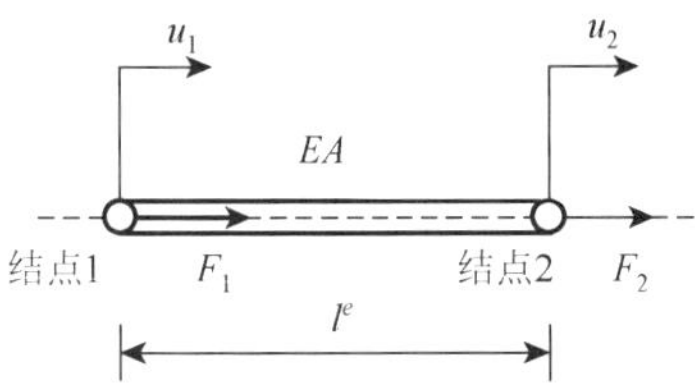

图 4.1　一维杆单元

$$\boldsymbol{a}^e=\begin{Bmatrix}u_1\\u_2\end{Bmatrix},\quad \boldsymbol{F}^e=\begin{Bmatrix}F_1\\F_2\end{Bmatrix} \tag{4.1.1}$$

4.1.1　一维杆单元

1. 单元插值函数

设单元中位置 x 处的位移为 $u(x)$，它可表示为

$$u(x)=a_0+a_1x \tag{4.1.2}$$

其中，a_0 和 a_1 为待定系数。该函数将由两个端结点的位移 u_1 和 u_2 来进行插值确定。单元结点位移条件为

$$u(x)\big|_{x=0} = u_1,\quad u(x)\big|_{x=l^e} = u_2 \tag{4.1.3}$$

将结点位移条件代入式（4.1.2），可求得待定系数

$$a_0 = u_1,\quad a_1 = \left(u_2 - u_1\right)/l^e \tag{4.1.4}$$

再将其代入式（4.1.2），可获得单元内任意一点的位移：

$$u(x) = N_1(x)u_1 + N_2(x)u_2 = \left[N_1(x)\quad N_2(x)\right]\boldsymbol{a}^e = \boldsymbol{N}(x)\boldsymbol{a}^e \tag{4.1.5}$$

其中，$N_1(x) = 1-x/l^e$，$N_2(x) = x/l^e$ 称为插值结点 1 和结点 2 的**插值基函数**或**单元形函数**，矩阵 $\boldsymbol{N}(x)$称为单元**形状函数矩阵**或**插值函数矩阵**。单元形函数具有如下性质：①$N_1(0) = 1$，$N_1(l^e) = 0$，$N_2(0) = 0$，$N_2(l^e) = 1$；②对于任意 x，有 $N_1(x) + N_2(x) = 1$。

2. 应变矩阵

由弹性力学的几何方程，单元内任意点的应变为

$$\varepsilon_x = \frac{\mathrm{d}u}{\mathrm{d}x} = \begin{bmatrix} \dfrac{\mathrm{d}N_1}{\mathrm{d}x} & \dfrac{\mathrm{d}N_2}{\mathrm{d}x} \end{bmatrix} \begin{Bmatrix} u_1 \\ u_2 \end{Bmatrix} = \boldsymbol{B}(x)\boldsymbol{a}^e \tag{4.1.6}$$

其中，$\boldsymbol{B}(x) = [-1/l^e \quad 1/l^e]$称为**单元应变矩阵**。

3. 应力矩阵

由弹性力学的物理方程，单元内任意点的应力为

$$\sigma_x = E\varepsilon_x = E\boldsymbol{B}(x)\boldsymbol{a}^e = \boldsymbol{S}(x)\boldsymbol{a}^e \tag{4.1.7}$$

其中，$\boldsymbol{S}(x) = E[-1/l^e \quad 1/l^e]$称为**单元应力矩阵**。

4. 单元的势能

基于上述应力和应变表达式，以及杆件势能泛函表达式（3.1.104）得杆单元势能泛函为

$$\begin{aligned}
\Pi_p^e(u) &= \int_0^{l^e} \frac{EA}{2}\left(\frac{\mathrm{d}u}{\mathrm{d}x}\right)^2 \mathrm{d}x - \int_0^{l^e} f(x)u\,\mathrm{d}x - \sum_k F_{ck}u_k \\
&= \int_0^{l^e} \frac{1}{2}EA(\boldsymbol{a}^e)^{\mathrm{T}}\boldsymbol{B}^{\mathrm{T}}\boldsymbol{B}\,\boldsymbol{a}^e\mathrm{d}x - \int_0^{l^e}(\boldsymbol{N}\boldsymbol{a}^e)^{\mathrm{T}} f(x)\mathrm{d}x - (\boldsymbol{a}^e)^{\mathrm{T}}\boldsymbol{F}_c^e \\
&= (\boldsymbol{a}^e)^{\mathrm{T}}\left(\int_0^{l^e}\frac{1}{2}EA\boldsymbol{B}^{\mathrm{T}}\boldsymbol{B}\,\mathrm{d}x\right)\boldsymbol{a}^e - (\boldsymbol{a}^e)^{\mathrm{T}}\left(\int_0^{l^e}\boldsymbol{N}^{\mathrm{T}} f(x)\mathrm{d}x + \boldsymbol{F}_c^e\right)
\end{aligned} \tag{4.1.8}$$

其中，$\boldsymbol{F}_c^e = [F_{c1} \quad F_{c2}]^{\mathrm{T}}$ 为直接作用于结点的集中力列阵；u_k 为结点位移；$f(x)$为作用于杆件上的轴向分布载荷。

5. 单元刚度方程

基于最小势能原理，真实解使得势能泛函（4.1.8）取最小值，因此$\delta\Pi_p^e(u) = 0$。由此得到

$$\frac{EA^e}{l^e}\begin{bmatrix}1 & -1\\ -1 & 1\end{bmatrix}\begin{Bmatrix}u_1\\ u_2\end{Bmatrix}=\begin{Bmatrix}f_1\\ f_2\end{Bmatrix} \tag{4.1.9a}$$

或

$$\boldsymbol{K}^e\boldsymbol{a}^e=\boldsymbol{F}^e \tag{4.1.9b}$$

方程（4.1.9）称为**单元刚度方程**。其中 $\boldsymbol{K}^e$ 称为**单元刚度矩阵**，且

$$\boldsymbol{K}^e=\int_0^{l^e}EA\left(\frac{\mathrm{d}\boldsymbol{N}}{\mathrm{d}x}\right)^{\mathrm{T}}\left(\frac{\mathrm{d}\boldsymbol{N}}{\mathrm{d}x}\right)\mathrm{d}x=\int_0^{l^e}EA\boldsymbol{B}^{\mathrm{T}}\boldsymbol{B}\mathrm{d}x=\frac{EA^e}{l^e}\begin{bmatrix}1 & -1\\ -1 & 1\end{bmatrix} \tag{4.1.10}$$

$\boldsymbol{F}^e$ 称为**单元的等效结点力列阵**，且

$$\boldsymbol{F}^e=\boldsymbol{F}_f^e+\boldsymbol{F}_c^e=\int_0^{l^e}\boldsymbol{N}^{\mathrm{T}}f(x)\mathrm{d}x+\boldsymbol{F}_c^e \tag{4.1.11}$$

4.1.2　一维杆单元算例

例 4.1　阶梯状的三杆结构如图 4.2 所示，材料的弹性模量和结构几何尺寸如下：弹性模量 $E_1=E_2=E_3=2\times10^5\text{Pa}$，截面面积 $3A_1=2A_2=A_3=0.06\text{m}^2$，杆件长度 $l_1=l_2=l_3=0.1\text{m}$；该结构受到 $P_1=-100\text{N}$，$P_3=50\text{N}$ 的外载荷，求该结构的所有力学信息。

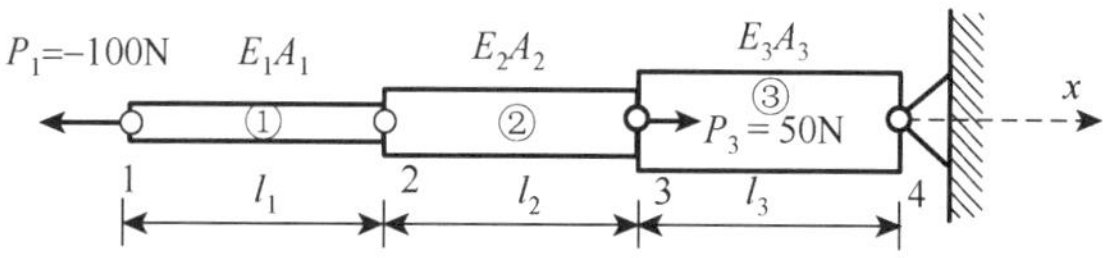

图 4.2　阶梯状三杆结构

解：（1）结构离散化及单元划分

该结构由三根杆件组成，整个结构离散为三个一维杆单元，给出结点编号和单元编号，如图 4.3 所示。单元①的局部结点编号 1 和 2 对应总体结点编号 1 和 2，局部结点编号 1 和 2 的位移分别为 u_1 和 u_2，结点力分别为 $P_1^{(1)}$ 和 $P_2^{(1)}$。单元②的局部结点编号 1 和 2 对应总体结点编号 2 和 3，局部结点编号 1 和 2 的位移分别为 u_2 和 u_3，结点力分别为 $P_1^{(2)}$ 和 $P_2^{(2)}$。单元③的局部结点编号 1 和 2 对应总体结点编号 3 和 4，局部结点编号 1 和 2 的位移分别为 u_3 和 u_4，结点力分别为 $P_1^{(3)}$ 和 $P_2^{(3)}$。

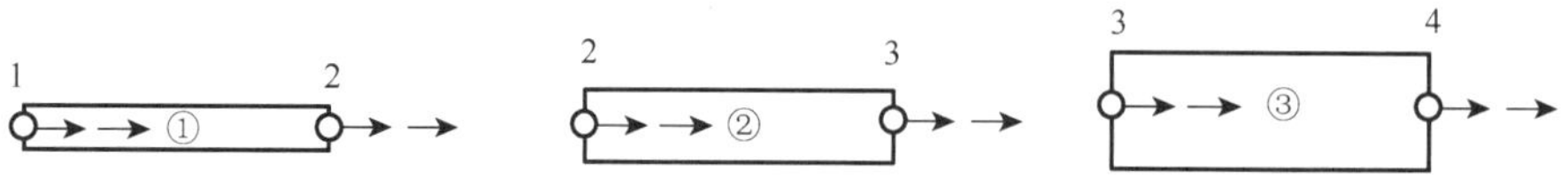

图 4.3　离散后的单元

（2）给出各单元的单元刚度方程

依据一维杆单元的单元刚度方程，分别写出三个单元的单元刚度方程：

$$\begin{bmatrix} \dfrac{E_1A_1}{l_1} & -\dfrac{E_1A_1}{l_1} \\ -\dfrac{E_1A_1}{l_1} & \dfrac{E_1A_1}{l_1} \end{bmatrix} \begin{Bmatrix} u_1 \\ u_2 \end{Bmatrix} = \begin{Bmatrix} P_1^{(1)} \\ P_2^{(1)} \end{Bmatrix}, \quad \begin{bmatrix} \dfrac{E_2A_2}{l_2} & -\dfrac{E_2A_2}{l_2} \\ -\dfrac{E_2A_2}{l_2} & \dfrac{E_2A_2}{l_2} \end{bmatrix} \begin{Bmatrix} u_2 \\ u_3 \end{Bmatrix} = \begin{Bmatrix} P_1^{(2)} \\ P_2^{(2)} \end{Bmatrix}$$

$$\begin{bmatrix} \dfrac{E_3A_3}{l_3} & -\dfrac{E_3A_3}{l_3} \\ -\dfrac{E_3A_3}{l_3} & \dfrac{E_3A_3}{l_3} \end{bmatrix} \begin{Bmatrix} u_3 \\ u_4 \end{Bmatrix} = \begin{Bmatrix} P_1^{(3)} \\ P_2^{(3)} \end{Bmatrix}$$

（3）组装各单元刚度方程

组装的意义是将各单元的刚度方程中的刚度矩阵和载荷列阵扩阶，然后相加，具体操作如下：

（a）将单元①的单元刚度矩阵扩大为 4×4 的矩阵，由于缺少与 u_3 和 u_4 对应的行和列，因此增加元素全为 0 的第三行和第四行，增加元素全为 0 的第三列和第四列；同样将单元①的载荷列阵扩大为 4×1 的列阵，增加元素全为 0 的第三行和第四行；位移列向量变为总体位移列向量$[u_1 \quad u_2 \quad u_3 \quad u_4]^{\mathrm{T}}$。

（b）对其他单元类似处理。

（c）将扩阶后的单元刚度方程相加得到总刚度方程，注意到 $P_1 = P_1^{(1)}$，$P_2 = P_2^{(1)} + P_1^{(2)}$，$P_3 = P_2^{(2)} + P_1^{(3)}$，$P_4 = P_2^{(3)}$，$P_i$ 为作用于结点 i 的力。

$$\begin{matrix} u_1 & & u_2 & & u_3 & & u_4 \\ \downarrow & & \downarrow & & \downarrow & & \downarrow \end{matrix}$$

$$\begin{bmatrix} \dfrac{E_1A_1}{l_1} & -\dfrac{E_1A_1}{l_1} & 0 & 0 \\ -\dfrac{E_1A_1}{l_1} & \dfrac{E_1A_1}{l_1}+\dfrac{E_2A_2}{l_2} & -\dfrac{E_2A_2}{l_2} & 0 \\ 0 & -\dfrac{E_2A_2}{l_2} & \dfrac{E_2A_2}{l_2}+\dfrac{E_3A_3}{l_3} & -\dfrac{E_3A_3}{l_3} \\ 0 & 0 & -\dfrac{E_3A_3}{l_3} & \dfrac{E_3A_3}{l_3} \end{bmatrix} \begin{Bmatrix} u_1 \\ u_2 \\ u_3 \\ u_4 \end{Bmatrix} = \begin{Bmatrix} P_1^{(1)} \\ P_2^{(1)} + P_1^{(2)} \\ P_2^{(2)} + P_1^{(3)} \\ P_2^{(3)} \end{Bmatrix} = \begin{Bmatrix} P_1 \\ P_2 \\ P_3 \\ P_4 \end{Bmatrix}$$

其中，$P_1 = -100\text{N}$，$P_2 = 0$，$P_3 = 50\text{N}$，而 P_4 为支座的支反力。将结构的几何参数和物理参数代入上式，得

$$\begin{bmatrix} 4\times10^4 & -4\times10^4 & 0 & 0 \\ -4\times10^4 & 1\times10^5 & -6\times10^4 & 0 \\ 0 & -6\times10^4 & 1.8\times10^5 & -1.2\times10^5 \\ 0 & 0 & -1.2\times10^5 & 1.2\times10^5 \end{bmatrix} \begin{Bmatrix} u_1 \\ u_2 \\ u_3 \\ u_4 \end{Bmatrix} = \begin{Bmatrix} -100 \\ 0 \\ 50 \\ P_4 \end{Bmatrix}$$

（4）处理边界条件并求解

因为支座位移 $u_4 = 0$，划去对应的第四行和第四列，得

$$\begin{bmatrix} 4\times10^4 & -4\times10^4 & 0 \\ -4\times10^4 & 1\times10^5 & -6\times10^4 \\ 0 & -6\times10^4 & 1.8\times10^5 \end{bmatrix} \begin{Bmatrix} u_1 \\ u_2 \\ u_3 \end{Bmatrix} = \begin{Bmatrix} -100 \\ 0 \\ 50 \end{Bmatrix}$$

求解得到 $u_1 = -4.58333\times10^{-3}$m，$u_2 = -2.08333\times10^{-3}$m，$u_3 = -4.16667\times10^{-4}$m。

（5）求解支反力

$$P_4 = -1.2\times10^5\times u_3 = 50\text{N}$$

（6）求解各个单元的其他力学量（应变、应力）

$$\varepsilon^{(1)} = \frac{u_2 - u_1}{l_1} = \frac{(-2.08333 + 4.58333)\times10^{-3}}{0.1} = 2.49997\times10^{-2}$$

$$\varepsilon^{(2)} = \frac{u_3 - u_2}{l_2} = 1.6667\times10^{-2},\quad \varepsilon^{(3)} = \frac{u_4 - u_3}{l_3} = 4.16667\times10^{-3}$$

$$\sigma^{(1)} = E_1\varepsilon^{(1)} = 4.999\times10^3\,\text{Pa},\quad \sigma^{(2)} = E_2\varepsilon^{(2)} = 3.3333\times10^3\,\text{Pa}$$

$$\sigma^{(3)} = E_3\varepsilon^{(3)} = 8.3333\times10^2\,\text{Pa}$$

4.1.3　平面杆单元

在工程实际中，杆件可能处于**总体坐标系**中的任意一个位置，这需要将原来在**局部坐标系**中所得到的单元刚度方程等价地变换到总体坐标系中，这样不同位置的单元有了公共的坐标基准，才能进行集成和装配。对于如图 4.4 所示的总体坐标系 $O\bar{x}\bar{y}$ 和杆单元的局部坐标系为 Ox，局部坐标系中的单元结点位移列阵、单元结点力列阵、单元刚度矩阵及单元刚度方程分别为

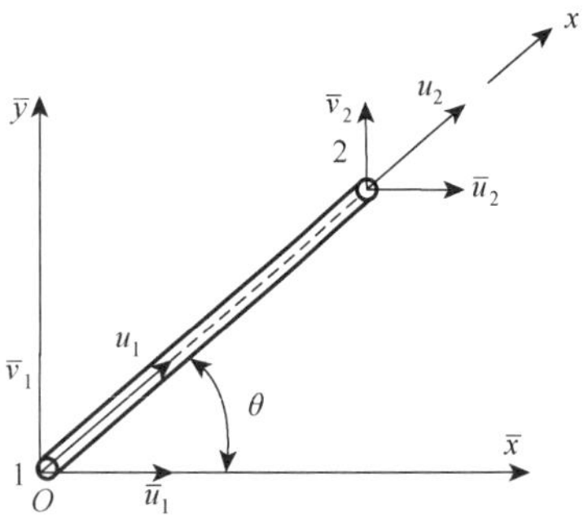

图 4.4　平面杆单元

$$\boldsymbol{a}^e = \begin{bmatrix} u_1 & u_2 \end{bmatrix}^{\mathrm{T}},\quad \boldsymbol{F}^e = \begin{bmatrix} F_1 & F_2 \end{bmatrix}^{\mathrm{T}},\quad \boldsymbol{K}^e\boldsymbol{a}^e = \boldsymbol{F}^e$$

如果总体坐标下单元结点位移向量列阵为 $\bar{\boldsymbol{a}}^e = \begin{bmatrix} \bar{u}_1 & \bar{v}_1 & \bar{u}_2 & \bar{v}_2 \end{bmatrix}^{\mathrm{T}}$，则总体坐标系 $O\bar{x}\bar{y}$ 与局部坐标 Ox 之间的位移变换关系为

$$\boldsymbol{a}^e = \boldsymbol{T}^e\,\bar{\boldsymbol{a}}^e \tag{4.1.12}$$

其中，$\boldsymbol{T}^e$ 称为**单元位移变换矩阵**，并且

$$\boldsymbol{T}^e = \begin{bmatrix} \cos\theta & \sin\theta & 0 & 0 \\ 0 & 0 & \cos\theta & \sin\theta \end{bmatrix} \tag{4.1.13}$$

其中，θ 为局部坐标系 Ox 与总体坐标系 $O\bar{x}\bar{y}$ 的 $O\bar{x}$ 轴的夹角。将式（4.1.12）代入局部坐标系下的单元刚度方程（4.1.9），得到总体坐标系下的单元刚度方程：

$$\bar{\boldsymbol{K}}^e\bar{\boldsymbol{a}}^e=\bar{\boldsymbol{F}}^e \tag{4.1.14}$$

其中，$\bar{\boldsymbol{K}}^e=(\boldsymbol{T}^e)^{\mathrm{T}}\boldsymbol{K}^e\boldsymbol{T}^e$，$\bar{\boldsymbol{F}}^e=(\boldsymbol{T}^e)^{\mathrm{T}}\boldsymbol{F}^e$ 为总体坐标系下的单元刚度矩阵和单元结点力列阵。

4.1.4　空间杆单元

考虑如图 4.5 所示空间杆单元，总体坐标系为 $O\bar{x}\bar{y}\bar{z}$，杆单元局部坐标系为 Ox。局部坐标系中的单元结点位移列阵为

$$\boldsymbol{a}^e=\begin{bmatrix}u_1 & u_2\end{bmatrix}^{\mathrm{T}} \tag{4.1.15}$$

总体坐标系中的单元结点位移列阵为

$$\bar{\boldsymbol{a}}^e=\begin{bmatrix}\bar{u}_1 & \bar{v}_1 & \bar{w}_1 & \bar{u}_2 & \bar{v}_2 & \bar{w}_2\end{bmatrix}^{\mathrm{T}} \tag{4.1.16}$$

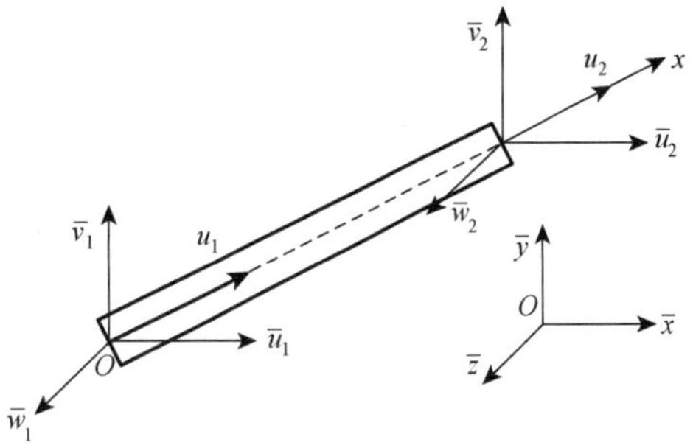

图 4.5　空间杆单元

杆单元轴线在总体坐标系中的方向余弦为

$$\cos(x,\bar{x})=\frac{\bar{x}_2-\bar{x}_1}{l},\quad \cos(x,\bar{y})=\frac{\bar{y}_2-\bar{y}_1}{l},\quad \cos(x,\bar{z})=\frac{\bar{z}_2-\bar{z}_1}{l} \tag{4.1.17}$$

其中，$(\bar{x}_i,\bar{y}_i,\bar{z}_i)$ 为杆单元的结点 $i(i=1, 2)$在总体坐标系 $O\bar{x}\bar{y}\bar{z}$ 下的坐标。空间杆单元的结点位移变换为

$$\boldsymbol{a}^e=\begin{bmatrix}\cos(x,\bar{x}) & \cos(x,\bar{y}) & \cos(x,\bar{z}) & 0 & 0 & 0\\ 0 & 0 & 0 & \cos(x,\bar{x}) & \cos(x,\bar{y}) & \cos(x,\bar{z})\end{bmatrix}\bar{\boldsymbol{a}}^e \tag{4.1.18}$$
$$=\boldsymbol{T}^e\,\bar{\boldsymbol{a}}^e$$

其中，结点位移变换矩阵为

$$\boldsymbol{T}^e=\begin{bmatrix}\cos(x,\bar{x}) & \cos(x,\bar{y}) & \cos(x,\bar{z}) & 0 & 0 & 0\\ 0 & 0 & 0 & \cos(x,\bar{x}) & \cos(x,\bar{y}) & \cos(x,\bar{z})\end{bmatrix} \tag{4.1.19}$$

将位移变换关系（4.1.18）代入局部坐标系下的单元刚度方程（4.1.9），得到总体坐标系下空间杆单元的刚度方程为

$$\bar{\boldsymbol{K}}^e\bar{\boldsymbol{a}}^e=\bar{\boldsymbol{F}}^e \tag{4.1.20}$$

其中，$\bar{\boldsymbol{K}}^e$ 和 $\bar{\boldsymbol{F}}^e$ 分别为总体坐标系下的单元刚度矩阵和单元等效结点力列阵，与局部坐标系下单元刚度矩阵和单元结点力列阵有如下关系：

$$\bar{\boldsymbol{K}}^e=(\boldsymbol{T}^e)^{\mathrm{T}}\boldsymbol{K}^e\boldsymbol{T}^e,\quad \bar{\boldsymbol{F}}^e=(\boldsymbol{T}^e)^{\mathrm{T}}\boldsymbol{F}^e \tag{4.1.21}$$

例 4.2　四杆桁架结构受力和约束如图 4.6 所示，求各结点的位移、单元应力及支反力。各杆件材料弹性模量 $E=29.5\times10^4\text{N/mm}^2$，横截面积 $A=100\text{mm}^2$。

解：（1）结构的离散化与编号

对该结构进行自然离散，进行结点编号和单元编号如图 4.7 所示。

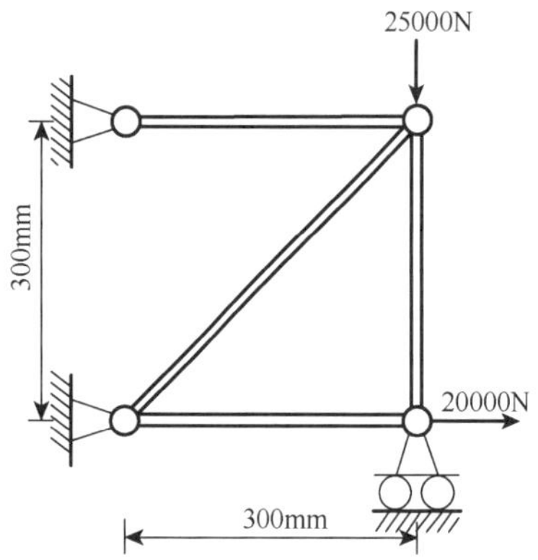

图 4.6　四杆桁架结构

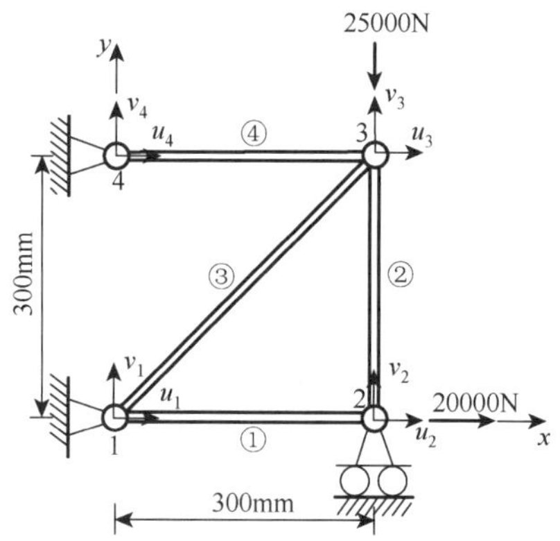

图 4.7　结构结点编号和单元编号

各结点坐标为 1(0, 0)、2(300, 0)、3(300, 300)和 4(0, 300)。

单元编号及对应结点相关信息见表 4.1。

表 4.1　单元编号及对应结点

单元编号	结点	cosα	sinα
①	1、2	1	0
②	3、2	0	−1
③	1、3	0.707	0.707
④	4、3	1	0

（2）各个单元的矩阵描述

局部坐标系下的单元刚度矩阵为

$$\boldsymbol{K}^{(1)}=\frac{29.5\times10^4\times100}{400}\times\begin{bmatrix}1&0&-1&0\\0&0&0&0\\-1&0&1&0\\0&0&0&0\end{bmatrix}\begin{matrix}\leftarrow u_1\\\leftarrow v_1\\\leftarrow u_2\\\leftarrow v_2\end{matrix},\quad(\text{columns: }u_1\ v_1\ u_2\ v_2)$$

$$\boldsymbol{K}^{(2)}=\frac{29.5\times10^4\times100}{300}\times\begin{bmatrix}0&0&0&0\\0&1&0&-1\\0&0&0&0\\0&-1&0&1\end{bmatrix}\begin{matrix}\leftarrow u_3\\\leftarrow v_3\\\leftarrow u_2\\\leftarrow v_2\end{matrix}\quad(\text{columns: }u_3\ v_3\ u_2\ v_2)$$

$$\boldsymbol{K}^{(3)}=\frac{29.5\times10^4\times100}{500}\times\begin{bmatrix}0.64&0.48&-0.64&-0.48\\0.48&0.36&-0.48&-0.36\\-0.64&-0.48&0.64&0.48\\-0.48&-0.36&0.48&0.36\end{bmatrix}\begin{matrix}\leftarrow u_1\\\leftarrow v_1\\\leftarrow u_3\\\leftarrow v_3\end{matrix},\quad(\text{columns: }u_1\ v_1\ u_3\ v_3)$$

$$\boldsymbol{K}^{(4)}=\frac{29.5\times10^4\times100}{400}\times\begin{bmatrix}1&0&-1&0\\0&0&0&0\\-1&0&1&0\\0&0&0&0\end{bmatrix}\begin{matrix}\leftarrow u_4\\\leftarrow v_4\\\leftarrow u_3\\\leftarrow v_3\end{matrix}\quad(\text{columns: }u_4\ v_4\ u_3\ v_3)$$

（3）整体刚度方程

将所得到的各个单元刚度矩阵按结点编号进行组装，以形成整体刚度矩阵，同时将所有结点载荷也进行组装。得到总刚度矩阵、总体结点位移列阵和总体结点力列阵：

$$\boldsymbol{K}=\boldsymbol{K}^{(1)}+\boldsymbol{K}^{(2)}+\boldsymbol{K}^{(3)}+\boldsymbol{K}^{(4)}$$

$$\boldsymbol{a}=\begin{bmatrix}u_1 & v_1 & u_2 & v_2 & u_3 & v_3 & u_4 & v_4\end{bmatrix}^{\mathrm{T}}$$

$$\boldsymbol{F}=\boldsymbol{F}^e+\boldsymbol{R}=\begin{bmatrix}R_{x1} & R_{y1} & 2\times10^4 & R_{y2} & 0 & -2.5\times10^4 & R_{x4} & R_{y4}\end{bmatrix}^{\mathrm{T}}$$

整体刚度方程：

$$\begin{array}{cccccccc} u_1 & v_1 & u_2 & v_2 & u_3 & v_3 & u_4 & v_4 \\ \downarrow & \downarrow & \downarrow & \downarrow & \downarrow & \downarrow & \downarrow & \downarrow \end{array}$$

$$\frac{29.5\times10^4\times100}{6000}\times\begin{bmatrix}22.68 & 5.76 & -15.0 & 0 & -7.68 & -5.76 & 0 & 0\\ 5.76 & 4.32 & 0 & 0 & -5.76 & -4.32 & 0 & 0\\ -15.0 & 0 & 15.0 & 0 & 0 & 0 & 0 & 0\\ 0 & 0 & 0 & 20.0 & 0 & -20.0 & 0 & 0\\ -7.68 & -5.76 & 0 & 0 & 22.68 & 5.76 & -15.0 & 0\\ -5.76 & -4.32 & 0 & -20.0 & 5.76 & 24.32 & 0 & 0\\ 0 & 0 & 0 & 0 & -15.0 & 0 & 15.0 & 0\\ 0 & 0 & 0 & 0 & 0 & 0 & 0 & 0\end{bmatrix}\begin{bmatrix}u_1\\ v_1\\ u_2\\ v_2\\ u_3\\ v_3\\ u_4\\ v_4\end{bmatrix}=\begin{bmatrix}R_{x1}\\ R_{y1}\\ F_{x2}\\ R_{y2}\\ F_{x3}\\ F_{y3}\\ R_{x4}\\ R_{y4}\end{bmatrix}$$

（4）边界条件引入及刚度方程求解

引入边界条件 $u_1=v_1=v_2=u_4=v_4=0$，化简后有

$$\frac{29.5\times10^4\times100}{6000}\times\begin{bmatrix}15 & 0 & 0\\ 0 & 22.68 & 5.76\\ 0 & 5.76 & 24.32\end{bmatrix}\begin{bmatrix}u_2\\ u_3\\ v_3\end{bmatrix}=\begin{bmatrix}2\times10^4\\ 0\\ -2.5\times10^4\end{bmatrix}$$

解得

$$u_2=0.2712\text{mm}，\ u_3=0.0565\text{mm}，\ v_3=-0.2225\text{mm}$$

则所有的结点位移为

$$\boldsymbol{a}=[0\quad 0\quad 0.2712\quad 0\quad 0.0565\quad -0.2225\quad 0\quad 0]^{\mathrm{T}}\text{mm}$$

（5）支反力的计算

将结点位移的结果代入整体刚度方程中，可求出：

$R_{x1}=-15833.0$N，$R_{y1}=3126.0$N，$R_{y2}=21879.0$N，$R_{x4}=-4167.0$N，R_{y4}=0N

4.2　扭 转 单 元

考虑如图 4.8 所示长度为 L、扭转刚度为 GI_r、两端承受作用面与杆轴垂直外力偶作用的杆件，不考虑扭转引起的翘曲。这种仅受外力偶作用仅发生扭转变形的杆件称为**扭转杆**。扭转杆的端截面仅有一个广义位移分量（绕杆轴线转动的扭转角，记为 θ_{xi}）和一个广义力（绕杆轴线的外力偶，记为 M_i），其广义位移和广义力的正方向按右手螺旋法则确定，具有上述广义位移和广义力特征的扭转杆件称为**扭转单元**。对仅有两个结点的扭转单元，单元广义结点位移列阵和单元广义结点力列阵可分别表示为

$$\boldsymbol{a}^e=\begin{Bmatrix}\theta_{x1}\\ \theta_{x2}\end{Bmatrix},\quad \boldsymbol{M}^e=\begin{Bmatrix}M_1\\ M_2\end{Bmatrix}\tag{4.2.1}$$

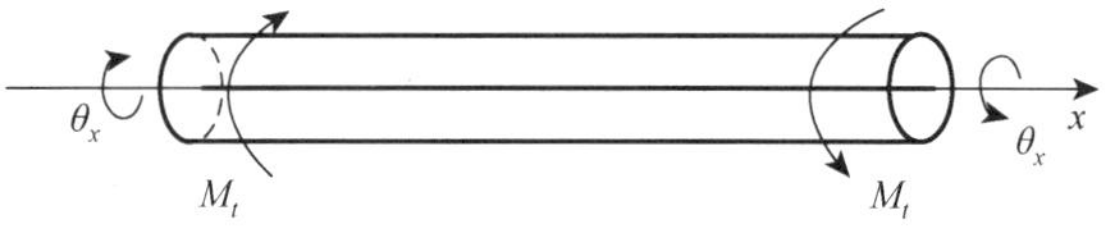

图 4.8　一维扭转单元

1. 单元插值函数

设单元中位置 x 处的扭转角位移为 θ_x，由单元结点扭转角位移插值可得

$$\theta_x = \sum_{i=1}^{2} N_i(\xi)\theta_{xi} = \begin{bmatrix} N_1 & N_2 \end{bmatrix} \begin{Bmatrix} \theta_{x1} \\ \theta_{x2} \end{Bmatrix} = \boldsymbol{N}\boldsymbol{a}^e \tag{4.2.2}$$

其中，$N_1 = 1 - x/L$，$N_2 = x/L$，与杆单元插值基函数相同。

2. 单元应变矩阵（单元扭率）

对于受扭转作用的轴，不考虑扭转引起的翘曲，半径 r 处的剪应变为

$$\gamma_r = r\frac{\mathrm{d}\theta_x}{\mathrm{d}x} = r\alpha \tag{4.2.3}$$

其中，θ_x 为绕 x 轴的扭转角；α 称为**扭率**，并且

$$\alpha = \frac{\mathrm{d}\theta_x}{\mathrm{d}x} = \begin{bmatrix} \dfrac{\mathrm{d}N_1}{\mathrm{d}x} & \dfrac{\mathrm{d}N_2}{\mathrm{d}x} \end{bmatrix} \begin{Bmatrix} \theta_{x1} \\ \theta_{x2} \end{Bmatrix} = \boldsymbol{B}\boldsymbol{a}^e \tag{4.2.4}$$

$\boldsymbol{B} = [-1/L \quad 1/L]$称为扭转单元应变矩阵。

3. 单元应力矩阵

扭转轴横截面上的剪应力为

$$\tau_r = G\gamma_r = Gr\frac{\mathrm{d}\theta_x}{\mathrm{d}x} = Gr\boldsymbol{B}\boldsymbol{a}^e = \boldsymbol{S}\boldsymbol{a}^e \tag{4.2.5}$$

其中，$\boldsymbol{S} = Gr[-1/L \quad 1/L]$称为扭转单元应力矩阵。

4. 单元势能泛函

扭转单元势能泛函为

$$\Pi_p^e(\theta_x) = \int_0^{l^e} \frac{1}{2} G I_r \alpha^2 \mathrm{d}x - \int_0^{l^e} m_t(x)\theta_x \mathrm{d}x - \sum_k M_{ck}\theta_{xk} \tag{4.2.6}$$

其中，I_r 为截面极惯性矩；$m_t(x)$和 M_{ck} 分别为作用于轴上的分布外力偶和结点集中力偶。

5. 单元刚度方程

根据最小势能原理，$\delta\Pi_p^e(\theta_x) = 0$，可得扭转单元的刚度方程为

$$\boldsymbol{K}^e\boldsymbol{a}^e = \boldsymbol{M}^e \tag{4.2.7}$$

其中，$\boldsymbol{M}^e = \boldsymbol{M}_f^e + \boldsymbol{M}_c^e = \int_0^{l^e} \boldsymbol{N}^{\mathrm{T}} m_t(x)\mathrm{d}x + \boldsymbol{M}_c^e$ 为**等效结点外力偶**，$\boldsymbol{M}_c^e = \begin{bmatrix} M_{c1} & M_{c2} \end{bmatrix}^{\mathrm{T}}$ 为直接

作用于结点的外力偶列阵；$\boldsymbol{K}^e=\int_0^L GI_r\left(\frac{\mathrm{d}\boldsymbol{N}}{\mathrm{d}x}\right)^{\mathrm{T}}\left(\frac{\mathrm{d}\boldsymbol{N}}{\mathrm{d}x}\right)\mathrm{d}x=\int_0^L \frac{GI_r}{L}\boldsymbol{B}^{\mathrm{T}}\boldsymbol{B}\mathrm{d}x=\frac{GI_r}{L}\begin{bmatrix}1 & -1\\ -1 & 1\end{bmatrix}$ **为单元扭转刚度矩阵**。

4.3 梁　单　元

4.3.1 一维 Euler-Bernoulli 梁单元

梁是承受横向载荷的细长结构。当梁的高跨比较小时，其层间剪切变形可以忽略，梁变形前垂直于中面的截面，变形后仍然垂直于中面且保持为平面，这种梁理论称为 **Euler-Bernoulli 梁理论**，基于 Euler-Bernoulli 梁理论的梁单元称为 **Euler-Bernoulli 梁单元**。

考虑如图 4.9 所示长度为 l^e、弯曲刚度为 EI、两端受横向力和力矩作用的一维 Euler-Bernoulli 梁单元，结点 $i(i=1,2)$有横向挠度 w_i 和转角 θ_i 两个广义位移分量，有横向力 Q_i 和力矩 M_i 两个广义力，规定横向力和横向位移沿 z 轴正向为正，转角和力矩逆时针为正。由结点的广义位移组成的列向量称为**结点位移列阵**，由结点的广义力组成的列向量称为**结点力列阵**，可分别表示为

$$\boldsymbol{a}_1=\begin{Bmatrix}w_1\\ \theta_1\end{Bmatrix},\quad \boldsymbol{a}_2=\begin{Bmatrix}w_2\\ \theta_2\end{Bmatrix},\quad \boldsymbol{F}_1=\begin{Bmatrix}Q_1\\ M_1\end{Bmatrix},\quad \boldsymbol{F}_2=\begin{Bmatrix}Q_2\\ M_2\end{Bmatrix} \tag{4.3.1}$$

由结点位移列阵和结点力列阵可以形成单元结点位移列阵和单元结点力列阵，为

$$\boldsymbol{a}^e=\begin{Bmatrix}\boldsymbol{a}_1\\ \boldsymbol{a}_2\end{Bmatrix}=\begin{Bmatrix}w_1\\ \theta_1\\ w_2\\ \theta_2\end{Bmatrix},\quad \boldsymbol{F}^e=\begin{Bmatrix}\boldsymbol{F}_1\\ \boldsymbol{F}_2\end{Bmatrix}=\begin{Bmatrix}Q_1\\ M_1\\ Q_2\\ M_2\end{Bmatrix} \tag{4.3.2}$$

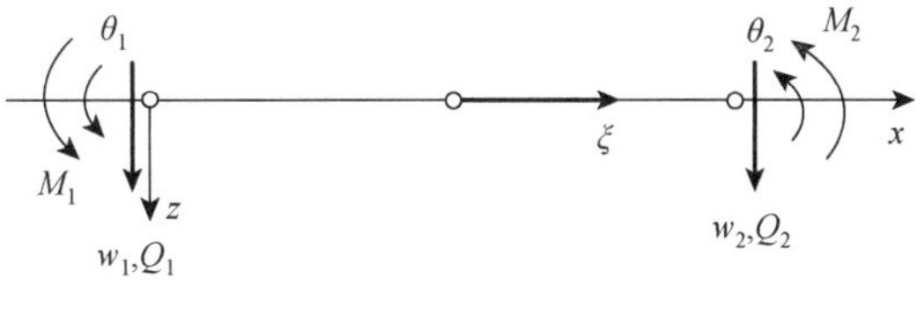

图 4.9　一维 Euler-Bernoulli 梁单元

1. 单元插值函数

定义无量纲的局部坐标（$-1\leqslant\xi\leqslant1$）：

$$\xi=\frac{2(x-x_1)}{x_2-x_1}-1=\frac{2(x-x_1)}{l^e}-1 \tag{4.3.3}$$

由于转角是横向挠度的导数，对挠度插值采用 Hermite 插值。单元插值函数（Hermite 插值函数）表示为

$$
\begin{aligned}
w(\xi) &= H_1(\xi)w_1 + H_2(\xi)\left(\frac{\mathrm{d}w}{\mathrm{d}\xi}\right)_1 + H_3(\xi)w_2 + H_4(\xi)\left(\frac{\mathrm{d}w}{\mathrm{d}\xi}\right)_2 \\
&= H_1(\xi)w_1 + H_2(\xi)\frac{l^e}{2}\theta_1 + H_3(\xi)w_2 + H_4(\xi)\frac{l^e}{2}\theta_2 \\
&= \begin{bmatrix} N_1 & N_2 & N_3 & N_4 \end{bmatrix}\boldsymbol{a}^e = \boldsymbol{N}\boldsymbol{a}^e
\end{aligned} \tag{4.3.4}
$$

其中，结点的插值基函数为

$$N_1(\xi) = H_1(\xi) = \frac{1}{4}(1-\xi)^2(2+\xi) = \frac{1}{4}(2-3\xi+\xi^3) \tag{4.3.5a}$$

$$N_2(\xi) = \frac{l^e}{2}H_2(\xi) = \frac{l^e}{8}(1-\xi)^2(\xi+1) = \frac{l^e}{8}(1-\xi-\xi^2+\xi^3) \tag{4.3.5b}$$

$$N_3(\xi) = H_3(\xi) = \frac{1}{4}(1+\xi)^2(2-\xi) = \frac{1}{4}(2+3\xi-\xi^3) \tag{4.3.5c}$$

$$N_4(\xi) = \frac{l^e}{2}H_4(\xi) = \frac{l^e}{8}(1+\xi)^2(\xi-1) = \frac{l^e}{8}(-1-\xi+\xi^2+\xi^3) \tag{4.3.5d}$$

结点插值基函数满足如下条件：

$H_1(-1)=1,\quad H_1(1)=H_1'(1)=H_1'(-1)=0,\qquad H_3(1)=1,\quad H_3(-1)=H_3'(1)=H_3'(-1)=0$

$H_2'(-1)=1,\quad H_2(-1)=H_2(1)=H_2'(1)=0,\qquad H_4'(1)=1,\quad H_4(-1)=H_4(1)=H_4'(-1)=0$

2. 单元应变矩阵

截面上距中性层为 z 处的轴向应变为

$$\varepsilon_x = \frac{\mathrm{d}u}{\mathrm{d}x} = \frac{\mathrm{d}}{\mathrm{d}x}\left(-z\frac{\mathrm{d}w}{\mathrm{d}x}\right) = -z\frac{\mathrm{d}^2 w}{\mathrm{d}x^2} = -z\kappa$$

其中，$u=-z\mathrm{d}w/\mathrm{d}x$ 是截面上距中性层为 z 处的轴向位移；广义应变（挠曲线的曲率）为

$$\kappa = -\frac{\mathrm{d}^2 w}{\mathrm{d}x^2} = -\frac{\mathrm{d}^2\boldsymbol{N}}{\mathrm{d}x^2}\boldsymbol{a}^e = \boldsymbol{B}_b\boldsymbol{a}^e \tag{4.3.6}$$

其中，$\boldsymbol{B}_b$ 为 Euler-Bernoulli 梁单元应变矩阵，并且

$$\boldsymbol{B}_b = -\frac{\mathrm{d}^2\boldsymbol{N}}{\mathrm{d}x^2} = -\frac{4}{l^{e2}}\frac{\mathrm{d}^2\boldsymbol{N}}{\mathrm{d}\xi^2} = -\frac{1}{l^{e2}}\begin{bmatrix} 6\xi & l^e(3\xi-1) & -6\xi & l^e(3\xi+1) \end{bmatrix} \tag{4.3.7}$$

3. 单元势能泛函

单元势能泛函为

$$
\begin{aligned}
\Pi_p^e(w) &= \int_0^{l^e}\frac{1}{2}EI\kappa^2\mathrm{d}x - \int_0^{l^e}q(x)w\mathrm{d}x - \int_0^{l^e}m(x)\frac{\mathrm{d}w}{\mathrm{d}x}\mathrm{d}x - \sum_j F_{cj}w_j - \sum_k M_{ck}\left(\frac{\mathrm{d}w}{\mathrm{d}x}\right)_k \\
&= \int_0^{l^e}\frac{1}{2}EI(\boldsymbol{B}_b\boldsymbol{a}^e)^{\mathrm{T}}(\boldsymbol{B}_b\boldsymbol{a}^e)\mathrm{d}x - \int_0^{l^e}(\boldsymbol{N}\boldsymbol{a}^e)^{\mathrm{T}}q(x)\mathrm{d}x \\
&\quad - \int_0^{l^e}\left(\frac{\mathrm{d}\boldsymbol{N}}{\mathrm{d}x}\boldsymbol{a}^e\right)^{\mathrm{T}}m(x)\mathrm{d}x - \sum_j(\boldsymbol{N}(x_j)\boldsymbol{a}^e)^{\mathrm{T}}F_{cj} - \sum_k\left(\frac{\mathrm{d}\boldsymbol{N}(x_k)}{\mathrm{d}x}\boldsymbol{a}^e\right)^{\mathrm{T}}M_{ck} \\
&= \frac{1}{2}(\boldsymbol{a}^e)^{\mathrm{T}}\boldsymbol{K}^e(\boldsymbol{a}^e) - (\boldsymbol{a}^e)^{\mathrm{T}}\boldsymbol{F}^e
\end{aligned} \tag{4.3.8}
$$

其中，$q(x)$为作用于梁上的横向分布载荷；$m(x)$为作用于梁上的分布力矩；F_{cj} 为作用于 x_j 处的横向集中力；M_{ck} 为作用于 x_k 处的外力矩。

4. 单元刚度方程

基于最小势能原理，真实解使得单元的势能泛函取极值，由势能泛函变分为零，得到单元的刚度方程：

$$\boldsymbol{K}^e\boldsymbol{a}^e=\boldsymbol{F}^e \tag{4.3.9}$$

其中

$$\boldsymbol{K}^e=\int_0^{l^e} EI\boldsymbol{B}_b^{\mathrm{T}}\boldsymbol{B}_b\mathrm{d}x=\frac{EI}{l^{e3}}\begin{bmatrix} 12 & 6l^e & -12 & 6l^e \\ 6l^e & 4l^{e2} & -6l^e & 2l^{e2} \\ -12 & -6l^e & 12 & -6l^e \\ 6l^e & 2l^{e2} & -6l^e & 4l^{e2} \end{bmatrix} \tag{4.3.10}$$

称为 Euler-Bernoulli 梁单元的单元刚度矩阵。

$$\boldsymbol{F}^e=\int_0^{l^e}\boldsymbol{N}^{\mathrm{T}}q(x)\mathrm{d}x+\int_0^{l^e}\left(\frac{\mathrm{d}\boldsymbol{N}}{\mathrm{d}x}\right)^{\mathrm{T}}m(x)\,\mathrm{d}x+\sum_j\boldsymbol{N}^{\mathrm{T}}(x_j)F_{cj}+\sum_k\left(\frac{\mathrm{d}\boldsymbol{N}(x_j)}{\mathrm{d}x}\right)^{\mathrm{T}}M_{ck} \tag{4.3.11}$$

称为梁单元的等效结点载荷。若 $q=\mathrm{const}$，则与分布载荷 q 对应的等效结点载荷为

$$\boldsymbol{F}_q^e=\begin{bmatrix}\dfrac{ql^e}{2} & \dfrac{ql^{e2}}{12} & \dfrac{ql^e}{2} & -\dfrac{ql^{e2}}{12}\end{bmatrix}^{\mathrm{T}}=ql^e\begin{bmatrix}\dfrac{1}{2} & \dfrac{l^e}{12} & \dfrac{1}{2} & -\dfrac{l^e}{12}\end{bmatrix}^{\mathrm{T}}$$

若 $m=\mathrm{const}$，则与分布力矩对应的等效结点载荷为

$$\boldsymbol{F}_m^e=m\begin{bmatrix}1 & 0 & 1 & 0\end{bmatrix}^{\mathrm{T}}$$

5. 相关物理量的计算

在求得单元的广义结点位移（挠度和转角）后，可以按照几何方程求出单元的应变，按照物理方程求出单元截面的内力。

单元广义应变：

$$\kappa=-\frac{\mathrm{d}^2w}{\mathrm{d}x^2}=-\frac{4}{l^{e2}}\frac{\mathrm{d}^2w}{\mathrm{d}\xi^2}=-\frac{4}{l^{e2}}\frac{\mathrm{d}^2\boldsymbol{N}}{\mathrm{d}\xi^2}\boldsymbol{a}^e \tag{4.3.12}$$

单元截面弯矩和剪力分别为

$$M=EI\kappa=-\frac{4EI}{l^{e2}}\frac{\mathrm{d}^2\boldsymbol{N}}{\mathrm{d}\xi^2}\boldsymbol{a}^e \tag{4.3.13}$$

$$Q=-EI\frac{\mathrm{d}^3w}{\mathrm{d}x^3}=-\frac{8EI}{l^{e3}}\frac{\mathrm{d}^3w}{\mathrm{d}\xi^3}=-\frac{8EI}{l^{e3}}\frac{\mathrm{d}^3\boldsymbol{N}}{\mathrm{d}\xi^3}\boldsymbol{a}^e \tag{4.3.14}$$

单元轴向应力和剪应力分别为

$$\sigma_x(\xi)=\frac{Mz}{EI}=-\frac{4z}{l^{e2}}\frac{\mathrm{d}^2\boldsymbol{N}}{\mathrm{d}\xi^2}\boldsymbol{a}^e=-\frac{z}{l^{e2}}\begin{bmatrix}6\xi & l^e(3\xi-1) & -6\xi & l^e(3\xi+1)\end{bmatrix}\boldsymbol{a}^e \tag{4.3.15}$$

$$\tau=\frac{Q}{A}=-\frac{8EI}{l^{e3}A}\frac{\mathrm{d}^3\boldsymbol{N}}{\mathrm{d}\xi^3}\boldsymbol{a}^e=-\frac{4EI}{l^{e3}A}\begin{bmatrix}3 & l^e & -3 & l^e\end{bmatrix}\boldsymbol{a}^e \tag{4.3.16}$$

例 4.3　多跨梁长度、受载荷及约束如图 4.10 所示，材料弹性模量 $E=200\text{GPa}$，截面惯性矩 $I=4\times10^{-6}\text{m}^4$，用有限元法求单元②中点位移。

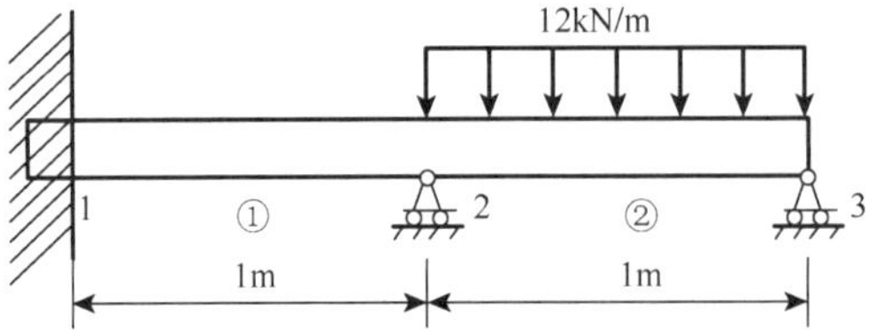

图 4.10　多跨梁受一分布外载

解　(1) 结构离散化与编号

结构离散后的单元及结点载荷如图 4.11 所示，其总体结点位移列阵和结点力列阵为

$$\boldsymbol{a}=\begin{bmatrix}v_1 & \theta_1 & v_2 & \theta_2 & v_3 & \theta_3\end{bmatrix}^{\mathrm{T}}$$

$$\begin{aligned}\boldsymbol{P}&=\begin{bmatrix}R_{y1} & R_{\theta1} & R_{y2}+F_{y2} & M_{\theta2} & R_{y3}+F_{y3} & M_{\theta3}\end{bmatrix}^{\mathrm{T}}\\&=\begin{bmatrix}R_{y1} & R_{\theta1} & R_{y2}-6000 & -1000 & R_{y3}-6000 & 1000\end{bmatrix}^{\mathrm{T}}\end{aligned}$$

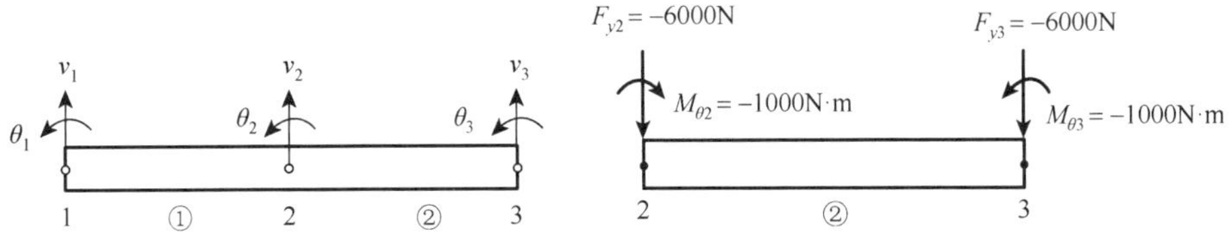

图 4.11　离散后的单元及结点载荷

(2) 各个单元的刚度矩阵

因为两梁单元的材料性质和几何性质一样，所以单元刚度矩阵完全相同：

$$\boldsymbol{K}^{(1)}=8\times10^5\times\begin{bmatrix}12 & 6 & -12 & 6\\ 6 & 4 & -6 & 2\\ -12 & -6 & 12 & -6\\ 6 & 2 & -6 & 4\end{bmatrix}\begin{matrix}\leftarrow v_1\\ \leftarrow \theta_1\\ \leftarrow v_2\\ \leftarrow \theta_2\end{matrix}\quad(\text{列 } v_1\ \theta_1\ v_2\ \theta_2),\qquad \boldsymbol{K}^{(2)}=8\times10^5\times\begin{bmatrix}12 & 6 & -12 & 6\\ 6 & 4 & -6 & 2\\ -12 & -6 & 12 & -6\\ 6 & 2 & -6 & 4\end{bmatrix}\begin{matrix}\leftarrow v_2\\ \leftarrow \theta_2\\ \leftarrow v_3\\ \leftarrow \theta_3\end{matrix}\quad(\text{列 } v_2\ \theta_2\ v_3\ \theta_3)$$

(3) 整体刚度方程

组装形成整体刚度方程为

$$8\times10^5\times\begin{bmatrix}12 & 6 & -12 & 6 & 0 & 0\\ 6 & 4 & -6 & 2 & 0 & 0\\ -12 & -6 & 12+12 & -6+6 & -12 & 6\\ 6 & 2 & -6+6 & 4+4 & -6 & 2\\ 0 & 0 & -12 & -6 & 12 & -6\\ 0 & 0 & 6 & 2 & -6 & 4\end{bmatrix}\begin{Bmatrix}v_1\\ \theta_1\\ v_2\\ \theta_2\\ v_3\\ \theta_3\end{Bmatrix}=\begin{Bmatrix}R_{y1}\\ R_{\theta1}\\ R_{y2}-6000\\ -1000\\ R_{y3}-6000\\ 1000\end{Bmatrix}$$

（4）边界条件的处理及刚度方程的求解

问题的位移边界条件为

$$v_1 = 0,\quad \theta_1 = 0,\quad v_2 = 0,\quad v_3 = 0$$

消去约束得到

$$8\times 10^5 \times \begin{bmatrix} 8 & 2 \\ 2 & 4 \end{bmatrix} \begin{Bmatrix} \theta_2 \\ \theta_3 \end{Bmatrix} = \begin{Bmatrix} -1000 \\ 1000 \end{Bmatrix}$$

解得 $\theta_2 = -2.679\times 10^{-4}$，$\theta_3 = 4.464\times 10^{-4}$。

（5）其他物理量的计算

单元②的位移场函数为

$$\begin{aligned} v^{(2)}(x) &= \boldsymbol{N}(x)\boldsymbol{a}^{(2)} = N_1(x)v_2 + N_2(x)\theta_2 + N_3(x)v_3 + N_4(x)\theta_3 \\ &= (1-3\xi^2+2\xi^3)v_2 + l(\xi-2\xi^2+\xi^3)\theta_2 + (3\xi^2-2\xi^3)v_3 + l(\xi^2-\xi^3)\theta_3 \end{aligned}$$

其中，ξ 为单元②的局部无量纲坐标，则中点挠度为

$$v^{(2)}\left(\xi = \frac{1}{2}\right) = -8.93\times 10^{-5}\,\mathrm{m}$$

4.3.2　一维剪切变形梁单元

前面讨论的 Euler-Bernoulli 梁单元，其高跨比较小，剪切变形可以忽略。当梁的高跨比较大时，横向剪力产生的剪切变形将引起梁的附加挠度，并使原来垂直于中面的截面变形后不再和中面垂直，但截面变形后仍然保持为平面。若梁的挠曲线为 $w(x)$，则梁截面上任意一点 $P(x, z)$的轴向位移 $u(x, z) = -z\theta(x)$，其中 $\theta(x)$为截面转角。几何方程描述为

$$\varepsilon_x = \mathrm{d}u/\mathrm{d}x = -z\mathrm{d}\theta/\mathrm{d}x = -z\kappa,\quad \gamma_{xz} = \mathrm{d}w/\mathrm{d}x - \theta,\quad \kappa = -\mathrm{d}\theta/\mathrm{d}x \tag{4.3.17}$$

其中，ε_x 和 γ_{xz} 分别为轴向正应变和截面剪应变；κ 为挠曲线的曲率。物理方程为

$$\sigma_x = E\varepsilon_x = -Ez\mathrm{d}\theta/\mathrm{d}x,\quad \tau_{xz} = G\gamma_{xz} = G(\mathrm{d}w/\mathrm{d}x - \theta) \tag{4.3.18}$$

其中，G 为材料剪切模量；σ_x 为 x 方向的正应力；τ_{xz} 为剪应力。截面剪力为

$$Q = kGA\gamma_{xz} \tag{4.3.19}$$

其中，GA 为截面的抗剪刚度；k 为截面剪切修正因子。

1. 单元插值函数

在考虑剪切变形影响时，将梁的总挠度 w 表示为弯曲变形引起的挠度 w^b 和剪切变形引起的附加挠度 w^s 之和，即

$$w = w^b + w^s \tag{4.3.20}$$

这时单元结点位移列阵也分为 $\boldsymbol{a}_b^e$ 和 $\boldsymbol{a}_s^e$，定义为

$$\boldsymbol{a}_b^e = \begin{bmatrix} w_1^b & \theta_1 & w_2^b & \theta_2 \end{bmatrix}^{\mathrm{T}},\quad \boldsymbol{a}_s^e = \begin{bmatrix} w_1^s & w_2^s \end{bmatrix}^{\mathrm{T}}$$

其中，w_i^b 和 w_i^s 分别为弯曲变形和剪切变形引起的结点 $i(i = 1, 2)$的挠度；$\theta_i = (\mathrm{d}w^b/\mathrm{d}x)_i$。对 w^b 和 w^s 分别独立插值，有

$$w^b=\begin{bmatrix}N_1 & N_2 & N_3 & N_4\end{bmatrix}\boldsymbol{a}_b^e=\boldsymbol{N}_b\boldsymbol{a}_b^e \tag{4.3.21a}$$

$$w^s=N_5w_1^s+N_6w_2^s=\begin{bmatrix}N_5 & N_6\end{bmatrix}\boldsymbol{a}_s^e=\boldsymbol{N}_s\boldsymbol{a}_s^e \tag{4.3.21b}$$

其中，$\boldsymbol{N}_b=[N_1\quad N_2\quad N_3\quad N_4]$；$\boldsymbol{N}_s=[N_5\quad N_6]$。插值基函数定义为

$$N_1(\xi)=\frac{1}{4}(1-\xi)^2(2+\xi),\quad N_2(\xi)=\frac{l^e}{8}(1-\xi)^2(\xi+1)$$

$$N_3(\xi)=\frac{1}{4}(1+\xi)^2(2-\xi),\quad N_4(\xi)=\frac{l^e}{8}(1+\xi)^2(\xi-1)$$

$$N_5=\frac{1}{2}(1-\xi),\quad N_6=\frac{1}{2}(1+\xi)$$

局部坐标 $\xi=2(x-x_1)/l^e-1$。

2. 单元应变矩阵

单元应变矩阵为

$$\kappa=-\frac{\mathrm{d}^2w^b}{\mathrm{d}x^2}=-\frac{\mathrm{d}^2\boldsymbol{N}_b}{\mathrm{d}x^2}\boldsymbol{a}^e=\boldsymbol{B}_b\boldsymbol{a}_b^e \tag{4.3.22a}$$

$$\gamma_{xz}=\frac{\mathrm{d}w^s}{\mathrm{d}x}+\frac{\mathrm{d}u^s}{\mathrm{d}z}=\frac{\mathrm{d}w^s}{\mathrm{d}x}=\begin{bmatrix}\dfrac{\mathrm{d}N_5}{\mathrm{d}x} & \dfrac{\mathrm{d}N_6}{\mathrm{d}x}\end{bmatrix}\begin{Bmatrix}w_1^s\\ w_2^s\end{Bmatrix}=\boldsymbol{B}_s\boldsymbol{a}_s^e \tag{4.3.22b}$$

其中，$\boldsymbol{B}_b$ 与式（4.3.7）相同；$\boldsymbol{B}_s=[-1/l^e\quad 1/l^e]$。

3. 单元势能泛函

考虑剪切变形后，单元的势能泛函为

$$\Pi_p^e=\int_0^{l^e}\frac{1}{2}EI\left(\mathrm{d}\theta/\mathrm{d}x\right)^2\mathrm{d}x+\int_0^{l^e}\frac{1}{2}kGA\gamma_{xz}^2\mathrm{d}x-\int_0^{l^e}qw\mathrm{d}x-\int_0^{l^e}m\theta\mathrm{d}x-\sum_j F_{cj}w_j-\sum_k M_{ck}\theta_k$$

利用 $\theta=\mathrm{d}w^b/\mathrm{d}x$ 和式（4.3.22），势能泛函可进一步表示为

$$\begin{aligned}\Pi_p^e&=\int_0^{l^e}\frac{1}{2}EI\kappa^2\mathrm{d}x+\int_0^{l^e}\frac{1}{2}kGA\gamma_{xz}^2\mathrm{d}x-\int_0^{l^e}qw\mathrm{d}x-\int_0^{l^e}m\theta\mathrm{d}x-\sum_j F_{cj}w_j-\sum_k M_{ck}\theta_k\\&=\int_0^{l^e}\frac{1}{2}EI(\boldsymbol{B}_b\boldsymbol{a}_b^e)^{\mathrm{T}}(\boldsymbol{B}_b\boldsymbol{a}_b^e)\mathrm{d}x+\int_0^{l^e}\frac{1}{2}kGA(\boldsymbol{B}_s\boldsymbol{a}_s^e)^{\mathrm{T}}(\boldsymbol{B}_s\boldsymbol{a}_s^e)\mathrm{d}x-\int_0^{l^e}(\boldsymbol{N}_b\boldsymbol{a}_b^e+\boldsymbol{N}_s\boldsymbol{a}_s^e)^{\mathrm{T}}q(x)\mathrm{d}x\\&\quad-\int_0^{l^e}\left(\frac{\mathrm{d}\boldsymbol{N}_b}{\mathrm{d}x}\boldsymbol{a}_b^e\right)^{\mathrm{T}}m(x)\mathrm{d}x-\sum_j(\boldsymbol{N}_b(x_j)\boldsymbol{a}_b^e+\boldsymbol{N}_s(x_j)\boldsymbol{a}_s^e)^{\mathrm{T}}F_{cj}-\sum_k\left(\frac{\mathrm{d}\boldsymbol{N}_b(x_k)}{\mathrm{d}x}\boldsymbol{a}_b^e\right)^{\mathrm{T}}M_{ck}\\&=\frac{1}{2}(\boldsymbol{a}_b^e)^{\mathrm{T}}\boldsymbol{K}_b^e\boldsymbol{a}_b^e-(\boldsymbol{a}_b^e)^{\mathrm{T}}\boldsymbol{F}_b^e+\frac{1}{2}(\boldsymbol{a}_s^e)^{\mathrm{T}}\boldsymbol{K}_s^e\boldsymbol{a}_s^e-(\boldsymbol{a}_s^e)^{\mathrm{T}}\boldsymbol{F}_s^e\end{aligned} \tag{4.3.23}$$

其中，$\boldsymbol{K}_b^e$ 与式（4.3.10）中的 $\boldsymbol{K}^e$ 相同；$\boldsymbol{F}_b^e$ 与式（4.3.11）中的 $\boldsymbol{F}^e$ 相同。而

$$\boldsymbol{K}_s^e=\frac{kGA}{l^e}\begin{bmatrix}1 & -1\\ -1 & 1\end{bmatrix},\quad \boldsymbol{F}_s^e=\int_{-1}^{1}\boldsymbol{N}_s^{\mathrm{T}}ql^e\mathrm{d}\xi+\sum_j\boldsymbol{N}_s^{\mathrm{T}}(\xi_j)F_{cj}$$

4. 单元平衡方程

由势能泛函（4.3.23）变分为 0，即 $\delta\Pi_p^e=0$，得

$$\boldsymbol{K}_b^e\boldsymbol{a}_b^e=\boldsymbol{F}_b^e,\quad \boldsymbol{K}_s^e\boldsymbol{a}_s^e=\boldsymbol{F}_s^e \tag{4.3.24}$$

进一步整理（4.3.24）的两个方程，可得（王勖成，2003）

$$\frac{EI}{(1+\beta)l^{e3}}\begin{bmatrix}12 & 6l^e & -12 & 6l^e\\ 6l^e & (4+\beta)l^{e2} & -6l^e & (2-\beta)l^{e2}\\ -12 & -6l^e & 12 & -6l^e\\ 6l^e & (2-\beta)l^{e2} & -6l^e & (4+\beta)l^{e2}\end{bmatrix}\begin{Bmatrix}w_1\\ \theta_1\\ w_2\\ \theta_2\end{Bmatrix}=\begin{Bmatrix}p_1\\ m_1\\ p_2\\ m_2\end{Bmatrix} \tag{4.3.25}$$

或

$$\boldsymbol{K}^e\boldsymbol{a}^e=\boldsymbol{F}^e \tag{4.3.26}$$

其中

$$\boldsymbol{K}^e=\frac{EI}{(1+\beta)l^{e3}}\begin{bmatrix}12 & 6l^e & -12 & 6l^e\\ 6l^e & (4+\beta)l^{e2} & -6l^e & (2-\beta)l^{e2}\\ -12 & -6l^e & 12 & -6l^e\\ 6l^e & (2-\beta)l^{e2} & -6l^e & (4+\beta)l^{e2}\end{bmatrix} \tag{4.3.27}$$

$$\boldsymbol{a}^e=[w_1\quad \theta_1\quad w_2\quad \theta_2]^{\mathrm{T}} \tag{4.3.28}$$

$$\boldsymbol{F}^e=\int_{-1}^{1}\frac{l^e}{2}\bar{\boldsymbol{N}}^{\mathrm{T}}q\,\mathrm{d}\xi+\int_{-1}^{1}\frac{\mathrm{d}\boldsymbol{N}_b^{\mathrm{T}}}{\mathrm{d}\xi}m(\xi)\mathrm{d}\xi+\sum_j\bar{\boldsymbol{N}}^{\mathrm{T}}(\xi_j)F_{cj}-\sum_k\frac{2}{l^e}\frac{\mathrm{d}\boldsymbol{N}_b^{\mathrm{T}}}{\mathrm{d}\xi}(\xi_k)M_{ck} \tag{4.3.29}$$

其中，$\beta=\dfrac{12EI}{kGAl^{e2}}$，$\bar{\boldsymbol{N}}=\left[\dfrac{1}{2}(N_1+N_5)\quad N_2\quad \dfrac{1}{2}(N_3+N_6)\quad N_4\right]$。

方程（4.3.25）或（4.3.26）为考虑了剪切变形的 Euler-Bernoulli 梁单元刚度方程。

4.3.3 一维 Timoshenko 梁单元

前面在经典梁单元基础上引入剪切变形得到的梁单元，由于转角 θ 按照 $\mathrm{d}w^b/\mathrm{d}x$ 计算，对 w^b 采用 Hermite 插值，因此该类单元仍然属于 C_1 型单元。但该方法不易推广到板壳单元，因此引入另一种考虑剪切变形的梁单元，采用挠度和转角独立插值的梁单元，由于该单元基于 Timoshenko 梁理论，因此该类单元称为 **Timoshenko 梁单元**，该类单元属于 C_0 型单元。

1. 单元插值函数

考虑二结点梁单元，每个结点有挠度 w_i 和转角 θ_i 两个广义位移，单元结点位移列阵为 $\boldsymbol{a}^e=[w_1\quad \theta_1\quad w_2\quad \theta_2]^{\mathrm{T}}$，转角和位移独立插值函数为

$$w=N_1(\xi)w_1+N_2(\xi)w_2,\quad \theta=N_1(\xi)\theta_1+N_2(\xi)\theta_2 \tag{4.3.30}$$

或

$$\boldsymbol{u}=\begin{bmatrix}w\\ \theta\end{bmatrix}=\begin{bmatrix}N_1 & 0 & N_2 & 0\\ 0 & N_1 & 0 & N_2\end{bmatrix}\boldsymbol{a}^e=\boldsymbol{N}\boldsymbol{a}^e \tag{4.3.31}$$

其中，$N_1(\xi)=\frac{1}{2}(1-\xi)$，$N_2(\xi)=\frac{1}{2}(1+\xi)\ (-1\leqslant\xi\leqslant1)$。

2. 单元应变矩阵

挠曲线的曲率为

$$\begin{aligned}\kappa&=-\frac{\mathrm{d}\theta}{\mathrm{d}x}=-\frac{\mathrm{d}\theta}{\mathrm{d}\xi}\frac{\mathrm{d}\xi}{\mathrm{d}x}=-\frac{\mathrm{d}\xi}{\mathrm{d}x}\left(\frac{\mathrm{d}N_1}{\mathrm{d}\xi}\theta_1+\frac{\mathrm{d}N_2}{\mathrm{d}\xi}\theta_2\right)=\frac{\mathrm{d}\xi}{\mathrm{d}x}\left(\frac{1}{2}\theta_1-\frac{1}{2}\theta_2\right)\\&=\frac{2}{l^e}\left(\frac{1}{2}\theta_1-\frac{1}{2}\theta_2\right)=\frac{1}{l^e}(\theta_1-\theta_2)\end{aligned}\tag{4.3.32a}$$

剪应变为

$$\begin{aligned}\gamma_{xz}&=\frac{\mathrm{d}w}{\mathrm{d}x}-\theta=\frac{\mathrm{d}w}{\mathrm{d}\xi}\frac{\mathrm{d}\xi}{\mathrm{d}x}-\theta=\frac{\mathrm{d}\xi}{\mathrm{d}x}\left(\frac{\mathrm{d}N_1}{\mathrm{d}\xi}w_1+\frac{\mathrm{d}N_2}{\mathrm{d}\xi}w_2\right)-(N_1\theta_1+N_2\theta_2)\\&=\frac{1}{l^e}(-w_1+w_2)-(N_1\theta_1+N_2\theta_2)\end{aligned}\tag{4.3.32b}$$

或

$$\kappa=\boldsymbol{B}_b\boldsymbol{a}^e,\quad \gamma_{xz}=\boldsymbol{B}_s\boldsymbol{a}^e\tag{4.3.33}$$

其中，$\boldsymbol{B}_b=\begin{bmatrix}0 & 1/l^e & 0 & -1/l^e\end{bmatrix}$、$\boldsymbol{B}_s=\begin{bmatrix}-1/l^e & -(1-\xi)/2 & 1/l^e & -(1+\xi)/2\end{bmatrix}$为单元应变矩阵。

3. 单元势能泛函

将式（4.3.33）代入考虑剪切变形效应的单元势能泛函得到

$$\begin{aligned}\Pi_p^e&=\int_0^{l^e}\frac{1}{2}EI\kappa^2\mathrm{d}x+\int_0^{l^e}\frac{1}{2}kGA\gamma_{xz}^2\mathrm{d}x-\int_0^{l^e}qw\mathrm{d}x-\int_0^{l^e}m\theta\mathrm{d}x-\sum_j F_{cj}w_j-\sum_k M_{ck}\theta_k\\&=\int_0^{l^e}\frac{1}{2}EI(\boldsymbol{B}_b\boldsymbol{a}^e)^{\mathrm{T}}(\boldsymbol{B}_b\boldsymbol{a}^e)\mathrm{d}x+\int_0^{l^e}\frac{1}{2}kGA(\boldsymbol{B}_s\boldsymbol{a}^e)^{\mathrm{T}}(\boldsymbol{B}_s\boldsymbol{a}^e)\mathrm{d}x\\&\quad-\int_0^{l^e}(\boldsymbol{N}\boldsymbol{q}^e)^{\mathrm{T}}\begin{Bmatrix}q\\m\end{Bmatrix}\mathrm{d}x-(\boldsymbol{a}^e)^{\mathrm{T}}\boldsymbol{F}_c^e\end{aligned}\tag{4.3.34}$$

其中，$\boldsymbol{F}_c^e=\begin{bmatrix}F_{c1} & M_{c1} & F_{c2} & M_{c2}\end{bmatrix}^{\mathrm{T}}$为直接作用于单元结点上的广义载荷列阵。

4. 单元平衡方程

由势能泛函（4.3.34）变分为零，即$\delta\Pi_p^e=0$，得

$$\boldsymbol{K}^e\boldsymbol{a}^e=\boldsymbol{F}^e\tag{4.3.35}$$

其中

$$\boldsymbol{K}^e=\boldsymbol{K}_b^e+\boldsymbol{K}_s^e,\quad \boldsymbol{K}_b^e=\frac{EIl^e}{2}\int_{-1}^1\boldsymbol{B}_b^{\mathrm{T}}\boldsymbol{B}_b\mathrm{d}\xi,\quad \boldsymbol{K}_s^e=\frac{GAl}{2}\int_{-1}^1\boldsymbol{B}_s^{\mathrm{T}}\boldsymbol{B}_s\mathrm{d}\xi$$

$$\begin{aligned}\boldsymbol{F}^e&=\frac{l^e}{2}\int_{-1}^1\boldsymbol{N}^{\mathrm{T}}\begin{Bmatrix}q\\m\end{Bmatrix}\mathrm{d}\xi+\begin{bmatrix}F_{c1} & M_{c1} & F_{c2} & M_{c2}\end{bmatrix}^{\mathrm{T}}\\&=\frac{l^e}{2}\begin{bmatrix}\int_{-1}^1N_1q\mathrm{d}\xi+F_{c1} & \int_{-1}^1N_1m\mathrm{d}\xi+M_{c1} & \int_{-1}^1N_2q\mathrm{d}\xi+F_{c2} & \int_{-1}^1N_2m\mathrm{d}\xi+M_{c2}\end{bmatrix}^{\mathrm{T}}\end{aligned}$$

需要注意的是：①该类单元会出现剪切自锁现象，这种现象将在后面厚板单元中进一步说明，解决这种现象可采用降阶积分和假设应变两种方案；②可以不计剪切变形的情况下尽量采用 Euler-Bernoulli 梁单元。

4.3.4　平面梁单元

如果杆件不仅在几何上，而且所受载荷都处于同一平面，那么该杆件称为**平面杆件**。平面杆件的受力可能包括轴向力、垂直于杆件轴线的横向力和力矩，杆件的变形包括轴向拉压、横向弯曲，具有上述受力和变形特点的平面杆件称为**平面梁**，基于平面梁理论的杆件单元称为**平面梁单元**。

1. 坐标变换

对如图 4.12 所示二结点平面梁单元，总体坐标系为 Oxy，杆件单元局部坐标系为 $Ox'y'$。局部坐标系 $Ox'y'$ 下，结点位移列阵和单元结点位移列阵分别为

$$\begin{cases} \boldsymbol{a}'_i = \begin{bmatrix} u'_i & w'_i & \theta'_i \end{bmatrix}^{\mathrm{T}}, \quad i=1,2 \\ \boldsymbol{a}'^e = \begin{bmatrix} u'_1 & w'_1 & \theta_1 & u'_2 & w'_2 & \theta_2 \end{bmatrix}^{\mathrm{T}} \end{cases} \tag{4.3.36}$$

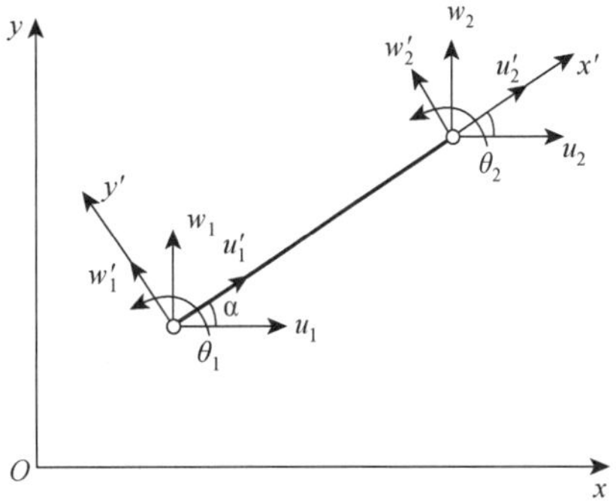

图 4.12　平面局部坐标系与总体坐标系

总体坐标系下，结点位移列阵和单元结点位移列阵分别为

$$\begin{cases} \boldsymbol{a}_i = \begin{bmatrix} u_i & w_i & \theta_i \end{bmatrix}^{\mathrm{T}}, \quad i=1,2 \\ \boldsymbol{a}^e = \begin{bmatrix} u_1 & w_1 & \theta_1 & u_2 & w_2 & \theta_2 \end{bmatrix}^{\mathrm{T}} \end{cases} \tag{4.3.37}$$

则局部坐标系和总体坐标系的单元结点位移列阵变换关系为

$$\boldsymbol{a}'^e = \begin{bmatrix} \boldsymbol{a}'_1 \\ \boldsymbol{a}'_2 \end{bmatrix} = \begin{bmatrix} \boldsymbol{T}_0 & 0 \\ 0 & \boldsymbol{T}_0 \end{bmatrix} \begin{Bmatrix} \boldsymbol{a}_1 \\ \boldsymbol{a}_2 \end{Bmatrix} = \boldsymbol{T}\boldsymbol{a}^e$$

其中

$$\boldsymbol{T}_0 = \begin{bmatrix} \cos\alpha & \sin\alpha & 0 \\ -\sin\alpha & \cos\alpha & 0 \\ 0 & 0 & 1 \end{bmatrix}, \quad \boldsymbol{T} = \begin{bmatrix} \boldsymbol{T}_0 & 0 \\ 0 & \boldsymbol{T}_0 \end{bmatrix}$$

分别称为**结点位移变换矩阵**和**单元结点位移变换矩阵**；α 为 Ox 轴与 Ox' 轴的夹角。

2. 单元刚度方程

根据平面梁单元受力和变形特点，图 4.12 所示局部坐标系 $Ox'y'$ 下的平面梁单元，可视为如图 4.1 所示的一维杆单元与如图 4.9 所示的一维梁单元的叠加。因此，在局部坐标系 $Ox'y'$ 下的平面梁单元的单元刚度矩阵为

$$\boldsymbol{K}'^e=\begin{bmatrix}\boldsymbol{K}'^e_{11} & \boldsymbol{K}'^e_{12}\\ \boldsymbol{K}'^e_{21} & \boldsymbol{K}'^e_{22}\end{bmatrix}=\begin{bmatrix}\dfrac{EA}{l^e} & 0 & 0 & -\dfrac{EA}{l^e} & 0 & 0\\ 0 & \dfrac{12EI}{l^{e3}} & \dfrac{6EI}{l^{e2}} & 0 & -\dfrac{12EI}{l^{e3}} & \dfrac{6EI}{l^{e2}}\\ 0 & \dfrac{6EI}{l^{e2}} & \dfrac{4EI}{l^e} & 0 & -\dfrac{6EI}{l^{e2}} & \dfrac{2EI}{l^e}\\ -\dfrac{EA}{l^e} & 0 & 0 & \dfrac{EA}{l^e} & 0 & 0\\ 0 & -\dfrac{12EI}{l^{e3}} & \dfrac{6EI}{l^{e2}} & 0 & \dfrac{12EI}{l^{e3}} & -\dfrac{6EI}{l^{e2}}\\ 0 & \dfrac{6EI}{l^{e2}} & \dfrac{2EI}{l^e} & 0 & -\dfrac{6EI}{l^{e2}} & \dfrac{4EI}{l^e}\end{bmatrix}\tag{4.3.38}$$

同理局部坐标系 $Ox'y'$ 下，平面梁单元的等效结点载荷为一维杆单元与一维梁单元的等效结点载荷的叠加，表示为

$$\boldsymbol{F}'^e=\begin{bmatrix}F'_{1x'} & F'_{1y'} & M'_{1\theta} & F'_{2x'} & F'_{2y'} & M'_{2\theta}\end{bmatrix}^{\mathrm{T}}\tag{4.3.39}$$

总体坐标系下的单元刚度方程为

$$\boldsymbol{K}^e\boldsymbol{a}^e=\boldsymbol{F}^e\tag{4.3.40}$$

其中，$\boldsymbol{K}^e=\boldsymbol{T}^{\mathrm{T}}\boldsymbol{K}'^e\boldsymbol{T}$，$\boldsymbol{a}^e=\boldsymbol{T}\boldsymbol{a}^{e'}$，$\boldsymbol{F}^e=\boldsymbol{T}^{\mathrm{T}}\boldsymbol{F}'^e$。

3. 截面内力与变形计算

在计算得到总体坐标下的结点位移后，通过单元位移坐标变换 $\boldsymbol{a}'^e=\boldsymbol{T}\boldsymbol{a}^e$ 得到单元局部坐标系下的结点位移，由此得到轴向位移 u'_i、轴向应变 $\varepsilon_{x'}$、轴向应力 $\sigma_{x'}=E\varepsilon_{x'}$、弯曲应力 $\sigma_{x'}=Mr/(EI)$ 和剪切应力 $\tau_{x'y'}=Q/A$ 等。

例 4.4　平面刚架结构受力及尺寸如图 4.13 所示，材料弹性模量 $E=3.0\times10^{11}\mathrm{Pa}$，截面惯性矩 $I=6.5\times10^{-7}\mathrm{m}^4$，截面面积 $A=6.8\times10^{-4}\mathrm{m}^2$。用有限元法分别计算该刚架结构的结点 B 和结点 C 处的位移。

解　（1）结构的离散化与编号

该结构由三根杆件组成，作为一种直觉，可自然离散为三个杆单元，其单元编号及结点位移信息如图 4.14 所示。

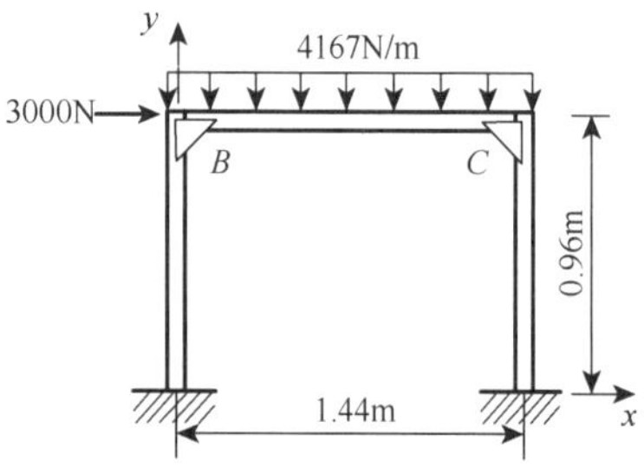

图 4.13　平面刚架结构

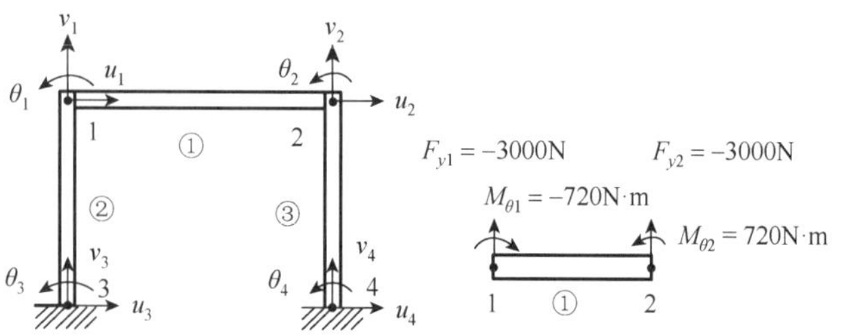

图 4.14　离散后的单元及结点位移

总体结点位移列阵：

$$\boldsymbol{a}=[u_1\quad v_1\quad \theta_1\quad u_2\quad v_2\quad \theta_2\quad u_3\quad v_3\quad \theta_3\quad u_4\quad v_4\quad \theta_4]^{\mathrm{T}}$$

总体结点外载列阵：

$$\boldsymbol{P}=[F_{x1}\quad F_{y1}\quad M_{\theta 1}\quad 0\quad F_{y2}\quad M_{\theta 2}\quad 0\quad 0\quad 0\quad 0\quad 0\quad 0]^{\mathrm{T}}$$

支反力列阵：

$$\boldsymbol{R}=[0\quad 0\quad 0\quad 0\quad 0\quad 0\quad R_{x3}\quad R_{y3}\quad R_{\theta 3}\quad R_{x4}\quad R_{y4}\quad R_{\theta 4}]^{\mathrm{T}}$$

总的结点载荷列阵：

$$\boldsymbol{R}=[3000\quad -3000\quad -720\quad 0\quad -3000\quad 720\quad R_{x3}\quad R_{y3}\quad R_{\theta 3}\quad R_{x4}\quad R_{y4}\quad R_{\theta 4}]^{\mathrm{T}}$$

（2）各个单元的描述

$$\begin{array}{cccccccc} & u_1 & v_1 & \theta_1 & u_2 & v_2 & \theta_2 & \\ & \downarrow & \downarrow & \downarrow & \downarrow & \downarrow & \downarrow & \end{array}$$

$$\boldsymbol{K}^{(1)}=10^6\times\begin{bmatrix} 141.7 & 0 & 0 & -141.7 & 0 & 0 \\ 0 & 0.784 & 0.564 & 0 & -0.784 & 0.564 \\ 0 & 0.564 & 0.542 & 0 & -0.564 & 0.271 \\ -141.7 & 0 & 0 & 141.7 & 0 & 0 \\ 0 & -0.784 & -0.564 & 0 & 0.784 & -0.564 \\ 0 & 0.564 & 0.271 & 0 & -0.564 & 0.542 \end{bmatrix}\begin{matrix}\leftarrow u_1\\ \leftarrow v_1\\ \leftarrow \theta_1\\ \leftarrow u_2\\ \leftarrow v_2\\ \leftarrow \theta_2\end{matrix}$$

单元②和单元③的情况相同，但结点编号在局部坐标系下的单元刚度矩阵为

$$\hat{\boldsymbol{K}}^{(2)}=10^6\times\begin{bmatrix} 212.5 & 0 & 0 & -212.5 & 0 & 0 \\ 0 & 2.645 & 1.270 & 0 & -2.645 & 1.270 \\ 0 & 1.270 & 0.8125 & 0 & -1.270 & 0.4062 \\ -212.5 & 0 & 0 & 212.5 & 0 & 0 \\ 0 & -2.645 & -1.270 & 0 & 2.645 & -1.270 \\ 0 & 1.270 & 0.4062 & 0 & -1.270 & 0.8125 \end{bmatrix}$$

单元②的轴线的方向余弦为 $\cos(x,x)=0$，$\cos(x,y)=1$，有坐标转换矩阵：

$$\boldsymbol{T}=\begin{bmatrix} 0 & 1 & 0 & 0 & 0 & 0 \\ -1 & 0 & 0 & 0 & 0 & 0 \\ 0 & 0 & 1 & 0 & 0 & 0 \\ 0 & 0 & 0 & 0 & 1 & 0 \\ 0 & 0 & 0 & -1 & 0 & 0 \\ 0 & 0 & 0 & 0 & 0 & 1 \end{bmatrix}$$

总体坐标下的单元刚度矩阵（单元②和单元③）为

$$\boldsymbol{K}^{(2)}=\boldsymbol{T}^{\mathrm{T}}\hat{\boldsymbol{K}}^{(2)}\boldsymbol{T}=10^6\times\begin{bmatrix}2.645 & 0 & -1.27 & -2.645 & 0 & -1.27\\ 0 & 212.5 & 0 & 0 & -212.5 & 0\\ -1.27 & 0 & 0.8125 & 1.27 & 0 & 0.4062\\ -2.645 & 0 & 1.27 & 2.645 & 0 & 1.27\\ 0 & -212.5 & 0 & 0 & 212.5 & 0\\ -1.27 & 0 & 0.4062 & 1.27 & 0 & 0.8125\end{bmatrix}$$

两个单元所对应的结点位移列阵分别为

对于单元②：$[u_3\quad v_3\quad \theta_3\quad u_1\quad v_1\quad \theta_1]^{\mathrm{T}}$。

对于单元③：$[u_4\quad v_4\quad \theta_4\quad u_2\quad v_2\quad \theta_2]^{\mathrm{T}}$。

（3）整体刚度方程

$$\boldsymbol{Ka}=\boldsymbol{F}$$

$$\boldsymbol{K}=\boldsymbol{K}^{(1)}+\boldsymbol{K}^{(2)}+\boldsymbol{K}^{(3)}$$

（4）处理边界条件及求解刚度方程

引入约束条件：$u_3=v_3=\theta_3=u_4=v_4=\theta_4=0$，得到结构刚度方程为

$$10^6\times\begin{bmatrix}144.3 & 0 & 1.270 & -141.7 & 0 & 0\\ 0 & 213.3 & 0.564 & 0 & -0.784 & 0.564\\ 1.270 & 0.564 & 1.3545 & 0 & -0.564 & 0.271\\ -141.7 & 0 & 0 & 144.3 & 0 & 1.270\\ 0 & -0.784 & -0.564 & 0 & 213.3 & -0.564\\ 0 & 0.564 & 0.271 & 1.270 & -0.564 & 1.3545\end{bmatrix}\begin{Bmatrix}u_1\\ v_1\\ \theta_1\\ u_2\\ v_2\\ \theta_2\end{Bmatrix}=\begin{Bmatrix}3000\\ -3000\\ -720\\ 0\\ -3000\\ 720\end{Bmatrix}$$

解得 $u_1=0.92\mathrm{mm}$，$v_1=-0.0104\mathrm{mm}$，$\theta_1=-0.00139\mathrm{rad}$，$u_2=0.01\mathrm{mm}$，$v_2=-0.018\mathrm{mm}$，$\theta_2=3.88\times10^{-5}\mathrm{rad}$。

4.3.5　空间梁单元

如果杆件所受载荷不位于同一平面，那么该杆件称为**空间杆件**。空间杆件的受力可能包括轴向力、垂直于杆件轴线的横向力（两个方向）和绕三个轴的力矩（其中一个为绕杆轴线的扭矩），杆件的变形包括轴向拉压、两个方向的横向弯曲及绕杆轴线的扭转变形，具有上述受力和变形特点的空间杆件称为**空间梁**，基于空间梁理论的杆件单元称为**空间梁单元**。

1. 结点位移与结点力

对于如图 4.15 所示空间梁单元，在单元局部坐标系 $Ox'y'z'$ 下的结点位移列阵和结点力列阵分别为

$$\boldsymbol{a}_i'=\begin{bmatrix}u_i' & v_i' & w_i' & \theta_{xi}' & \theta_{yi}' & \theta_{zi}'\end{bmatrix}^{\mathrm{T}},\quad \boldsymbol{F}_i'=\begin{bmatrix}N_{xi}' & N_{yi}' & N_{zi}' & M_{xi}' & M_{yi}' & M_{zi}'\end{bmatrix}^{\mathrm{T}}\qquad(4.3.41)$$

其中，u_i'、v_i'、w_i' 分别为结点 i 沿局部坐标轴 x'、y'、z' 方向的线位移；θ_{xi}'、θ_{yi}'、θ_{zi}' 分别为结点 i 对应的截面绕局部坐标轴 x'、y'、z' 转动的角位移；N_{xi}'、N_{yi}'、N_{zi}' 分别为结点 i 沿局部坐标轴 x'、y'、z' 方向的力；M_{xi}'、M_{yi}'、M_{zi}' 分别为结点 i 对应的截面绕局部坐标轴 x'、y'、z' 的力矩。

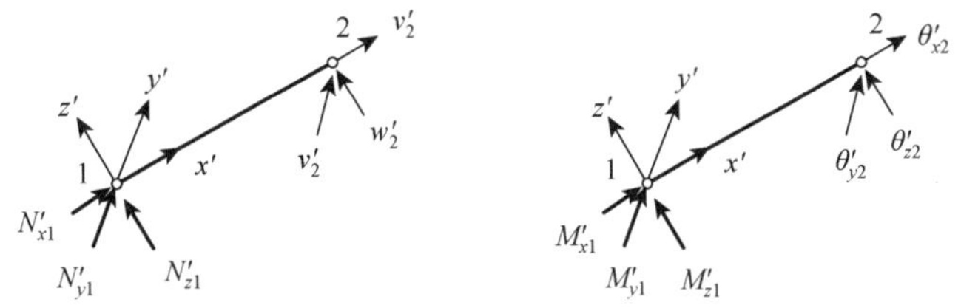

图 4.15　空间梁单元结点位移和结点力

在总体坐标系下的结点 i 的位移和结点力列阵为

$$\boldsymbol{a}_i = \begin{bmatrix} u_i & v_i & w_i & \theta_{xi} & \theta_{yi} & \theta_{zi} \end{bmatrix}^{\mathrm{T}}, \quad \boldsymbol{F}_i = \begin{bmatrix} N_{xi} & N_{yi} & N_{zi} & M_{xi} & M_{yi} & M_{zi} \end{bmatrix}^{\mathrm{T}} \tag{4.3.42}$$

其中，u_i、v_i、w_i 分别为结点 i 沿总体坐标轴 x、y、z 方向的线位移；θ_{xi}、θ_{yi}、θ_{zi} 分别为结点 i 对应的截面绕总体坐标轴 x、y、z 转动的角位移；N_{xi}、N_{yi}、N_{zi} 分别为结点 i 沿总体坐标轴 x、y、z 方向的力：M_{xi}、M_{yi}、M_{zi} 分别为结点 i 对应的截面绕总体坐标轴 x、y、z 的力矩。

2. 单元结点位移和单元结点力

局部坐标系下的单元结点位移列阵和单元结点力列阵为

$$\boldsymbol{a}^{e'} = \begin{bmatrix} \boldsymbol{a}_1' & \boldsymbol{a}_2' \end{bmatrix}^{\mathrm{T}}, \quad \boldsymbol{F}^{e'} = \begin{bmatrix} \boldsymbol{F}_1' & \boldsymbol{F}_2' \end{bmatrix}^{\mathrm{T}} \tag{4.3.43}$$

总体坐标系下的单元结点位移列阵和单元结点力列阵为

$$\boldsymbol{a}^{e} = \begin{bmatrix} \boldsymbol{a}_1 & \boldsymbol{a}_2 \end{bmatrix}^{\mathrm{T}}, \quad \boldsymbol{F}^{e} = \begin{bmatrix} \boldsymbol{F}_1 & \boldsymbol{F}_2 \end{bmatrix}^{\mathrm{T}} \tag{4.3.44}$$

3. 单元刚度方程

总体坐标系下单元的刚度方程为

$$\boldsymbol{K}^e \boldsymbol{a}^e = \boldsymbol{F}^e \tag{4.3.45}$$

其中，$\boldsymbol{K}^e = \boldsymbol{T}^{\mathrm{T}} \boldsymbol{K}^{e\prime} \boldsymbol{T}$，$\boldsymbol{F}^e = \boldsymbol{T}^{\mathrm{T}} \boldsymbol{F}^{e\prime}$，$\boldsymbol{a}^e = \boldsymbol{T}^{\mathrm{T}} \boldsymbol{a}^{e\prime}$。

$$\boldsymbol{T} = \begin{bmatrix} \boldsymbol{T}_0^{\mathrm{T}} & 0 \\ 0 & \boldsymbol{T}_0^{\mathrm{T}} \end{bmatrix}, \quad \boldsymbol{T}_0 = \begin{bmatrix} \boldsymbol{T}_{01} & 0 \\ 0 & \boldsymbol{T}_{01} \end{bmatrix}, \quad \boldsymbol{T}_{01} = \begin{bmatrix} l_{x'x} & l_{x'y} & l_{x'z} \\ l_{y'x} & l_{y'y} & l_{y'xz} \\ l_{z'x} & l_{z'y} & l_{z'z} \end{bmatrix}$$

其中，$l_{x'y}$ 为局部坐标系下 x' 轴与总体坐标系的 y 轴之间的方向余弦，其余定义方式类似。$\boldsymbol{K}^{e\prime}$ 为局部坐标系下的单元刚度矩阵，它由一维杆单元的刚度矩阵（4.1.10）、扭转单元的刚度矩阵（4.2.8）和两个一维梁单元的刚度矩阵（4.3.10）叠加而成，具体形式为

$$\boldsymbol{K}'^{e}=\begin{bmatrix}
\frac{EA}{l^e} & 0 & 0 & 0 & 0 & 0 & -\frac{EA}{l^e} & 0 & 0 & 0 & 0 & 0 \\
 & \frac{12EI_{z'}}{l^{e3}} & 0 & 0 & 0 & \frac{6EI_{z'}}{l^{e2}} & 0 & -\frac{12EI_{z'}}{l^{e3}} & 0 & 0 & 0 & \frac{6EI_{z'}}{l^{e2}} \\
 & & \frac{12EI_{y'}}{l^{e3}} & 0 & -\frac{6EI_{y'}}{l^{e2}} & 0 & 0 & 0 & -\frac{12EI_{y'}}{l^{e3}} & 0 & -\frac{6EI_{y'}}{l^{e2}} & 0 \\
 & & & \frac{GJ}{l^e} & 0 & 0 & 0 & 0 & 0 & -\frac{GJ}{l^e} & 0 & 0 \\
 & & & & \frac{4EI_{y'}}{l^e} & 0 & 0 & 0 & \frac{6EI_{y'}}{l^{e2}} & 0 & \frac{2EI_{y'}}{l^e} & 0 \\
 & & & & & \frac{4EI_{z'}}{l^e} & 0 & -\frac{6EI_{z'}}{l^{e2}} & 0 & 0 & 0 & \frac{2EI_{z'}}{l^e} \\
 & & & & & & \frac{EA}{l^e} & 0 & 0 & 0 & 0 & 0 \\
 & & \text{对} & & & & & \frac{12EI_{z'}}{l^{e3}} & 0 & 0 & 0 & -\frac{6EI_{z'}}{l^{e2}} \\
 & & & & & \text{称} & & & \frac{12EI_{y'}}{l^{e3}} & 0 & \frac{6EI_{y'}}{l^{e2}} & 0 \\
 & & & & & & & & & \frac{GJ}{l^e} & 0 & 0 \\
 & & & & & & & & & & \frac{4EI_{y'}}{l^e} & 0 \\
 & & & & & & & & & & & \frac{4EI_{z'}}{l^e}
\end{bmatrix} \tag{4.3.46}$$

同理，局部坐标系 $Ox'y'$ 下，等效结点载荷也由一维杆单元、扭转单元与两个一维梁单元的等效结点载荷叠加而成。

4. 截面内力与变形计算

在计算得到总体坐标下的结点位移后，通过单元位移坐标变换 $\boldsymbol{a}'^{e}=\boldsymbol{T}\boldsymbol{a}^{e}$ 得到单元局部坐标系下的结点位移，由此得到轴向位移 u_i'、轴向应变 $\varepsilon_{x'}$、轴向应力 $\sigma_{x'}=E\varepsilon_{x'}$、弯曲应力 $\sigma_{x'}^{(1)}=M_{y'}r_{z'}/(EI)$、$\sigma_{x'}^{(2)}=M_{z'}r_{y'}/(EI)$、$\tau_{x'y'}=N_{y'}/A$、$\tau_{x'z'}=N_{z'}/A$、扭转剪应力 $\tau_r=M_{x'}r/I_r$ 等。

4.4 本 章 小 结

本章介绍了三大类杆件单元，包括杆单元、扭转单元和梁单元。在杆单元中介绍了一维杆单元、平面杆单元和空间杆单元。梁单元包括一维梁单元、平面梁单元和空间梁单元。在一维梁单元部分介绍了 Euler-Bernoulli 梁单元、考虑剪切效应的 Euler-Bernoulli 梁单元、挠度和转角独立插值的 Timoshenko 梁单元。

本章的总体思路是结构离散，给出单元位移插值函数，求单元应变和应力，再将位移、应变和应力代入单元势能泛函，通过泛函变分取极值条件得到单元刚度方程、单元刚度矩阵和等效结点载荷列阵，单元刚度矩阵和载荷列阵组装得到总刚度矩阵和总载荷列阵，进而得到结构有限元平衡方程，引入边界条件求解结构有限元平衡方程得到结点位移，基于求得的结点位移求单元的其他物理量等。

本章涉及的基本概念比较多，如结点位移列阵、单元位移列阵、结点力列阵、单元力列阵、单元插值数、结点插值基函数、杆单元、平面杆单元和空间杆单元、扭转单元、梁单元、平面梁单元和空间梁单元、单元刚度矩阵、应变矩阵、应力矩阵、总刚度矩阵、结构载荷列阵等，需要理解和掌握这些概念。

4.5　习　　题

【习题 4.1】　试述 Euler-Bernoulli 梁和 Timoshenko 梁变形的基本假设，两者有何差别。

【习题 4.2】　推导三结点 Timoshenko 梁的有限元方程，给出单元刚度矩阵和等效结点载荷表达式。

【习题 4.3】 习题 4.3 图为由两根杆组成的结构（二杆分别沿 x 和 y 方向）。材料参数 $E_1 = E_2 = 2\times10^6\text{kg/cm}^2$，截面面积为 $A_1 = 2A_2 = 2\text{cm}^2$，试解答如下问题：①写出各单元的刚度矩阵；②写出总刚度矩阵；③求结点 2 的位移；④求各单元的应力；⑤求支反力。

【习题 4.4】　求习题 4.4 图平面桁架的结点位移和单元内力。设 $E = 2\times10^5\text{MPa}$，$A = 1\text{cm}^2$。

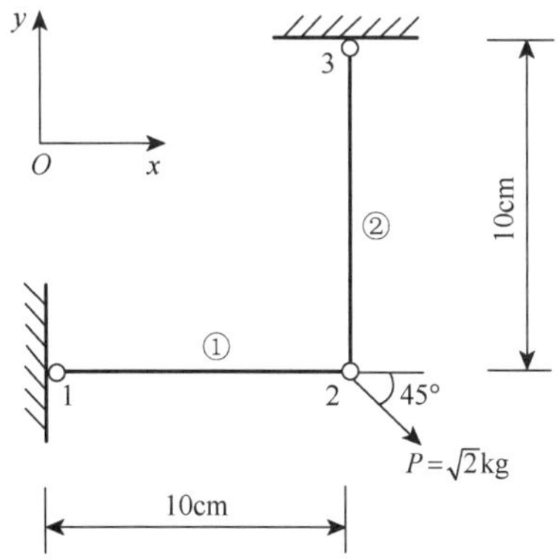

习题 4.3 图

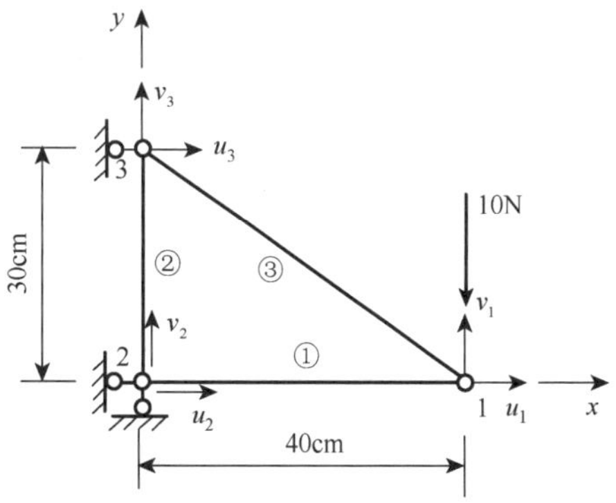

习题 4.4 图

【习题 4.5】　如习题 4.5 图所示三根杆平面桁架结构，材料弹性模量都为 200GPa，截面面积都为 300mm^2，结构的几何尺寸如图所示，在结点 1 处作用大小为 20kN 垂直向下的力。用有限元法计算结点 1 的位移及三根杆的应变和应力。

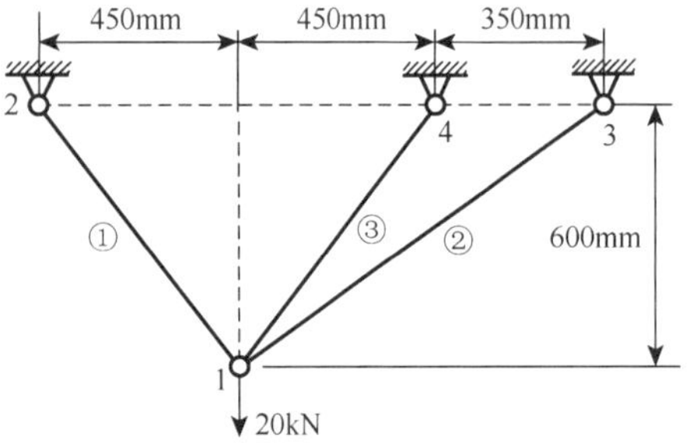

习题 4.5 图

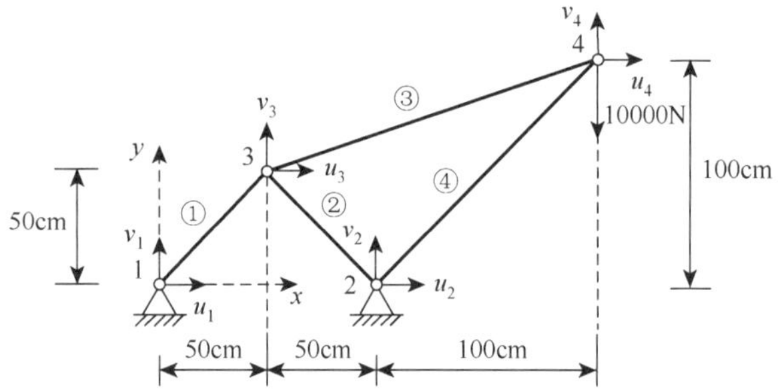

习题 4.6 图

【习题 4.6】 试求习题 4.6 图平面桁架，在结点 4 作用 10000N 垂直向下的力，截面面积 $A_1 = A_2 = 2\text{cm}^2$，$A_3 = A_4 = 1\text{cm}^2$，长度 $l_1 = 50\sqrt{2}\text{cm}$，$l_3 = 100\sqrt{2.5}\text{cm}$，$l_2 = 100\sqrt{2}\text{cm}$；杆材料的弹性模量均为 $E = 2\times10^6\text{kg/cm}^2$。计算各结点位移和杆的应力。

【习题 4.7】 对于习题 4.7 图变截面杆，厚度为均匀厚度 b。若用一个一维二结点等效杆单元建模，应用线性位移场 $u(x) = u_1(1-x/L) + u_2 x/L$ 和最小势能原理，推导相应的刚度矩阵。

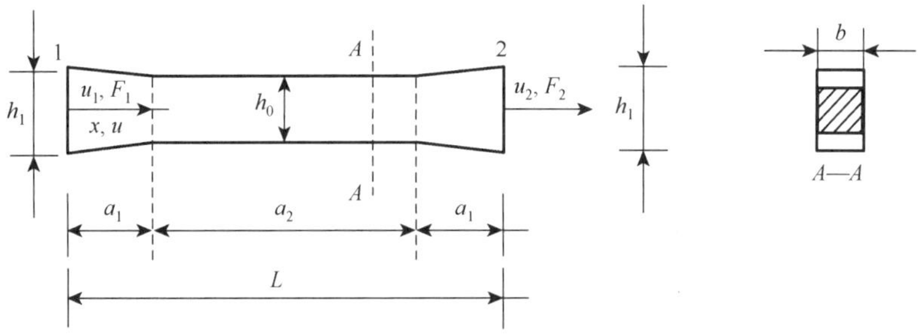

习题 4.7 图

习题解答

第5章　连续体问题有限元法

第4章介绍的杆件结构有限元法，是以单元结点位移为待定参数，插值得到单元位移场，然后得到单元的应变场和应力场，将位移场、应变场和应力场代入能量泛函变分得到单元刚度矩阵和等效结点载荷。本章将按照同样的流程介绍连续体问题有限元法。

杆和梁结构有自然的连接关系，可凭直觉将其离散。连续体则不同，它的内部没有自然的结点，必须人为划分求解域。这种将求解域划分成若干小区域的过程，称为**离散化**。划分的每个小区域称为**单元**，子区域的边界线（面）称为**单元边界**，单元边界的交点称为单元**结点**或**节点**，而原求解区域则用有限个单元来近似。理论上二维平面区域可以用一系列三角形、四边形等任意多边形离散，三维空间区域可以用四面体、五面体、六面体等任意多面体离散，本书仅讨论平面区域用三角形或四边形离散，三维空间区域用四面体、五面体和六面体离散的问题。图 5.1（a）给出了用一系列三角形单元离散近似平面求解域示意图，图 5.1（b）为求解域中取出的一个典型单元 e。

（a）离散求解域　　　　　　　　　（b）典型单元 e

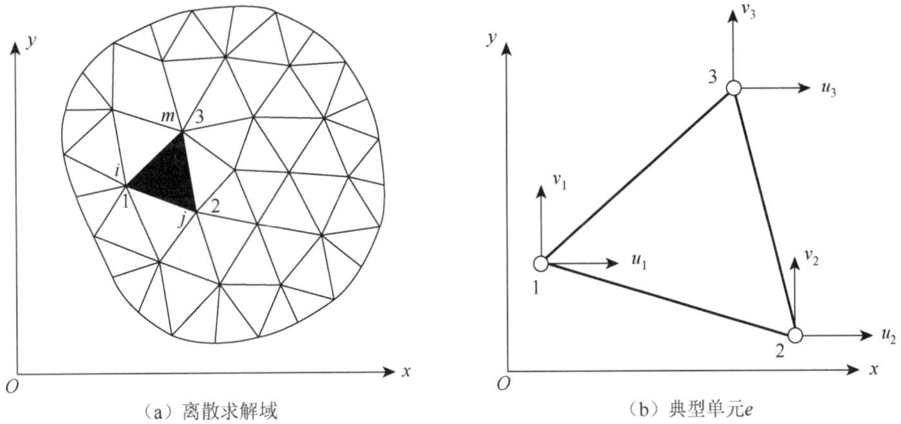

图 5.1　离散求解域示意图和典型单元 e

5.1　平　面　单　元

5.1.1　平面三角形单元

对求解域离散后，得到的单元结点有两种编码。一种为针对全部结点进行编码的总体结点编码，另一种为仅针对一个单元的单元局部结点编码，如由图 5.1（a）中取出的

典型三角形单元 e［图 5.1（b）］，其总体结点编码为(i, j, m)，单元局部结点编码为$(1, 2, 3)$，本书规定单元结点编码按照逆时针方向。

对图 5.1（b）三角形单元，结点 i（局部结点编码，$i = 1, 2, 3$）的坐标为(x_i, y_i)，水平和竖向位移为 u_i 和 v_i，水平和竖向分力为 F_{ix} 和 F_{iy}，则定义 i 结点的**结点位移列阵**和**结点力列阵**为

$$\boldsymbol{a}_i=\begin{Bmatrix} u_i \\ v_i \end{Bmatrix},\quad \boldsymbol{F}_i=\begin{Bmatrix} F_{ix} \\ F_{iy} \end{Bmatrix},\quad i=1,2,3 \tag{5.1.1}$$

由结点位移列阵和结点力列阵可以定义**单元结点位移列阵**和**单元结点力列阵**为

$$\begin{cases} \boldsymbol{a}^e=\begin{bmatrix} u_1 & v_1 & u_2 & v_2 & u_3 & v_3 \end{bmatrix}^{\mathrm{T}}=\begin{bmatrix} a_1 & a_2 & a_3 & a_4 & a_5 & a_6 \end{bmatrix}^{\mathrm{T}} \\ \boldsymbol{F}^e=\begin{bmatrix} F_{1x} & F_{1y} & F_{2x} & F_{2y} & F_{3x} & F_{3y} \end{bmatrix}^{\mathrm{T}}=\begin{bmatrix} F_1 & F_2 & F_3 & F_4 & F_5 & F_6 \end{bmatrix}^{\mathrm{T}} \end{cases} \tag{5.1.2}$$

1. 单元插值函数

设单元内任意一点 $P(x, y)$在 x 和 y 方向的位移分别为

$$u=\beta_1+\beta_2 x+\beta_3 y,\quad v=\beta_4+\beta_5 x+\beta_6 y \tag{5.1.3}$$

其中，$\beta_i(i = 1, 2, \cdots, 6)$为待定系数。代入结点位移到式（5.1.3）得

$$\begin{cases} \beta_1+\beta_2 x_1+\beta_3 y_1=u_1 \\ \beta_1+\beta_2 x_2+\beta_3 y_2=u_2 \\ \beta_1+\beta_2 x_3+\beta_3 y_3=u_3 \end{cases},\quad \begin{cases} \beta_4+\beta_5 x_1+\beta_6 y_1=v_1 \\ \beta_4+\beta_5 x_2+\beta_6 y_2=v_2 \\ \beta_4+\beta_5 x_3+\beta_6 y_3=v_3 \end{cases} \tag{5.1.4}$$

由式（5.1.4）解出 β_i，再代入式（5.1.3）得

$$\begin{cases} u(x,y)=N_1(x,y)u_1+N_2(x,y)u_2+N_3(x,y)u_3 \\ v(x,y)=N_1(x,y)v_1+N_2(x,y)v_2+N_3(x,y)v_3 \end{cases} \tag{5.1.5a}$$

式（5.1.5a）的矩阵形式为

$$\boldsymbol{u}=\begin{Bmatrix} u \\ v \end{Bmatrix}=\begin{bmatrix} N_1 & 0 & N_2 & 0 & N_3 & 0 \\ 0 & N_1 & 0 & N_2 & 0 & N_3 \end{bmatrix}\boldsymbol{a}^e=\begin{bmatrix} N_1\boldsymbol{I} & N_2\boldsymbol{I} & N_3\boldsymbol{I} \end{bmatrix}\begin{Bmatrix} \boldsymbol{a}_1 \\ \boldsymbol{a}_2 \\ \boldsymbol{a}_3 \end{Bmatrix}=\boldsymbol{N}\boldsymbol{a}^e \tag{5.1.5b}$$

其中，$\boldsymbol{I}$ 为 2×2 的单位矩阵；$\boldsymbol{N}(x, y) = [N_1\boldsymbol{I} \quad N_2\boldsymbol{I} \quad N_3\boldsymbol{I}]$为**单元形函数矩阵**。式（5.1.5）称为单元的**插值函数**或**位移模式**。式（5.1.5）中：

$$N_i=\frac{1}{2A}(b_i+c_i x+d_i y),\quad i=1,2,3 \tag{5.1.6}$$

称为结点 i 的**插值基函数**或**形函数**。其中 A 为△123 的面积，b_i、c_i 和 d_i 为行列式

$$D=\begin{vmatrix} 1 & x_1 & y_1 \\ 1 & x_2 & y_2 \\ 1 & x_3 & y_3 \end{vmatrix}=2A$$

的第一列、第二列和第三列各元素的代数余子式，且

$$b_1=\begin{vmatrix} x_2 & y_2 \\ x_3 & y_3 \end{vmatrix},\quad b_2=-\begin{vmatrix} x_1 & y_1 \\ x_3 & y_3 \end{vmatrix},\quad b_3=\begin{vmatrix} x_1 & y_1 \\ x_2 & y_2 \end{vmatrix}$$

$$c_1=-\begin{vmatrix}1 & y_2\\1 & y_3\end{vmatrix},\quad c_2=\begin{vmatrix}1 & y_1\\1 & y_3\end{vmatrix},\quad c_3=-\begin{vmatrix}1 & y_1\\1 & y_2\end{vmatrix}$$

$$d_1=\begin{vmatrix}1 & x_2\\1 & x_3\end{vmatrix},\quad d_2=-\begin{vmatrix}1 & x_1\\1 & x_3\end{vmatrix},\quad d_3=\begin{vmatrix}1 & x_1\\1 & x_2\end{vmatrix}$$

插值基函数具有如下性质：

（1）在本身基点处的值为 1，在其他插值基点处的值为 0，即

$$N_i(x_j,y_j)=\delta_{ij} \tag{5.1.7}$$

（2）在单元内任意点(x, y)，都有

$$N_1(x,y)+N_2(x,y)+N_3(x,y)=1 \tag{5.1.8}$$

（3）在相邻单元的公共边界上位移连续。

2. 应变矩阵

对于平面问题，单元内任意点的应变为

$$\boldsymbol{\varepsilon}=\begin{Bmatrix}\varepsilon_x\\ \varepsilon_y\\ \gamma_{xy}\end{Bmatrix}=\begin{bmatrix}\dfrac{\partial}{\partial x} & 0\\ 0 & \dfrac{\partial}{\partial y}\\ \dfrac{\partial}{\partial y} & \dfrac{\partial}{\partial x}\end{bmatrix}\begin{Bmatrix}u\\ v\end{Bmatrix}=\begin{bmatrix}\dfrac{\partial}{\partial x} & 0\\ 0 & \dfrac{\partial}{\partial y}\\ \dfrac{\partial}{\partial y} & \dfrac{\partial}{\partial x}\end{bmatrix}\begin{bmatrix}N_1 & 0 & N_2 & 0 & N_3 & 0\\ 0 & N_1 & 0 & N_2 & 0 & N_3\end{bmatrix}\boldsymbol{a}^e \tag{5.1.9}$$

式（5.1.9）也可表示为

$$\boldsymbol{\varepsilon}=\boldsymbol{Lu}=\boldsymbol{LNa}^e=\boldsymbol{Ba}^e \tag{5.1.10}$$

其中，$\boldsymbol{B}=\boldsymbol{LN}=\boldsymbol{L}[\boldsymbol{N}_1\quad \boldsymbol{N}_2\quad \boldsymbol{N}_3]=[\boldsymbol{B}_1\quad \boldsymbol{B}_2\quad \boldsymbol{B}_3]$称为单元的**应变矩阵**，其中子矩阵

$$\boldsymbol{N}_i=\begin{bmatrix}N_i & 0\\ 0 & N_i\end{bmatrix},\quad \boldsymbol{B}_i=\boldsymbol{LN}_i=\begin{bmatrix}\dfrac{\partial}{\partial x} & 0\\ 0 & \dfrac{\partial}{\partial y}\\ \dfrac{\partial}{\partial y} & \dfrac{\partial}{\partial x}\end{bmatrix}\begin{bmatrix}N_i & 0\\ 0 & N_i\end{bmatrix}=\frac{1}{2A}\begin{bmatrix}c_i & 0\\ 0 & d_i\\ d_i & c_i\end{bmatrix},\quad i=1,2,3$$

由式（5.1.9）和式（5.1.10）可见单元应变矩阵为常数矩阵，因此三结点三角形单元为**常应变单元**。

3. 应力矩阵

平面问题的物理方程为

$$\boldsymbol{\sigma}=\boldsymbol{D\varepsilon}=\boldsymbol{DBa}^e=\boldsymbol{Sa}^e \tag{5.1.11}$$

其中，$\boldsymbol{D}$ 为平面问题的弹性矩阵，$\boldsymbol{S}=\boldsymbol{DB}=\boldsymbol{D}[\boldsymbol{B}_1\quad \boldsymbol{B}_2\quad \boldsymbol{B}_3]=[\boldsymbol{S}_1\quad \boldsymbol{S}_2\quad \boldsymbol{S}_3]$称为**单元应力矩阵**，并且子矩阵

$$\boldsymbol{S}_i = \boldsymbol{D}\boldsymbol{B}_i = \frac{E_0}{2A\left(1-\mu_0^2\right)}\begin{bmatrix} c_i & \mu_0 d_i \\ \mu_0 c_i & d_i \\ \dfrac{1-\mu_0}{2}d_i & \dfrac{1-\mu_0}{2}c_i \end{bmatrix},\quad i=1,2,3$$

其中，E_0 和 μ_0 的定义见 3.1.4 节平面问题基本方程。由式（5.1.11）可见单元的应力为常数，因此三结点三角形单元为**常应力单元**。

4. 单元的势能泛函

将应变场代入第 3 章给出的应变能表达式得到单元应变能表达式：

$$U_\varepsilon^e = \frac{1}{2}\int_{V^e}(\boldsymbol{a}^e)^{\mathrm{T}}\boldsymbol{B}^{\mathrm{T}}\boldsymbol{D}\boldsymbol{B}\boldsymbol{a}^e\mathrm{d}V = \frac{1}{2}(\boldsymbol{a}^e)^{\mathrm{T}}\left(\int_{A^e}\boldsymbol{B}^{\mathrm{T}}\boldsymbol{D}\boldsymbol{B}t\mathrm{d}x\mathrm{d}y\right)\boldsymbol{a}^e = \frac{1}{2}(\boldsymbol{a}^e)^{\mathrm{T}}\boldsymbol{K}^e\boldsymbol{a}^e \tag{5.1.12}$$

其中，t 为单元的厚度；$\boldsymbol{K}^e = \int_{A^e}\boldsymbol{B}^{\mathrm{T}}\boldsymbol{D}\boldsymbol{B}t\mathrm{d}x\mathrm{d}y$ 称为**单元刚度矩阵**。同样将位移场代入外力功的表达式得到单元外力功为

$$\begin{aligned} E_p^e &= -\int_{V^e}\boldsymbol{u}^{\mathrm{T}}\boldsymbol{f}\mathrm{d}V - \int_{S_\sigma^e}\boldsymbol{u}^{\mathrm{T}}\boldsymbol{t}\mathrm{d}S = -\int_{A^e}(\boldsymbol{a}^e)^{\mathrm{T}}\boldsymbol{N}^{\mathrm{T}}\boldsymbol{f}t\mathrm{d}x\mathrm{d}y - \int_{l_\sigma^e}(\boldsymbol{a}^e)^{\mathrm{T}}\boldsymbol{N}^{\mathrm{T}}\boldsymbol{t}t\mathrm{d}l \\ &= -(\boldsymbol{a}^e)^{\mathrm{T}}\left(\int_{A^e}\boldsymbol{N}^{\mathrm{T}}\boldsymbol{f}t\mathrm{d}x\mathrm{d}y + \int_{l_\sigma^e}\boldsymbol{N}^{\mathrm{T}}\boldsymbol{t}t\mathrm{d}l\right) \\ &= -(\boldsymbol{a}^e)^{\mathrm{T}}(\boldsymbol{F}_b^e + \boldsymbol{F}_s^e) \\ &= -(\boldsymbol{a}^e)^{\mathrm{T}}\boldsymbol{F}^e \end{aligned} \tag{5.1.13}$$

其中，$\boldsymbol{f}$ 为单元体积力；$\boldsymbol{t}$ 为单元面力；$\boldsymbol{F}^e$ 为单元的**等效结点力列阵**，并且

$$\boldsymbol{F}^e = \boldsymbol{F}_b^e + \boldsymbol{F}_s^e,\quad \boldsymbol{F}_b^e = \int_{A^e}\boldsymbol{N}^{\mathrm{T}}\boldsymbol{f}t\mathrm{d}x\mathrm{d}y,\quad \boldsymbol{F}_s^e = \int_{l_\sigma^e}\boldsymbol{N}^{\mathrm{T}}\boldsymbol{t}t\mathrm{d}l \tag{5.1.14}$$

于是单元的势能泛函为

$$\begin{aligned} \varPi_p^e &= U_\varepsilon^e - E_p^e = \int_{V^e}\frac{1}{2}\boldsymbol{\varepsilon}^{\mathrm{T}}\boldsymbol{D}\boldsymbol{\varepsilon}\mathrm{d}V - \int_{V^e}\boldsymbol{u}^{\mathrm{T}}\boldsymbol{f}\mathrm{d}V - \int_{S_\sigma^e}\boldsymbol{u}^{\mathrm{T}}\boldsymbol{t}\mathrm{d}S \\ &= \frac{1}{2}(\boldsymbol{a}^e)^{\mathrm{T}}\boldsymbol{K}^e\boldsymbol{a}^e - (\boldsymbol{a}^e)^{\mathrm{T}}\boldsymbol{F}^e \end{aligned} \tag{5.1.15}$$

5. 单元刚度方程

基于最小势能原理，真实解使得势能泛函 $\varPi_p^e$ 取极值，有 $\delta\varPi_p^e = 0$，得到单元的刚度方程为

$$\boldsymbol{K}^e\boldsymbol{a}^e = \boldsymbol{F}^e \tag{5.1.16}$$

1）刚度矩阵元素及物理意义

将应变矩阵和弹性矩阵代入单元刚度矩阵表达式，进一步得

$$\boldsymbol{K}^e = \boldsymbol{B}^{\mathrm{T}}\boldsymbol{D}\boldsymbol{B}tA = \begin{bmatrix} \boldsymbol{B}_1^{\mathrm{T}}\boldsymbol{D}\boldsymbol{B}_1 & \boldsymbol{B}_1^{\mathrm{T}}\boldsymbol{D}\boldsymbol{B}_2 & \boldsymbol{B}_1^{\mathrm{T}}\boldsymbol{D}\boldsymbol{B}_3 \\ \boldsymbol{B}_2^{\mathrm{T}}\boldsymbol{D}\boldsymbol{B}_1 & \boldsymbol{B}_2^{\mathrm{T}}\boldsymbol{D}\boldsymbol{B}_2 & \boldsymbol{B}_2^{\mathrm{T}}\boldsymbol{D}\boldsymbol{B}_3 \\ \boldsymbol{B}_3^{\mathrm{T}}\boldsymbol{D}\boldsymbol{B}_1 & \boldsymbol{B}_3^{\mathrm{T}}\boldsymbol{D}\boldsymbol{B}_2 & \boldsymbol{B}_3^{\mathrm{T}}\boldsymbol{D}\boldsymbol{B}_3 \end{bmatrix}tA = \begin{bmatrix} \boldsymbol{K}_{11}^e & \boldsymbol{K}_{12}^e & \boldsymbol{K}_{13}^e \\ \boldsymbol{K}_{21}^e & \boldsymbol{K}_{22}^e & \boldsymbol{K}_{23}^e \\ \boldsymbol{K}_{31}^e & \boldsymbol{K}_{32}^e & \boldsymbol{K}_{33}^e \end{bmatrix} \tag{5.1.17}$$

其中，每一个子矩阵 $\boldsymbol{K}_{ij}^e$ 都是 2×2 的矩阵，并且

$$\boldsymbol{K}_{ij}^{e}=\boldsymbol{B}_{i}^{\mathrm{T}}\boldsymbol{D}\boldsymbol{B}_{j}tA=\frac{E_{0}t}{4\left(1-\mu_{0}^{2}\right)A}\begin{bmatrix} c_{i}c_{j}+\dfrac{1-\mu_{0}}{2}d_{i}d_{j} & \mu_{0}c_{i}d_{j}+\dfrac{1-\mu_{0}}{2}d_{i}c_{j} \\ \mu_{0}d_{i}c_{j}+\dfrac{1-\mu_{0}}{2}c_{i}d_{j} & d_{i}d_{j}+\dfrac{1-\mu_{0}}{2}c_{i}c_{j} \end{bmatrix}$$

在单元刚度方程

$$\begin{bmatrix} K_{11}^{e} & K_{12}^{e} & \cdots & K_{16}^{e} \\ K_{21}^{e} & K_{22}^{e} & \cdots & K_{26}^{e} \\ \vdots & \vdots & & \vdots \\ K_{61}^{e} & K_{62}^{e} & \cdots & K_{66}^{e} \end{bmatrix}\begin{Bmatrix} a_{1} \\ a_{2} \\ \vdots \\ a_{6} \end{Bmatrix}=\begin{Bmatrix} F_{1}^{e} \\ F_{2}^{e} \\ \vdots \\ F_{6}^{e} \end{Bmatrix} \tag{5.1.18}$$

中，令 $a_j=1$，$\boldsymbol{a}^e$ 的其他分量为零，则有

$$\begin{Bmatrix} K_{1j}^{e} \\ K_{2j}^{e} \\ \vdots \\ K_{6j}^{e} \end{Bmatrix}=\begin{Bmatrix} F_{1}^{e} \\ F_{2}^{e} \\ \vdots \\ F_{6}^{e} \end{Bmatrix} \tag{5.1.19}$$

可见单元刚度矩阵的元素 $\boldsymbol{K}_{ij}^{e}$ 的**物理意义**为：当单元的第 j 个结点位移为单位位移而其他结点位移为零时，需在单元第 i 个结点位移方向上施加的结点力的大小。单元刚度矩阵中的元素称为**单元刚度系数**。由单元平衡条件有

$$\sum F_{x}^{e}=0: F_{1}^{e}+F_{3}^{e}+F_{5}^{e}=0,\quad \sum F_{y}^{e}=0: F_{2}^{e}+F_{4}^{e}+F_{6}^{e}=0 \tag{5.1.20a}$$

得到

$$K_{1j}^{e}+K_{3j}^{e}+K_{5j}^{e}=0,\quad K_{2j}^{e}+K_{4j}^{e}+K_{6j}^{e}=0 \tag{5.1.20b}$$

进一步得

$$K_{1j}^{e}+K_{2j}^{e}+K_{3j}^{e}+K_{4j}^{e}+K_{5j}^{e}+K_{6j}^{e}=0 \tag{5.1.20c}$$

2）单元刚度矩阵的性质

（1）对称性

单元刚度矩阵的对称性表述为

$$(\boldsymbol{K}^{e})^{\mathrm{T}}=\left(\int_{A^{e}}\boldsymbol{B}^{\mathrm{T}}\boldsymbol{D}\boldsymbol{B}t\mathrm{d}x\mathrm{d}y\right)^{\mathrm{T}}=\int_{A^{e}}(\boldsymbol{B}^{\mathrm{T}}\boldsymbol{D}\boldsymbol{B})^{\mathrm{T}}t\mathrm{d}x\mathrm{d}y=\int_{A^{e}}\boldsymbol{B}^{\mathrm{T}}\boldsymbol{D}^{\mathrm{T}}\boldsymbol{B}t\mathrm{d}x\mathrm{d}y=\boldsymbol{K}^{e} \tag{5.1.21}$$

式（5.1.21）从数学角度给出了单元刚度矩阵的对称性证明，还可以通过反力互等定理对其进行力学解释。反力互等定理可以描述为：对于如图 5.2 所示的两种受力状态，如果状态 I 中位置 1 产生单位位移，那么在位置 2 处引起的反力为 r_{21}；如果状态 II 中位置 2 产生单位位移，那么在位置 1 处引起的反力为 r_{12}，则 $r_{21}=r_{12}$。再结合单元刚度矩阵元素的物理意义，必定有 $k_{ij}=k_{ji}$。

上述结论也可以通过功的互等定理进行力学解释。

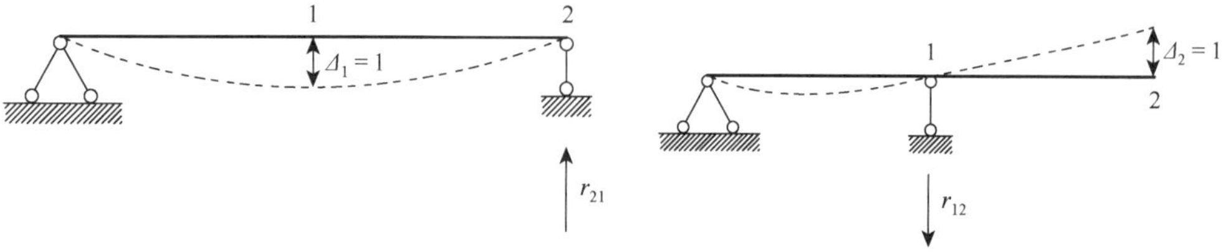

图 5.2　单元刚度矩阵对称性的力学解释

（2）奇异性

由式（5.1.20）可见 $\boldsymbol{K}^e$ 是奇异矩阵，这时方程组（5.1.16）有无穷组解或无解，可以进一步验证 $\text{rank}(\boldsymbol{K}^e,\boldsymbol{F}^e)=\text{rank}(\boldsymbol{K}^e)$，因此方程组（5.1.16）有无穷组解。刚度矩阵的奇异性用力学解释为系统非静定，可以有任意的刚体位移，位移解不唯一；$\text{rank}(\boldsymbol{K}^e,\boldsymbol{F}^e)=\text{rank}(\boldsymbol{K}^e)$可以解释为作用于系统上的力不会改变系统的刚度属性，因为刚度是系统的固有属性。

（3）主元恒正性

单元刚度矩阵的主元恒正性表述为

$$K_{ii}^e>0 \tag{5.1.22}$$

该结论也可以从数学表达式和力学意义两方面进行说明。由数学方程（5.1.17）可以得到

$$K_{ii}^e=\alpha\left[c_i^2+(1-\mu_0)d_i^2/2\right]\quad\text{或}\quad\alpha\left[d_i^2+(1-\mu_0)c_i^2/2\right]$$

其中，$\alpha=E_0t\Big/\left[4\left(1-\mu_0^2\right)A\right]$，因此结论即式（5.1.22）成立。从力学意义看，K_{ii}^e 为使结点位移分量 $a_i=1$，需要施加在 a_i 方向的结点力，这时力必然要与位移 a_i 同向，因此结论成立。

3）单元等效结点载荷

如果单元存在初应力和初应变，那么单元的等效结点载荷为

$$\boldsymbol{F}^e=\boldsymbol{F}_f^e+\boldsymbol{F}_s^e+\boldsymbol{F}_{\sigma_0}^e+\boldsymbol{F}_{\varepsilon_0}^e \tag{5.1.23}$$

式中，$\boldsymbol{F}_f^e$、$\boldsymbol{F}_s^e$、$\boldsymbol{F}_{\sigma_0}^e$ 和 $\boldsymbol{F}_{\varepsilon_0}^e$ 分别为作用于单元的体积力 $\boldsymbol{f}$、边界分布力 $\boldsymbol{t}$、单元内的初应力 σ_0 和初应变 ε_0 等效的结点载荷列阵，可以表示为

$$\boldsymbol{F}_f^e=\int_{V^e}\boldsymbol{N}^{\mathrm{T}}\boldsymbol{f}\mathrm{d}x\mathrm{d}y\,,\quad \boldsymbol{F}_s^e=\int_{S_\sigma^e}\boldsymbol{N}^{\mathrm{T}}\boldsymbol{t}\mathrm{d}S\,,\quad \boldsymbol{F}_{\sigma_0}^e=-\int_{V^e}\boldsymbol{B}^{\mathrm{T}}\boldsymbol{\sigma}_0\mathrm{d}V\,,\quad \boldsymbol{F}_{\varepsilon_0}^e=\int_{V^e}\boldsymbol{B}^{\mathrm{T}}\boldsymbol{D}\boldsymbol{\varepsilon}_0\mathrm{d}V$$

下面给出常见的体积力和边界面力引起的单元等效结点载荷，包括自重、均布侧压、均布力、三角形分布载荷等。

（1）均质等厚度单元的自重等效结点载荷

对于如图 5.3 所示受重力载荷的单元，若重力方向为 y 轴负方向，则 $\boldsymbol{f}=[0\quad -\rho g]^{\mathrm{T}}$，其中 ρ 为材料单位体积的密度，g 为重力加速度。得到

$$\boldsymbol{F}_f^e=\begin{Bmatrix}\boldsymbol{F}_1^e\\ \boldsymbol{F}_2^e\\ \boldsymbol{F}_3^e\end{Bmatrix}=\int_{A^e}\begin{Bmatrix}\boldsymbol{N}_1^{\mathrm{T}}\\ \boldsymbol{N}_2^{\mathrm{T}}\\ \boldsymbol{N}_3^{\mathrm{T}}\end{Bmatrix}\begin{Bmatrix}0\\ -\rho g\end{Bmatrix}t\mathrm{d}x\mathrm{d}y$$

$$\boldsymbol{F}_i^e=\begin{Bmatrix}F_{ix}^e\\F_{iy}^e\end{Bmatrix}=\int_{A^e}\boldsymbol{N}_i^{\mathrm{T}}\begin{Bmatrix}0\\-\rho g\end{Bmatrix}t\mathrm{d}x\mathrm{d}y=\int_{A^e}\begin{bmatrix}N_i&0\\0&N_i\end{bmatrix}\begin{Bmatrix}0\\-\rho g\end{Bmatrix}t\mathrm{d}x\mathrm{d}y=-\frac{1}{3}\rho gtA\begin{Bmatrix}0\\1\end{Bmatrix}$$

$$\boldsymbol{F}_f^e=-\frac{1}{3}\rho gtA\begin{bmatrix}0&1&0&1&0&1\end{bmatrix}^{\mathrm{T}}\tag{5.1.24}$$

可见自重产生的等效结点载荷平均分配到 3 个结点上。

（2）均布侧压的等效结点载荷

对于如图 5.4 所示单元，单元厚度为 t，边界 12 受均布侧压 p_0，如果单元边界 12 的长度为 l_s，与 x 轴夹角为 α，这时 $p_x=p_0\sin\alpha=p_0(y_1-y_2)/l_s$， $p_y=p_0\cos\alpha=p_0(x_2-x_1)/l_s$。面力载荷及等效结点载荷分别为

$$\boldsymbol{t}=\begin{Bmatrix}p_x\\p_y\end{Bmatrix}=\frac{p_0}{l_s}\begin{Bmatrix}y_1-y_2\\x_2-x_1\end{Bmatrix},\quad \boldsymbol{F}_s^e=\begin{Bmatrix}\boldsymbol{F}_1^e\\\boldsymbol{F}_2^e\\\boldsymbol{F}_3^e\end{Bmatrix}=\int_{S_\sigma^e}\begin{Bmatrix}\boldsymbol{N}_1^{\mathrm{T}}\\\boldsymbol{N}_2^{\mathrm{T}}\\\boldsymbol{N}_3^{\mathrm{T}}\end{Bmatrix}t\mathrm{d}S$$

在 12 边上局部坐标为 s，则沿 12 边有 $N_1=1-s/l_s$，$N_2=s/l_s$，$N_3=0$，有

$$\boldsymbol{F}_1^e=\int_{l_s^e}\begin{bmatrix}N_1&0\\0&N_1\end{bmatrix}\begin{Bmatrix}p_x\\p_y\end{Bmatrix}t\mathrm{d}l=\begin{Bmatrix}\int_{l_s}N_1p_xt\mathrm{d}s\\\int_{l_s}N_1p_yt\mathrm{d}s\end{Bmatrix}=\begin{Bmatrix}\int_{l_s}\left(1-\dfrac{s}{l_s}\right)\dfrac{p_0}{l_s}(y_1-y_2)t\mathrm{d}s\\\int_{l_s}\left(1-\dfrac{s}{l_s}\right)\dfrac{p_0}{l_s}(x_2-x_1)t\mathrm{d}s\end{Bmatrix}=\frac{t}{2}p_0\begin{Bmatrix}y_1-y_2\\x_2-x_1\end{Bmatrix}$$

$$\boldsymbol{F}_2^e=\begin{Bmatrix}\int_{l_s}N_2p_xt\mathrm{d}s\\\int_{l_s}N_2p_yt\mathrm{d}s\end{Bmatrix}=\frac{t}{2}p_0\begin{Bmatrix}y_1-y_2\\x_2-x_1\end{Bmatrix},\quad \boldsymbol{F}_3^e=\begin{Bmatrix}\int_{l_s}N_3p_xt\mathrm{d}s\\\int_{l_s}N_3p_yt\mathrm{d}s\end{Bmatrix}=\begin{Bmatrix}0\\0\end{Bmatrix}$$

$$\boldsymbol{F}_s^e=\frac{1}{2}p_0t\begin{bmatrix}y_1-y_2&x_2-x_1&y_1-y_2&x_2-x_1&0&0\end{bmatrix}^{\mathrm{T}}\tag{5.1.25}$$

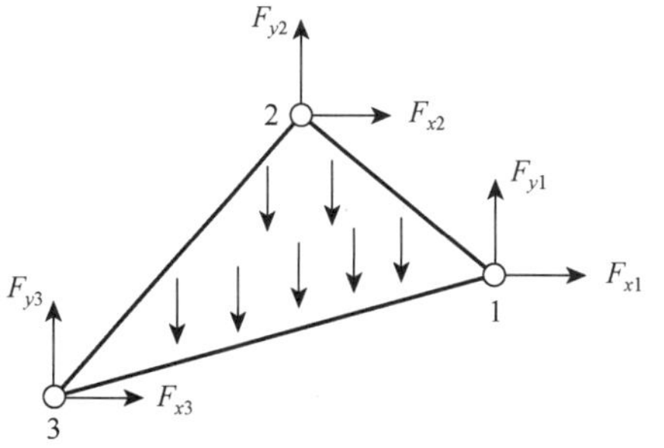

图 5.3　自重的等效结点载荷

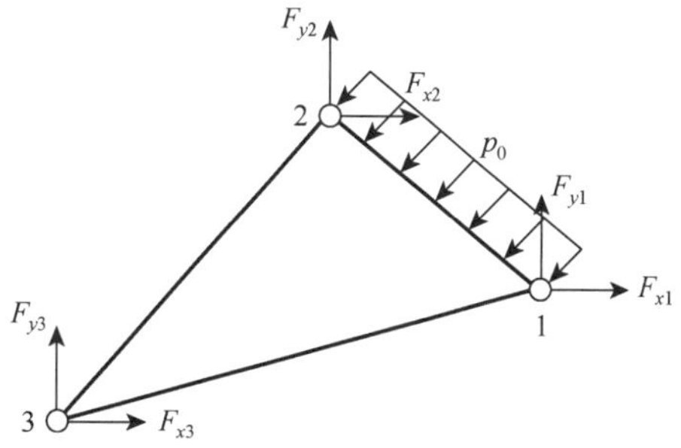

图 5.4　均布侧压的等效结点载荷

（3）均布力的等效结点载荷

对于如图 5.5 所示单元，单元厚度为 t，边界 12 受均布力 p_0，方向沿 x 轴正向。如果单元边界 12 的长度为 l_s，那么面力分布载荷及等效结点载荷为

$$\boldsymbol{t}=\begin{Bmatrix}p_0\\0\end{Bmatrix},\quad \boldsymbol{F}_s^e=\begin{Bmatrix}\boldsymbol{F}_1^e\\\boldsymbol{F}_2^e\\\boldsymbol{F}_3^e\end{Bmatrix}=\int_{S_\sigma^e}\begin{Bmatrix}\boldsymbol{N}_1^{\mathrm{T}}\\\boldsymbol{N}_2^{\mathrm{T}}\\\boldsymbol{N}_3^{\mathrm{T}}\end{Bmatrix}t\mathrm{d}S$$

在 12 边上局部坐标为 s，则沿 12 边 $N_1=1-s/l_s$，$N_2=s/l_s$，$N_3=0$，有

$$\boldsymbol{F}_1^e=\int_{l_s^e}\begin{bmatrix}N_1 & 0\\0 & N_1\end{bmatrix}\begin{Bmatrix}p_0\\0\end{Bmatrix}t\mathrm{d}l=\begin{Bmatrix}\int_{l_s}N_1p_0t\mathrm{d}s\\0\end{Bmatrix}=\begin{Bmatrix}\dfrac{1}{2}p_0l_st\\0\end{Bmatrix},\qquad \boldsymbol{F}_3^e=\int_{l_s^e}\begin{bmatrix}N_3 & 0\\0 & N_3\end{bmatrix}\begin{Bmatrix}p_0\\0\end{Bmatrix}t\mathrm{d}l=\begin{Bmatrix}0\\0\end{Bmatrix}$$

$$\boldsymbol{F}_2^e=\int_{l_s^e}\begin{bmatrix}N_2 & 0\\0 & N_2\end{bmatrix}\begin{Bmatrix}p_0\\0\end{Bmatrix}t\mathrm{d}l=\begin{Bmatrix}\int_{l_s}N_2p_0t\mathrm{d}s\\0\end{Bmatrix}=\frac{1}{2}p_0l_st\begin{Bmatrix}1\\0\end{Bmatrix}$$

$$\boldsymbol{F}_s^e=\frac{1}{2}p_0l_st\begin{bmatrix}1 & 0 & 1 & 0 & 0 & 0\end{bmatrix}^{\mathrm{T}} \tag{5.1.26}$$

（4）三角形分布载荷的等效结点载荷

对于如图 5.6 所示单元，单元厚度为 t，边界 12 受图示三角形分布载荷，结点 2 处值为零，结点 1 处值为 p_0，方向沿 x 轴正向。如果单元边界 12 的长度为 l_s，边界上面积力视为局部坐标 s 的函数，s 以结点 1 为 0，结点 2 为 1 计算。则分布载荷及等效结点载荷为

$$\boldsymbol{t}=\begin{Bmatrix}\left(1-\dfrac{s}{l}\right)p_0\\0\end{Bmatrix},\qquad \boldsymbol{F}_s^e=\begin{Bmatrix}\boldsymbol{F}_1^e\\\boldsymbol{F}_2^e\\\boldsymbol{F}_3^e\end{Bmatrix}=\int_{S_\sigma^e}\begin{Bmatrix}\boldsymbol{N}_1^{\mathrm{T}}\\\boldsymbol{N}_2^{\mathrm{T}}\\\boldsymbol{N}_3^{\mathrm{T}}\end{Bmatrix}\boldsymbol{t}\mathrm{d}S$$

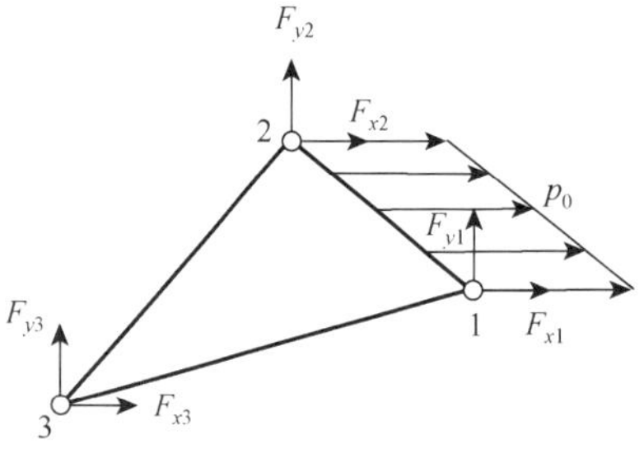

图 5.5　均布力的等效结点载荷

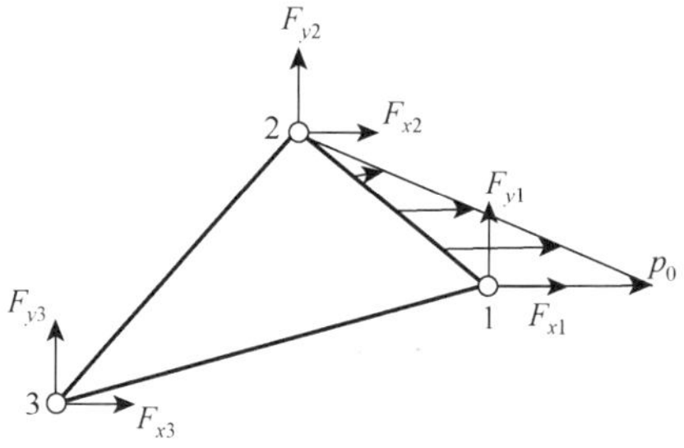

图 5.6　三角形分布载荷的等效结点载荷

在 12 边上局部坐标为 s，则沿 12 边 $N_1=1-s/l_s$，$N_2=s/l_s$，$N_3=0$，有

$$\boldsymbol{F}_1^e=\int_{l_s^e}\begin{bmatrix}N_1 & 0\\0 & N_1\end{bmatrix}\begin{Bmatrix}\left(1-\dfrac{s}{l}\right)p_0\\0\end{Bmatrix}t\mathrm{d}l=\begin{Bmatrix}\int_{l_s}N_1\left(1-\dfrac{s}{l}\right)p_0t\mathrm{d}s\\0\end{Bmatrix}=\frac{1}{3}p_0l_st\begin{Bmatrix}1\\0\end{Bmatrix}$$

$$\boldsymbol{F}_2^e=\int_{l_s^e}\begin{bmatrix}N_2 & 0\\0 & N_2\end{bmatrix}\begin{Bmatrix}\left(1-\dfrac{s}{l}\right)p_0\\0\end{Bmatrix}t\mathrm{d}l=\begin{Bmatrix}\int_{l_s}N_2\left(1-\dfrac{s}{l}\right)p_0t\mathrm{d}s\\0\end{Bmatrix}=\frac{1}{6}p_0l_st\begin{Bmatrix}1\\0\end{Bmatrix}$$

$$\boldsymbol{F}_3^e=\int_{l_s^e}\begin{bmatrix}N_3 & 0\\0 & N_3\end{bmatrix}\begin{Bmatrix}\left(1-\dfrac{s}{l}\right)p_0\\0\end{Bmatrix}t\mathrm{d}l=\begin{Bmatrix}0\\0\end{Bmatrix}$$

单元等效结点载荷为

$$p = \frac{1}{2} p_0 l_s t \left[\frac{2}{3} \quad 0 \quad \frac{1}{3} \quad 0 \quad 0 \quad 0 \right]^{\mathrm{T}} \tag{5.1.27}$$

5.1.2　平面矩形单元

前面讲述了三结点三角形单元，该单元的位移模式为线性插值，因此表现为常应变单元（或常应力单元），单元之间的应变或应力不连续，下面给出双线性矩形单元。

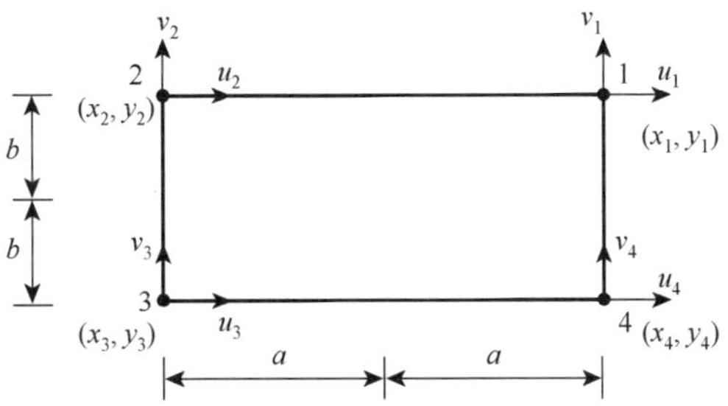

图 5.7　矩形单元

1. 单元的几何和结点描述

考虑如图 5.7 所示长度为 $2a$、宽度为 $2b$、厚度为 t 的矩形单元。单元局部坐标系原点位于矩形中心，x 轴水平，四个角结点 i 的坐标为 $i(x_i, y_i)$，结点 i 和在 x 和 y 方向的位移分别为 u_i、v_i。单元结点位移列阵和单元结点力列阵为

$$\begin{cases} \boldsymbol{a}^e = \begin{bmatrix} u_1 & v_1 & u_2 & v_2 & u_3 & v_3 & u_4 & v_4 \end{bmatrix}^{\mathrm{T}} \\ \boldsymbol{F}^e = \begin{bmatrix} F_{1x} & F_{1y} & F_{2x} & F_{2y} & F_{3x} & F_{3y} & F_{4x} & F_{4y} \end{bmatrix}^{\mathrm{T}} \end{cases} \tag{5.1.28}$$

引入无量纲坐标 $\xi = x/a$，$\eta = y/b$，则 4 个结点的无量纲坐标为(1, 1)、(−1, 1)、(−1, −1)和(1, −1)。

2. 单元位移场

设单元内任意点 $P(x, y)$的位移为

$$\begin{cases} u(x, y) = a_0 + a_1 x + a_2 y + a_3 xy \\ v(x, y) = b_0 + b_1 x + b_2 y + b_3 xy \end{cases} \tag{5.1.29}$$

单元的 4 个结点位移条件为

$$u(x_i, y_i) = u_i, \quad v(x_i, y_i) = v_i, \quad i = 1, 2, 3, 4 \tag{5.1.30}$$

将结点位移条件（5.1.30）代入（5.1.29）求得待定参数，最后得到单元位移场：

$$\begin{cases} u(x, y) = N_1(x, y)u_1 + N_2(x, y)u_2 + N_3(x, y)u_3 + N_4(x, y)u_4 \\ v(x, y) = N_1(x, y)v_1 + N_2(x, y)v_2 + N_3(x, y)v_3 + N_4(x, y)v_4 \end{cases} \tag{5.1.31}$$

单元位移场（5.1.31）的矩阵形式为

$$\begin{aligned} \boldsymbol{u}(x, y) &= \begin{Bmatrix} u(x, y) \\ v(x, y) \end{Bmatrix} = \begin{bmatrix} N_1 & 0 & N_2 & 0 & N_3 & 0 & N_4 & 0 \\ 0 & N_1 & 0 & N_2 & 0 & N_3 & 0 & N_4 \end{bmatrix} \boldsymbol{a}^e \\ &= \boldsymbol{N}\boldsymbol{a}^e \end{aligned} \tag{5.1.32}$$

其中，结点插值基函数为

$$\begin{cases} N_1(x,y)=\dfrac{1}{4}\left(1+\dfrac{x}{a}\right)\left(1+\dfrac{y}{b}\right), & N_2(x,y)=\dfrac{1}{4}\left(1-\dfrac{x}{a}\right)\left(1+\dfrac{y}{b}\right) \\ N_3(x,y)=\dfrac{1}{4}\left(1-\dfrac{x}{a}\right)\left(1-\dfrac{y}{b}\right), & N_4(x,y)=\dfrac{1}{4}\left(1+\dfrac{x}{a}\right)\left(1-\dfrac{y}{b}\right) \end{cases} \tag{5.1.33}$$

上述插值基函数统一表达为

$$N_i=\frac{1}{4}(1+\xi_i\xi)(1+\eta_i\eta),\quad i=1,2,3,4 \tag{5.1.34}$$

其中，(ξ_i,η_i)为结点 i 的无量纲坐标。

3. 单元应变场

根据弹性力学知识，单元应变场为

$$\boldsymbol{\varepsilon}(x,y)=\begin{Bmatrix}\varepsilon_{xx}\\ \varepsilon_{yy}\\ \gamma_{xy}\end{Bmatrix}=\boldsymbol{Lu}=\boldsymbol{LNa}^e=\boldsymbol{Ba}^e=\begin{bmatrix}\boldsymbol{B}_1 & \boldsymbol{B}_2 & \boldsymbol{B}_3 & \boldsymbol{B}_4\end{bmatrix}\boldsymbol{a}^e$$

其中，$\boldsymbol{B}$ 为单元的应变矩阵，子矩阵

$$\boldsymbol{B}_i=\begin{bmatrix}\dfrac{\partial N_i}{\partial x} & 0\\ 0 & \dfrac{\partial N_i}{\partial y}\\ \dfrac{\partial N_i}{\partial y} & \dfrac{\partial N_i}{\partial x}\end{bmatrix},\quad i=1,2,3,4$$

4. 单元应力场

平面问题的物理方程为

$$\boldsymbol{\sigma}=\boldsymbol{D\varepsilon}=\boldsymbol{DBa}^e=\boldsymbol{Sa}^e=\begin{bmatrix}\boldsymbol{S}_1 & \boldsymbol{S}_2 & \boldsymbol{S}_3 & \boldsymbol{S}_4\end{bmatrix}\boldsymbol{a}^e \tag{5.1.35}$$

其中，$\boldsymbol{D}$ 为平面问题的弹性矩阵；$\boldsymbol{S}$ 为矩形单元的应力矩阵；子矩阵 $\boldsymbol{S}_i=\boldsymbol{DB}_i$ 为 3×2 的矩阵。

5. 单元势能泛函

将单元位移场、应变场及外力势代入平面问题的单元势能泛函（3.1.109）得

$$\Pi^e=\frac{1}{2}(\boldsymbol{a}^e)^{\mathrm{T}}\boldsymbol{K}^e\boldsymbol{a}^e-(\boldsymbol{a}^e)^{\mathrm{T}}\boldsymbol{F}^e \tag{5.1.36}$$

其中，$\boldsymbol{F}^e=\int_{A^e}\boldsymbol{N}^{\mathrm{T}}\boldsymbol{f}t\mathrm{d}x\mathrm{d}y+\int_{l_\sigma^e}\boldsymbol{N}^{\mathrm{T}}\boldsymbol{t}t\mathrm{d}l$ 为矩形单元的等效结点力向量，是 8×1 的列向量；$\boldsymbol{K}^e=\int_{A^e}\boldsymbol{B}^{\mathrm{T}}\boldsymbol{DB}\mathrm{d}A\cdot t$ 为矩形单元的刚度矩阵，是 8×8 的矩阵。进一步计算得

$$\boldsymbol{K}^e = \begin{bmatrix} \boldsymbol{k}_{11} & & 对 & \\ \boldsymbol{k}_{21} & \boldsymbol{k}_{22} & & 称 \\ \boldsymbol{k}_{31} & \boldsymbol{k}_{32} & \boldsymbol{k}_{33} & \\ \boldsymbol{k}_{41} & \boldsymbol{k}_{42} & \boldsymbol{k}_{43} & \boldsymbol{k}_{44} \end{bmatrix} \tag{5.1.37}$$

其中，子矩阵 $\boldsymbol{k}_{rs} = \int_{A^e} \boldsymbol{B}_r^{\mathrm{T}} \boldsymbol{D} \boldsymbol{B}_s t\mathrm{d}x\mathrm{d}y = \dfrac{Et}{4\left(1-\mu^2\right)ab}\begin{bmatrix} k_1 & k_3 \\ k_2 & k_4 \end{bmatrix}$，$r,s=1,2,3,4$，子矩阵 $\boldsymbol{k}_{rs}$ 的元素为

$$k_1 = b^2 \xi_r \xi_s \left(1+\frac{1}{3}\eta_r \eta_s\right) + \frac{1-\mu}{2} a^2 \eta_r \eta_s \left(1+\frac{1}{3}\xi_r \xi_s\right), \quad k_2 = ab\left(\mu \eta_r \xi_s + \frac{1-\mu}{2}\xi_r \eta_s\right)$$

$$k_3 = ab\left(\mu \xi_r \eta_s + \frac{1-\mu}{2}\eta_r \xi_s\right), \quad k_4 = a^2 \eta_r \eta_s \left(1+\frac{1}{3}\xi_r \xi_s\right) + \frac{1-\mu}{2} b^2 \xi_r \xi_s \left(1+\frac{1}{3}\eta_r \eta_s\right)$$

6. 单元刚度方程

由 $\delta \Pi_p^e = 0$，得到单元刚度方程为

$$\boldsymbol{K}^e \boldsymbol{a}^e = \boldsymbol{F}^e \tag{5.1.38}$$

5.2　轴对称单元

5.2.1　空间轴对称问题

对于如图 5.8 所示空间轴对称结构，如果载荷也是轴对称的，三维轴对称问题就简化为类似于二维问题处理。空间轴对称问题采用柱坐标 (r, θ, z)描述，以 z 轴为对称轴，则所有的位移、应变和应力分量都只是 r 和 z 的函数，与 θ 无关。这时每个点的非零位移分量有径向位移 u 和轴向位移 w，非零应变分量有 ε_{rr}、ε_{zz}、γ_{rz}、$\varepsilon_{\theta\theta}$，非零应力分量有 σ_{rr}、σ_{zz}、τ_{rz}、$\sigma_{\theta\theta}$。几何方程和物理方程分别为

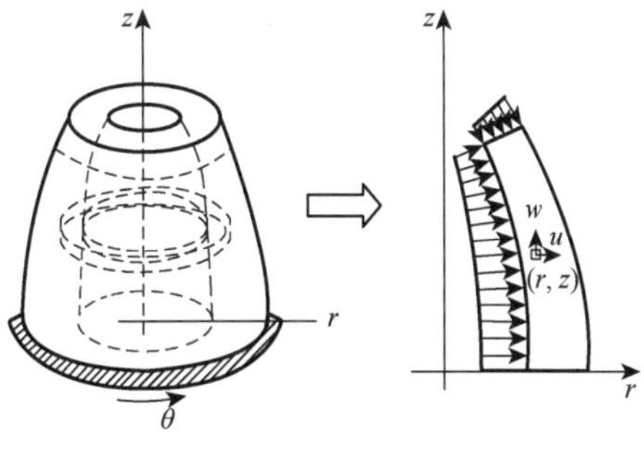

图 5.8　空间轴对称简化

$$\varepsilon_{rr} = \frac{\partial u}{\partial r}, \quad \varepsilon_{\theta\theta} = \frac{u}{r}, \quad \varepsilon_{zz} = \frac{\partial w}{\partial z}, \quad \gamma_{rz} = \frac{\partial u}{\partial z} + \frac{\partial w}{\partial r} \tag{5.2.1}$$

$$\begin{cases} \varepsilon_{rr} = \dfrac{1}{E}[\sigma_{rr} - \mu(\sigma_{\theta\theta} + \sigma_{zz})], & \varepsilon_{\theta\theta} = \dfrac{1}{E}[\sigma_{\theta\theta} - \mu(\sigma_{rr} + \sigma_{zz})] \\ \varepsilon_{zz} = \dfrac{1}{E}[\sigma_{zz} - \mu(\sigma_{rr} + \sigma_{\theta\theta})], & \gamma_{rz} = \dfrac{1}{G}\tau_{rz} \end{cases} \tag{5.2.2}$$

5.2.2　轴对称三角形单元

对于如图 5.9 所示空间轴对称三角形单元 ijm，单元为横截面为三结点三角形的 360° 环形单元。单元结点局部编码 1、2、3 对应于总体结点编码为 i、j、m。如果局部编码为 $i(i=1,2,3)$的结点在径向 r 和轴向 z 方向的位移分别为 u_i、w_i，在径向 r 和轴向 z 方向的力分量分别为 F_{ir}、F_{iz}，则单元结点位移列阵和单元结点力列阵为

$$\begin{cases} \boldsymbol{a}^e = \begin{bmatrix} u_1 & w_1 & u_2 & w_2 & u_3 & w_3 \end{bmatrix}^{\mathrm{T}} \\ \boldsymbol{F}^e = \begin{bmatrix} F_{1r} & F_{1z} & F_{2r} & F_{2z} & F_{3r} & F_{3z} \end{bmatrix}^{\mathrm{T}} \end{cases} \tag{5.2.3}$$

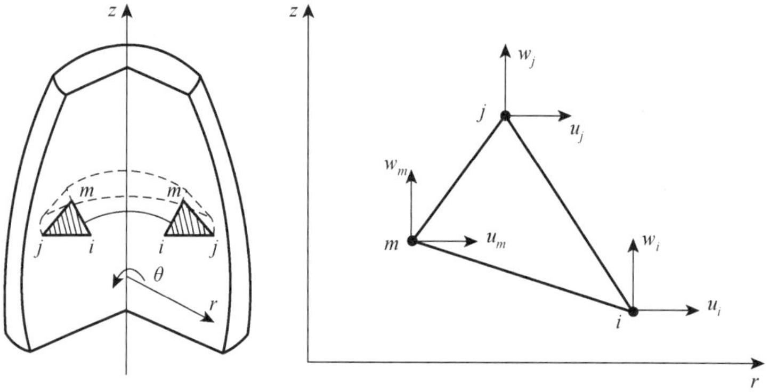

图 5.9　空间轴对称单元

1. 位移模式

设单元位移模式为

$$\boldsymbol{u} = \begin{Bmatrix} u \\ w \end{Bmatrix} = \boldsymbol{\Phi\beta} = \begin{bmatrix} \boldsymbol{\varphi} & \boldsymbol{0} \\ \boldsymbol{0} & \boldsymbol{\varphi} \end{bmatrix} \begin{Bmatrix} \beta_1 \\ \beta_2 \\ \vdots \\ \beta_6 \end{Bmatrix} \tag{5.2.4}$$

其中，$\boldsymbol{\varphi} = [1 \quad r \quad z]$，将结点位移代入式（5.2.4）解得 β_i，再将其代入单元位移模式（5.2.4）得到单元位移模式：

$$u = N_1 u_1 + N_2 u_2 + N_3 u_3, \quad w = N_1 w_1 + N_2 w_2 + N_3 w_3 \tag{5.2.5}$$

其中，$N_i = (a_i + b_i r + c_i z)/(2A)$为局部编码为 $i(i=1,2,3)$的结点的插值基函数，其系数 A 为三角形 123 的面积，a_i、b_i 和 c_i 为行列式

$$D = \begin{vmatrix} 1 & r_1 & z_1 \\ 1 & r_2 & z_2 \\ 1 & r_3 & z_3 \end{vmatrix} = 2A$$

的第一列、第二列和第三列对应元素的代数余子式。单元位移模式（5.2.5）的矩阵形式为

$$\boldsymbol{u}=\begin{Bmatrix} u \\ w \end{Bmatrix}=\boldsymbol{N}\boldsymbol{a}^e=\begin{bmatrix} N_1 & 0 & N_2 & 0 & N_3 & 0 \\ 0 & N_1 & 0 & N_2 & 0 & N_3 \end{bmatrix}\boldsymbol{a}^e \tag{5.2.6}$$

2. 单元应变和应力

基于轴对称问题几何方程，单元应变

$$\boldsymbol{\varepsilon}=\begin{Bmatrix} \varepsilon_{rr} \\ \varepsilon_{\theta\theta} \\ \gamma_{rz} \\ \varepsilon_{zz} \end{Bmatrix}=\begin{Bmatrix} \partial u/\partial r \\ \partial w/\partial z \\ \partial u/\partial z+\partial w/\partial r \\ u/r \end{Bmatrix}=\boldsymbol{B}\boldsymbol{a}^e=\begin{bmatrix} \boldsymbol{B}_1 & \boldsymbol{B}_2 & \boldsymbol{B}_3 \end{bmatrix}\boldsymbol{a}^e \tag{5.2.7}$$

其中，$\boldsymbol{B}=[\boldsymbol{B}_1\quad \boldsymbol{B}_2\quad \boldsymbol{B}_3]$为单元应变矩阵，其子矩阵 $\boldsymbol{B}_i$

$$\boldsymbol{B}_i=\frac{1}{2A}\begin{bmatrix} b_i & 0 \\ 0 & c_i \\ c_i & b_i \\ f_i & 0 \end{bmatrix},\quad i=1,2,3 \tag{5.2.8}$$

其中，$f_i=a_i/r+b_i+c_i\,z/r$，可见 f_i 为 r 和 z 的函数，因此轴对称三结点三角形单元不是常应变单元。基于轴对称问题物理方程，单元应力为

$$\boldsymbol{\sigma}=\begin{Bmatrix} \sigma_{rr} \\ \sigma_{zz} \\ \tau_{rz} \\ \sigma_{\theta\theta} \end{Bmatrix}=\boldsymbol{D}\boldsymbol{\varepsilon}=\boldsymbol{D}\boldsymbol{B}\boldsymbol{a}^e=\boldsymbol{S}\boldsymbol{a}^e=\begin{bmatrix} \boldsymbol{S}_1 & \boldsymbol{S}_2 & \boldsymbol{S}_3 \end{bmatrix}\boldsymbol{a}^e \tag{5.2.9}$$

其中，$\boldsymbol{D}$ 为轴对称弹性矩阵，对于各向同性材料其表达式见式（3.1.38）；$\boldsymbol{S}=[\boldsymbol{S}_1\quad \boldsymbol{S}_2\quad \boldsymbol{S}_3]$为单元应力矩阵，其子矩阵为

$$\boldsymbol{S}_i=\frac{E(1-\mu)}{2A(1+\mu)(1-2\mu)}\begin{bmatrix} b_i+A_1 f_i & A_1 c_i \\ A_1(b_i+f_i) & c_i \\ A_2 c_i & A_2 b_i \\ A_1 b_i+f_i & A_1 c_i \end{bmatrix},\quad i=1,2,3 \tag{5.2.10}$$

其中，$A_1=\mu/(1-\mu)$，$A_2=(1-2\mu)/[2(1+\mu)]$。由式（5.2.10）可见，轴对称三结点三角形单元不是常应力单元。

3. 单元势能泛函、刚度矩阵及等效结点载荷

将上述位移场和应变场代入第 3 章中轴对称问题的势能泛函得到单元的势能泛函

$$\begin{aligned}\Pi_p^e&=\int_{V^e}\frac{1}{2}\boldsymbol{\varepsilon}^{\mathrm{T}}\boldsymbol{D}\boldsymbol{\varepsilon}\mathrm{d}V-\int_{V^e}\boldsymbol{u}^{\mathrm{T}}\boldsymbol{f}\mathrm{d}V-\int_{S_\sigma^e}\boldsymbol{u}^{\mathrm{T}}\boldsymbol{t}\mathrm{d}S\\&=2\pi\left(\int_{A^e}\frac{1}{2}\boldsymbol{\varepsilon}^{\mathrm{T}}\boldsymbol{D}\boldsymbol{\varepsilon}r\mathrm{d}A-\int_{A^e}\boldsymbol{u}^{\mathrm{T}}\boldsymbol{f}r\mathrm{d}s-\int_{l_\sigma^e}\boldsymbol{u}^{\mathrm{T}}\boldsymbol{t}r\mathrm{d}l\right)\\&=\frac{1}{2}(\boldsymbol{a}^e)^{\mathrm{T}}\boldsymbol{K}^e\boldsymbol{a}^e-(\boldsymbol{a}^e)^{\mathrm{T}}\boldsymbol{F}^e\end{aligned} \tag{5.2.11}$$

其中，$\boldsymbol{K}^e=\iiint_{V^e}\boldsymbol{B}^{\mathrm{T}}\boldsymbol{DB}\,r\mathrm{d}\theta\mathrm{d}r\mathrm{d}z=2\pi\iint_{A^e}\boldsymbol{B}^{\mathrm{T}}\boldsymbol{DB}\,r\mathrm{d}r\mathrm{d}z$ 为轴对称三角形单元的刚度矩阵；$\boldsymbol{F}^e=\int_{\Omega_e}\boldsymbol{N}^{\mathrm{T}}\boldsymbol{f}\mathrm{d}\Omega+\int_{S_p^e}\boldsymbol{N}^{\mathrm{T}}t\,\mathrm{d}A=\int_{\Omega_e}\boldsymbol{N}^{\mathrm{T}}\boldsymbol{f}\,2\pi r\mathrm{d}r\mathrm{d}z+\int_{l_p^e}\boldsymbol{N}^{\mathrm{T}}t2\pi r\mathrm{d}l$ 为轴对称三角形单元的等效结点载荷。

根据最小势能原理，由势能泛函变分等于零得到单元刚度方程：

$$\boldsymbol{K}^e\boldsymbol{a}^e=\boldsymbol{F}^e \tag{5.2.12}$$

1）刚度矩阵元素计算

刚度矩阵元素计算公式为

$$\boldsymbol{K}^e=\iiint_{V^e}\boldsymbol{B}^{\mathrm{T}}\boldsymbol{DB}\,r\mathrm{d}\theta\mathrm{d}r\mathrm{d}z=2\pi\iint_{A^e}\boldsymbol{B}^{\mathrm{T}}\boldsymbol{DB}\,r\mathrm{d}r\mathrm{d}z \tag{5.2.13a}$$

由于 f_i 非常量，所以应变矩阵 $\boldsymbol{B}$ 为坐标 r 和 z 的函数，积分号内的元素是随坐标变化的。为简化计算和避免 $r=0$ 带来的麻烦，常取单元形心处的坐标代替，即

$$r\approx r_c=\frac{1}{3}(r_1+r_2+r_3),\quad z\approx z_c=\frac{1}{3}(z_1+z_2+z_3)$$

这时 $f_i\approx a_i/r_c+b_i+c_i\,z_c/r_c$，得

$$\boldsymbol{K}^e=2\pi r_c\boldsymbol{B}^{\mathrm{T}}\boldsymbol{DB}\,A \tag{5.2.13b}$$

刚度矩阵元素的显式为

$$\boldsymbol{K}^e=2\pi r_c\boldsymbol{B}^{\mathrm{T}}\boldsymbol{DB}\,A=\begin{bmatrix}\boldsymbol{K}_{11}&\boldsymbol{K}_{12}&\boldsymbol{K}_{13}\\\boldsymbol{K}_{21}&\boldsymbol{K}_{22}&\boldsymbol{K}_{23}\\\boldsymbol{K}_{31}&\boldsymbol{K}_{32}&\boldsymbol{K}_{33}\end{bmatrix} \tag{5.2.13c}$$

子矩阵 $\boldsymbol{K}_{rs}=2\pi r_c\boldsymbol{B}_r^{\mathrm{T}}\boldsymbol{DB}_s\,A=\dfrac{\pi E(1-\mu)r_c}{2A(1+\mu)(1-2\mu)}\begin{bmatrix}K_1&K_3\\K_2&K_4\end{bmatrix}$，其中 $r,s=1,2,3$，各元素

$$K_1=b_rb_s+f_rf_s+A_1(b_rf_s+f_rb_s)+A_2c_rc_s,\quad K_2=A_1c_r(b_s+f_s)+A_2b_rc_s$$

$$K_3=A_1c_s(b_r+f_r)+A_2c_rb_s,\quad K_4=c_rc_s+A_2b_rb_s$$

2）等效结点荷载

如果单元还存在初应力和初应变，单元的等效结点载荷为

$$\boldsymbol{F}^e=\boldsymbol{F}_f^e+\boldsymbol{F}_s^e+\boldsymbol{F}_{\sigma_0}^e+\boldsymbol{F}_{\varepsilon_0}^e+\boldsymbol{F}_c^e \tag{5.2.14}$$

其中，$\boldsymbol{F}_f^e$、$\boldsymbol{F}_s^e$、$\boldsymbol{F}_{\sigma_0}^e$、$\boldsymbol{F}_{\varepsilon_0}^e$ 和 $\boldsymbol{F}_c^e$ 分别为作用于单元的体积力 $\boldsymbol{f}$、边界分布力 $\boldsymbol{t}$、单元内的初应力 $\boldsymbol{\sigma}_0$、初应变 $\boldsymbol{\varepsilon}_0$ 和集中载荷 $\boldsymbol{F}_c$ 等效的结点载荷列阵，分别表示为

$$\boldsymbol{F}_f^e=2\pi\iint_{\Omega_e}\boldsymbol{N}^{\mathrm{T}}\boldsymbol{f}r\mathrm{d}r\mathrm{d}z,\quad \boldsymbol{F}_s^e=2\pi\int_{s_0^e}\boldsymbol{N}^{\mathrm{T}}\boldsymbol{t}r\,\mathrm{d}s,\quad \boldsymbol{F}_{\sigma_0}^e=-2\pi\iint_{\Omega_e}\boldsymbol{B}^{\mathrm{T}}\boldsymbol{\sigma}_0\,r\,\mathrm{d}r\mathrm{d}z$$

$$\boldsymbol{F}_{\varepsilon_0}^e=2\pi\iint_{\Omega_e}\boldsymbol{B}^{\mathrm{T}}\boldsymbol{D\varepsilon}_0r\,\mathrm{d}r\mathrm{d}z,\quad \boldsymbol{F}_c^e=2\pi\boldsymbol{F}_c$$

其中，$\boldsymbol{F}_c=[r_1\boldsymbol{F}_1\quad r_2\boldsymbol{F}_2\quad r_3\boldsymbol{F}_3]^{\mathrm{T}}$、$\boldsymbol{F}_i=[F_{ir}\quad F_{iz}]^{\mathrm{T}}$ 为作用于局部编码为 $i(i=1,2,3)$的结点的集中载荷；F_{ir} 和 F_{iz} 为集中载荷在径向 r 和轴向 z 方向的分量。下面给出重力、离心力和均布侧压引起的等效结点载荷。

（1）自重的等效结点载荷

若旋转对称轴 z 垂直于地面，此时重力只有 z 方向的分量，设单位体积重量为 ρg，则

$$\boldsymbol{f}=\begin{Bmatrix} f_r \\ f_z \end{Bmatrix}=\begin{Bmatrix} 0 \\ -\rho g \end{Bmatrix},\quad \boldsymbol{F}_f^e=\begin{Bmatrix} \boldsymbol{F}_{1f}^e \\ \boldsymbol{F}_{2f}^e \\ \boldsymbol{F}_{3f}^e \end{Bmatrix}=2\pi\iint_{\Omega_e}\boldsymbol{N}^{\mathrm{T}}\begin{Bmatrix} 0 \\ -\rho g \end{Bmatrix} r\mathrm{d}r\mathrm{d}z$$

$$\boldsymbol{F}_{if}^e=\begin{Bmatrix} \boldsymbol{F}_{ir} \\ \boldsymbol{F}_{iz} \end{Bmatrix}=2\pi\iint_{\Omega_e}N_i\begin{Bmatrix} 0 \\ -\rho g \end{Bmatrix} r\mathrm{d}r\mathrm{d}z=-\frac{1}{6}\pi\rho gA\begin{Bmatrix} 0 \\ 3r_c+r_i \end{Bmatrix},\quad i=1,2,3$$

由此得到自重引起的轴对称三结点三角形单元的等效结点载荷为

$$\boldsymbol{F}_f^e=-\frac{1}{6}\pi\rho gA\begin{bmatrix}0 & 3r_c+r_1 & 0 & 3r_c+r_2 & 0 & 3r_c+r_3\end{bmatrix}^{\mathrm{T}} \tag{5.2.15}$$

注：在轴对称问题积分中，常用到的三个有用的积分公式如下：

① $\iint_{\Omega_e}N_1 r\mathrm{d}r\mathrm{d}z=\dfrac{A}{12}(2r_1+r_2+r_3)=\dfrac{A}{12}(3r_c+r_1)$；

② $\iint_{\Omega_e}N_1 r^2\mathrm{d}r\mathrm{d}z=\dfrac{A}{30}(9r_c^2+2r_1^2-r_2r_3)$；

③ $\int_{l_{13}}N_1 r\mathrm{d}s=\dfrac{1}{6}(2r_1^2+r_3)l_{13}$，其中 l_{13} 为边 13 的长度。

（2）离心力的等效结点载荷

若绕 z 轴旋转的角速度为 ω，材料密度为 ρ，则体积力和体积力的等效结点载荷为

$$\boldsymbol{f}=\begin{Bmatrix} f_r \\ f_z \end{Bmatrix}=\begin{Bmatrix} \rho\omega^2 r \\ 0 \end{Bmatrix},\quad \boldsymbol{F}_f^e=\begin{Bmatrix} \boldsymbol{F}_{1f}^e \\ \boldsymbol{F}_{2f}^e \\ \boldsymbol{F}_{3f}^e \end{Bmatrix}=2\pi\iint_{\Omega_e}\boldsymbol{N}^{\mathrm{T}}\begin{Bmatrix} \rho\omega^2 r \\ 0 \end{Bmatrix} r\mathrm{d}r\mathrm{d}z$$

$$\boldsymbol{F}_{1f}^e=\begin{Bmatrix} F_{1r} \\ F_{1z} \end{Bmatrix}=2\pi\iint_{\Omega_e}\begin{bmatrix} N_1 & 0 \\ 0 & N_1 \end{bmatrix}\begin{Bmatrix} \rho\omega^2 r \\ 0 \end{Bmatrix} r\mathrm{d}r\mathrm{d}z=\frac{\pi\rho\omega^2 A}{15}\begin{Bmatrix} 9r_c^2+2r_1^2-r_2r_3 \\ 0 \end{Bmatrix}$$

同理可以求出 $\boldsymbol{F}_{2f}^e$ 和 $\boldsymbol{F}_{3f}^e$。得到离心力的等效结点载荷：

$$\boldsymbol{F}_f^e=\frac{\pi\rho\omega^2 A}{15}\begin{bmatrix}9r_c^2+2r_1^2-r_2r_3 & 0 & 9r_c^2+2r_2^2-r_3r_1 & 0 & 9r_c^2+2r_3^2-r_1r_2 & 0\end{bmatrix}^{\mathrm{T}} \tag{5.2.16}$$

（3）均布侧压的等效结点载荷

对于如图 5.10 所示单元，与 x 轴正向夹角为 α，长度为 l_{13} 的 13 边作用有均布侧压力 q（以压向单元边界为正），则分布面力为 $\boldsymbol{t}$，均布侧压力的等效结点载荷为

$$\boldsymbol{t}=\begin{Bmatrix} t_r \\ t_z \end{Bmatrix}=\begin{Bmatrix} q\sin\alpha \\ -q\sin\alpha \end{Bmatrix}=\frac{q}{l_{13}}\begin{Bmatrix} z_3-z_1 \\ r_1-r_3 \end{Bmatrix}$$

$$\boldsymbol{F}_s^e=\begin{Bmatrix} \boldsymbol{F}_{1s}^e \\ \boldsymbol{F}_{2s}^e \\ \boldsymbol{F}_{3s}^e \end{Bmatrix}=2\pi\int_{s_0^e}\boldsymbol{N}^{\mathrm{T}}\boldsymbol{t}r\,\mathrm{d}s=2\pi\int\boldsymbol{N}^{\mathrm{T}}\begin{Bmatrix} t_r \\ t_z \end{Bmatrix} r\mathrm{d}s$$

$$\boldsymbol{F}_{1s}^e=\begin{bmatrix} F_{1r} \\ F_{1z} \end{bmatrix}=2\pi\int N_1\frac{q}{l_{13}}\begin{Bmatrix} z_3-z_1 \\ r_1-r_3 \end{Bmatrix} r\mathrm{d}s=\frac{1}{3}\pi q(2r_1+r_3)\begin{Bmatrix} z_3-z_1 \\ r_1-r_3 \end{Bmatrix}$$

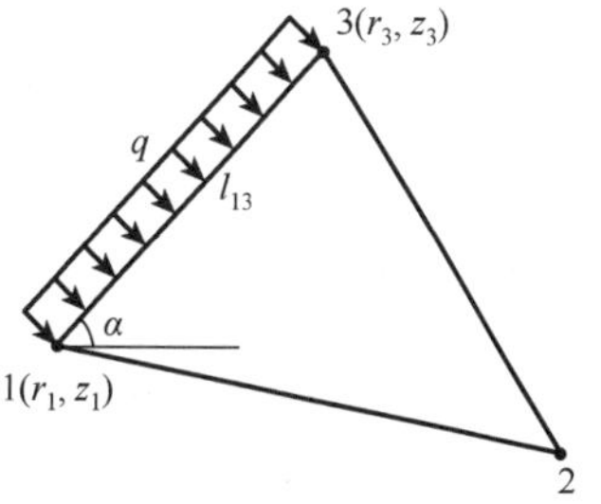

图 5.10　均布侧压单元

$$\boldsymbol{F}_{2s}^{e}=\begin{bmatrix} P_{2r} \\ P_{2z} \end{bmatrix}=\begin{Bmatrix} 0 \\ 0 \end{Bmatrix}$$

$$\boldsymbol{F}_{3s}^{e}=\begin{bmatrix} F_{3r} \\ F_{3z} \end{bmatrix}=2\pi\int N_3 \frac{q}{l_{13}}\begin{Bmatrix} z_1-z_3 \\ r_3-r_1 \end{Bmatrix} r\mathrm{d}s=\frac{1}{3}\pi q(2r_3+r_1)\begin{Bmatrix} z_1-z_3 \\ r_3-r_1 \end{Bmatrix}$$

得到均布侧压的等效结点载荷为

$$\boldsymbol{F}_f^e=\begin{bmatrix} F_{1r} & F_{1z} & 0 & 0 & F_{3r} & F_{3z} \end{bmatrix}^{\mathrm{T}} \tag{5.2.17}$$

5.2.3　轴对称矩形单元

对于如图 5.11 所示空间轴对称四结点矩形单元，单元为横截面为四结点矩形的 360°环形单元，其横截面 4 个结点的局部编号为 1、2、3、4，结点 $i(i=1, 2, 3, 4)$在径向 r 和轴向 z 方向的位移分别为 u_i、w_i，在径向 r 和轴向 z 方向的力分量分别为 F_{ir}、F_{iz}，则单元结点位移列阵和单元结点力列阵为

$$\begin{cases} \boldsymbol{a}^e=\begin{bmatrix} u_1 & w_1 & u_2 & w_2 & u_3 & w_3 & u_4 & w_4 \end{bmatrix}^{\mathrm{T}} \\ \boldsymbol{F}^e=\begin{bmatrix} F_{1r} & F_{1z} & F_{2r} & F_{2z} & F_{3r} & F_{3z} & F_{4r} & F_{4z} \end{bmatrix}^{\mathrm{T}} \end{cases} \tag{5.2.18}$$

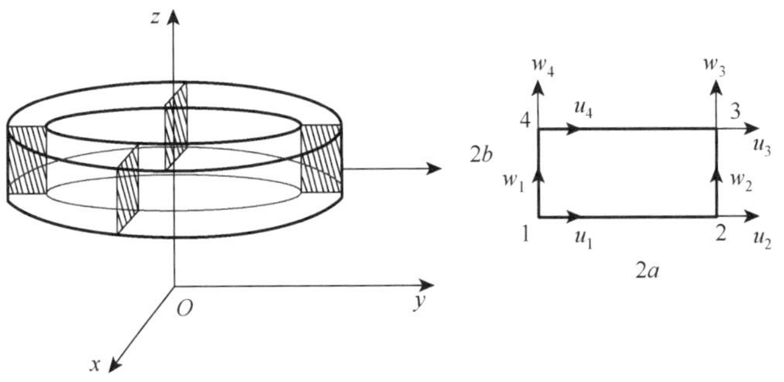

图 5.11　轴对称矩形单元

1. 位移模式

设单元的位移模式为

$$u=a_0+a_1r+a_2z+a_3rz,\quad w=b_0+b_1r+b_2z+b_3rz \tag{5.2.19}$$

代入结点位移：

$$u(r_i, z_i)=u_i,\quad w(r_i, z_i)=w_i,\quad i=1, 2, 3, 4 \tag{5.2.20}$$

求得待定系数 a_i 和 $b_i\,(i=0, 1, 2, 3)$，再代入位移模式（5.2.19）得

$$\begin{Bmatrix} u \\ w \end{Bmatrix}=\begin{bmatrix} \boldsymbol{\varphi} & \boldsymbol{0} \\ \boldsymbol{0} & \boldsymbol{\varphi} \end{bmatrix}\begin{Bmatrix} \boldsymbol{a} \\ \boldsymbol{b} \end{Bmatrix}=\begin{bmatrix} \boldsymbol{\varphi} & \boldsymbol{0} \\ \boldsymbol{0} & \boldsymbol{\varphi} \end{bmatrix}\boldsymbol{A}^{-1}\boldsymbol{a}^e \tag{5.2.21}$$

其中，$\boldsymbol{\varphi}=[1\quad r\quad z\quad rz]$；$\boldsymbol{a}=[a_0\quad a_1\quad a_2\quad a_3]^{\mathrm{T}}$；$\boldsymbol{b}=[b_0\quad b_1\quad b_2\quad b_3]^{\mathrm{T}}$；

$$\boldsymbol{A}=\begin{bmatrix}1 & r_1 & z_1 & r_1z_1\\ 1 & r_2 & z_2 & r_2z_2\\ 1 & r_3 & z_3 & r_3z_3\\ 1 & r_4 & z_4 & r_4z_4\end{bmatrix}$$

进一步整理得

$$\begin{cases}u=N_1(r,z)u_1+N_2(r,z)u_2+N_3(r,z)u_3+N_4(r,z)u_4\\ w=N_1(r,z)w_1+N_2(r,z)w_2+N_3(r,z)w_3+N_4(r,z)w_4\end{cases}\tag{5.2.22}$$

其中

$$N_1=\frac{1}{4}\left(1-\frac{r}{a}\right)\left(1-\frac{z}{b}\right),\quad N_2=\frac{1}{4}\left(1+\frac{r}{a}\right)\left(1-\frac{z}{b}\right)$$
$$N_3=\frac{1}{4}\left(1+\frac{r}{a}\right)\left(1+\frac{z}{b}\right),\quad N_4=\frac{1}{4}\left(1-\frac{r}{a}\right)\left(1+\frac{z}{b}\right)$$

单元位移模式（5.2.22）的矩阵形式为

$$\boldsymbol{u}=\begin{Bmatrix}u\\ w\end{Bmatrix}=\boldsymbol{N}\boldsymbol{a}^e=\begin{bmatrix}N_1 & 0 & N_2 & 0 & N_3 & 0 & N_4 & 0\\ 0 & N_1 & 0 & N_2 & 0 & N_3 & 0 & N_4\end{bmatrix}\boldsymbol{a}^e\tag{5.2.23}$$

再引入无量纲坐标 $\xi=r/a$，$\eta=z/b$，则四个角结点的坐标为 1(−1, −1)、2(1, −1)、3(1, 1)、4(−1, 1)，这时结点插值基函数统一表示为

$$N_i=\frac{1}{4}(1+\xi_i\xi)(1+\eta_i\eta),\quad i=1,2,3,4\tag{5.2.24}$$

这时位移插值模式为

$$u(\xi,\eta)=\sum_{i=1}^{4}N_i(\xi,\eta)u_i,\quad w(\xi,\eta)=\sum_{i=1}^{4}N_i(\xi,\eta)w_i\tag{5.2.25}$$

2. 势能泛函和单元刚度矩阵

由轴对称单元的势能泛函（5.2.11）变分为零，得到单元刚度方程为

$$\boldsymbol{K}^e\boldsymbol{a}^e=\boldsymbol{F}^e\tag{5.2.26}$$

其中，单元刚度矩阵为

$$\boldsymbol{K}^e=\int_{\Omega^e}\boldsymbol{B}^{\mathrm{T}}\boldsymbol{D}\boldsymbol{B}\mathrm{d}\Omega=\int_{A^e}\int_0^{2\pi}\boldsymbol{B}^{\mathrm{T}}\boldsymbol{D}\boldsymbol{B}r\mathrm{d}\theta\mathrm{d}r\mathrm{d}z=\int_{A^e}\boldsymbol{B}^{\mathrm{T}}\boldsymbol{D}\boldsymbol{B}2\pi r\mathrm{d}r\mathrm{d}z\tag{5.2.27}$$

单元等效结点载荷为

$$\boldsymbol{F}^e=\int_{\Omega_e}\boldsymbol{N}^{\mathrm{T}}\boldsymbol{f}\mathrm{d}\Omega+\int_{S_p^e}\boldsymbol{N}^{\mathrm{T}}\boldsymbol{t}\mathrm{d}A=\int_{\Omega_e}\boldsymbol{N}^{\mathrm{T}}\boldsymbol{f}\,2\pi r\mathrm{d}r\mathrm{d}z+\int_{l_p^e}\boldsymbol{N}^{\mathrm{T}}\boldsymbol{t}2\pi r\mathrm{d}l\tag{5.2.28}$$

5.3　三维实体单元

5.3.1　四面体单元

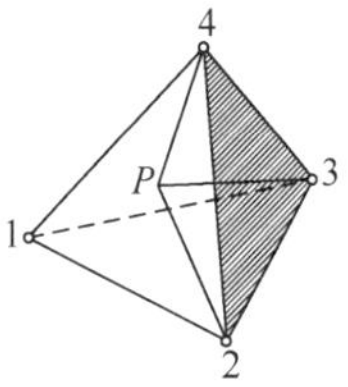

图 5.12　四结点四面体单元

1. 单元的几何和结点描述

对于如图 5.12 所示空间四结点四面体单元，单元的 4 个结点的局部编号为1～4，结点 $i(i=1, 2, 3, 4)$在总体坐标系下 x、y 和 z 方向的位移分别为 u_i、v_i 和 w_i，在 x、y 和 z 方向的力分量分别为 F_{ix}、F_{iy} 和 F_{iz}，则四结点四面体单元的单元结点位移列阵和结点力列阵分别为

$$\begin{cases} \boldsymbol{a}^e = \begin{bmatrix} u_1 & v_1 & w_1 & u_2 & v_2 & w_2 & u_3 & v_3 & w_3 & u_4 & v_4 & w_4 \end{bmatrix}^{\mathrm{T}} \\ \boldsymbol{F}^e = \begin{bmatrix} F_{x1} & F_{y1} & F_{z1} & F_{x2} & F_{y2} & F_{z2} & F_{x3} & F_{y3} & F_{z3} & F_{x4} & F_{y4} & F_{z4} \end{bmatrix}^{\mathrm{T}} \end{cases} \tag{5.3.1}$$

2. 单元位移场

设单元内任意点 $P(x, y, z)$的位移为

$$\begin{cases} u(x,y,z) = \alpha_0 + \alpha_1 x + \alpha_2 y + \alpha_3 z \\ v(x,y,z) = \beta_0 + \beta_1 x + \beta_2 y + \beta_3 z \\ w(x,y,z) = \gamma_0 + \gamma_1 x + \gamma_2 y + \gamma_3 z \end{cases} \tag{5.3.2}$$

其中，α_i、β_i 和 $\gamma_i\,(i=0, 1, 2, 3)$为待定系数。单元的结点条件为

$$u(x_i, y_i, z_i) = u_i, \quad v(x_i, y_i, z_i) = v_i, \quad w(x_i, y_i, z_i) = w_i, \quad i = 1,2,3,4 \tag{5.3.3}$$

将单元的结点条件（5.3.3）代入单元位移模式（5.3.2）可求得待定系数，得到单元位移场为

$$\begin{aligned} \boldsymbol{u} = \begin{Bmatrix} u \\ v \\ w \end{Bmatrix} &= \begin{bmatrix} N_1 & 0 & 0 & N_2 & 0 & 0 & N_3 & 0 & 0 & N_4 & 0 & 0 \\ 0 & N_1 & 0 & 0 & N_2 & 0 & 0 & N_3 & 0 & 0 & N_4 & 0 \\ 0 & 0 & N_1 & 0 & 0 & N_2 & 0 & 0 & N_3 & 0 & 0 & N_4 \end{bmatrix} \boldsymbol{a}^e \\ &= \boldsymbol{N}\boldsymbol{a}^e \end{aligned} \tag{5.3.4}$$

其中，$N_i = (a_i + b_i x + c_i y + d_i z)/(6V)(i = 1, 2, 3, 4)$为单元结点插值基函数；$V$ 为四面体的体积；常数 a_i、b_i、c_i 和 d_i 为行列式

$$D = \begin{vmatrix} 1 & x_1 & y_1 & z_1 \\ 1 & x_2 & y_2 & z_2 \\ 1 & x_3 & y_3 & z_3 \\ 1 & x_4 & y_4 & z_4 \end{vmatrix} = 6V$$

第一列、第二列、第三列和第四列各元素的代数余子式。

3. 单元应变场及应力场

由弹性力学空间问题的几何方程，有

$$\boldsymbol{\varepsilon}=\boldsymbol{L}\boldsymbol{u}=\boldsymbol{L}\boldsymbol{N}\boldsymbol{a}^e=\boldsymbol{B}\boldsymbol{a}^e=\begin{bmatrix}\boldsymbol{B}_1 & \boldsymbol{B}_2 & \boldsymbol{B}_3 & \boldsymbol{B}_4\end{bmatrix}\boldsymbol{a}^e \tag{5.3.5}$$

其中，算子 $\boldsymbol{L}$ 的表达式见式（3.1.7）；$\boldsymbol{B}$ 为应变矩阵，其子矩阵 $\boldsymbol{B}_i$ 为

$$\boldsymbol{B}_i=\boldsymbol{L}\begin{bmatrix}N_i & 0 & 0\\ 0 & N_i & 0\\ 0 & 0 & N_i\end{bmatrix}=\frac{1}{6V}\begin{bmatrix}b_i & 0 & 0\\ 0 & c_i & 0\\ 0 & 0 & d_i\\ c_i & b_i & 0\\ 0 & d_i & c_i\\ d_i & 0 & b_i\end{bmatrix},\quad i=1,2,3,4$$

单元应力场

$$\boldsymbol{\sigma}=\boldsymbol{D}\boldsymbol{\varepsilon}=\boldsymbol{D}\boldsymbol{B}\boldsymbol{a}^e=\boldsymbol{S}\boldsymbol{a}^e \tag{5.3.6}$$

其中，$\boldsymbol{D}$ 为三维弹性矩阵，对各向同性材料其表达式见式（3.1.10）；$\boldsymbol{S}=\boldsymbol{D}\boldsymbol{B}$ 为单元应力矩阵。将单元位移场（5.3.4）和应变场（5.3.5）代入势能泛函（3.1.113）得到单元势能泛函

$$\Pi_p=\frac{1}{2}\int_V\boldsymbol{\varepsilon}^{\mathrm{T}}\boldsymbol{D}\boldsymbol{\varepsilon}\mathrm{d}V-\left(\int_V\boldsymbol{f}^{\mathrm{T}}\boldsymbol{u}\mathrm{d}V+\int_{S_\sigma}\boldsymbol{t}^{\mathrm{T}}\boldsymbol{u}\mathrm{d}S\right) \tag{5.3.7}$$

4. 单元刚度矩阵方程

由泛函（5.3.7）变分为零，得到单元刚度方程：

$$\boldsymbol{K}^e\boldsymbol{a}^e=\boldsymbol{F}^e \tag{5.3.8}$$

其中，单元刚度矩阵和等效结点载荷分别为

$$\boldsymbol{K}^e=\int_{\Omega^e}\boldsymbol{B}^{\mathrm{T}}\boldsymbol{D}\boldsymbol{B}\mathrm{d}\Omega,\quad \boldsymbol{F}^e=\int_{\Omega_e}\boldsymbol{N}^{\mathrm{T}}\boldsymbol{f}\,\mathrm{d}\Omega+\int_{\Omega_e}\boldsymbol{N}^{\mathrm{T}}\boldsymbol{t}\mathrm{d}A$$

5.3.2　六面体单元

1. 单元的几何和结点描述

考虑如图 5.13 所示八结点六面体单元，单元的 8 个结点的局部编号为 $1, 2, \cdots, 8$，结点 $i(i=1,2,\cdots,8)$在总体坐标系下 x、y 和 z 方向的位移分别为 u_i、v_i 和 w_i，在 x、y 和 z 方向的力分量分别为 F_{ix}、F_{iy} 和 F_{iz}，每个结点有三个位移分量（即三个自由度），八结点六面体单元有 24 个结点位移分量。单元的结点位移列阵和结点力列阵分别为

$$\begin{cases}\boldsymbol{a}^e=\begin{bmatrix}u_1 & v_1 & w_1 & \cdots & u_2 & v_2 & w_2 & \cdots & u_8 & v_8 & w_8\end{bmatrix}^{\mathrm{T}}\\ \boldsymbol{F}^e=\begin{bmatrix}F_{x1} & F_{y1} & F_{z1} & \cdots & F_{x2} & F_{y2} & F_{z2} & \cdots & F_{x8} & F_{y8} & F_{z8}\end{bmatrix}^{\mathrm{T}}\end{cases} \tag{5.3.9}$$

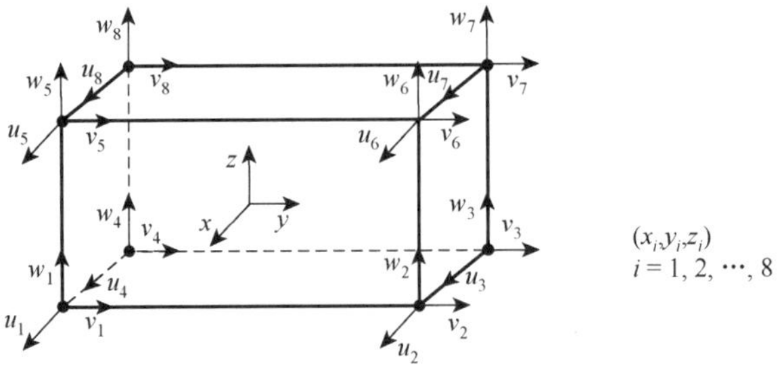

图 5.13　八结点六面体单元

2. 单元位移场

该单元有 8 个结点，有 24 个结点位移自由度。因此，每个方向的位移场可以设定 8 个待定系数，根据结点个数以及确定位移模式的基本原则，选取该单元的位移模式为

$$\begin{cases} u(x,y,z) = a_0 + a_1x + a_2y + a_3z + a_4xy + a_5yz + a_6zx + a_7xyz \\ v(x,y,z) = b_0 + b_1x + b_2y + b_3z + b_4xy + b_5yz + b_6zx + b_7xyz \\ w(x,y,z) = c_0 + c_1x + c_2y + c_3z + c_4xy + c_5yz + c_6zx + c_7xyz \end{cases} \tag{5.3.10}$$

在结点处有

$$u(x_i, y_i, z_i) = u_i, \quad v(x_i, y_i, z_i) = v_i, \quad w(x_i, y_i, z_i) = w_i, \quad i = 1, 2, \cdots, 8 \tag{5.3.11}$$

利用结点条件（5.3.11）可以求得待定系数，并将位移模式（5.3.10）用矩阵表示为

$$\boldsymbol{u} = \begin{Bmatrix} u \\ v \\ w \end{Bmatrix} = \begin{bmatrix} N_1 & 0 & 0 & \cdots & N_2 & 0 & 0 & \cdots & N_8 & 0 & 0 \\ 0 & N_1 & 0 & \cdots & 0 & N_2 & 0 & \cdots & 0 & N_8 & 0 \\ 0 & 0 & N_1 & \cdots & 0 & 0 & N_2 & \cdots & 0 & 0 & N_8 \end{bmatrix} \boldsymbol{a}^e \tag{5.3.12}$$
$$= \boldsymbol{N}\boldsymbol{a}^e$$

定义局部坐标 $\xi = x/a$，$\eta = y/b$，$\zeta = z/c$，则$-1 \leqslant \xi, \eta, \zeta \leqslant 1$，8 个结点的局部坐标为

1(1, −1, −1), 2(1, 1, −1), 3(−1, 1, −1), 4(−1, −1, −1), 5(1, −1, 1), 6(1, 1, 1), 7(−1, 1, 1), 8(−1, −1, 1)

式（5.3.12）中 8 个结点的插值基函数可以统一表述为

$$N_i = \frac{1}{8}(1 + \xi_i\xi)(1 + \eta_i\eta)(1 + \zeta_i\zeta), \quad i = 1, 2, \cdots, 8 \tag{5.3.13}$$

其中，(ξ_i, η_i, ζ_i)为结点 i 的局部坐标。

3. 单元应变场

由弹性力学空间问题的几何方程，有

$$\boldsymbol{\varepsilon} = \boldsymbol{L}\boldsymbol{u} = \boldsymbol{L}\boldsymbol{N}\boldsymbol{a}^e = \boldsymbol{B}\boldsymbol{a}^e \tag{5.3.14}$$

4. 单元势能泛函

将单元位移场（5.3.12）和应变场（5.3.14）代入三维问题的势能泛函得到单元势能泛函：

$$\begin{aligned}
\Pi_p &= \frac{1}{2}\int_V \boldsymbol{\varepsilon}^{\mathrm{T}} \boldsymbol{D}\boldsymbol{\varepsilon} \mathrm{d}V - \left(\int_V \boldsymbol{f}^{\mathrm{T}} \boldsymbol{u} \mathrm{d}V + \int_{S_\sigma} \boldsymbol{t}^{\mathrm{T}} \boldsymbol{u} \mathrm{d}S\right) \\
&= \frac{1}{2}(\boldsymbol{a}^e)^{\mathrm{T}} \left(\int_V \boldsymbol{B}^{\mathrm{T}} \boldsymbol{D}\boldsymbol{B} \mathrm{d}V\right) \boldsymbol{a}^e - (\boldsymbol{a}^e)^{\mathrm{T}} \left(\int_V \boldsymbol{N}^{\mathrm{T}} \boldsymbol{f} \mathrm{d}V + \int_{S_\sigma} \boldsymbol{N}^{\mathrm{T}} \boldsymbol{t} \mathrm{d}S\right) \\
&= \frac{1}{2}(\boldsymbol{a}^e)^{\mathrm{T}} \boldsymbol{K}^e \boldsymbol{a}^e - (\boldsymbol{a}^e)^{\mathrm{T}} \boldsymbol{F}^e
\end{aligned} \tag{5.3.15}$$

其中，$\boldsymbol{K}^e = \int_{\Omega^e} \boldsymbol{B}^{\mathrm{T}} \boldsymbol{D}\boldsymbol{B} \mathrm{d}\Omega$ 为单元刚度矩阵；$\boldsymbol{F}^e = \int_{\Omega^e} \boldsymbol{N}^{\mathrm{T}} \boldsymbol{f} \, \mathrm{d}\Omega + \int_{S_p^e} \boldsymbol{N}^{\mathrm{T}} \boldsymbol{t} \mathrm{d}A$ 为单元等效结点载荷。

5. 单元刚度矩阵方程

由泛函（5.3.15）变分为零，得到单元刚度方程为

$$\boldsymbol{K}^e \boldsymbol{a}^e = \boldsymbol{F}^e \tag{5.3.16}$$

5.4　有限元法一般格式

5.4.1　广义坐标有限元法

从前面的讨论可见，平面二维单元有三角形单元和四边形矩形单元，空间轴对称单元也有三角形单元和四边形矩形单元，空间三维单元有四面体单元和六面体单元。这类单元结点仅布置在单元的顶点，单元插值函数都为线性（或双线性）多项式的单元称为**线性单元**。除了前述线性单元，还有含边中、面内或体内结点的二次单元、三次单元或更高次单元，本节将介绍构造这些单元插值基函数的统一方法，称为**广义坐标有限元法**。

1. 选择单元位移模式的一般原则

选取单元的位移模式为多项式（以平面问题为例）：

$$u = \beta_1 + \beta_2 x + \beta_3 y + \beta_4 x^2 + \beta_5 xy + \beta_6 y^2 + \cdots + \beta_n x^k y^m \tag{5.4.1}$$

其中，β_i 为广义坐标；k 和 m 为非负整数，由插值结点数和结点自由度确定。

（1）β_i 由结点位移确定，其个数应等于单元结点自由度。

（2）一次项和常数项必须完备，即

$$u = \beta_1 + \beta_2 x + \beta_3 y \tag{5.4.2}$$

常数项 β_1 反映刚体运动，一次项 $\beta_2 x + \beta_3 y$ 反映常应变。

（3）多项式选取应从低阶到高阶，尽量取完全多项式以提高精度。

常用单元位移模式如表 5.1 所示。

表 5.1　常用单元的位移模式

单元形状	结点数	位移模式										
平面问题												
三角形	3	1	x	y								
三角形	6	1	x	y	x^2	xy	y^2					
四边形	4	1	x	y	xy							
四边形	8	1	x	y	x^2	xy	y^2	x^2y	xy^2			
轴对称问题												
三角形	3	1	r	z								
三角形	6	1	r	z	r^2	rx	z^2					
四边形	4	1	r	z	rx							
四边形	8	1	r	z	r^2	rx	z^2	r^2z	rz^2			
空间问题												
四面体	4	1	x	y	z							
四面体	10	1	x	y	z	x^2	y^2	z^2	xy	yz	zx	
六面体	8	1	x	y	z	xy	yz	zx	xyz			
五面体	6	1	x	y	z	xyz	$x^2y^2z^2$					

2. 广义坐标有限元法的一般步骤

（1）以广义坐标 $\boldsymbol{\beta}$ 为待定参数，描述单元内位移：

$$\boldsymbol{u}=\boldsymbol{\Phi}(x_i,y_i,z_i)\boldsymbol{\beta} \tag{5.4.3}$$

其中，$\boldsymbol{\beta}=[\beta_1 \quad \beta_2 \quad \cdots \quad \beta_n]^{\mathrm{T}}$，$n$ 的值由结点数和结点自由度确定。

（2）用单元结点位移表示广义坐标：

$$\boldsymbol{a}^e=\boldsymbol{\Phi}(x_i,y_i,z_i)\boldsymbol{\beta}=\boldsymbol{A\beta},\quad \boldsymbol{\beta}=\boldsymbol{A}^{-1}\boldsymbol{a}^e \tag{5.4.4}$$

（3）用单元结点位移表示单元位移，得到单元插值函数：

$$\boldsymbol{u}=\boldsymbol{\Phi\beta}=\boldsymbol{\Phi A}^{-1}\boldsymbol{a}^e=\boldsymbol{Na}^e \tag{5.4.5}$$

（4）用单元结点位移表示单元应变和应力：

$$\boldsymbol{\varepsilon}=\boldsymbol{Lu}=\boldsymbol{LNa}^e=\boldsymbol{Ba}^e,\quad \boldsymbol{\sigma}=\boldsymbol{D\varepsilon}=\boldsymbol{DBa}^e=\boldsymbol{Sa}^e \tag{5.4.6}$$

（5）构造单元结点位移势能泛函：

$$\begin{aligned}\Pi_p^e&=\frac{1}{2}\int_V\boldsymbol{\varepsilon}^{\mathrm{T}}\boldsymbol{D\varepsilon}\mathrm{d}V-\int_V\boldsymbol{\varepsilon}^{\mathrm{T}}\boldsymbol{D\varepsilon}_0\mathrm{d}V+\int_V\boldsymbol{\varepsilon}^{\mathrm{T}}\boldsymbol{\sigma}_0\mathrm{d}V-\left(\int_V\boldsymbol{u}^{\mathrm{T}}\boldsymbol{f}\mathrm{d}V+\int_{S_\sigma}\boldsymbol{u}^{\mathrm{T}}\boldsymbol{t}\mathrm{d}S\right)\\&=\frac{1}{2}(\boldsymbol{a}^e)^{\mathrm{T}}\boldsymbol{Ka}^e-(\boldsymbol{a}^e)^{\mathrm{T}}(\boldsymbol{F}^e)^{\mathrm{T}}\end{aligned} \tag{5.4.7}$$

（6）由单元势能泛函取极值得到单元刚度方程：

$$\boldsymbol{K}^e\boldsymbol{a}^e=\boldsymbol{F}^e \tag{5.4.8}$$

其中，单元刚度矩阵 $\boldsymbol{K}^e$ 和单元等效结点载荷 $\boldsymbol{F}^e$ 为

$$\boldsymbol{K}^e=\int_{V^e}\boldsymbol{B}^{\mathrm{T}}(x,y,z)\boldsymbol{D}\boldsymbol{B}(x,y,z)\,\mathrm{d}V$$

$$\boldsymbol{F}^e=\int_{\Omega^e}\boldsymbol{N}^{\mathrm{T}}\boldsymbol{f}\,\mathrm{d}\Omega+\int_{S_p^e}\boldsymbol{N}^{\mathrm{T}}\boldsymbol{t}\,\mathrm{d}A+\int_V\boldsymbol{B}^{\mathrm{T}}\boldsymbol{D}\boldsymbol{\varepsilon}_0\mathrm{d}V-\int_V\boldsymbol{B}^{\mathrm{T}}\boldsymbol{\sigma}_0\mathrm{d}V$$

相关参数见前面平面三角形单元。

5.4.2　广义坐标平面单元

无论是三角形单元还是矩形单元，是一次单元、二次单元还是三次单元，对具有 n 个结点的二维单元，设结点 i 在总体坐标系 x 轴和 y 轴方向的位移分量分别为 u_i 和 w_i，则单元结点位移列阵都可以表示为

$$\boldsymbol{a}^e=\begin{bmatrix}u_1 & v_1 & u_2 & v_2 & \cdots & u_n & v_n\end{bmatrix}^{\mathrm{T}} \tag{5.4.9}$$

其位移插值模式为

$$u=\sum_{i=1}^{n}N_iu_i,\quad v=\sum_{i=1}^{n}N_iv_i \tag{5.4.10a}$$

位移插值模式矩阵表示为

$$\boldsymbol{u}=\boldsymbol{N}\boldsymbol{a}^e \tag{5.4.10b}$$

其中，单元插值函数矩阵为

$$\boldsymbol{N}=\begin{bmatrix}N_1 & 0 & N_2 & 0 & \cdots & N_n & 0\\ 0 & N_1 & 0 & N_2 & \cdots & 0 & N_n\end{bmatrix}$$

单元应变列向量为

$$\boldsymbol{\varepsilon}=\begin{Bmatrix}\varepsilon_x\\ \varepsilon_y\\ \gamma_{xy}\end{Bmatrix}=\begin{Bmatrix}\dfrac{\partial u}{\partial x}\\ \dfrac{\partial v}{\partial y}\\ \dfrac{\partial u}{\partial y}+\dfrac{\partial v}{\partial x}\end{Bmatrix}=\begin{bmatrix}\boldsymbol{B}_1 & \boldsymbol{B}_2 & \cdots & \boldsymbol{B}_n\end{bmatrix}\boldsymbol{a}^e=\boldsymbol{B}\boldsymbol{a}^e,\quad \boldsymbol{B}_i=\begin{bmatrix}\dfrac{\partial N_i}{\partial x} & 0\\ 0 & \dfrac{\partial N_i}{\partial y}\\ \dfrac{\partial N_i}{\partial y} & \dfrac{\partial N_i}{\partial x}\end{bmatrix} \tag{5.4.11}$$

其中，$\boldsymbol{B}$ 为 n 结点平面单元应变矩阵。单元应力列向量为

$$\boldsymbol{\sigma}=\begin{Bmatrix}\sigma_x\\ \sigma_y\\ \tau_{xy}\end{Bmatrix}=\boldsymbol{D}\boldsymbol{\varepsilon}=\boldsymbol{D}\boldsymbol{B}\boldsymbol{a}^e=\boldsymbol{S}\boldsymbol{a}^e \tag{5.4.12}$$

其中，$\boldsymbol{D}$ 为平面问题的弹性矩阵；$\boldsymbol{S}$ 为 n 结点平面问题的应力矩阵。由平面问题的势能泛函得到单元势能泛函：

$$\Pi_p^e=\int_{V^e}\frac{1}{2}\boldsymbol{\varepsilon}^{\mathrm{T}}\boldsymbol{D}\boldsymbol{\varepsilon}\mathrm{d}V-\int_{V^e}\boldsymbol{u}^{\mathrm{T}}\boldsymbol{f}\mathrm{d}V-\int_{S_\sigma^e}\boldsymbol{u}^{\mathrm{T}}\boldsymbol{t}\mathrm{d}S=\int_{A^e}\frac{1}{2}\boldsymbol{\varepsilon}^{\mathrm{T}}\boldsymbol{D}\boldsymbol{\varepsilon}t\mathrm{d}A-\int_{A^e}\boldsymbol{u}^{\mathrm{T}}\boldsymbol{f}t\mathrm{d}A-\int_{l_\sigma^e}\boldsymbol{u}^{\mathrm{T}}\boldsymbol{t}t\mathrm{d}l \tag{5.4.13}$$

由势能泛函变分为零，得到单元刚度方程：

$$\boldsymbol{K}^e\boldsymbol{a}^e=\boldsymbol{F}^e \tag{5.4.14}$$

其中，单元刚度矩阵：

$$\boldsymbol{K}^e = \int_{V^e} \boldsymbol{B}^{\mathrm{T}} \boldsymbol{D} \boldsymbol{B} \mathrm{d}V = \int_{A^e} \boldsymbol{B}^{\mathrm{T}} \boldsymbol{D} \boldsymbol{B} t \mathrm{d}A$$

单元等效结点载荷：

$$\boldsymbol{F}^e = \boldsymbol{F}_b^e + \boldsymbol{F}_s^e = \int_{A^e} \boldsymbol{N}^{\mathrm{T}} \boldsymbol{f} t \mathrm{d}A + \int_{l_\sigma^e} \boldsymbol{N}^{\mathrm{T}} \boldsymbol{t} t \mathrm{d}l$$

5.4.3 广义坐标轴对称单元

无论是轴对称三角形单元，还是轴对称矩形单元，是一次单元、二次单元还是三次单元，对具有 n 个结点的轴对称环状单元，设结点 i 在总体柱坐标系的 r 轴和 z 轴方向的位移分量分别为 u_i、w_i，则单元的结点位移列阵可以表示为

$$\boldsymbol{a}^e = \begin{bmatrix} u_1 & w_1 & u_2 & w_2 & \cdots & u_n & w_n \end{bmatrix}^{\mathrm{T}} \tag{5.4.15}$$

设单元的位移插值模式为

$$u = \sum_{i=1}^{n} N_i u_i, \quad w = \sum_{i=1}^{n} N_i w_i \tag{5.4.16a}$$

单元位移插值模式的矩阵表示为

$$\boldsymbol{u} = \boldsymbol{N}\boldsymbol{a}^e \tag{5.4.16b}$$

其中，单元插值函数矩阵为 $\boldsymbol{N} = \begin{bmatrix} N_1 & 0 & N_2 & 0 & \cdots & N_n & 0 \\ 0 & N_1 & 0 & N_2 & \cdots & 0 & N_n \end{bmatrix}$。

单元应变列向量

$$\boldsymbol{\varepsilon} = \begin{Bmatrix} \varepsilon_r \\ \varepsilon_z \\ \gamma_{rz} \\ \varepsilon_\theta \end{Bmatrix} = \begin{Bmatrix} \dfrac{\partial u}{\partial r} \\ \dfrac{\partial w}{\partial z} \\ \dfrac{\partial u}{\partial z} + \dfrac{\partial w}{\partial r} \\ \dfrac{u}{r} \end{Bmatrix} = \begin{bmatrix} \boldsymbol{B}_1 & \boldsymbol{B}_2 & \cdots & \boldsymbol{B}_n \end{bmatrix} \boldsymbol{a}^e = \boldsymbol{B}\boldsymbol{a}^e, \quad \boldsymbol{B}_i = \begin{bmatrix} \dfrac{\partial N_i}{\partial r} & 0 \\ 0 & \dfrac{\partial N_i}{\partial z} \\ \dfrac{\partial N_i}{\partial z} & \dfrac{\partial N_i}{\partial r} \\ \dfrac{N_i}{r} & 0 \end{bmatrix} \tag{5.4.17}$$

其中，$\boldsymbol{B}$ 为 n 结点轴对称单元应变矩阵。单元应力列向量为

$$\boldsymbol{\sigma} = \begin{Bmatrix} \sigma_r \\ \sigma_z \\ \tau_{rz} \\ \sigma_\theta \end{Bmatrix} = \boldsymbol{D}\boldsymbol{\varepsilon} = \boldsymbol{D}\boldsymbol{B}\boldsymbol{a}^e = \boldsymbol{S}\boldsymbol{a}^e \tag{5.4.18}$$

其中，$\boldsymbol{D}$ 为轴对称问题弹性矩阵，表达式见式（3.1.38）；$\boldsymbol{S}$ 为 n 结点轴对称问题的应力矩阵。由平面问题的势能泛函得到单元势能泛函：

$$\begin{aligned}\Pi_p^e &= \int_{V^e}\frac{1}{2}\boldsymbol{\varepsilon}^{\mathrm{T}}\boldsymbol{D}\boldsymbol{\varepsilon}\mathrm{d}V - \int_{V^e}\boldsymbol{u}^{\mathrm{T}}\boldsymbol{f}\mathrm{d}V - \int_{S_\sigma^e}\boldsymbol{u}^{\mathrm{T}}\boldsymbol{t}\mathrm{d}S \\ &= \int_0^{2\pi}\int_{A^e}\frac{1}{2}\boldsymbol{\varepsilon}^{\mathrm{T}}\boldsymbol{D}\boldsymbol{\varepsilon}r\mathrm{d}A\mathrm{d}\theta - \int_0^{2\pi}\int_{A^e}\boldsymbol{u}^{\mathrm{T}}\boldsymbol{f}r\mathrm{d}s\mathrm{d}\theta - \int_0^{2\pi}\int_{l_\sigma^e}\boldsymbol{u}^{\mathrm{T}}\boldsymbol{t}r\mathrm{d}l\mathrm{d}\theta \\ &= 2\pi\left(\int_{A^e}\frac{1}{2}\boldsymbol{\varepsilon}^{\mathrm{T}}\boldsymbol{D}\boldsymbol{\varepsilon}r\mathrm{d}A - \int_{A^e}\boldsymbol{u}^{\mathrm{T}}\boldsymbol{f}r\mathrm{d}s - \int_{l_\sigma^e}\boldsymbol{u}^{\mathrm{T}}\boldsymbol{t}r\mathrm{d}l\right)\end{aligned} \tag{5.4.19}$$

由势能泛函变分为零，得到单元刚度方程为

$$\boldsymbol{K}^e\boldsymbol{a}^e = \boldsymbol{F}^e \tag{5.4.20}$$

其中，单元刚度矩阵为

$$\boldsymbol{K}^e = \int_{V^e}\boldsymbol{B}^{\mathrm{T}}\boldsymbol{D}\boldsymbol{B}\mathrm{d}V = \int_0^{2\pi}\int_{A^e}\boldsymbol{B}^{\mathrm{T}}\boldsymbol{D}\boldsymbol{B}r\mathrm{d}A\mathrm{d}\theta = 2\pi\int_{A^e}\boldsymbol{B}^{\mathrm{T}}\boldsymbol{D}\boldsymbol{B}r\mathrm{d}A$$

单元等效结点载荷为

$$\boldsymbol{F}^e = \boldsymbol{F}_b^e + \boldsymbol{F}_s^e + \boldsymbol{F}_p = 2\pi\int_{A^e}\boldsymbol{N}^{\mathrm{T}}\boldsymbol{f}r\mathrm{d}A + 2\pi\int_{l_\sigma^e}\boldsymbol{N}^{\mathrm{T}}\boldsymbol{t}r\mathrm{d}l + \boldsymbol{F}_p$$

结点集中载荷为

$$\boldsymbol{F}_p = 2\pi\boldsymbol{F} = 2\pi\begin{Bmatrix} r_1\boldsymbol{F}_1 \\ r_2\boldsymbol{F}_2 \\ \vdots \\ r_n\boldsymbol{F}_n \end{Bmatrix},\quad \boldsymbol{F}_i = \begin{Bmatrix} F_{ir} \\ F_{iz} \end{Bmatrix}$$

5.4.4　广义坐标三维单元

无论是四面体单元还是五面体单元或六面体单元，无论是一次单元还是二次单元或三次单元，对具有 n 个结点的三维单元，设结点 i 在总体坐标系 x 轴、y 轴和 z 轴方向的位移分量分别为 u_i、v_i、w_i，则单元结点位移列阵都可以表示为

$$\boldsymbol{a}^e = \begin{bmatrix} u_1 & v_1 & w_1 & u_2 & v_2 & w_2 & \cdots & u_n & v_n & w_n \end{bmatrix}^{\mathrm{T}} \tag{5.4.21}$$

单元位移插值模式为

$$u = \sum_{i=1}^n N_i u_i,\quad v = \sum_{i=1}^n N_i v_i,\quad w = \sum_{i=1}^n N_i w_i \tag{5.4.22a}$$

位移模式的矩阵形式为

$$\boldsymbol{u} = \boldsymbol{N}\boldsymbol{a}^e \tag{5.4.22b}$$

其中，单元插值函数矩阵为 $\boldsymbol{N} = \begin{bmatrix} N_1 & 0 & 0 & N_2 & 0 & 0 & \cdots & N_n & 0 & 0 \\ 0 & N_1 & 0 & 0 & N_2 & 0 & \cdots & 0 & N_n & 0 \\ 0 & 0 & N_1 & 0 & 0 & N_2 & \cdots & 0 & 0 & N_n \end{bmatrix}$。

单元应变列向量为

$$\boldsymbol{\varepsilon}=\begin{Bmatrix}\varepsilon_x\\ \varepsilon_y\\ \varepsilon_z\\ \gamma_{xy}\\ \gamma_{yz}\\ \gamma_{zx}\end{Bmatrix}=\begin{Bmatrix}\dfrac{\partial u}{\partial x}\\ \dfrac{\partial v}{\partial y}\\ \dfrac{\partial w}{\partial z}\\ \dfrac{\partial u}{\partial y}+\dfrac{\partial v}{\partial x}\\ \dfrac{\partial v}{\partial z}+\dfrac{\partial w}{\partial y}\\ \dfrac{\partial u}{\partial z}+\dfrac{\partial w}{\partial x}\end{Bmatrix}=\begin{bmatrix}\boldsymbol{B}_1 & \boldsymbol{B}_2 & \cdots & \boldsymbol{B}_n\end{bmatrix}\boldsymbol{a}^e=\boldsymbol{B}\boldsymbol{a}^e,\quad \boldsymbol{B}_i=\begin{bmatrix}\dfrac{\partial N_i}{\partial x} & 0 & 0\\ 0 & \dfrac{\partial N_i}{\partial y} & 0\\ 0 & 0 & \dfrac{\partial N_i}{\partial z}\\ \dfrac{\partial N_i}{\partial y} & \dfrac{\partial N_i}{\partial x} & 0\\ 0 & \dfrac{\partial N_i}{\partial z} & \dfrac{\partial N_i}{\partial y}\\ \dfrac{\partial N_i}{\partial z} & 0 & \dfrac{\partial N_i}{\partial x}\end{bmatrix} \tag{5.4.23}$$

其中，$\boldsymbol{B}$ 为 n 结点三维单元应变矩阵。单元应力列向量为

$$\boldsymbol{\sigma}=\begin{Bmatrix}\sigma_x\\ \sigma_y\\ \sigma_z\\ \tau_{xy}\\ \tau_{yz}\\ \tau_{zx}\end{Bmatrix}=\boldsymbol{D}\boldsymbol{\varepsilon}=\boldsymbol{D}\boldsymbol{B}\boldsymbol{a}^e=\boldsymbol{S}\boldsymbol{a}^e \tag{5.4.24}$$

其中，$\boldsymbol{D}$ 为空间问题弹性矩阵；$\boldsymbol{S}$ 为 n 结点空间问题的应力矩阵。

由空间问题的势能泛函得到单元势能泛函：

$$\Pi_p^e=\int_{V^e}\frac{1}{2}\boldsymbol{\varepsilon}^{\mathrm{T}}\boldsymbol{D}\boldsymbol{\varepsilon}\mathrm{d}V-\int_{V^e}\boldsymbol{u}^{\mathrm{T}}\boldsymbol{f}\mathrm{d}V-\int_{S_\sigma^e}\boldsymbol{u}^{\mathrm{T}}\boldsymbol{t}\mathrm{d}S$$

由势能泛函变分为零，得到单元刚度方程为

$$\boldsymbol{K}^e\boldsymbol{a}^e=\boldsymbol{F}^e \tag{5.4.25}$$

其中，单元刚度矩阵和单元等效结点载荷分别为

$$\boldsymbol{K}^e=\int_{V^e}\boldsymbol{B}^{\mathrm{T}}\boldsymbol{D}\boldsymbol{B}\mathrm{d}V,\quad \boldsymbol{F}^e=\boldsymbol{F}_b^e+\boldsymbol{F}_s^e=\int_{V^e}\boldsymbol{N}^{\mathrm{T}}\boldsymbol{f}\mathrm{d}A+\int_{S_\sigma^e}\boldsymbol{N}^{\mathrm{T}}\boldsymbol{t}\mathrm{d}S$$

5.5　结构有限元平衡方程

5.5.1　单元结点局部编码与总体编码

下面以平面三结点三角形单元为例，说明结构总刚度矩阵与单元刚度矩阵之间的关系，以及总体载荷向量与单元载荷列阵之间的关系。如果结构有 n 个结点，每个结点有 2

个自由度，则总共 $2n$ 个自由度，在局部编码中三角形单元中的三结点 1、2、3 对应于总体结点编码为 i、j、m，所有结点的位移列向量（总位移向量）：

$$\begin{aligned}\boldsymbol{a} &= \begin{bmatrix} u_1 & v_1 & u_2 & v_2 \cdots & u_i & v_i & \cdots & u_n & v_n \end{bmatrix}^{\mathrm{T}} \\ &= \begin{bmatrix} a_1 & a_2 & a_3 & a_4 \cdots & a_{2i-1} & a_{2i} & \cdots & a_{2n-1} & a_{2n} \end{bmatrix}^{\mathrm{T}} \\ &= \begin{bmatrix} \boldsymbol{a}_1 & \boldsymbol{a}_2 & \cdots & \boldsymbol{a}_i & \cdots & \boldsymbol{a}_n \end{bmatrix}^{\mathrm{T}}\end{aligned} \tag{5.5.1}$$

定义 $\boldsymbol{G}_{6\times 2n}^e$ 为单元结点的局部编码与结构总体结点编码的转化矩阵：

$$\begin{aligned}\boldsymbol{G}_{6\times 2n}^e &= \begin{array}{c} \begin{matrix} 1 & 2 & \cdots & 2i-1 & 2i & \cdots & 2j-1 & 2j & \cdots & 2m-1 & 2m & \cdots & 2n \end{matrix} \\ \begin{bmatrix} 0 & 0 & \cdots & 1 & 0 & \cdots & 0 & 0 & \cdots & 0 & 0 & \cdots & 0 \\ 0 & 0 & \cdots & 0 & 1 & \cdots & 0 & 0 & \cdots & 0 & 0 & \cdots & 0 \\ 0 & 0 & \cdots & 0 & 0 & \cdots & 0 & 0 & \cdots & 1 & 0 & \cdots & 0 \\ 0 & 0 & \cdots & 0 & 0 & \cdots & 0 & 0 & \cdots & 0 & 1 & \cdots & 0 \\ 0 & 0 & \cdots & 0 & 0 & \cdots & 1 & 0 & \cdots & 0 & 0 & \cdots & 0 \\ 0 & 0 & \cdots & 0 & 0 & \cdots & 0 & 1 & \cdots & 0 & 0 & \cdots & 0 \end{bmatrix} \end{array} \\ &= \begin{array}{c} \begin{matrix} 1 & \cdots & i & \cdots & j & \cdots & m & \cdots & n \end{matrix} \\ \begin{bmatrix} \boldsymbol{0} & \cdots & \boldsymbol{I} & \cdots & \boldsymbol{0} & \cdots & \boldsymbol{0} & \cdots & \boldsymbol{0} \\ \boldsymbol{0} & \cdots & \boldsymbol{0} & \cdots & \boldsymbol{0} & \cdots & \boldsymbol{I} & \cdots & \boldsymbol{0} \\ \boldsymbol{0} & \cdots & \boldsymbol{0} & \cdots & \boldsymbol{I} & \cdots & \boldsymbol{0} & \cdots & \boldsymbol{0} \end{bmatrix} \end{array}\end{aligned} \tag{5.5.2}$$

则有

$$\boldsymbol{a}^e = \boldsymbol{G}^e \boldsymbol{a} \tag{5.5.3}$$

结构的总势能泛函等于各单元势能泛函之和，即

$$\begin{aligned}\Pi_p &= \int_V \frac{1}{2}\boldsymbol{\varepsilon}^{\mathrm{T}}\boldsymbol{D}\boldsymbol{\varepsilon}\mathrm{d}V - \int_V \boldsymbol{u}^{\mathrm{T}}\boldsymbol{f}\mathrm{d}V - \int_{S_\sigma} \boldsymbol{u}^{\mathrm{T}}\boldsymbol{t}\mathrm{d}S \\ &= \sum_{e=1}^{M_e}\Pi_p^e = \sum_{e=1}^{M_e}\left[\frac{1}{2}(\boldsymbol{a}^e)^{\mathrm{T}}\boldsymbol{K}^e\boldsymbol{a}^e\right] - \sum_{e=1}^{M_e}[(\boldsymbol{a}^e)^{\mathrm{T}}(\boldsymbol{F}_b^e + \boldsymbol{F}_s^e + \boldsymbol{F}_p^e)] \\ &= \frac{1}{2}\boldsymbol{a}^{\mathrm{T}}\sum_{e=1}^{M_e}(\boldsymbol{G}^{e\,\mathrm{T}}\boldsymbol{K}^e\boldsymbol{G}^e)\boldsymbol{a} - \boldsymbol{a}^{\mathrm{T}}\sum_{e=1}^{M_e}[\boldsymbol{G}^{e\mathrm{T}}(\boldsymbol{F}_b^e + \boldsymbol{F}_s^e + \boldsymbol{F}_p^e)] \\ &= \frac{1}{2}\boldsymbol{a}^{\mathrm{T}}\boldsymbol{K}\boldsymbol{a} - \boldsymbol{a}^{\mathrm{T}}\boldsymbol{F}\end{aligned} \tag{5.5.4}$$

其中，M_e 为单元数；$\boldsymbol{K}$ 称为**结构刚度矩阵**或**结构总刚度矩阵**；$\boldsymbol{F}$ 称为**结构等效结点载荷**。并且

$$\boldsymbol{K} = \sum_{e=1}^{M_e}[(\boldsymbol{G}^e)^{\mathrm{T}}\boldsymbol{K}^e\boldsymbol{G}^e], \quad \boldsymbol{F} = \sum_{e=1}^{M_e}(\boldsymbol{G}^e)^{\mathrm{T}}(\boldsymbol{F}_f^e + \boldsymbol{F}_s^e + \boldsymbol{F}_p^e) = \sum_{e=1}^{M_e}(\boldsymbol{G}^e)^{\mathrm{T}}\boldsymbol{F}^e$$

其中，带上标 e 的向量和矩阵定义见单元刚度方程部分。由势能泛函（5.5.4）变分为零，得到结构总刚度方程：

$$\boldsymbol{K}\boldsymbol{a} = \boldsymbol{F} \tag{5.5.5}$$

5.5.2　结构总刚度矩阵和总载荷向量

假设某单元的 3 个局部结点编码为 1、2、3，对应的总体结点编码为 i、j、m，则

$$
(\boldsymbol{G}^e)^{\mathrm{T}}\boldsymbol{K}^e\boldsymbol{G}^e=\begin{matrix}1\\ \vdots\\ i\\ \vdots\\ j\\ \vdots\\ m\\ \vdots\\ n\end{matrix}\begin{bmatrix}\mathbf{0}&\mathbf{0}&\mathbf{0}\\ \vdots&\vdots&\vdots\\ \boldsymbol{I}&\mathbf{0}&\mathbf{0}\\ \vdots&\vdots&\vdots\\ \mathbf{0}&\boldsymbol{I}&\mathbf{0}\\ \vdots&\vdots&\vdots\\ \mathbf{0}&\mathbf{0}&\boldsymbol{I}\\ \vdots&\vdots&\vdots\\ \mathbf{0}&\mathbf{0}&\mathbf{0}\end{bmatrix}\begin{bmatrix}\boldsymbol{K}_{11}^e&\boldsymbol{K}_{12}^e&\boldsymbol{K}_{13}^e\\ \boldsymbol{K}_{21}^e&\boldsymbol{K}_{22}^e&\boldsymbol{K}_{23}^e\\ \boldsymbol{K}_{31}^e&\boldsymbol{K}_{32}^e&\boldsymbol{K}_{33}^e\end{bmatrix}\begin{bmatrix}\mathbf{0}&\cdots&\boldsymbol{I}&\cdots&\mathbf{0}&\cdots&\mathbf{0}&\cdots&\mathbf{0}\\ \mathbf{0}&\cdots&\mathbf{0}&\cdots&\boldsymbol{I}&\cdots&\mathbf{0}&\cdots&\mathbf{0}\\ \mathbf{0}&\cdots&\mathbf{0}&\cdots&\mathbf{0}&\cdots&\boldsymbol{I}&\cdots&\mathbf{0}\end{bmatrix}
$$

$$
=\begin{matrix}1\\ \vdots\\ i\\ \vdots\\ j\\ \vdots\\ m\\ \vdots\\ n\end{matrix}\begin{bmatrix}\mathbf{0}&\cdots&\mathbf{0}&\cdots&\mathbf{0}&\cdots&\mathbf{0}&\cdots&\mathbf{0}\\ \vdots&&\vdots&&\vdots&&\vdots&&\vdots\\ \mathbf{0}&\cdots&\boldsymbol{K}_{11}^e&\cdots&\boldsymbol{K}_{12}^e&\cdots&\boldsymbol{K}_{13}^e&\cdots&\mathbf{0}\\ \vdots&&\vdots&&\vdots&&\vdots&&\vdots\\ \mathbf{0}&\cdots&\boldsymbol{K}_{21}^e&\cdots&\boldsymbol{K}_{22}^e&\cdots&\boldsymbol{K}_{23}^e&\cdots&\mathbf{0}\\ \vdots&&\vdots&&\vdots&&\vdots&&\vdots\\ \mathbf{0}&\cdots&\boldsymbol{K}_{31}^e&\cdots&\boldsymbol{K}_{32}^e&\cdots&\boldsymbol{K}_{33}^e&\cdots&\mathbf{0}\\ \vdots&&\vdots&&\vdots&&\vdots&&\vdots\\ \mathbf{0}&\cdots&\mathbf{0}&\cdots&\mathbf{0}&\cdots&\mathbf{0}&\cdots&\mathbf{0}\end{bmatrix}\qquad(5.5.6)
$$

$$
=\begin{bmatrix}\mathbf{0}&\cdots&\mathbf{0}&\cdots&\mathbf{0}&\cdots&\mathbf{0}&\cdots&\mathbf{0}\\ \vdots&&\vdots&&\vdots&&\vdots&&\vdots\\ \mathbf{0}&\cdots&\boldsymbol{K}_{ii}&\cdots&\boldsymbol{K}_{ij}&\cdots&\boldsymbol{K}_{im}&\cdots&\mathbf{0}\\ \vdots&&\vdots&&\vdots&&\vdots&&\vdots\\ \mathbf{0}&\cdots&\boldsymbol{K}_{ji}&\cdots&\boldsymbol{K}_{jj}&\cdots&\boldsymbol{K}_{jm}&\cdots&\mathbf{0}\\ \vdots&&\vdots&&\vdots&&\vdots&&\vdots\\ \mathbf{0}&\cdots&\boldsymbol{K}_{mi}&\cdots&\boldsymbol{K}_{mj}&\cdots&\boldsymbol{K}_{mm}&\cdots&\mathbf{0}\\ \vdots&&\vdots&&\vdots&&\vdots&&\vdots\\ \mathbf{0}&\cdots&\mathbf{0}&\cdots&\mathbf{0}&\cdots&\mathbf{0}&\cdots&\mathbf{0}\end{bmatrix}
$$

可见 $(\boldsymbol{G}^e)^{\mathrm{T}}\boldsymbol{K}^e\boldsymbol{G}^e$ 的作用是：将每个单元刚度矩阵的子块按结点编码放到总刚度矩阵的相应位置，方便集成总刚度矩阵。实际编程不会真的建立 $\boldsymbol{G}^e$ 矩阵，而是直接根据结点编码将单元刚度矩阵赋值到总刚度矩阵相应位置。利用每一个单元局部结点编码和整体结点编码之间的对应关系，将所有单元的刚度矩阵元素在总刚度矩阵中“对号入座”进行叠加即可。

同样对载荷向量，有

$$
(\boldsymbol{G}^e)^{\mathrm{T}}\boldsymbol{F}^e=\begin{matrix}1\\ \vdots\\ i\\ \vdots\\ j\\ \vdots\\ m\\ \vdots\\ n\end{matrix}\begin{bmatrix}\boldsymbol{0}&\boldsymbol{0}&\boldsymbol{0}\\ \vdots&\vdots&\vdots\\ \boldsymbol{I}&\boldsymbol{0}&\boldsymbol{0}\\ \vdots&\vdots&\vdots\\ \boldsymbol{0}&\boldsymbol{I}&\boldsymbol{0}\\ \vdots&\vdots&\vdots\\ \boldsymbol{0}&\boldsymbol{0}&\boldsymbol{I}\\ \vdots&\vdots&\vdots\\ \boldsymbol{0}&\boldsymbol{0}&\boldsymbol{0}\end{bmatrix}\begin{Bmatrix}\boldsymbol{F}_1^e\\ \boldsymbol{F}_2^e\\ \boldsymbol{F}_3^e\end{Bmatrix}=\begin{matrix}1\\ \vdots\\ i\\ \vdots\\ j\\ \vdots\\ m\\ \vdots\\ n\end{matrix}\begin{Bmatrix}\boldsymbol{0}\\ \vdots\\ \boldsymbol{F}_1^e\\ \vdots\\ \boldsymbol{F}_2^e\\ \vdots\\ \boldsymbol{F}_3^e\\ \vdots\\ \boldsymbol{0}\end{Bmatrix}=\begin{Bmatrix}\boldsymbol{0}\\ \vdots\\ \boldsymbol{F}_i\\ \vdots\\ \boldsymbol{F}_j\\ \vdots\\ \boldsymbol{F}_m\\ \vdots\\ \boldsymbol{0}\end{Bmatrix} \tag{5.5.7}
$$

将所有单元等效结点载荷变换后进行叠加即得到总体结点载荷列向量。上述过程可以认为是将 $\boldsymbol{K}^e$ 扩大到与 $\boldsymbol{K}$ 同阶，将 $\boldsymbol{a}^e$ 和 $\boldsymbol{F}^e$ 扩大到与 $\boldsymbol{a}$ 和 $\boldsymbol{F}$ 同阶，将所有扩大后的矩阵相叠加。

若某单元 3 个结点的整体编号为 i、j、m，该刚度矩阵和载荷向量扩大后的刚度方程为

$$
\begin{matrix} & 1\quad 2 & i & & j & & m & n\\ \begin{matrix}1\\2\\ \\ i\\ \\ j\\ \\ m\\ \\ n\end{matrix} & \left[\begin{matrix} \\ \\ \\ \boldsymbol{K}_{ii} & \cdots & \boldsymbol{K}_{ij} & \cdots & \boldsymbol{K}_{im}\\ \vdots & & \vdots & & \vdots\\ \boldsymbol{K}_{ji} & \cdots & \boldsymbol{K}_{jj} & \cdots & \boldsymbol{K}_{jm}\\ \vdots & & \vdots & & \vdots\\ \boldsymbol{K}_{mi} & \cdots & \boldsymbol{K}_{mj} & \cdots & \boldsymbol{K}_{mm}\\ \\ \\ \end{matrix}\right]_{2n\times 2n} \end{matrix}\begin{Bmatrix}\boldsymbol{a}_1\\ \boldsymbol{a}_2\\ \vdots\\ \boldsymbol{a}_i\\ \vdots\\ \boldsymbol{a}_j\\ \vdots\\ \boldsymbol{a}_m\\ \vdots\\ \boldsymbol{a}_n\end{Bmatrix}_{2n\times 1}=\begin{Bmatrix}\boldsymbol{F}_1\\ \boldsymbol{F}_2\\ \vdots\\ \boldsymbol{F}_i\\ \vdots\\ \boldsymbol{F}_j\\ \vdots\\ \boldsymbol{F}_m\\ \vdots\\ \boldsymbol{F}_n\end{Bmatrix}_{2n\times 1} \tag{5.5.8}
$$

例 5.1　假设单元局部结点编码为 1、2、3，对应的整体结点编码为 3、8、2，其单元刚度矩阵为

$$
\boldsymbol{K}^e=\begin{bmatrix}\boldsymbol{K}_{11}^e & \boldsymbol{K}_{12}^e & \boldsymbol{K}_{13}^e\\ \boldsymbol{K}_{21}^e & \boldsymbol{K}_{22}^e & \boldsymbol{K}_{23}^e\\ \boldsymbol{K}_{31}^e & \boldsymbol{K}_{32}^e & \boldsymbol{K}_{33}^e\end{bmatrix}
$$

该单元刚度矩阵和载荷矩阵中的子矩阵按“对号入座”方式叠加到整体刚度矩阵和载荷矩阵中得到总刚度方程：

$$\boldsymbol{K}=\begin{bmatrix} \boldsymbol{K}_{11} & \boldsymbol{K}_{12} & \boldsymbol{K}_{13} & \cdots & \boldsymbol{K}_{18} & \cdots & \boldsymbol{K}_{1n} \\ \boldsymbol{K}_{21} & \boldsymbol{K}_{22}+\boldsymbol{K}_{33}^{e} & \boldsymbol{K}_{23}+\boldsymbol{K}_{31}^{e} & \cdots & \boldsymbol{K}_{28}+\boldsymbol{K}_{32}^{e} & \cdots & \boldsymbol{K}_{2n} \\ \boldsymbol{K}_{31} & \boldsymbol{K}_{32}+\boldsymbol{K}_{13}^{e} & \boldsymbol{K}_{33}+\boldsymbol{K}_{11}^{e} & \cdots & \boldsymbol{K}_{38}+\boldsymbol{K}_{12}^{e} & \cdots & \boldsymbol{K}_{3n} \\ \vdots & \vdots & \vdots & & \vdots & & \vdots \\ \boldsymbol{K}_{81} & \boldsymbol{K}_{82}+\boldsymbol{K}_{23}^{e} & \boldsymbol{K}_{83}+\boldsymbol{K}_{21}^{e} & & \boldsymbol{K}_{88}+\boldsymbol{K}_{22}^{e} & & \boldsymbol{K}_{8n} \\ \vdots & \vdots & \vdots & & \vdots & & \vdots \\ \boldsymbol{K}_{n1} & \boldsymbol{K}_{n2} & \cdots & \cdots & \cdots & \cdots & \boldsymbol{K}_{nn} \end{bmatrix}, \quad \boldsymbol{F}=\begin{Bmatrix} \boldsymbol{F}_{1} \\ \boldsymbol{F}_{2}+\boldsymbol{F}_{3}^{e} \\ \boldsymbol{F}_{3}+\boldsymbol{F}_{1}^{e} \\ \vdots \\ \boldsymbol{F}_{8}+\boldsymbol{F}_{2}^{e} \\ \vdots \\ \boldsymbol{F}_{n} \end{Bmatrix}$$

例 5.2　如图 5.14 所示平面单元，其中单元③为杆单元，给出结构的总刚度矩阵和总载荷列阵。

解　单元①的局部结点编号 1、2、3 对应总体结点编号为 1、3、4；单元②的局部结点编号 1、2、3 对应总体结点编号为 1、4、2；单元③的局部结点编号 1、2 对应总体结点编号为 5、2；单元④的局部结点编号 1、2、3、4 对应总体结点编号为 3、6、7、4；单元⑤的局部结点编号 1、2、3、4 对应总体结点编号为 4、7、8、5。因此，总刚度矩阵的元素（子块）为（仅给出其上三角矩阵的非 0 元素）

$$\boldsymbol{K}_{11}=\boldsymbol{K}_{11}^{(1)}+\boldsymbol{K}_{11}^{(2)},\quad \boldsymbol{K}_{12}=\boldsymbol{K}_{13}^{(2)},\quad \boldsymbol{K}_{13}=\boldsymbol{K}_{12}^{(1)},\quad \boldsymbol{K}_{14}=\boldsymbol{K}_{13}^{(1)}+\boldsymbol{K}_{12}^{(2)},\quad \boldsymbol{K}_{22}=\boldsymbol{K}_{33}^{(2)}+\boldsymbol{K}_{22}^{(3)}$$

$$\boldsymbol{K}_{24}=\boldsymbol{K}_{32}^{(2)},\quad \boldsymbol{K}_{25}=\boldsymbol{K}_{21}^{(3)},\quad \boldsymbol{K}_{33}=\boldsymbol{K}_{22}^{(1)}+\boldsymbol{K}_{11}^{(4)},\quad \boldsymbol{K}_{34}=\boldsymbol{K}_{23}^{(1)}+\boldsymbol{K}_{14}^{(4)},\quad \boldsymbol{K}_{36}=\boldsymbol{K}_{12}^{(4)}$$

$$\boldsymbol{K}_{44}=\boldsymbol{K}_{33}^{(1)}+\boldsymbol{K}_{22}^{(2)}+\boldsymbol{K}_{33}^{(4)}+\boldsymbol{K}_{11}^{(5)},\quad \boldsymbol{K}_{45}=\boldsymbol{K}_{14}^{(5)},\quad \boldsymbol{K}_{47}=\boldsymbol{K}_{43}^{(4)}+\boldsymbol{K}_{12}^{(5)},\quad \boldsymbol{K}_{55}=\boldsymbol{K}_{11}^{(3)}+\boldsymbol{K}_{33}^{(5)}$$

$$\boldsymbol{K}_{58}=\boldsymbol{K}_{43}^{(5)},\quad \boldsymbol{K}_{66}=\boldsymbol{K}_{22}^{(4)},\quad \boldsymbol{K}_{67}=\boldsymbol{K}_{23}^{(4)},\quad \boldsymbol{K}_{77}=\boldsymbol{K}_{33}^{(4)}+\boldsymbol{K}_{22}^{(5)},\quad \boldsymbol{K}_{88}=\boldsymbol{K}_{33}^{(5)}$$

总载荷列向量为

$$\boldsymbol{F}_{1}=\boldsymbol{F}_{1}^{(1)}+\boldsymbol{F}_{1}^{(2)},\quad \boldsymbol{F}_{2}=\boldsymbol{F}_{3}^{(2)}+\boldsymbol{F}_{2}^{(3)},\quad \boldsymbol{F}_{3}=\boldsymbol{F}_{2}^{(1)}+\boldsymbol{F}_{1}^{(4)},\quad \boldsymbol{F}_{4}=\boldsymbol{F}_{3}^{(1)}+\boldsymbol{F}_{2}^{(2)}+\boldsymbol{F}_{4}^{(4)}+\boldsymbol{F}_{1}^{(5)}$$

$$\boldsymbol{F}_{5}=\boldsymbol{F}_{1}^{(3)}+\boldsymbol{F}_{4}^{(5)},\quad \boldsymbol{F}_{6}=\boldsymbol{F}_{2}^{(4)},\quad \boldsymbol{F}_{7}=\boldsymbol{F}_{3}^{(4)}+\boldsymbol{F}_{2}^{(5)},\quad \boldsymbol{F}_{8}=\boldsymbol{F}_{3}^{(5)}$$

例 5.3　如图 5.15 所示平面三单元，单元结点局部编码和总体编码如图所示，求其总刚度矩阵。

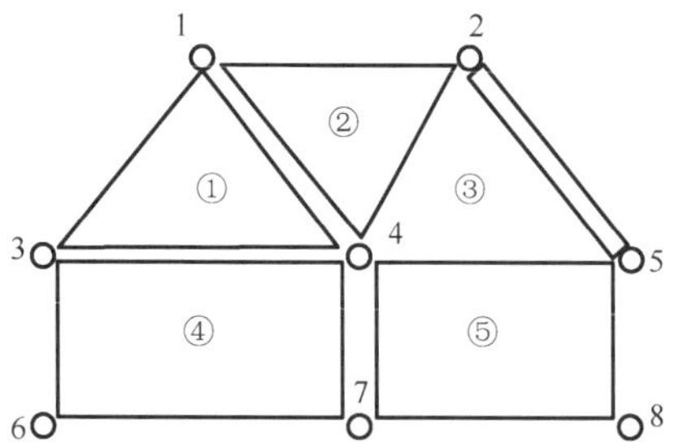

图 5.14　平面单元

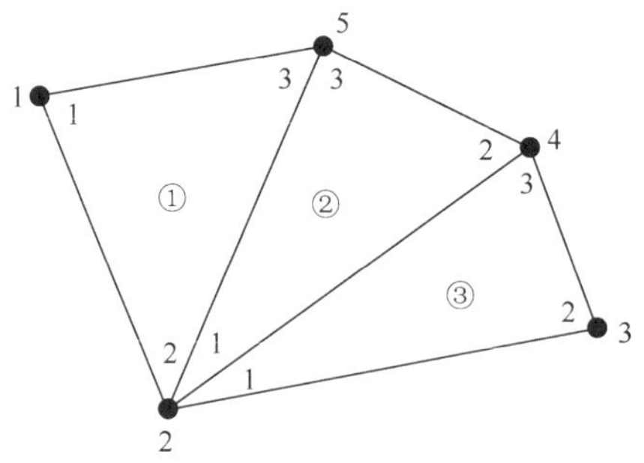

图 5.15　由三单元组成的平面结构

解　在总刚度矩阵中，$\boldsymbol{K}_{ij}$（2×2）由共 ij 边的单元刚度矩阵相应子矩阵 $\boldsymbol{K}_{ij}^{e}$ 叠加而成，$\boldsymbol{K}_{ii}$（2×2）由共 i 结点的单元刚度矩阵相应子矩阵 $\boldsymbol{K}_{ij}^{e}$ 叠加而成。

$$\boldsymbol{K}_{11}=\boldsymbol{K}_{11}^{(1)},\quad \boldsymbol{K}_{12}=\boldsymbol{K}_{12}^{(1)},\quad \boldsymbol{K}_{13}=\boldsymbol{K}_{13}^{(1)},\quad \boldsymbol{K}_{14}=0,\quad \boldsymbol{K}_{15}=0$$
$$\boldsymbol{K}_{22}=\boldsymbol{K}_{22}^{(1)}+\boldsymbol{K}_{11}^{(2)}+\boldsymbol{K}_{11}^{(3)},\quad \boldsymbol{K}_{23}=\boldsymbol{K}_{13}^{(3)},\quad \boldsymbol{K}_{24}=\boldsymbol{K}_{12}^{(2)}+\boldsymbol{K}_{13}^{(3)},\quad \boldsymbol{K}_{25}=\boldsymbol{K}_{23}^{(1)}+\boldsymbol{K}_{13}^{(2)}$$
$$\boldsymbol{K}_{33}=\boldsymbol{K}_{22}^{(3)},\quad \boldsymbol{K}_{34}=\boldsymbol{K}_{23}^{(3)},\quad \boldsymbol{K}_{35}=0$$
$$\boldsymbol{K}_{44}=\boldsymbol{K}_{22}^{(2)}+\boldsymbol{K}_{33}^{(3)}$$
$$\boldsymbol{K}_{55}=\boldsymbol{K}_{33}^{(1)}+\boldsymbol{K}_{33}^{(2)}$$

结构刚度矩阵具有如下性质：

（1）**对称性**，即单元刚度矩阵对称，组集后得到的结构刚度矩阵也对称。

（2）**奇异性**，即结构平衡方程未施加位移边界条件，结构非静定，结构刚度矩阵奇异。

（3）**主元恒正性**，即单元刚度矩阵主元恒正，结构刚度矩阵主元仍恒正。

（4）**带状性**，即刚度矩阵的非零元素都集中在主对角元附近，这种特性称为刚度矩阵**带状性**。具有带状性的矩阵称为**带状矩阵**。从带状矩阵中某行左边第一个非零元所在列开始到右边最后一个非零元所在列为止所包含列的数量（含起止列）称为该行的**行宽**，从该行主对角元开始到右边最后一个非零元所在列所包含列的数量（含止列）称为该行的**半行宽**，所有行宽的最大值称为矩阵的**带宽**，所有半行宽的最大值称为矩阵的**半带宽**，通常用 ND 表示。半带宽取决于单元中最大结点编号与最小结点编号之差，差值越小带宽越小。半带宽的定义为

$$\mathrm{ND}=\max[(\text{单元结点差最大值}+1)\times\text{结点自由度}]$$

（5）**稀疏性**，即含有较多 0 元素的矩阵称为稀疏矩阵，刚度矩阵除了具有带状性外还是稀疏矩阵，并且在带状内也有非常多的 0 元素。

例 5.4　针对如图 5.16 所示桁架结构两种结点编码方案，计算其带宽。

解　方案 1 总刚度矩阵最大半带宽为 6，方案 2 总刚度矩阵最大半带宽为 10。

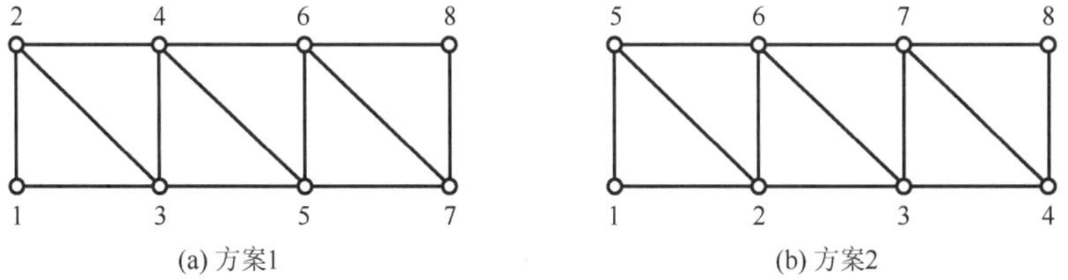

图 5.16　桁架结构不同结点编码

5.5.3　边界约束处理

在前面得到的结构总刚度方程（5.5.5）中，由于未引入位移约束边界条件，总刚度矩阵 $\boldsymbol{K}$ 是奇异的，系统非静定，具有无穷个含刚体位移的解。在引入位移约束边界条件后，系统静定，这时刚度矩阵具有正定性，方程有唯一解。引入位移约束边界条件的方法主要有直接法、对角元素改 1 法和对角元素乘大数法等，下面分别介绍这几种方法。

1. 直接法（位移边界条件 $\boldsymbol{a}_b$ 已知）

位移边界条件和力边界条件构成了系统的总边界，因此将总体结点位移向量分为两部分，一部分为位移已知 $\boldsymbol{a}_b$ 和 $\boldsymbol{F}_b$ 未知，另一部分为位移 $\boldsymbol{a}_a$ 未知但力 $\boldsymbol{F}_a$ 已知。则结构平衡方程可以重新组合为

$$\begin{bmatrix} \boldsymbol{K}_{aa} & \boldsymbol{K}_{ab} \\ \boldsymbol{K}_{ba} & \boldsymbol{K}_{bb} \end{bmatrix} \begin{Bmatrix} \boldsymbol{a}_a \\ \boldsymbol{a}_b \end{Bmatrix} = \begin{Bmatrix} \boldsymbol{F}_a \\ \boldsymbol{F}_b \end{Bmatrix} \tag{5.5.9}$$

方程（5.5.9）写成如下形式：

$$\begin{cases} \boldsymbol{K}_{aa}\boldsymbol{a}_a + \boldsymbol{K}_{ab}\boldsymbol{a}_b = \boldsymbol{F}_a \\ \boldsymbol{K}_{ba}\boldsymbol{a}_a + \boldsymbol{K}_{bb}\boldsymbol{a}_b = \boldsymbol{F}_b \end{cases} \tag{5.5.10}$$

由式（5.5.10）的第一个方程解得未知位移：

$$\boldsymbol{a}_a = \boldsymbol{K}_{aa}^{-1}(\boldsymbol{F}_a - \boldsymbol{K}_{ab}\boldsymbol{a}_b) \tag{5.5.11}$$

由式（5.5.10）的第二个方程解得未知反力为

$$\boldsymbol{F}_b = \boldsymbol{K}_{ba}\boldsymbol{a}_a + \boldsymbol{K}_{bb}\boldsymbol{a}_b \tag{5.5.12}$$

或者由式（5.5.13）求解：

$$\boldsymbol{K}_{aa}\boldsymbol{a}_a = \boldsymbol{F}^*, \quad \boldsymbol{F}^* = \boldsymbol{F}_a - \boldsymbol{K}_{ab}\boldsymbol{a}_b \tag{5.5.13}$$

但该方法需要重新组合刚度方程，涉及对原刚度方程进行换行换列处理，运算量大，不实用。

2. 对角元素改 1 法（位移边界条件 $a_j = 0$）

如果位移 $a_j = 0$，将刚度矩阵的第 j 行、第 j 列元素置为 0，但 K_{jj} 改为 1，其他元素不变；载荷列阵的 F_j 置为 0，其他元素不变。

$$\begin{array}{c} \\ 1 \\ 2 \\ \vdots \\ \vdots \\ j \\ \vdots \\ \vdots \\ n \end{array}
\begin{array}{c} \begin{array}{cccccc} 1 & 2 & \cdots & j & \cdots & n \end{array} \\
\begin{bmatrix} K_{11} & K_{12} & \cdots & 0 & \cdots & K_{1n} \\ K_{21} & K_{22} & & 0 & & \\ & & & \vdots & & \\ & & & 0 & & \\ 0 & \cdots & \cdots 0 & 1 & 0 \cdots & 0 \\ & & & 0 & & \\ & & & \vdots & & \\ K_{n1} & K_{n2} & \cdots & 0 & \cdots & K_{nn} \end{bmatrix} \end{array}
\begin{Bmatrix} a_1 \\ a_2 \\ \vdots \\ \vdots \\ a_j \\ \vdots \\ \vdots \\ a_n \end{Bmatrix} = \begin{Bmatrix} F_1 \\ F_2 \\ \vdots \\ \vdots \\ 0 \\ \vdots \\ \vdots \\ F_n \end{Bmatrix} \tag{5.5.14}$$

这时也可以由方程（5.5.14）解得 $a_j = 0$。

注意：该方法仅适用于给定位移为零的情况，不能处理非零位移边界条件。

3. 对角元素乘大数法（适用于零和非零位移边界条件）

如果第 j 个位移分量 $a_j = \bar{a}_j$ 已知，将 K_{jj} 乘以大数 α，方程右端载荷项改为 $\alpha K_{jj}\bar{a}_j$，

刚度矩阵及载荷向量的其他元素不变化，则

$$\begin{array}{c} \\ 1 \\ 2 \\ \vdots \\ j \\ \vdots \\ n \end{array}\begin{array}{c} \begin{array}{cccccc} 1 & 2 & \cdots & j & \cdots & n \end{array} \\ \begin{bmatrix} K_{11} & K_{12} & \cdots & K_{1j} & \cdots & K_{1n} \\ K_{21} & K_{22} & \cdots & K_{2j} & \cdots & K_{2n} \\ \vdots & \vdots & & \vdots & & \vdots \\ K_{j1} & K_{j2} & \cdots & \alpha K_{jj} & \cdots & K_{jn} \\ \vdots & \vdots & & \vdots & & \vdots \\ K_{n1} & K_{n2} & \cdots & K_{nj} & \cdots & K_{nn} \end{bmatrix} \end{array}\begin{Bmatrix} a_1 \\ a_2 \\ \vdots \\ a_j \\ \vdots \\ a_n \end{Bmatrix} = \begin{Bmatrix} F_1 \\ F_2 \\ \vdots \\ \alpha K_{jj}\bar{a}_j \\ \vdots \\ F_n \end{Bmatrix} \tag{5.5.15}$$

这时第 j 个方程为

$$K_{j1}a_1 + K_{j2}a_2 + \cdots + \alpha K_{jj}a_j + \cdots + K_{jn}a_n = \alpha K_{jj}\bar{a}_j \tag{5.5.16}$$

因为 α 为一个大数，得

$$\alpha K_{jj}a_j \approx \alpha K_{jj}\bar{a}_j, \quad a_j \approx \bar{a}_j \tag{5.5.17}$$

其他方程没有变化。可见引入位移边界条件后，消除刚度矩阵的奇异性，方程有唯一解。该方法适用于任意给定位移的情况，编程方便。通常大数 $\alpha = \max[K_{ij}] \times 10^4$（$1 \leqslant i, j \leqslant n$）。

例 5.5　如图 5.17 所示矩形结构，设弹性模量 $E = 1$，泊松比 $\mu = 0.25$，厚度 $t = 1$。位移边界条件为 $u_A = 0$，$v_A = 0$，$u_D = 0$，力边界条件为 $F_{Bx} = -1$，$F_{By} = 0$，$F_{Cx} = 1$，$F_{Cy} = 0$，$F_{Dy} = 0$。求结构总位移场、应变场和应力场。

解　网格划分、单元及结点编号如图 5.18 所示。总体结点位移列阵为

$$\boldsymbol{a} = \begin{bmatrix} u_1 & v_1 & u_2 & v_2 & u_3 & v_3 & u_4 & v_4 \end{bmatrix}^{\mathrm{T}}$$

单元①的刚度矩阵为

$$\boldsymbol{K}^{(1)} = \begin{array}{c} \begin{array}{cccccc} u_1 & v_1 & u_2 & v_2 & u_4 & v_4 \\ \downarrow & \downarrow & \downarrow & \downarrow & \downarrow & \downarrow \end{array} \\ \begin{bmatrix} 0.7333 & 0.3333 & -0.5333 & -0.2000 & -0.2000 & -0.1333 \\ 0.3333 & 0.7333 & -0.1333 & -0.2000 & -0.2000 & -0.5333 \\ -0.5333 & -0.1333 & 0.5333 & 0 & 0 & 0.1333 \\ -0.2000 & -0.2000 & 0 & 0.2000 & 0.2000 & 0 \\ -0.2000 & -0.2000 & 0 & 0.2000 & 0.2000 & 0 \\ -0.1333 & -0.5333 & 0.1333 & 0 & 0 & 0.5333 \end{bmatrix} \end{array} \begin{array}{c} \\ \\ \leftarrow u_1 \\ \leftarrow v_1 \\ \leftarrow u_2 \\ \leftarrow v_2 \\ \leftarrow u_4 \\ \leftarrow v_4 \end{array}$$

在单元局部坐标系下，单元②的刚度矩阵 $\boldsymbol{K}^{(2)}$ 与单元①的刚度矩阵 $\boldsymbol{K}^{(1)}$ 相同，但对应的单元结点位移列阵为

$$\boldsymbol{a}^{(2)} = \begin{bmatrix} u_3 & v_3 & u_4 & v_4 & u_2 & v_2 \end{bmatrix}^{\mathrm{T}}$$

结构总刚度矩阵为

$$\boldsymbol{K} = \boldsymbol{K}^{(1)} + \boldsymbol{K}^{(2)}$$

$$= \begin{bmatrix} 0.7333 & 0.3333 & -0.5333 & -0.2 & 0 & 0 & -0.2 & -0.1333 \\ 0.3333 & 0.7333 & -0.1333 & -0.2 & 0 & 0 & -0.2 & -0.5333 \\ -0.5333 & -0.1333 & 0.7333 & 0 & -0.2 & -0.2 & 0 & 0.3333 \\ -0.2 & -0.2 & 0 & 0.7333 & -0.1333 & -0.5333 & 0.3333 & 0 \\ 0 & 0 & -0.2 & -0.1333 & 0.7333 & 0.3333 & -0.5333 & -0.2 \\ 0 & 0 & -0.2 & -0.5333 & 0.3333 & 0.7333 & -0.1333 & -0.2 \\ -0.2 & -0.2 & 0 & 0.3333 & -0.5333 & -0.1333 & -0.7333 & 0 \\ -0.1333 & -0.5333 & 0.3333 & 0 & -0.2 & -0.2 & 0 & 0.7333 \end{bmatrix}$$

结构总刚度方程为

$$\boldsymbol{Ka} = \boldsymbol{F}$$

其中总体等效结点力列阵为

$$\boldsymbol{F} = \begin{bmatrix} F_{1x} & F_{1y} & F_{2x} & F_{2y} & F_{3x} & F_{3y} & F_{4x} & F_{4y} \end{bmatrix}^{\mathrm{T}}$$

引入约束条件，解得位移场、应变场和应力场：

$$\boldsymbol{u}^{(1)} = \begin{Bmatrix} u^{(1)} \\ v^{(1)} \end{Bmatrix} = \begin{Bmatrix} -1.71815x \\ -0.9375x + 0.78125y \end{Bmatrix}, \quad \boldsymbol{u}^{(2)} = \begin{Bmatrix} u^{(2)} \\ v^{(2)} \end{Bmatrix} = \begin{Bmatrix} -1.71815(x + 2y - 2) \\ 1.56425 - 2.5x - 0.783y \end{Bmatrix}$$

$$\boldsymbol{\varepsilon}^{(1)} = \begin{Bmatrix} \varepsilon_x \\ \varepsilon_y \\ \gamma_{xy} \end{Bmatrix} = \begin{Bmatrix} -1.71875 \\ 0.78125 \\ -0.9375 \end{Bmatrix}, \quad \boldsymbol{\varepsilon}^{(2)} = \begin{Bmatrix} \varepsilon_x \\ \varepsilon_y \\ \gamma_{xy} \end{Bmatrix} = \begin{Bmatrix} 1.71875 \\ -0.783 \\ 0.9375 \end{Bmatrix}$$

$$\boldsymbol{\sigma}^{(1)} = \begin{Bmatrix} \sigma_x \\ \sigma_y \\ \tau_{xy} \end{Bmatrix} = \begin{Bmatrix} 1.6922 \\ 0.3582 \\ 0.375 \end{Bmatrix}, \quad \boldsymbol{\sigma}^{(2)} = \begin{Bmatrix} \sigma_x \\ \sigma_y \\ \tau_{xy} \end{Bmatrix} = \begin{Bmatrix} 1.62453 \\ -0.37687 \\ 0.375 \end{Bmatrix}$$

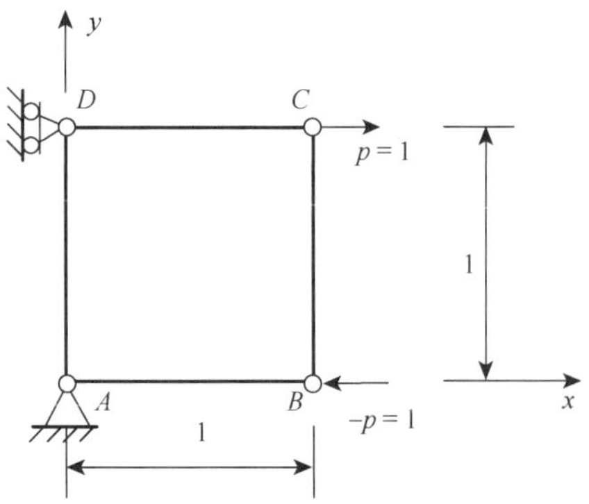

图 5.17　受载矩形结构

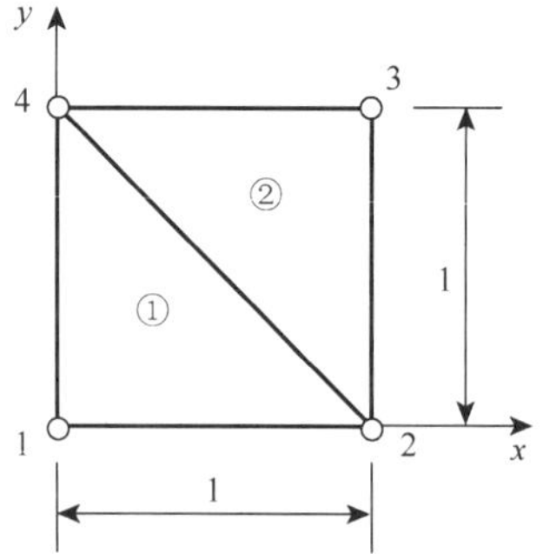

图 5.18　离散后的单元及结点

例 5.6　对于如图 5.17 所示结构，采用一个矩形单元，求结构的总体位移场、应变场和应力场。

解　单元及结点编码如图 5.19 所示。

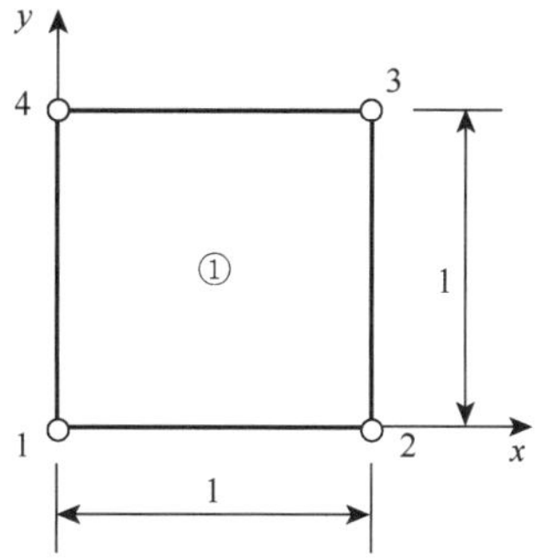

图 5.19　离散单元及结点

结点位移列阵为

$$\boldsymbol{a}=\begin{bmatrix}u_1 & v_1 & u_2 & v_2 & u_3 & v_3 & u_4 & v_4\end{bmatrix}^{\mathrm{T}}$$

单元刚度矩阵为

$$\boldsymbol{K}=\begin{bmatrix}0.4889 & 0.1667 & -0.2889 & -0.03333 & -0.2444 & -0.1667 & 0.04444 & 0.03333\\ 0.1667 & 0.4889 & 0.03333 & 0.04444 & -0.1667 & -0.2444 & -0.03333 & -0.2889\\ -0.2889 & 0.03333 & 0.4889 & -0.1667 & 0.04444 & -0.03333 & 0.2444 & 0.1667\\ -0.03333 & -0.04444 & -0.1667 & 0.4889 & 0.03333 & -0.2889 & 0.1667 & -0.24444\\ -0.2444 & -0.1667 & -0.04444 & 0.03333 & 0.4889 & 0.1667 & -0.2889 & -0.03333\\ -0.1667 & -0.2444 & -0.03333 & -0.2889 & 0.1667 & 0.4889 & 0.03333 & 0.04444\\ -0.04444 & -0.03333 & -0.2444 & 0.1667 & -0.2889 & 0.03333 & 0.4889 & -0.1667\\ 0.03333 & -0.2889 & 0.1667 & -0.2444 & -0.03333 & 0.04444 & -0.1667 & 0.4889\end{bmatrix}$$

结构刚度方程为

$$\boldsymbol{Ka}=\boldsymbol{F}$$

引入约束条件解得

$$\boldsymbol{a}=\begin{bmatrix}u_1 & v_1 & u_2 & v_2 & u_3 & v_3 & u_4 & v_4\end{bmatrix}^{\mathrm{T}}=\begin{bmatrix}0 & 0 & -4.09091 & -4.09091 & 4.09091 & 4.09091 & 0 & 0\end{bmatrix}^{\mathrm{T}}$$

结构的总体位移场、应变场和应力场为

$$\boldsymbol{u}=\begin{Bmatrix}u\\ v\end{Bmatrix}=\begin{Bmatrix}-4.09091(x-2xy)\\ -4.09091x\end{Bmatrix},\quad \boldsymbol{\varepsilon}=\begin{Bmatrix}\varepsilon_x\\ \varepsilon_y\\ \gamma_{xy}\end{Bmatrix}=\begin{Bmatrix}-4.09091(1-2y)\\ 0\\ -4.09091(1-2y)\end{Bmatrix}$$

$$\boldsymbol{\sigma}=\begin{Bmatrix}\sigma_x\\ \sigma_y\\ \tau_{xy}\end{Bmatrix}=\begin{Bmatrix}-4.36363(1-2y)\\ -1.09091(1-2y)\\ -1.63636(1-2x)\end{Bmatrix}$$

5.6 有限元方程组的求解

在引入位移约束条件后，就可以对结构总刚度方程进行求解。不失一般性，考虑方程组

$$\boldsymbol{A}\boldsymbol{x}=\boldsymbol{b} \tag{5.6.1}$$

其中

$$\boldsymbol{A}=\begin{bmatrix} a_{11} & a_{12} & \cdots & a_{1n} \\ a_{21} & a_{22} & \cdots & a_{2n} \\ \vdots & \vdots & & \vdots \\ a_{n1} & a_{n2} & \cdots & a_{nn} \end{bmatrix},\quad \boldsymbol{x}=\begin{Bmatrix} x_1 \\ x_2 \\ \vdots \\ x_n \end{Bmatrix},\quad \boldsymbol{b}=\begin{Bmatrix} b_1 \\ b_2 \\ \vdots \\ b_n \end{Bmatrix}$$

对方程组（5.6.1）的求解方法，有直接解法和迭代法。直接解法包括 Gauss 消元法、三角分解法等，迭代法包括雅可比（Jacobi）迭代法、高斯-赛德尔（Gauss-Seidel）迭代法、共轭梯度法等。本书仅介绍 Gauss 消元法、三角分解法和迭代法。

5.6.1 Gauss 消元法

Gauss 消元法包括消元和回代两个过程。

1. 消元过程

n 元线性代数方程组需进行 $n-1$ 次消元。第 k 次消元以 $k-1$ 次消元后第 k 行元素作为主元行，$a_{kk}^{(k-1)}$ 为主元，对第 i 行元素（$i>k$）的消元公式为

$$\begin{cases} a_{ij}^{(k)}=a_{ij}^{(k-1)}-\dfrac{a_{ik}^{(k-1)}}{a_{kk}^{(k-1)}}a_{kj}^{(k-1)} \\ b_{i}^{(k)}=b_{i}^{(k-1)}-\dfrac{a_{ik}^{(k-1)}}{a_{kk}^{(k-1)}}b_{k}^{(k-1)} \end{cases},\quad k=1,2,\cdots,n-1;\ i,j=k+1,\cdots,n \tag{5.6.2}$$

其中，带括号的上标表示消元的次数。

2. 回代过程

在完成 $n-1$ 次消元后，按照如下格式回代得到方程组的解：

$$x_n=\frac{b_n^{(n-1)}}{a_{nn}^{(n-1)}},\quad x_i=\frac{b_i^{(n-1)}-\sum\limits_{j=i+1}^{n}a_{ij}^{(n-1)}x_j}{a_{ii}^{(n-1)}},\quad i=n-1,n-2,\cdots,3,2,1 \tag{5.6.3}$$

5.6.2 三角分解法

将系数矩阵 $\boldsymbol{A}$ 分解为单位下三角矩阵 $\boldsymbol{L}$ 和上三角矩阵 $\boldsymbol{S}$ 的乘积，即

$$\boldsymbol{A}=\boldsymbol{L}\boldsymbol{S} \tag{5.6.4}$$

其中

$$\boldsymbol{L}=\begin{bmatrix}1 & 0 & 0 & 0 & \cdots & 0\\ l_{21} & 1 & 0 & 0 & \cdots & 0\\ l_{31} & l_{32} & 1 & 0 & \cdots & 0\\ l_{41} & l_{42} & l_{43} & 1 & \cdots & 0\\ \vdots & \vdots & \vdots & \vdots & & \vdots\\ l_{n1} & l_{n2} & l_{n3} & l_{n4} & \cdots & 1\end{bmatrix},\quad \boldsymbol{S}=\begin{bmatrix}S_{11} & S_{12} & \cdots & S_{1n}\\ 0 & S_{22} & \cdots & S_{2n}\\ \vdots & \vdots & & \vdots\\ 0 & 0 & \cdots & S_{nn}\end{bmatrix}$$

则方程组 $\boldsymbol{Ax}=\boldsymbol{b}$ 化为 $\boldsymbol{LSx}=\boldsymbol{b}$，则有等价方程组：

$$\boldsymbol{LV}=\boldsymbol{b},\quad \boldsymbol{Sx}=\boldsymbol{V} \tag{5.6.5}$$

将解方程组问题化为两个如下回代过程：

$$V_1=b_1,\quad V_i=b_i-\sum_{j=1}^{i-1}l_{ij}V_j,\quad i=2,3,\cdots,n \tag{5.6.6a}$$

$$x_n=V_n/S_{nn},\quad x_i=\left(V_i-\sum_{j=i+1}^{n}S_{ij}x_j\right)\Big/S_{ii},\quad i=n-1,n-2,\cdots,1 \tag{5.6.6b}$$

算法如下：

$$\begin{aligned}
&S_{11}=a_{11},\quad l_{11}=1\\
&l_{j1}=a_{j1}/S_{11},\quad S_{1j}=a_{1j},\quad j=2,3,\cdots,n\\
&l_{ji}=\left(a_{ji}-\sum_{k=1}^{i-1}l_{jk}S_{ki}\right)\Big/S_{ii}\\
&S_{ij}=a_{ij}-\sum_{k=1}^{i-1}l_{ik}S_{ki},\quad i=1,2,\cdots,j-1\\
&l_{jj}=1,\quad S_{jj}=a_{jj}-\sum_{k=1}^{i-1}l_{jk}S_{kj}
\end{aligned}$$

5.6.3　迭代法

1. 迭代法基本思想

对于线性方程组 $\boldsymbol{Ax}=\boldsymbol{b}$，变形得到其等价方程组 $\boldsymbol{x}=\boldsymbol{Mx}+\boldsymbol{f}$，构造迭代格式：

$$\boldsymbol{x}^{(k+1)}=\boldsymbol{Mx}^{(k)}+\boldsymbol{f},\quad k=0,1,\cdots \tag{5.6.7}$$

其中，$\boldsymbol{M}$ 为迭代矩阵；$\boldsymbol{f}$ 为自由向量。对于给定误差 ε，任选初始向量 $x^{(0)}=\left[x_1^{(0)}\ \ x_2^{(0)}\ \ \cdots\ \ x_n^{(0)}\right]^{\mathrm{T}}$，构造迭代序列$\{\boldsymbol{x}^{(k)}\}$，当迭代误差满足

$$\left\|\boldsymbol{x}^{(k+1)}-\boldsymbol{x}^{(k)}\right\|_2\Big/\left\|\boldsymbol{x}^{(k+1)}\right\|_2<\varepsilon \tag{5.6.8}$$

时结束迭代，方程组的解为 $\boldsymbol{x}\approx\boldsymbol{x}^{(k+1)}$。

2. 共轭梯度法

共轭梯度法是求解线性方程组最有效的方法之一，其主要步骤如下：

（1）取初值 $\boldsymbol{x}^{(0)}$；

（2）计算 $\boldsymbol{g}^{(0)}=\boldsymbol{A}\boldsymbol{x}^{(0)}-\boldsymbol{b}$，$\boldsymbol{d}^{(0)}=-\boldsymbol{g}^{(0)}$；

（3）对 $k=0,1,2,\cdots$ 循环，有

$$\alpha^{(k)}=\frac{(\boldsymbol{g}^{(k)})^{\mathrm{T}}\boldsymbol{g}^{(k)}}{(\boldsymbol{d}^{(k)})^{\mathrm{T}}\boldsymbol{A}\boldsymbol{d}^{(k)}},\quad \boldsymbol{x}^{(k+1)}=\boldsymbol{x}^{(k)}+\alpha^{(k)}\boldsymbol{d}^{(k)} \tag{5.6.9}$$

对给定误差 ε，当迭代误差满足

$$\left\|\boldsymbol{x}^{(k+1)}-\boldsymbol{x}^{(k)}\right\|_2 \Big/ \left\|\boldsymbol{x}^{(k+1)}\right\|_2<\varepsilon \tag{5.6.10}$$

时结束迭代，方程组的解为 $\boldsymbol{x}\approx\boldsymbol{x}^{(k+1)}$。否则

$$\boldsymbol{g}^{(k+1)}=\boldsymbol{g}^{(k)}+\alpha^{(k)}\boldsymbol{A}\boldsymbol{d}^{(k)},\quad \beta^{(k)}=\frac{(\boldsymbol{g}^{(k+1)})^{\mathrm{T}}\boldsymbol{g}^{(k+1)}}{(\boldsymbol{g}^{(k)})^{\mathrm{T}}\boldsymbol{g}^{(k)}},\quad \boldsymbol{d}^{(k+1)}=-\boldsymbol{g}^{(k+1)}+\beta^{(k)}\boldsymbol{d}^{(k)} \tag{5.6.11}$$

返回（3）进入下一循环。

5.6.4　刚度矩阵的存储方法

结构刚度矩阵具有对称性，为节省内存，仅存储其上三角矩阵或下三角矩阵。同时由于刚度矩阵具有带状稀疏性，非 0 元集中在主对角线附近，有限元计算程序设计时如果不存储带宽外 0 元素，将大大节省存储空间，能在有限内存下求解更大规模的问题。结构刚度矩阵常采用二维等带宽存储和一维变带宽存储两种存储方式。

1. 二维等带宽存储

对于 n 阶矩阵 $\boldsymbol{K}$，如果半带宽为 ND，则可用一个 $n\times\mathrm{ND}$ 的矩阵 $\boldsymbol{K}^*$代替矩阵 $\boldsymbol{K}$。如图 5.20（a）所示的八阶矩阵 $\boldsymbol{K}$，半带宽 ND = 4，可用图 5.20（c）中的 8×4 矩阵代替。

$$\begin{bmatrix} k_{11} & k_{12} & 0 & k_{14} & 0 & 0 & 0 & 0 \\ & k_{22} & k_{23} & 0 & 0 & 0 & 0 & 0 \\ & & k_{33} & k_{34} & 0 & k_{36} & 0 & 0 \\ & & & k_{44} & k_{45} & k_{46} & 0 & 0 \\ & & & & k_{55} & k_{56} & 0 & k_{58} \\ & & & & & k_{66} & k_{67} & 0 \\ & & & & & & k_{77} & k_{78} \\ & & & & & & & k_{88} \end{bmatrix} \quad \begin{bmatrix} k_{11} & k_{12} & 0 & k_{14} \\ k_{22} & k_{23} & 0 & 0 \\ k_{33} & k_{34} & 0 & k_{36} \\ k_{44} & k_{45} & k_{46} & 0 \\ k_{55} & k_{56} & 0 & k_{58} \\ k_{66} & k_{67} & 0 & \\ k_{77} & k_{78} & & \\ k_{88} & & & \end{bmatrix} \quad \begin{bmatrix} k_{11} & k_{12} & k_{13} & k_{14} \\ k_{21} & k_{22} & k_{23} & k_{24} \\ k_{31} & k_{32} & k_{33} & k_{34} \\ k_{41} & k_{42} & k_{43} & k_{44} \\ k_{51} & k_{52} & k_{53} & k_{54} \\ k_{61} & k_{62} & k_{63} & k_{64} \\ k_{71} & k_{72} & k_{73} & k_{74} \\ k_{81} & k_{82} & k_{83} & k_{84} \end{bmatrix}$$

（a）　　（b）　　（c）

图 5.20　刚度矩阵二维等带宽存储

这时原刚度矩阵 $\boldsymbol{K}$ 中的元素 k_{ij} 与 $\boldsymbol{K}^*$ 中的元素 $k_{i^*j^*}$ 对应，其中

$$i^* = i, \quad j^* = j - i + 1, \quad j^* = 1, 2, \cdots, \mathrm{ND}$$

该存储方法不能去除带宽以内的零元素，当系数矩阵的带宽变化不大时，采用二维等带宽存储是合适的。对带宽较大或求解规模更大的问题，为进一步节省存储空间，可采用下面一维变带宽存储。

2. 一维变带宽存储

一维变带宽存储是将变化的带宽内的元素按照一定顺序存储在一维数组中，可分为按行一维变带宽存储和按列一维变带宽存储两种方式。按列一维变带宽存储是按列依次存储元素，每列元素从主对角元素开始直到该列中最高位置的非零元。同样可以定义按行一维变带宽存储。图 5.21 为 8×8 刚度矩阵 $\boldsymbol{K}$ 按列一维变带宽存储，其中 $A(\cdot)$为存储 $\boldsymbol{K}$ 的一维数组。

$$\begin{bmatrix} k_{11} & k_{12} & 0 & k_{14} & 0 & 0 & 0 & 0 \\ & k_{22} & k_{23} & 0 & 0 & 0 & 0 & 0 \\ & & k_{33} & k_{34} & 0 & k_{36} & 0 & 0 \\ & & & k_{44} & k_{45} & k_{46} & 0 & 0 \\ & & & & k_{55} & k_{56} & 0 & k_{58} \\ & & & & & k_{66} & k_{67} & 0 \\ & & & & & & k_{77} & k_{78} \\ & & & & & & & k_{88} \end{bmatrix}, \quad \begin{bmatrix} A(1) & A(3) & & A(9) & & & & \\ & A(2) & A(5) & A(8) & & & & \\ & & A(4) & A(7) & & A(15) & & \\ & & & A(6) & A(11) & A(14) & & \\ & & & & A(10) & A(13) & & A(21) \\ & & & & & A(12) & A(17) & A(20) \\ & & & & & & A(16) & A(19) \\ & & & & & & & A(18) \end{bmatrix}$$

图 5.21　刚度矩阵按列一维变带宽存储

要实现按列一维变带宽存储，需要定义一个整数型数组 $M(n+1)$，记录主对角元在一维数组中的位置。如对图 5.21 所示按列一维变带宽存储，有

$$M(i) = 1, 2, 4, 6, 10, 12, 16, 19, 22, \quad i = 1, 2, \cdots, 9$$

按照数组 $M(n+1)$的定义，则 $N_i = M(i+1) - M(i)$为第 i 列非零元素个数，称为**列高**。由此得到每列元素的起始行号为

$$m_i = i - N_i + 1$$

基于 $M(i)$、N_i 和 m_i 的定义可以完全确定刚度矩阵中每个非零元素在一维数组 A 中的位置。一维变带宽存储是最节约内存的存储方法，但该方法编程复杂。当采用一维变带宽存储或二维等带宽存储时，前面所讲 Gauss 消元法、三角分解法和迭代法也需要进行相应的变化。

5.7　有限元解性质和收敛性

5.7.1　收敛准则

定义　如果当单元尺寸趋于零时，有限元的解趋于真实解，就称该**单元模式收敛**。

1. 收敛准则

收敛准则如下：

（1）位移插值函数应满足单元的刚体位移不产生应变，即位移模式中含常数项。

（2）由位移插值函数必须能够得到常应变，即位移模式中含有完全的一次项。

如果单元的位移插值模式具有（1）和（2）性质，就称该单元是**完备的**。

（3）相邻单元边界上的应变是有限的，即单元间的位移连续，称为单元是**协调的**。

满足条件（1）～（3）的单元称为**协调单元**。

2. C_{m-1} 连续单元

如果泛函中场函数的最高阶导数是 m 阶，则完备性要求单元位移插值函数至少应该是 m 次完全多项式，协调性要求单元位移插值函数在单元交界面上具有 $m-1$ 阶连续导数，简称该位移插值函数具有 **$\boldsymbol{C_{m-1}}$ 连续性**。如果单元的位移插值函数在单元交界面具有 C_{m-1} 连续性，则称该单元为 **$\boldsymbol{C_{m-1}}$ 连续单元**。具有 C_{m-1} 连续的单元称为 **$\boldsymbol{C_{m-1}}$ 协调单元**，当 $m=1$ 时，称为 **$\boldsymbol{C_0}$ 连续单元**。

5.7.2 收敛速度

将位移精确解 $\boldsymbol{u}$ 在单元内某点进行 Taylor 级数展开为

$$\boldsymbol{u}=\boldsymbol{u}_i+\left(\frac{\partial \boldsymbol{u}}{\partial \boldsymbol{x}}\right)_i \Delta x+\left(\frac{\partial \boldsymbol{u}}{\partial \boldsymbol{y}}\right)_i \Delta y+\cdots \tag{5.7.1}$$

如果单元的特征尺寸为 h，所选位移插值函数为 p 次多项式，则 Δx, $\Delta y \approx h$，位移插值函数误差为 $O(h^{p+1})$，如果应变算子 $\boldsymbol{L}$ 有 m 阶微分，则应变和应力的误差为 $O(h^{p-m+1})$。如三结点三角形单元 $p=1$，则位移插值误差为 $O(h^2)$，应变误差为 $O(h^{1-1+1})=O(h)$。

若位移的精确解为 u，则第一次网格划分的近似解为 $\boldsymbol{u}_1$，误差为 $O(h^2)$；网格细化一倍后近似解为 $\boldsymbol{u}_2$，位移的误差为 $O(h^2)/4$。得到

$$\frac{\boldsymbol{u}_1-\boldsymbol{u}}{\boldsymbol{u}_2-\boldsymbol{u}}=\frac{O(h^2)}{O\left((h/2)^2\right)}=4 \tag{5.7.2}$$

进一步得

$$\boldsymbol{u}=\frac{1}{3}(4\boldsymbol{u}_2-\boldsymbol{u}_1) \tag{5.7.3}$$

由式（5.7.2）可见，网格（单元）细化 1 倍，精度提高 4 倍。再由式（5.7.3）两次计算的结果进行线性组合可以得到精度更高的近似解。

5.7.3 位移元解的下限性

以结点位移为基本未知量，基于最小势能原理建立的有限元称为**位移元**。以结点应

力为基本未知量，基于最小余能原理建立的有限元称为**应力元**。类似可以建立位移-应力混合型有限元公式。下面介绍位移元解的性质。

1. 精确解

以结点位移为基本未知量，系统总势能泛函为

$$\Pi_p = \frac{1}{2}\boldsymbol{a}^{\mathrm{T}}\boldsymbol{K}\boldsymbol{a} - \boldsymbol{a}^{\mathrm{T}}\boldsymbol{F} \tag{5.7.4}$$

最小势能原理指出真实解使势能泛函取极值，因此由 $\delta\Pi_p = 0$ 得

$$\boldsymbol{K}\boldsymbol{a} = \boldsymbol{F} \tag{5.7.5}$$

代入泛函（5.7.4）得

$$\Pi_p = \frac{1}{2}\boldsymbol{a}^{\mathrm{T}}\boldsymbol{K}\boldsymbol{a} - \boldsymbol{a}^{\mathrm{T}}\boldsymbol{K}\boldsymbol{a} = -\frac{1}{2}\boldsymbol{a}^{\mathrm{T}}\boldsymbol{K}\boldsymbol{a} = -U_{\varepsilon} \tag{5.7.6}$$

可见在平衡条件下（对于精确解），系统的势能泛函等于负的应变能。

2. 有限元近似解

对于有限元近似解，系统的总势能总会大于真实解的总势能，即

$$\Pi_p(\boldsymbol{a}) \leqslant \tilde{\Pi}_p(\tilde{\boldsymbol{a}})$$

由式（5.7.6）得

$$\tilde{\boldsymbol{a}}^{\mathrm{T}}\tilde{\boldsymbol{K}}\tilde{\boldsymbol{a}} \leqslant \boldsymbol{a}^{\mathrm{T}}\boldsymbol{K}\boldsymbol{a} \tag{5.7.7}$$

对精确解 $\boldsymbol{a}$ 和近似解 $\tilde{\boldsymbol{a}}$，有

$$\boldsymbol{K}\boldsymbol{a} = \boldsymbol{F}, \quad \tilde{\boldsymbol{K}}\tilde{\boldsymbol{a}} = \boldsymbol{F}$$

代入式（5.7.7）得

$$\tilde{\boldsymbol{a}}^{\mathrm{T}}\boldsymbol{F} \leqslant \boldsymbol{a}^{\mathrm{T}}\boldsymbol{F} \tag{5.7.8}$$

可见，位移元得到的近似位移解总体上不大于真正解，位移元解的这种性质称为**位移解下限性**。

5.8 本章小结

有限元分析大致分为单元分析和总体分析。本章介绍了常见的各种类型单元及广义坐标有限元法，总体分析介绍了结构有限元平衡方程建立和求解方法等。

在单元分析部分，针对三结点三角形单元，详细介绍了单元插值函数构造、单元应变矩阵、单元应力矩阵、单元刚度矩阵和等效结点载荷推导，以及单元平衡方程的建立。然后按同样思路介绍了平面四结点矩形单元、轴对称三结点三角形单元和四结点矩形单元、空间四结点四面体单元和八结点六面体单元，并由此总结出广义坐标有限元法。

在总体分析部分，针对结构总体平衡方程介绍了单元局部编码和总体编码的关系、结构总刚度矩阵和结构总等效载荷列阵的形成；在约束条件处理部分介绍了直接法、对角元素改 1 法和对角元素乘大数法；在有限元方程求解部分介绍了 Gauss 消元法、三角分解法和迭代法；在有限元解的性质和收敛性部分介绍了有限元解收敛准则、收敛速度和位移元解的下限性等。

本章涉及的基本概念有广义坐标、插值基函数、位移插值函数、位移模式、单元刚度矩阵、单元结点载荷列阵、结构刚度矩阵、结构载荷列阵、完备性和协调性、收敛准则等，需要理解和掌握这些概念。

5.9 习　　题

【习题 5.1】 如习题 5.1 图所示三角形单元绕结点 i 有一个小的刚体转动，其转角为 θ。证明单元内所有应变均为零。

【习题 5.2】 三角形构件如习题 5.2 图所示，采用一个三结点三角形单元计算，由于结点 3 为位移约束，经处理该位移约束后的刚度矩阵为

$$10^4 \times \begin{bmatrix} 10 & -2.5 & 1.83 & 2.5 \\ -2.5 & 4.5 & 2.5 & -2.5 \\ 1.83 & 2.5 & 5.0 & -2.5 \\ 2.5 & -2.5 & -2.5 & 2.5 \end{bmatrix} \begin{Bmatrix} u_1 \\ u_2 \\ v_1 \\ v_2 \end{Bmatrix} = \begin{Bmatrix} P_{u1} \\ P_{u2} \\ P_{v1} \\ P_{v2} \end{Bmatrix}$$

结点 2 为一个斜支座，试建立以 u_1、v_1 和 $\tilde{u}_2$ 及 P_{u1}、P_{v1} 和 $P_{\tilde{u}2}$ 来表示的刚度方程。

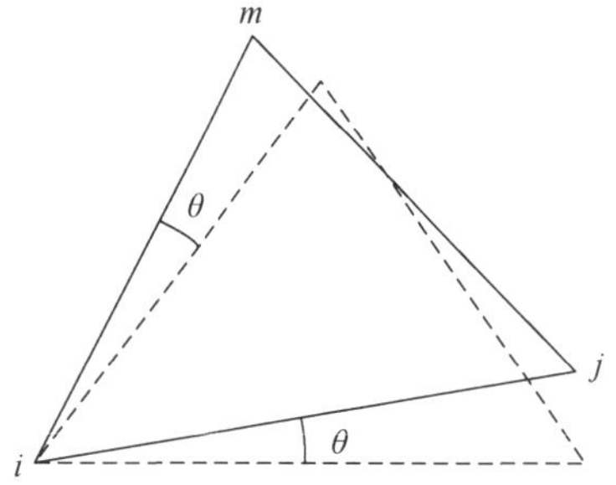

习题 5.1 图

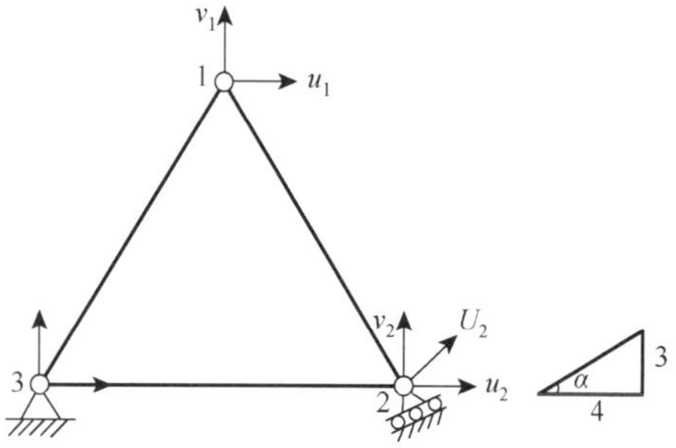

习题 5.2 图

【习题 5.3】 如习题 5.3 图所示平面问题，厚度为 t，弹性模量为 E，泊松比 $\mu = 0$。使用三结点三角形单元，其几何矩阵 $\boldsymbol{B}$ 为

$$\boldsymbol{B} = \frac{1}{2A}\begin{bmatrix} b_i & 0 & b_j & 0 & b_m & 0 \\ 0 & c_i & 0 & c_j & 0 & c_m \\ c_i & b_i & c_j & b_j & c_m & b_m \end{bmatrix} = \frac{1}{a^2}\begin{bmatrix} 1 & 0 & 0 & 0 & -1 & 0 \\ 0 & 0 & 0 & 1 & 0 & -1 \\ 0 & 1 & 1 & 0 & -1 & -1 \end{bmatrix}$$

其中，A 为三角形面积；弹性矩阵 $\boldsymbol{D} = E\mathrm{diag}(1, 1, 0.5)$，试推导该三结点三角形单元的刚度矩阵。

【习题 5.4】 用三结点三角形单元分析如习题 5.4 图所示矩形平板四顶点处的位移、单元应力和支反力。其中厚度 $t=5\text{mm}$，材料弹性模量 $E=30\times10^4\text{N/mm}^2$，泊松比 $\mu=0.25$。

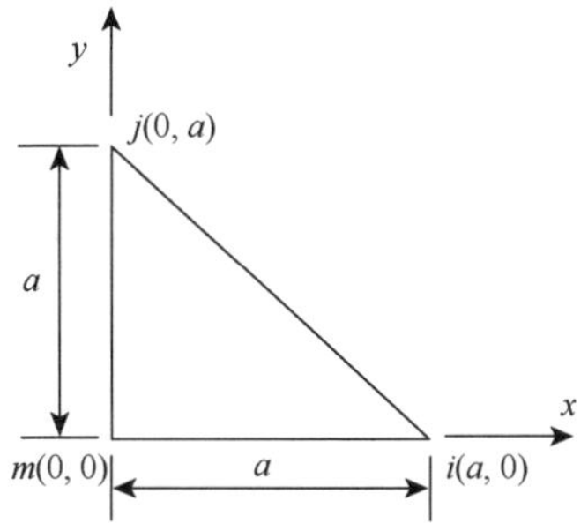

习题 5.3 图

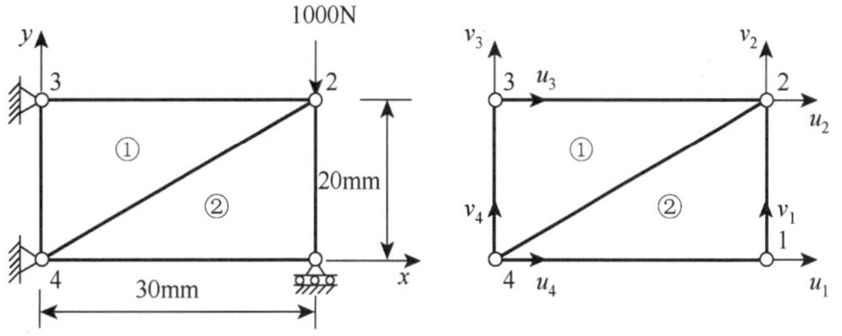

习题 5.4 图

【习题 5.5】 如习题 5.5 图所示弹性支承的平面结构，其势能泛函为

$$\Pi=\int_A\frac{1}{2}(\sigma_{xx}\varepsilon_{xx}+\sigma_{yy}\varepsilon_{yy}+\tau_{xy}\gamma_{xy})t\mathrm{d}A+\int_{S_1}\frac{1}{2}kv^2\mathrm{d}S-\int_{S_2}p(x)v\mathrm{d}S$$

其中，A 为平面结构的面积，t 为厚度，k 为弹性系数，v 为沿 y 方向的位移，试推导求解该问题的有限元刚度方程。此时位移边界条件如何处理？

【习题 5.6】 如习题 5.6 图所示两个三角形单元组成的平行四边形，单元①局部编码为(i,j,m)，且单元刚度矩阵和应力矩阵分别为

$$\boldsymbol{K}^{(1)}=\begin{bmatrix}8 & 0 & -6 & -6 & -2 & 6\\ & 16 & 0 & -12 & 0 & -4\\ & & 13.5 & 4.5 & -7.5 & -4.5\\ & \text{对} & & 13.5 & 1.5 & -1.5\\ & & & & 9.5 & -1.5\\ & & \text{称} & & & 5.5\end{bmatrix},\quad \boldsymbol{S}^{(1)}=\begin{bmatrix}0 & 0 & -3 & 0 & 3 & 0\\ 0 & 4 & 0 & -3 & 0 & -1\\ 2 & 0 & -1.5 & -1.5 & -0.5 & 1.5\end{bmatrix}$$

试写出单元②的单元刚度矩阵和应力矩阵。

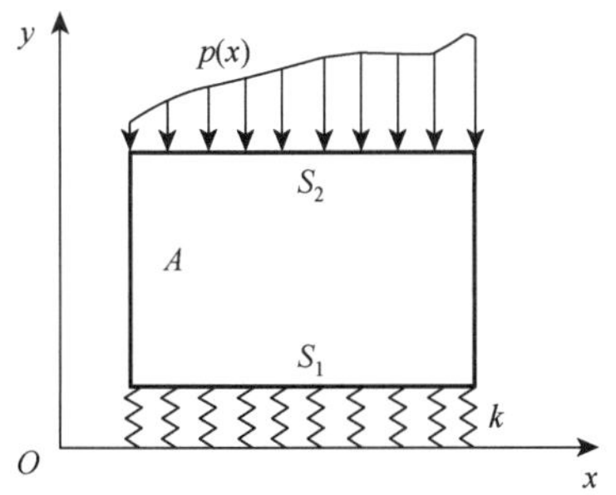

习题 5.5 图

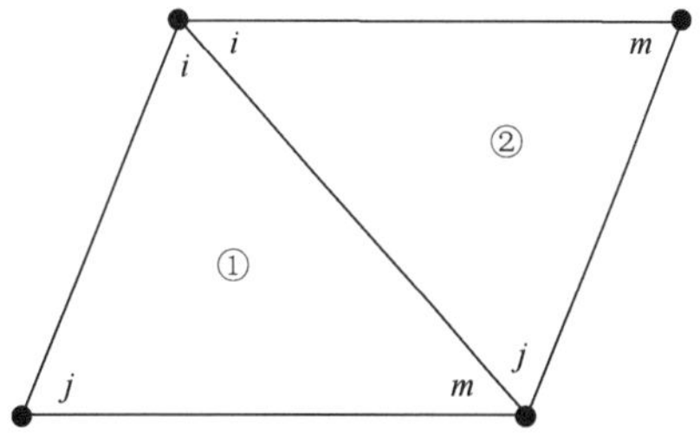

习题 5.6 图

【习题 5.7】 平面三结点三角形单元的位移、应变和应力具有什么特征？

【习题 5.8】 对轴对称问题有限元模型，其刚体位移分量有几个？在什么方向？如何限制刚体运动？

【习题 5.9】 承受轴对称载荷的回转体，若取三结点三角形环形单元，试求：

（1）以转速 $\boldsymbol{\omega}$ 旋转时的等效结点载荷；

（2）若回转轴方向有 $\boldsymbol{a}_z$ 的加速度，如何计算等效结点载荷。

【习题 5.10】 如习题 5.10 所示厚度为 t 的高深悬臂梁，右端受集中力 F 作用，材料弹性模量为 E、泊松比 $\mu = 1/3$，采用两个三结点三角形单元计算各个结点位移及支反力。

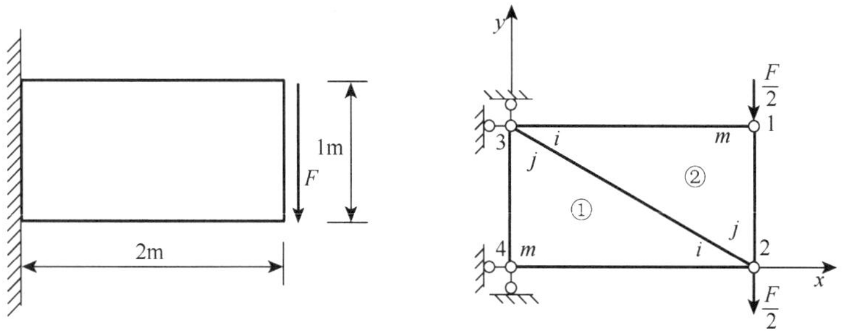

（a）问题描述　　　　（b）有限元分析模型

习题 5.10 图

【习题 5.11】 如习题 5.11 图所示受内压的无限长圆筒，置于内径为 120mm 的刚性圆孔中，材料弹性模量 $E = 200\text{GPa}$，泊松比 $\mu = 0.3$。试求圆筒内径处的位移。

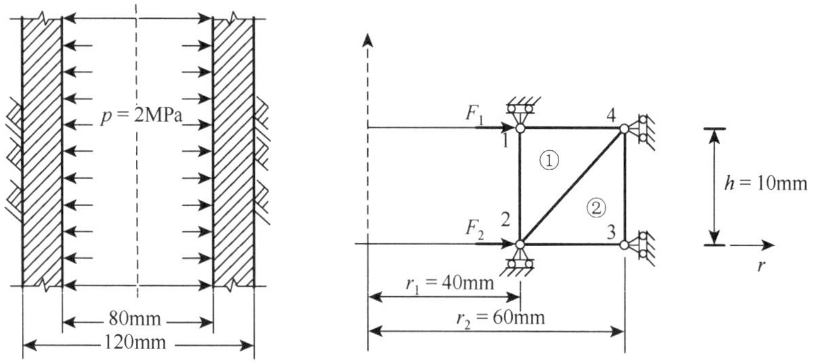

（a）结构图　　　　（b）有限元模型

习题 5.11 图

习题解答

第 6 章　单元插值函数

第 5 章介绍了广义坐标有限元法，该方法先将单元位移函数表示为多项式，然后利用结点位移条件给出多项式中的待定系数，从而给出用结点位移表示的位移场。但该方法存在如下局限性：①有大量的工作量和运算，对于高次单元实现难度太大；②涉及矩阵求逆，可能逆矩阵不存在；③涉及复杂的单元矩阵的积分。为解决上述困难，本章讨论在局部坐标系下建立不同类型标准单元的插值函数，第 7 章将讨论局部坐标系下的标准单元与总体坐标系下的子单元之间的单元映射问题，从而避免广义坐标有限元法存在的局限性。

从几何形状看，单元可以分为一维单元、二维单元和三维单元。一维单元可以是直线段或曲线段，二维单元理论上可以是任意多边形，本书仅讨论三角形单元和四边形单元。三维单元理论上可以是任意多面体，本书仅讨论四面体单元、五面体单元和六面体单元。

从插值多项式次数看，单元可以分为一次单元、二次单元和三次单元等。一次单元又称**线性单元**，仅有角结点（图 6.1）。二次和三次以上的单元称为**高次单元**，高次单元在单元边界甚至单元内部布置一个或多个结点（图 6.2），高次单元的边界可以是曲线或曲面。

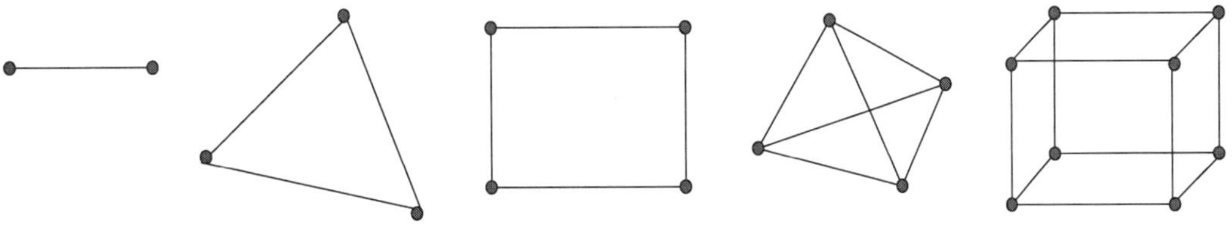

图 6.1　常见线性单元

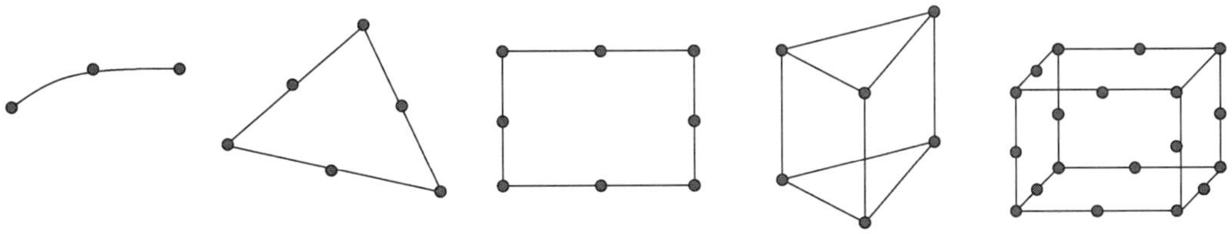

图 6.2　常见二次单元

从结点参数看，单元可以分为 C_0 单元、C_1 单元和 C_n 等单元。C_0 单元仅以结点函数值为结点参数，C_1 单元以结点函数值和导数值为结点参数，C_n 单元以结点函数值和 1 阶、2 阶，…，n 阶导数为结点参数。$n\geqslant 1$ 的 C_n 单元称为**高阶单元**，常见 C_n 高阶单元为 Euler-Bernoulli 梁单元，为 C_1 单元。

6.1 一维单元插值函数

6.1.1 Lagrange 一维单元

1. 总体坐标系下的位移插值函数

如果位移场 $u(x)$在插值基点 $x_1, x_2, \cdots, x_n$ 处的函数值为 $u_1, u_2, \cdots, u_n$，则基点 x_i 处的 Lagrange 插值基函数为

$$N_i^{(n-1)}(x)=\frac{(x-x_1)(x-x_2)\cdots(x-x_{i-1})(x-x_{i+1})\cdots(x-x_n)}{(x_i-x_1)(x_i-x_2)\cdots(x_i-x_{i-1})(x_i-x_{i+1})\cdots(x_i-x_n)}=\prod_{j=1,j\neq i}^{n}\frac{(x-x_j)}{(x_i-x_j)} \tag{6.1.1}$$

其中，上标括号内的数字表示插值基函数的次数。单元内任意点的位移函数可以表示为

$$u(x)=\sum_{i=1}^{n}N_i^{(n-1)}(x)\,u_i=\boldsymbol{N}(x)\boldsymbol{a} \tag{6.1.2}$$

其中，$\boldsymbol{N}(x)=\left[N_1^{(n-1)}(x)\quad N_2^{(n-1)}(x)\quad\cdots\quad N_n^{(n-1)}(x)\right]$为插值函数矩阵；$\boldsymbol{a}^{\mathrm{T}}=[u_1\quad u_2\quad\cdots\quad u_n]$为单元结点位移列阵。

插值基函数具有如下性质：① $N_i^{n-1}(x_j)=\delta_{ij}$，其中 δ_{ij} 为克罗内克（Kronecker）符号；②对任意 x，有 $N_1^{(n-1)}(x)+N_2^{(n-1)}(x)+\cdots+N_n^{(n-1)}(x)=1$；③有 n 个插值基点的插值基函数 $N_i^{(n-1)}$ 都为次数不超过 n–1 的多项式。

例 6.1 对于 $n=2$，插值基函数和单元位移函数为

$$N_1(x)=N_1^{(1)}(x)=(x-x_2)/(x_1-x_2),\quad N_2(x)=N_2^{(1)}=(x-x_1)/(x_2-x_1)$$

$$u(x)=N_1(x)u_1+N_2(x)u_2=\left[N_1(x)\quad N_2(x)\right]\begin{Bmatrix}u_1\\u_2\end{Bmatrix}=\boldsymbol{N}(x)\boldsymbol{a}$$

2. 自然坐标系下的位移插值函数

插值函数常用自然坐标描述，通常有两种方式定义无量纲自然坐标的方法。一种是将自然坐标定义在[0, 1]内，另一种是将其定义在[–1, 1]内，下面分别介绍这两种方法。

（1）方法 1（$0\leqslant\xi\leqslant1$）

$$\xi=(x-x_1)/(x_n-x_1),\quad 0\leqslant\xi\leqslant1 \tag{6.1.3}$$

则 $N_i^{(n-1)}(\xi)=\prod\limits_{j=1,j\neq i}^{n}\dfrac{\xi-\xi_j}{\xi_i-\xi_j}$，$0\leqslant\xi\leqslant1$。

例 6.2 对于 $n=2$，定义 $\xi=(x-x_1)/(x_2-x_1)$，$\xi_1=0$，$\xi_2=1$，$0\leqslant\xi\leqslant1$，则插值基函数为

$$N_1(\xi)=N_1^{(1)}(\xi)=1-\xi,\quad N_2(\xi)=N_2^{(1)}(\xi)=\xi$$

单元位移插值函数分别为

$$u(\xi)=N_1(\xi)u_1+N_2(\xi)u_2=\left[N_1(\xi)\quad N_2(\xi)\right]\begin{Bmatrix}u_1\\u_2\end{Bmatrix}=\boldsymbol{N}(\xi)\boldsymbol{a}$$

例 6.3 对于 $n=3$，定义 $x_2=(x_1+x_3)/2, \xi=(x-x_1)/(x_3-x_1)$，则 $\xi_1=0$，$\xi_2=1/2$，

$\xi_3=1$，各插值基点的插值基函数为

$$N_1=N_1^{(2)}=\frac{(\xi-\xi_2)(\xi-\xi_3)}{(\xi_1-\xi_2)(\xi_1-\xi_3)}=2\left(\xi-\frac{1}{2}\right)(\xi-1)$$

$$N_2=N_2^{(2)}=\frac{(\xi-\xi_1)(\xi-\xi_3)}{(\xi_2-\xi_1)(\xi_2-\xi_3)}=-4\xi(\xi-1)$$

$$N_3=N_3^{(2)}=\frac{(\xi-\xi_1)(\xi-\xi_2)}{(\xi_3-\xi_1)(\xi_3-\xi_2)}=2\xi\left(\xi-\frac{1}{2}\right)$$

单元位移插值函数为

$$u(\xi)=N_1(\xi)u_1+N_2(\xi)u_2+N_3(\xi)u_3=\begin{bmatrix}N_1(\xi) & N_2(\xi) & N_3(\xi)\end{bmatrix}\begin{Bmatrix}u_1\\u_2\\u_3\end{Bmatrix}=\boldsymbol{N}(\xi)\boldsymbol{a}$$

（2）方法 2（$-1\leqslant\xi\leqslant1$）

$$\xi=2(x-x_1)/(x_n-x_1)-1,\quad -1\leqslant\xi\leqslant1 \tag{6.1.4}$$

则 $N_i^{(n-1)}(\xi)=\prod\limits_{j=1,j\neq i}^{n}\dfrac{\xi-\xi_j}{\xi_i-\xi_j}$，$-1\leqslant\xi\leqslant1$。

例 6.4　对于 $n=2$，定义 $\xi=2(x-x_1)/(x_2-x_1)-1$，$-1\leqslant\xi\leqslant1$，则插值基函数为

$$N_1(\xi)=N_1^{(1)}(\xi)=\frac{\xi-\xi_2}{\xi_1-\xi_2}=\frac{\xi-1}{-1-1}=\frac{1}{2}(1-\xi)$$

$$N_2(\xi)=N_2^{(1)}(\xi)=\frac{\xi-\xi_1}{\xi_2-\xi_1}=\frac{\xi-(-1)}{1-(-1)}=\frac{1}{2}(1+\xi)$$

单元位移插值函数为

$$u(\xi)=N_1u_1+N_2u_2=\frac{1}{2}(1-\xi)u_1+\frac{1}{2}(1+\xi)u_2=\begin{bmatrix}N_1(\xi) & N_2(\xi)\end{bmatrix}\begin{Bmatrix}u_1\\u_2\end{Bmatrix}=\boldsymbol{N}(\xi)\boldsymbol{a}$$

为一次单元插值。

例 6.5　对于 $n=3$，定义 $\xi=2(x-x_1)/(x_2-x_1)-1$，$\xi_1=-1,\ \xi_3=0$，$\xi_2=1$，$-1\leqslant\xi\leqslant1$，则各插值基点的插值基函数为

$$N_1=N_1^{(2)}=\frac{(\xi-\xi_2)(\xi-\xi_3)}{(\xi_1-\xi_2)(\xi_1-\xi_3)}=\frac{(\xi-1)(\xi-0)}{(-1-1)(-1-0)}=-\frac{1}{2}\xi(1-\xi)$$

$$N_2=N_2^{(2)}=\frac{(\xi-\xi_1)(\xi-\xi_3)}{(\xi_2-\xi_1)(\xi_2-\xi_3)}=\frac{(\xi+1)(\xi-0)}{(1+1)(1-0)}=\frac{1}{2}\xi(1+\xi)$$

$$N_3=N_3^{(2)}=\frac{(\xi-\xi_1)(\xi-\xi_2)}{(\xi_3-\xi_1)(\xi_3-\xi_2)}=\frac{(\xi+1)(\xi-1)}{(0+1)(0-1)}=(1+\xi)(1-\xi)$$

单元位移插值函数为

$$u(\xi)=-\frac{1}{2}\xi(1-\xi)u_1+\frac{1}{2}\xi(1+\xi)u_2+(1+\xi)(1-\xi)u_3=N_1u_1+N_2u_2+N_3u_3$$

$$=\begin{bmatrix}N_1 & N_2 & N_3\end{bmatrix}\begin{Bmatrix}u_1\\u_2\\u_3\end{Bmatrix}=\boldsymbol{N}\boldsymbol{a}$$

3. Lagrange 位移插值函数的广义表达式

如果插值基点为 $\xi_1, \xi_2, \cdots, \xi_n$，$f_j(\xi) = \xi - \xi_j$ 为任意点 ξ 到点 ξ_j 的距离，$f_j(\xi_i) = \xi_i - \xi_j$ 为点 ξ_i 到点 ξ_j 的距离，则插值基函数为

$$N_i = N_i^{(n-1)}(\xi) = \prod_{j=1, j\neq i}^{n} \frac{f_j(\xi)}{f_j(\xi_i)} \tag{6.1.5}$$

满足插值基函数的要求。这时位移插值函数

$$u(\xi) = \sum_{i=1}^{n} N_i(\xi) u_i = \sum_{i=1}^{n} N_i^{(n-1)}(\xi) u_i = \boldsymbol{N}(\xi)\boldsymbol{a}$$

6.1.2　Hermite 一维单元

如果位移场 $u(\xi)$在插值基点 $\xi_1, \xi_2, \cdots, \xi_n$ 处的函数值为 $u_1, u_2, \cdots, u_n$，导数值为$(\mathrm{d}u/\mathrm{d}\xi)_1$, $(\mathrm{d}u/\mathrm{d}\xi)_2, \cdots, (\mathrm{d}u/\mathrm{d}\xi)_n$，基点 ξ_i 处的插值基函数为 $H_i^{(0)}(\xi)$，$H_i^{(1)}(\xi)$ 应满足：

$$H_i^{(0)}(\xi_j) = \delta_{ij}, \quad \left.\frac{\mathrm{d}H_i^{(0)}(\xi)}{\mathrm{d}\xi}\right|_{\xi_j} = 0$$

$$H_i^{(1)}(\xi_j) = 0, \quad \left.\frac{\mathrm{d}H_i^{(1)}(\xi)}{\mathrm{d}\xi}\right|_{\xi_j} = \delta_{ij} \tag{6.1.6}$$

则位移插值函数为

$$u(\xi) = \sum_{i=1}^{n} H_i^{(0)}(\xi)\, u_i + \sum_{i=1}^{n} H_i^{(1)}(\xi) \left(\frac{\mathrm{d}u}{\mathrm{d}\xi}\right)_i \tag{6.1.7}$$

称式（6.1.7）为场函数 $u(\xi)$在插值基点 $\xi_1, \xi_2, \cdots, \xi_n$ 处的 **Hermite 插值**。如果式（6.1.7）中的 $n = 2$，这时单元结点数为 2，插值基函数 $H_i^{(0)}(\xi)$、$H_i^{(1)}(\xi)$ 和插值函数（6.1.7）都为三次多项式，因此称式（6.1.7）为**两点三次 Hermite 插值**。

按照插值基函数的定义，$H_1^{(0)}(\xi)$ 在结点 1 处函数值为 1，在结点 2 处函数值为 0，在结点 1 和 2 处的导数值都为 0；$H_2^{(0)}(\xi)$ 在结点 1 处的函数值为 0，在结点 2 处的函数值为 1，在结点 1 和 2 处的导数值都为 0；$H_1^{(1)}(\xi)$ 在结点 1 和 2 处的函数值都为 0，在结点 1 处的导数值为 1，在结点 2 处的导数值为 0；$H_2^{(1)}(\xi)$ 在结点 1 和 2 处的函数值都为 0，在结点 1 处的导数值为 0，在结点 2 处的导数值都为 1。

1）$0 \leqslant \xi \leqslant 1$ 情况的两点三次 Hermite 插值

$$\begin{cases} N_1 = H_1^{(0)}(\xi) = 1 - 3\xi^2 + 2\xi^3, & N_2 = H_2^{(0)}(\xi) = 3\xi^2 - 2\xi^3 \\ N_3 = H_1^{(1)}(\xi) = \xi - 2\xi^2 + \xi^3, & N_4 = H_2^{(1)}(\xi) = -\xi^2 + \xi^3 \end{cases}, \quad 0 \leqslant \xi \leqslant 1 \tag{6.1.8}$$

设 $\boldsymbol{a}^{\mathrm{T}} = [Q_1 \quad Q_2 \quad Q_3 \quad Q_4]$，$\boldsymbol{N} = [N_1 \quad N_2 \quad N_3 \quad N_4]$，其中 $Q_1 = u_1$，$Q_2 = u_2$，$Q_3 = (\mathrm{d}u/\mathrm{d}\xi)_1$，$Q_4 = (\mathrm{d}u/\mathrm{d}\xi)_2$，则式（6.1.7）可以表示为

$$u(\xi)=\sum_{i=1}^{4}N_i(\xi)Q_i=\boldsymbol{Na}$$

2）$-1\leqslant\xi\leqslant1$ 情况的两点三次 Hermite 插值

$$\begin{cases}N_1=H_1^{(0)}(\xi)=(1-\xi)^2(2+\xi)/4, & N_2=H_2^{(0)}(\xi)=(1+\xi)^2(2-\xi)/4\\ N_3=H_1^{(1)}(\xi)=(1-\xi)^2(\xi+1)/4, & N_4=H_2^{(1)}(\xi)=(1+\xi)^2(\xi-1)/4\end{cases}\tag{6.1.9}$$

同样式（6.1.7）可以表示为

$$u(\xi)=\sum_{i=1}^{4}N_i(\xi)Q_i=\boldsymbol{Na}$$

基于式（6.1.9），两点三次 Hermite 插值基函数的几何描述如图 6.3 所示。

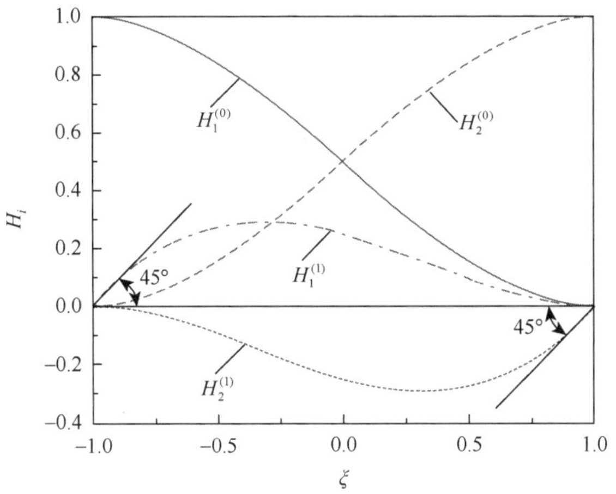

图 6.3　两点三次 Hermite 插值基函数的几何描述

6.2　二维单元插值函数

6.2.1　面积坐标与三角形单元

1. 面积坐标定义与性质

定义　设 P 为$\triangle ijm$ 内的任意一点，$\triangle ijm$ 面积为 A，如图 6.4 所示，$\triangle jmP$、$\triangle imP$ 和 $\triangle ijP$ 的面积分别为 A_i、A_j、A_m，定义面积比为

$$L_i=A_i/A\tag{6.2.1}$$

则点 P 的位置由三元数组（L_i, L_j, L_m）确定，称该三元数组为 P 点的**面积坐标**，记为 $P(L_i, L_j, L_m)$。

面积坐标具有如下性质（图 6.5）：①与 jm 平行的线上具有相同的 L_i；②角点坐标为 $i(1, 0, 0)$、$j(0, 1, 0)$、$m(0, 0, 1)$；③形心坐标为(1/3, 1/3, 1/3)；④在 jm 边上 $L_i=0$，mi 边上 $L_j=0$，ij 边上 $L_m=0$；⑤三个坐标只有两个是独立的，即 $L_i+L_j+L_m=1$。

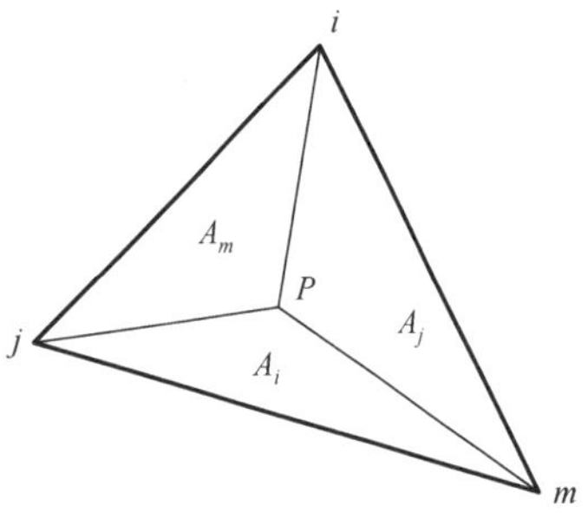

图 6.4　三角形单元的面积坐标

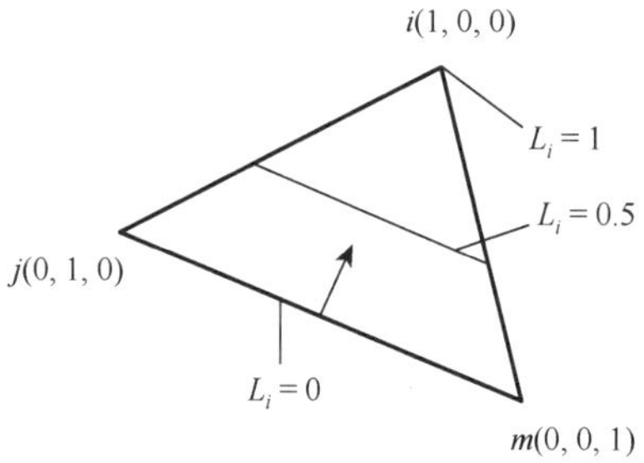

图 6.5　三角形单元面积坐标性质

2. 面积坐标与直角坐标的关系

如果任意点 P 的坐标为(x, y, z)，$\triangle ijm$ 和$\triangle jmP$ 的面积分别为 A 和 A_i，则

$$D=\begin{vmatrix}1 & x_i & y_i\\1 & x_j & y_j\\1 & x_m & y_m\end{vmatrix}=2A,\quad A_i=\frac{1}{2}\begin{vmatrix}1 & x & y\\1 & x_j & y_j\\1 & x_m & y_m\end{vmatrix}=\frac{1}{2}(b_i+c_ix+d_iy)$$

其中，b_i、c_i 和 d_i 为行列式 D 的第一列、第二列和第三列各元素对应的代数余子式。则

$$\begin{aligned}L_ix_i+L_jx_j+L_mx_m&=\frac{1}{A}(A_ix_i+A_jx_j+A_mx_m)\\&=\frac{1}{2A}[x_i(b_i+c_ix+d_iy)+x_j(b_j+c_jx+d_jy)+x_m(b_m+c_mx+d_my)]\\&=\frac{1}{2A}[(x_ib_i+x_jb_j+x_mb_m)+(x_ic_i+x_jc_j+x_mc_m)x+(x_id_i+x_jd_j+x_md_m)y]\\&=\frac{1}{2A}(0+2Ax+0)\\&=x\end{aligned}$$

得到

$$\begin{cases}x=L_ix_i+L_jx_j+L_mx_m\\y=L_iy_i+L_jy_j+L_my_m\end{cases}\tag{6.2.2a}$$

综合得到

$$\begin{Bmatrix}1\\x\\y\end{Bmatrix}=\begin{bmatrix}1 & 1 & 1\\x_i & x_j & x_m\\y_i & y_j & y_m\end{bmatrix}\begin{Bmatrix}L_i\\L_j\\L_m\end{Bmatrix}\tag{6.2.2b}$$

得到插值基函数：

$$L_i=\frac{A_i}{A}=\frac{1}{2A}(b_i+c_ix+d_iy)=N_i\tag{6.2.3}$$

得到面积坐标与直角坐标的关系为

$$\begin{Bmatrix} L_i \\ L_j \\ L_m \end{Bmatrix} = \begin{bmatrix} b_i & c_i & d_i \\ b_j & c_j & d_j \\ b_m & c_m & d_m \end{bmatrix} \begin{Bmatrix} 1 \\ x \\ y \end{Bmatrix} \tag{6.2.4}$$

式（6.2.2）和式（6.2.4）为面积坐标与直角坐标之间的坐标变换关系。由插值基函数得到单元内任意点的位移插值函数为

$$\begin{cases} u = N_i u_i + N_j u_j + N_m u_m = L_i u_i + L_j u_j + L_m u_m \\ v = N_i v_i + N_j v_j + N_m v_m = L_i v_i + L_j v_j + L_m v_m \end{cases} \tag{6.2.5}$$

3. 面积坐标的微积分运算

在有限元的刚度矩阵和等效结点载荷的计算中，需要计算形函数对总体坐标的导数，以及进行面积分和体积分，为此下面给出面积坐标的求导和求积分运算。

1）求导运算

求导运算如下：

$$\begin{cases} \dfrac{\partial}{\partial x} = \dfrac{\partial}{\partial L_i}\dfrac{\partial L_i}{\partial x} + \dfrac{\partial}{\partial L_j}\dfrac{\partial L_j}{\partial x} + \dfrac{\partial}{\partial L_m}\dfrac{\partial L_m}{\partial x} = \dfrac{1}{2A}\left(c_i \dfrac{\partial}{\partial L_i} + c_j \dfrac{\partial}{\partial L_j} + c_m \dfrac{\partial}{\partial L_m}\right) \\ \dfrac{\partial}{\partial y} = \dfrac{1}{2A}\left(d_i \dfrac{\partial}{\partial L_i} + d_j \dfrac{\partial}{\partial L_j} + d_m \dfrac{\partial}{\partial L_m}\right) \\ \dfrac{\partial L_i}{\partial x} = \dfrac{1}{2A} c_i, \quad \dfrac{\partial L_i}{\partial y} = \dfrac{1}{2A} d_i \end{cases} \tag{6.2.6}$$

2）常用积分运算

（1）如果 ij 边的长度为 l，则线积分 $\int_l L_i^a L_j^b \mathrm{d}s = la!b!/(a+b+1)!$ ，如

$$\iint_A L_m \,\mathrm{d}x\mathrm{d}y = \frac{0!0!1!}{(0+0+1+2)!} 2A = \frac{A}{3}, \quad \iint_A L_i^2 \,\mathrm{d}x\mathrm{d}y = \frac{2!0!0!}{(2+0+0+2)!} 2A = \frac{A}{6}$$

$$\iint_A L_i L_j \,\mathrm{d}x\mathrm{d}y = \frac{1!1!0!}{(1+1+0+2)!} 2A = \frac{A}{12}, \quad i \neq j$$

（2）$\iint_A L_i^a L_j^b L_m^c \,\mathrm{d}x\mathrm{d}y = 2Aa!b!c!/(a+b+c+2)!$ 。

例 6.6　如重力沿 y 轴负方向，用面积坐标计算均质等厚单元的自重引起的等效结点载荷。

解　因重力沿 y 的负方向，则体积力和单元的等效结点力向量为

$$\boldsymbol{f} = \begin{Bmatrix} 0 \\ -\rho g \end{Bmatrix}, \quad \boldsymbol{F}_f^e = \begin{Bmatrix} \boldsymbol{F}_1^e \\ \boldsymbol{F}_2^e \\ \boldsymbol{F}_3^e \end{Bmatrix} = \int_{A^e} \begin{Bmatrix} \boldsymbol{N}_1^{\mathrm{T}} \\ \boldsymbol{N}_2^{\mathrm{T}} \\ \boldsymbol{N}_3^{\mathrm{T}} \end{Bmatrix} \begin{Bmatrix} 0 \\ -\rho g \end{Bmatrix} t\mathrm{d}x\mathrm{d}y$$

其中

$$\boldsymbol{F}_1^e = \begin{Bmatrix} F_{1x}^e \\ F_{1y}^e \end{Bmatrix} = \int_{A^e} \boldsymbol{N}_1^{\mathrm{T}} \begin{Bmatrix} 0 \\ -\rho g \end{Bmatrix} t\mathrm{d}x\mathrm{d}y = \int_{A^e} \begin{bmatrix} L_1 & 0 \\ 0 & L_1 \end{bmatrix} \begin{Bmatrix} 0 \\ -\rho g \end{Bmatrix} t\mathrm{d}x\mathrm{d}y = -\frac{1}{3}\rho g t A \begin{Bmatrix} 0 \\ 1 \end{Bmatrix}$$

同理可以求出 $\boldsymbol{F}_2^e$ 和 $\boldsymbol{F}_3^e$。得到自重引起的单元等效结点载荷为

$$\boldsymbol{F}_f^e = -\frac{1}{3}\rho gtA\begin{bmatrix}0 & 1 & 0 & 1 & 0 & 1\end{bmatrix}^{\mathrm{T}}$$

4. 面积坐标表示的插值函数

1）划线法

划线法基本过程如下：

（1）根据完全多项式要求，按图 6.6 所示杨辉（Pascal）三角形确定结点数目 n。

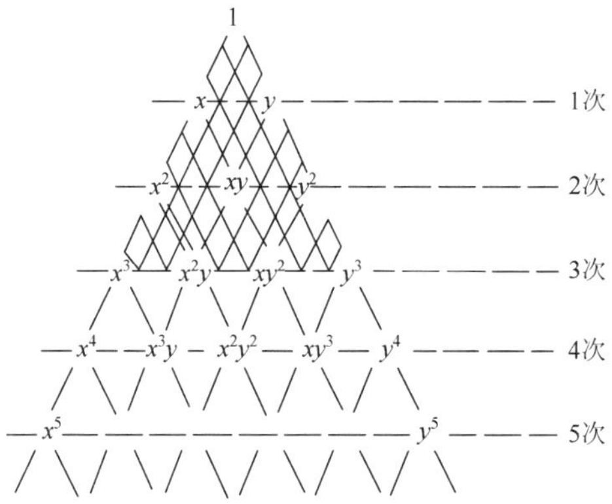

图 6.6　完全多项式的 Pascal 三角形描述

（2）确定结点的面积坐标(L_1, L_2, L_3)。

（3）用 Lagrange 公式构造结点的插值基函数，即

$$N_i = \prod_{j=1}^{p}\frac{f_j^{(i)}(L_1, L_2, L_3)}{f_j^{(i)}(L_{1i}, L_{2i}, L_{3i})} \tag{6.2.7}$$

其中，$f_j^{(i)}(L_1, L_2, L_3)$ 为过除结点 i 外所有结点的两直线方程 $f_j^{(i)}(L_1, L_2, L_3) = 0$ 的左边项；$f_j^{(i)}(L_{1i}, L_{2i}, L_{3i})$ 为 $f_j^{(i)}(L_1, L_2, L_3)$ 在结点 i 处的值；p 为插值基函数的次数。

将按照上述步骤构造插值基函数的方法称为**划线法**。需要注意的是，在构造直线方程 $f_j^{(i)}(L_1, L_2, L_3) = 0$ 时，要求至少有一个结点（除结点 i 外）在前面已经构造的直线方程中未被使用。

例 6.7　用划线法构造三结点三角形单元的插值基函数。

解　单元次数 $p = 1$，三个结点的面积坐标分别为 1(1, 0, 0)、2(0, 1, 0)、3(0, 0, 1)，通过除结点 1 外的直线仅有过结点 2 和 3 的直线，方程为 $f_1^{(1)}(L_1, L_2, L_3) = L_1 = 0$，且 $f_1^{(1)}(L_{11}, L_{21}, L_{31}) = 1$，按照式（6.2.7）有

$$N_1 = \prod_{j=1}^{1}\frac{f_j^{(1)}(L_1, L_2, L_3)}{f_j^{(1)}(L_{11}, L_{21}, L_{31})} = L_1$$

同理，$N_2 = L_2$，$N_3 = L_3$。

例 6.8　用划线法构造如图 6.7 所示六结点三角形单元的插值基函数。

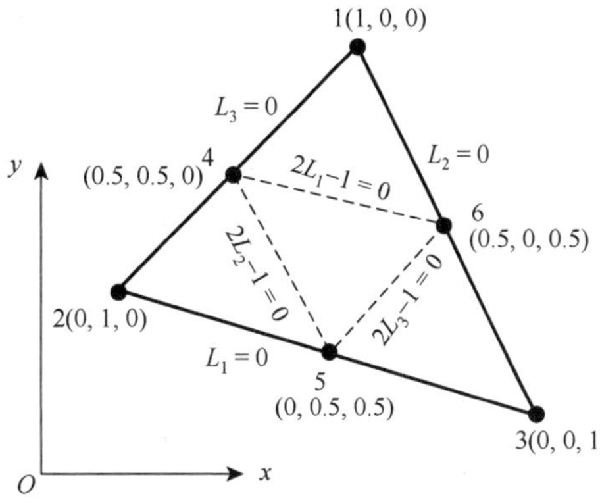

图 6.7　六结点三角形单元

解　单元次数 $p=2$，三个角结点的面积坐标分别为 1(1, 0, 0)、2(0, 1, 0)、3(0, 0, 1)，三个边中结点的面积坐标分别为 4(0.5, 0.5, 0)、5(0, 0.5, 0.5)、6(0.5, 0, 0.5)。

首先考虑角结点 1，通过除结点 1 外的直线有两条：通过结点 2、5 和 3 的直线方程 $f_1^{(1)}(L_1,L_2,L_3)=L_1=0$，通过结点 4 和 6 的直线方程为 $f_2^{(1)}(L_1,L_2,L_3)=2L_1-1=0$，且 $f_1^{(1)}(L_{11},L_{21},L_{31})=1$，$f_2^{(1)}(L_{11},L_{21},L_{31})=1$，代入式（6.2.7）得

$$N_1=\prod_{j=1}^{2}\frac{f_j^{(i)}(L_1,L_2,L_3)}{f_j^{(i)}(L_{1i},L_{2i},L_{3i})}=\frac{L_1}{1}\frac{2L_1-1}{1}=(2L_1-1)L_1$$

同理，$N_2=L_2(2L_2-1)$，$N_3=L_3(2L_3-1)$。

对边中结点 4，通过除结点 4 外的直线有 2 条：通过结点 2、5 和 3 的直线方程 $f_1^{(1)}(L_1,L_2,L_3)=L_1=0$，通过结点 3、6 和 1 的直线方程 $f_2^{(1)}(L_1,L_2,L_3)=L_2=0$，且 $f_1^{(1)}(L_{14},L_{24},L_{34})=0.5$，$f_2^{(1)}(L_{14},L_{24},L_{34})=0.5$，代入式（6.2.7）得

$$N_4=\prod_{j=1}^{2}\frac{f_j^{(i)}(L_1,L_2,L_3)}{f_j^{(i)}(L_{1i},L_{2i},L_{3i})}=\frac{L_1}{0.5}\frac{L_2}{0.5}=4L_1L_2$$

同理 $N_5=4L_2L_3$，$N_6=4L_1L_3$。

例 6.9　构造如图 6.8 所示十结点三角形单元中结点 1、4、5 和 10 的插值基函数。

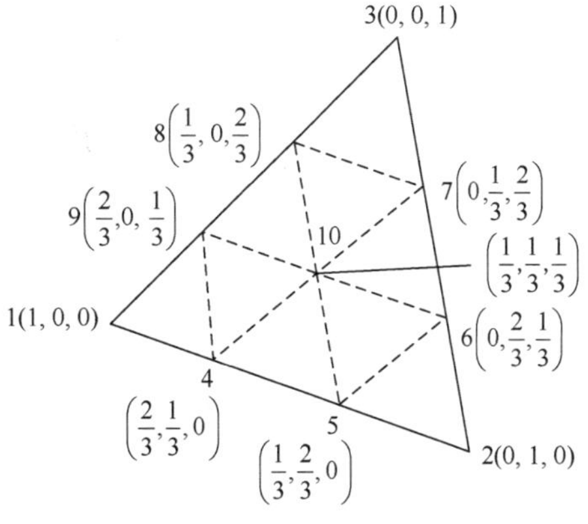

图 6.8　十结点三角形单元

解　单元次数 $p=3$，10 个结点的面积坐标如图 6.8 所示。

对于角结点 1，通过除结点 1 外的直线有 3 条：通过结点 2、6、7 和 3 的直线方程 $f_1^{(1)}(L_1,L_2,L_3)=L_1=0$，通过结点 5、10 和 8 的直线方程 $f_2^{(1)}(L_1,L_2,L_3)=3L_1-1=0$，通过结点 4 和 9 的直线方程为 $f_3^{(1)}(L_1,L_2,L_3)=3L_1-2=0$。如果插值基函数 $N_1=aL_1(3L_1-1)(3L_1-2)$，将结点 1 的坐标代入，并利用 $N_1(L_{11},L_{21},L_{31})=1$，得到 $a=1/2$ 及结点 1 的插值基函数为 $N_1=L_1(3L_1-1)(3L_1-2)/2$。

对于结点 4，通过除结点 4 外的直线有 3 条：通过结点 2、6、7 和 3 的直线方程 $f_1^{(1)}(L_1,L_2,L_3)=L_1=0$，通过结点 3、8、9 和 1 的直线方程 $f_2^{(1)}(L_1,L_2,L_3)=L_2=0$，通过结点 5、10 和 8 的直线方程 $f_3^{(1)}(L_1,L_2,L_3)=3L_1-1=0$。如果插值基函数 $N_4=aL_1L_2(3L_1-1)$，将结点 4 的坐标代入，并利用 $N_4(L_{14},L_{24},L_{34})=1$，得到 $a=9/2$ 及结点 4 的插值基函数为 $N_4=9L_1L_2(3L_1-1)/2$。

对于结点 5，通过除结点 5 外的直线有 3 条：通过结点 2、6、7 和 3 的直线方程 $f_1^{(1)}(L_1,L_2,L_3)=L_1=0$，通过结点 3、8、9 和 1 的直线方程 $f_2^{(1)}(L_1,L_2,L_3)=L_2=0$，通过结点 4、10 和 7 的直线方程 $f_3^{(1)}(L_1,L_2,L_3)=3L_2-1=0$。如果插值基函数 $N_5=aL_1L_2(3L_2-1)$，将结点 5 的坐标代入，并利用 $N_5(L_{15},L_{25},L_{35})=1$，得到 $a=9/2$ 及结点 5 的插值基函数为 $N_5=9L_1L_2(3L_1-1)/2$。

对于结点 10，通过除结点 10 外的直线有 3 条：通过结点 2、6、7 和 3 的直线方程 $f_1^{(1)}(L_1,L_2,L_3)=L_1=0$，通过结点 3、8、9 和 1 的直线方程 $f_2^{(1)}(L_1,L_2,L_3)=L_2=0$，通过结点 1、4、5 和 2 的直线方程 $f_3^{(1)}(L_1,L_2,L_3)=L_3=0$。如果插值基函数 $N_{10}=aL_1L_2L_3$，将结点 10 的坐标代入，并利用 $N_{10}(L_{1(10)},L_{2(10)},L_{3(10)})=1$，得到 $a=27$ 及结点 10 的插值基函数为 $N_{10}=27L_1L_2L_3$。

2）结点修正法

结点修正法首先给出无边中结点和内部结点的三结点三角形的角结点的插值基函数，再采用划线法给出边中结点的插值基函数，最后修正角结点的插值基函数。下面分别用六结点和十结点三角形单元为例进行说明。

例 6.10　采用结点修正法构造例 6.8 中图 6.7 所示六结点三角形单元的插值基函数。

解　（1）构造无边中结点和内部结点的三结点三角形单元角结点的插值基函数：

$$\hat{N}_i=L_i,\quad i=1,2,3$$

（2）采用划线法确定边中结点的插值基函数：

$$N_4=4L_1L_2,\quad N_5=4L_2L_3,\quad N_6=4L_1L_3$$

（3）修正角结点的插值基函数：

$$N_1=\hat{N}_1-N_4/2-N_6/2,\quad N_2=\hat{N}_2-N_4/2-N_5/2,\quad N_3=\hat{N}_3-N_5/2-N_6/2$$

例 6.11　采用结点修正法构造例 6.9 中图 6.8 所示十结点三角形单元的插值基函数。

解　（1）构造无边中和内部结点的三结点三角形单元的插值基函数：

$$\hat{N}_i=L_i,\quad i=1,2,3$$

（2）用划线法得到结点 4、5、6、7、8、9 和 10 的插值基函数：

$$N_4=9L_1L_2(3L_1-1)/2,\quad N_5=9L_1L_2(3L_2-1)/2,\quad N_6=9L_2L_3(3L_2-1)/2,\quad N_7=9L_2L_3(3L_3-1)/2$$

$$N_8 = 9L_1L_3(3L_3-1)/2, \quad N_9 = 9L_1L_3(3L_1-1)/2, \quad N_{10} = 27L_1L_2L_3$$

（3）修正角结点的插值基函数：

$$N_1 = \hat{N}_1 - 2N_4/3 - N_5/3 - 2N_9/3 - N_8/3$$

用同样的方法可以确定 N_2 和 N_3。

6.2.2 Lagrange 矩形单元

本节将前面的一维 Lagrange 插值公式推广到二维情况。对于如图 6.9 所示的单元，如单元 ξ 方向上有 r 个插值基点，η 方向上有 p 个插值基点，相应的插值基函数分别为

$$N_I = N_I^{(r-1)}(\xi) = \prod_{j=1, j\neq i}^{r} \frac{\xi - \xi_j}{\xi_I - \xi_j}, \quad N_J = N_J^{(p-1)}(\eta) = \prod_{j=1, j\neq J}^{p} \frac{\eta - \eta_j}{\eta_J - \eta_j} \tag{6.2.8}$$

这时单元共有 $r\times p$ 个插值基点。在插值基点（I, J）处的插值基函数为

$$N_i = N_{IJ} = N_{IJ}(\xi,\eta) = N_I^{(r-1)}(\xi)N_J^{(p-1)}(\eta), \quad I = 1,2,\cdots,r; \ J = 1,2,\cdots,p \tag{6.2.9}$$

二维插值基函数具有如下基本性质：

（1）$N_{IJ}(\xi_t,\eta_s) = N_I^{(r-1)}(\xi_t)N_J^{(p-1)}(\eta_s) = \delta_{It}\delta_{Js}$；

（2）$\sum_{I=1}^{r}\sum_{J=1}^{p} N_{IJ}(\xi,\eta) = 1$。

常见的二维 Lagrange 矩形单元如图 6.10 所示。

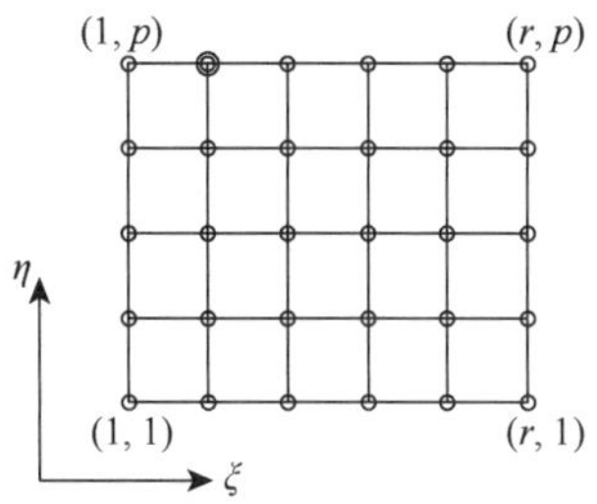

图 6.9　二维 Lagrange 矩形单元

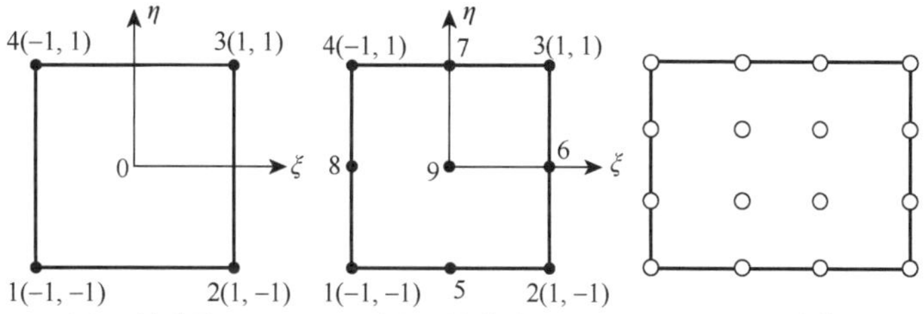

（a）一次单元　（b）二次单元　（c）三次单元

图 6.10　常见二维 Lagrange 矩形单元

例 6.12　构造如图 6.10（b）所示二次九结点矩形单元的插值基函数。

解　定义 $\xi_0 = \xi_i\xi$，$\eta_0 = \eta_i\eta$，则角结点的插值基函数为

$$N_i = \xi_0\eta_0(1 + \xi_0)(1 + \eta_0)/4, \quad i = 1, 2, 3, 4$$

边中结点的插值基函数为

$$N_i = \begin{cases} \eta_0(1+\eta_0)(1-\xi^2)/2, & i=5,7 \\ \xi_0(1+\xi_0)(1-\eta^2)/2, & i=6,8 \end{cases}$$

内部结点的插值基函数为

$$N_9 = (1-\xi^2)(1-\eta^2)$$

可见，随着单元次数增加，内部结点数急剧增多，从而单元自由度增加，而这些自

由度并不提高计算精度，因为计算精度是由完全多项式确定的。如当 $r = p = n$ 时，基于 Pascal 三角形，插值基函数包含的项数如图 6.11 所示，可见增加了高于 r–1 次多项式的高次项，但这些项并不能提高单元精度，因此较少使用该类单元。

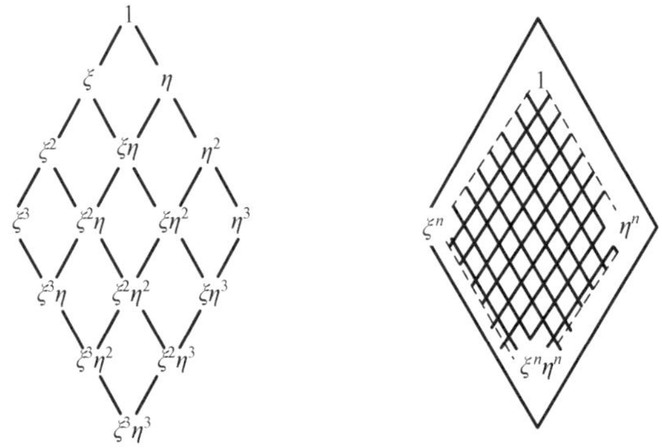

（a）3×3次　　（b）n×n次

图 6.11　3×3（或 n×n）次 Lagrange 插值多项式的项数

6.2.3　Serendipity 矩形单元

若要通过减少单元内结点提高计算效率，仅须将单元结点布置在单元的边界上，通常采用如图 6.12 所示的一次、二次和三次矩形单元，称为 **Serendipity 矩形单元**。

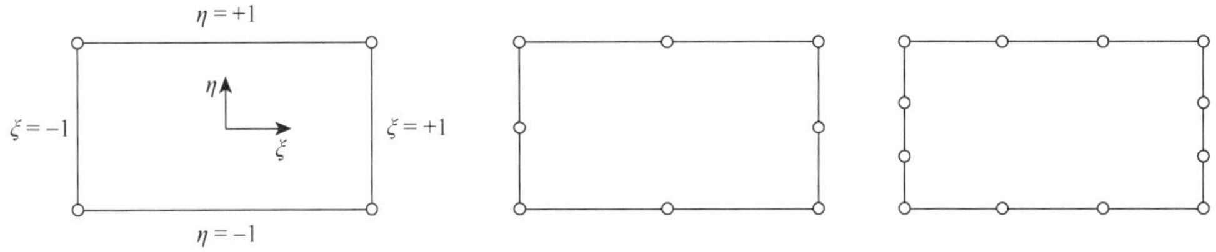

（a）一次矩形单元　　（b）二次矩形单元　　（c）三次矩形单元

图 6.12　典型 Serendipity 矩形单元

1. 标准 Serendipity 矩形单元插值基函数

与三角形单元一样，求 Serendipity 矩形单元插值基函数的方法也包括划线法和结点修正法。

1）划线法

用划线法求 Serendipity 矩形单元插值基函数基本过程如下：

（1）根据完全多项式要求，确定结点数目 n。

（2）确定结点坐标(ξ_i, η_i)。

（3）用 Lagrange 公式构造结点的插值基函数。

$$N_i=\prod_{j=1}^{n}\frac{f_j^{(i)}(\xi,\eta)}{f_j^{(i)}(\xi_i,\eta_i)} \tag{6.2.10}$$

其中，$f_j^{(i)}(\xi,\eta)$ 为通过除结点 i 以外所有结点的两直线方程 $f_j^{(i)}(\xi,\eta)=0$ 的左边项；$f_j^{(i)}(\xi_i,\eta_i)$ 为 $f_j^{(i)}(\xi,\eta)$ 在结点 i 处的值；n 为单元次数。需要注意的是，在构造直线方程 $f_j^{(i)}(\xi,\eta)=0$ 时，要求至少有一个结点（结点 i 除外）在前面已经构造的直线方程中未被使用。

例 6.13　用划线法构造如图 6.13 所示四结点和八结点 Serendipity 矩形单元的插值基函数。

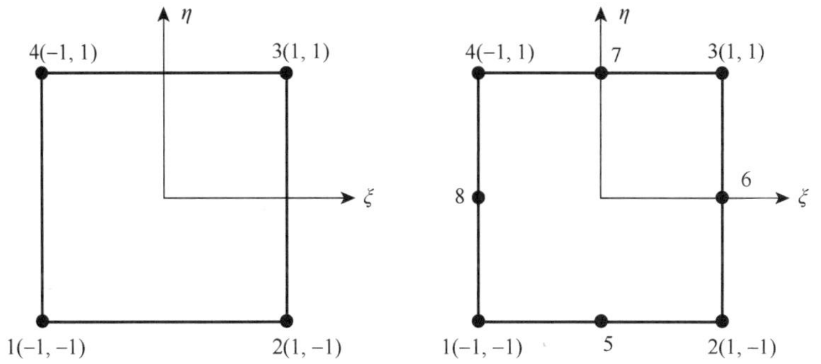

（a）四结点矩形单元　　（b）八结点矩形单元

图 6.13　Serendipity 矩形单元

解　对四结点单元，有

$$N_1=\frac{\eta-1}{-1-1}\frac{\xi-1}{-1-1}=\frac{1}{4}(\eta-1)(\xi-1)=\frac{1}{4}(1-\xi)(1-\eta)$$

$$N_2=\frac{1}{4}(1+\xi)(1-\eta),\quad N_3=\frac{1}{4}(1+\xi)(1+\eta),\quad N_4=\frac{1}{4}(1-\xi)(1+\eta)$$

可以统一为

$$N_i=(1+\xi_i\xi)(1+\eta_i\eta)/4,\quad i=1, 2, 3, 4$$

可见，四结点 Serendipity 矩形单元与 Lagrange 矩形单元的插值基函数相同。

对于八结点单元，有

$$N_5=(1-\xi^2)(1-\eta)/2,\quad N_6=(1-\eta^2)(1+\xi)/2,\quad N_7=(1-\xi^2)(1+\eta)/2,\quad N_8=(1-\eta^2)(1-\xi)/2$$

$$N_i=(1+\xi_i\xi)(1+\eta_i\eta)(\xi_i\xi+\eta_i\eta-1)/4,\quad i=1, 2, 3, 4$$

可见，八结点 Serendipity 矩形单元的插值基函数包括的项有

$$1, \xi, \eta, \xi^2, \xi\eta, \eta^2, \xi^2, \xi^2\eta, \xi\eta^2$$

与 Lagrange 矩形单元的插值基函数相比缺少 $\xi^2\eta^2$，都是二次完备但没达到三次完备。

2）结点修正法

结点修正法首先构造无边中结点和内部结点的四结点矩形单元角结点的插值基函数，再采用划线法给出边中结点的插值基函数，最后修正角结点的插值基函数。下面以八结点矩形单元为例说明该方法的步骤。

（1）构造无边中结点和内部结点的四结点矩形单元角结点的插值基函数：

$$\hat{N}_i=(1+\xi_i\xi)(1+\eta_i\eta)/4,\quad i=1,2,3,4$$

（2）按划线法构造 5、6、7 和 8 结点的插值基函数：

$$N_5=(1-\xi^2)(1-\eta)/2,\quad N_6=(1-\eta^2)(1+\xi)/2,\quad N_7=(1-\xi^2)(1+\eta)/2,\quad N_8=(1-\eta^2)(1-\xi)/2$$

（3）修正角结点插值基函数：

$$N_1=\hat{N}_1-N_5/2-N_8/2,\quad N_2=\hat{N}_2-N_5/2-N_6/2,\quad N_3=\hat{N}_3-N_6/2-N_7/2,\quad N_4=\hat{N}_4-N_7/2-N_8/2$$

2. 变结点单元插值基函数构造

有限元分析时，因精度要求不同可能对不同区域采用不同次的单元，在高次单元和低次单元的过渡区，需要采用变结点单元，下面说明其插值基函数的构造方法。

变结点单元插值基函数构造方法及结果如下（图 6.14）：

（1）构造标准四结点矩形单元插值基函数为

$$\hat{N}_i=(1+\xi_i\xi)(1+\eta_i\eta)/4,\quad i=1,2,3,4$$

（2）构造边中结点 5 和 6 的插值基函数为

$$N_5=(1-\xi^2)(1-\eta)(1-2\xi)/3,\quad N_6=(1-\eta^2)(1+\xi)(1+2\xi)/3$$

（3）修正角结点 1、2、3 和 4 的插值基函数为

$$N_1=\hat{N}_1-2N_5/3-N_6/3,\quad N_2=\hat{N}_2-N_5/3-2N_6/3,\quad N_3=\hat{N}_3,\quad N_4=\hat{N}_4$$

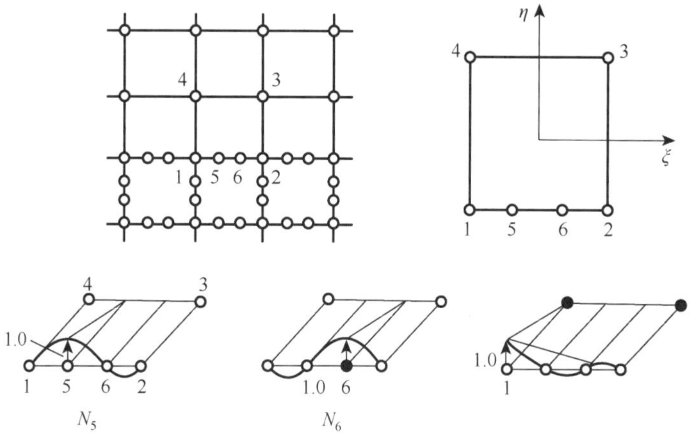

图 6.14　变结点单元插值基函数构造

可见：①只有边界结点的 Serendipity 矩形单元，插值基函数的非完全多项式项数比 Lagrange 矩形单元少得多；②四次及以上的 Serendipity 矩形单元需增加内部结点，才能保持相应次单元的完备性，如图 6.15 所示；③若 ξ 和 η 方向上都有 m 个结点，则 Serendipity 矩形单元插值基函数最高次数为 m，包含的多项式项数如图 6.16 所示。

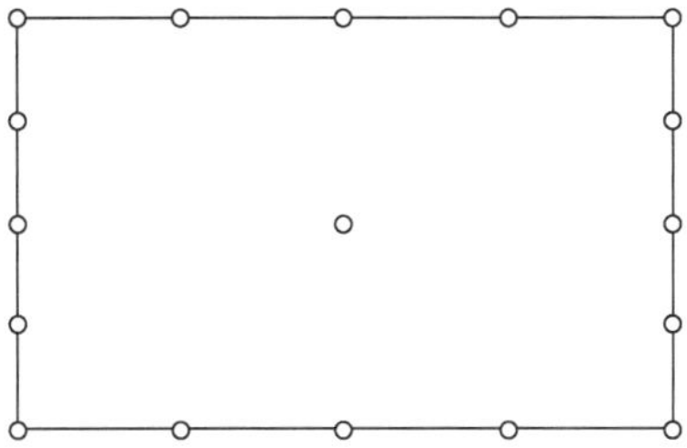

图 6.15　四次 Serendipity 矩形单元结点分布

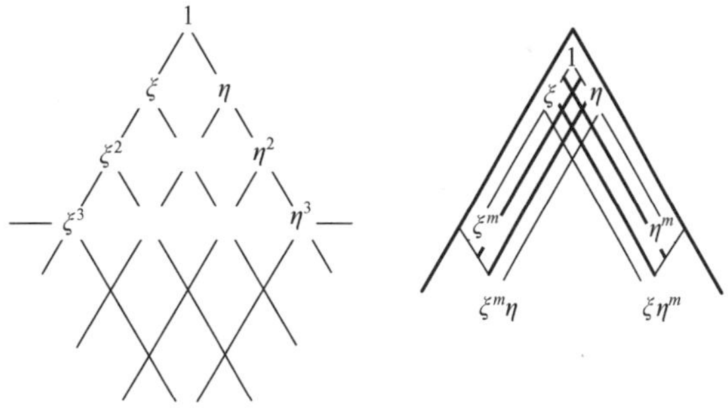

图 6.16　只有边界结点的 Serendipity 矩形单元插值基函数的项

6.3　三维单元插值函数

6.3.1　体积坐标与四面体单元

1. 体积坐标定义与性质

定义　设 P 为四面体 1234 内的任意一点，如图 6.17 所示，四面体 1234、四面体 234P、四面体 134P、四面体 124P 和四面体 123P 的体积分别为 V、V_1、V_2、V_3、V_4，定义体积比：

$$L_i = V_i/V,\quad i = 1, 2, 3, 4 \tag{6.3.1}$$

则点 P 的位置由一四元数组（L_1, L_2, L_3, L_4）确定，称该四元数组为 P 点的**体积坐标**，记为 $P(L_1, L_2, L_3, L_4)$。

体积坐标有如下性质：①与面 234 平行的面上具有相同的体积坐标 L_1；②角结点的坐标为 1(1, 0, 0, 0)、2(0, 1, 0, 0)、3(0, 0, 1, 0)、4(0, 0, 0, 1)；③四面体形心坐标为(0.25, 0.25, 0.25, 0.25)；④四面体四个面的方程为：234 面 $L_1 = 0$，134 面 $L_2 = 0$，124 面 $L_3 = 0$，123 面 $L_4 = 0$；⑤四个坐标只有 3 个是独立的，且 $L_1 + L_2 + L_3 + L_4 = 1$。

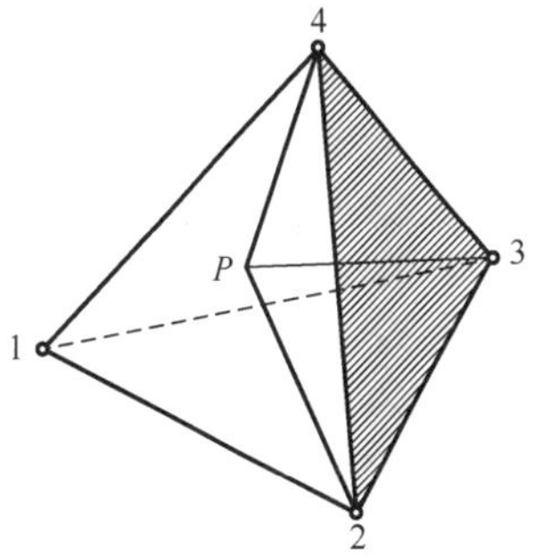

图 6.17　体积坐标定义

2. 体积坐标的微积分运算

在有限元的刚度矩阵和等效结点载荷的计算中，经常需要计算形函数对总体坐标的导数，以及进行面积分和体积分。下面给出常用的求导和求积分运算。

（1）求导运算

$$\begin{cases} \dfrac{\partial}{\partial x} = \dfrac{\partial}{\partial L_1}\dfrac{\partial L_1}{\partial x} + \dfrac{\partial}{\partial L_2}\dfrac{\partial L_2}{\partial x} + \dfrac{\partial}{\partial L_3}\dfrac{\partial L_3}{\partial x} + \dfrac{\partial}{\partial L_4}\dfrac{\partial L_4}{\partial x} \\ \dfrac{\partial}{\partial y} = \dfrac{\partial}{\partial L_1}\dfrac{\partial L_1}{\partial y} + \dfrac{\partial}{\partial L_2}\dfrac{\partial L_2}{\partial y} + \dfrac{\partial}{\partial L_3}\dfrac{\partial L_3}{\partial y} + \dfrac{\partial}{\partial L_4}\dfrac{\partial L_4}{\partial y} \\ \dfrac{\partial}{\partial z} = \dfrac{\partial}{\partial L_1}\dfrac{\partial L_1}{\partial z} + \dfrac{\partial}{\partial L_2}\dfrac{\partial L_2}{\partial z} + \dfrac{\partial}{\partial L_3}\dfrac{\partial L_3}{\partial z} + \dfrac{\partial}{\partial L_4}\dfrac{\partial L_4}{\partial z} \end{cases} \tag{6.3.2}$$

（2）求积分运算

$$\iiint_V L_1^a L_2^b L_3^c L_4^d \, dxdydz = \frac{a!b!c!d!}{(a+b+c+d+3)!} 6V \tag{6.3.3}$$

3. 由体积坐标定义的插值基函数

仿照三角形单元的划线法获得四面体各结点的插值基函数。

例 6.14　构造如图 6.18 所示四面体单元的插值基函数。

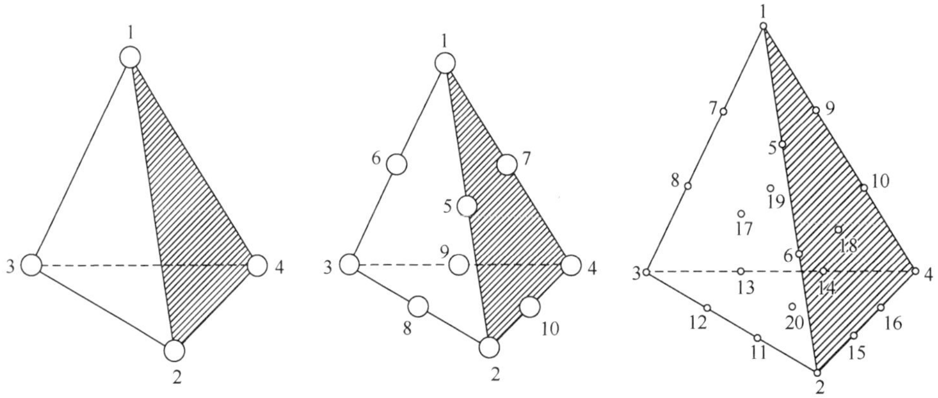

（a）四结点　　（b）十结点　　（c）二十结点

图 6.18　四面体单元

解　（1）四结点四面体单元的插值基函数为

$$N_i = L_i, \quad i = 1, 2, 3, 4$$

（2）十结点四面体单元的插值基函数如下。

角结点：

$$N_i = L_i(2L_i - 1), \quad i = 1, 2, 3, 4$$

棱内结点：

$$N_5 = 4L_1L_2, \quad N_6 = 4L_1L_3, \quad N_7 = 4L_1L_4, \quad N_8 = 4L_2L_3, \quad N_9 = 4L_3L_4, \quad N_{10} = 4L_2L_4$$

（3）二十结点四面体三次单元的插值基函数如下。

角结点：

$$N_i = L_i(3L_i - 1)(3L_i - 2)/2, \quad i = 1, 2, 3, 4$$

边中结点：

$$N_5 = 9L_1L_2(3L_i - 1)/2, \cdots$$

面内结点：

$$N_{17} = 27L_1L_2L_3, \cdots$$

6.3.2　Lagrange 六面体单元

如果沿 ξ、η 和 ζ 三个方向分别有 r、p 和 q 个插值结点，沿三个方向的 $r-1$ 次、$p-1$

次和 $q-1$ 次的 Lagrange 插值基函数：

$$N_I^{(r-1)}(\xi)=\prod_{j=1,j\neq I}^{r}\frac{\xi-\xi_j}{\xi_I-\xi_j},\quad N_J^{(p-1)}(\eta)=\prod_{j=1,j\neq J}^{p}\frac{\eta-\eta_j}{\eta_J-\eta_j},\quad N_K^{(q-1)}(\eta)=\prod_{j=1,j\neq K}^{q}\frac{\zeta-\zeta_j}{\zeta_K-\zeta_j} \tag{6.3.4}$$

该六面体单元各结点的插值基函数：

$$N_i=N_{IJK}=l_I^{(r-1)}(\xi)l_J^{(p-1)}(\eta)l_K^{(q-1)}(\zeta),\quad i=1,2,\cdots r\times p\times q \tag{6.3.5}$$

常用三维 Lagrange 六面体单元如图 6.19 所示。

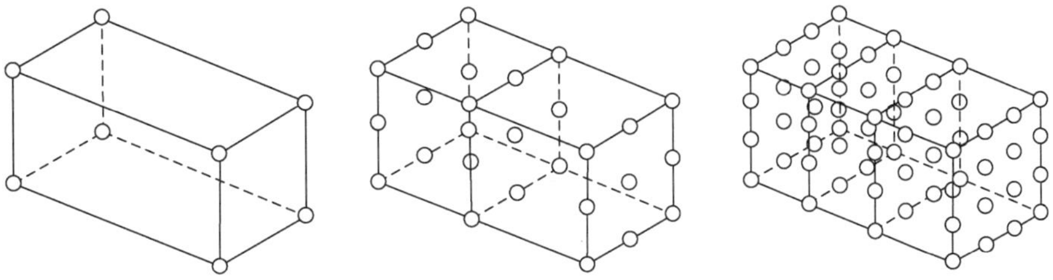

（a）八结点　　（b）二十七结点　　（c）六十四结点

图 6.19　常用三维 Lagrange 六面体单元

表 6.1 给出了 Lagrange 六面体单元的单元次数、结点总数和内部结点数等情况，可见随着单元次数的增加，单元内部结点急剧增加。

表 6.1　Lagrange 六面体单元结点分布

单元次数	结点分布	结点总数	内部结点数
1	仅有角结点	8	0
2	角结点：8 线中结点：12 面内结点：6 体内结点：1	27	7
3	角结点：8 线中结点：24 面内结点：24 体内结点：8	64	32

6.3.3　Serendipity 六面体单元

如果插值结点仅布置在六面体的顶点和边上，那么这类单元称为 **Serendipity 六面体单元**，包括八结点一次单元、二十结点二次单元、三十二结点三次单元等。可以采用前面的划线法求出各结点的插值基函数，下面给出自然坐标在 $-1\leqslant\xi,\eta,\zeta\leqslant 1$ 范围内的 Serendipity 六面体一次单元和二次单元的插值基函数。

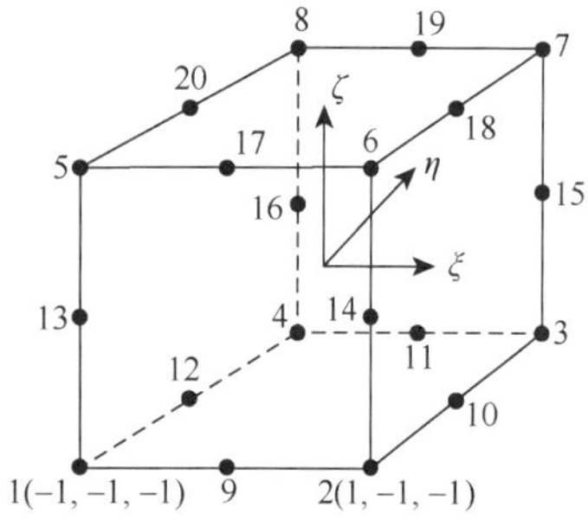

图 6.20　二次 Serendipity 六面体单元

（1）线性单元（八结点单元）的插值基函数：

$$N_i = (1 + \xi_0)(1 + \eta_0)(1 + \zeta_0)/8, \quad i = 1, 2, \cdots, 8$$

其中，$\xi_0 = \xi_i\xi$，$\eta_0 = \eta_i\eta$，$\zeta_0 = \zeta_i\zeta$。

（2）二次单元（二十结点单元，二次完备）(图 6.20)：

$$N_i = (1 + \xi_0)(1 + \eta_0)(1 + \zeta_0)(\xi_0 + \eta_0 + \zeta_0 - 2)/8, \quad i = 1, 2, \cdots, 8$$

$$N_i = \begin{cases} (1-\xi^2)(1+\eta_0)(1+\zeta_0)/4, & i = 9, 11, 17, 19 \\ (1-\eta^2)(1+\zeta_0)(1+\xi_0)/4, & i = 10, 12, 18, 20 \\ (1-\zeta^2)(1+\xi_0)(1+\eta_0)/4, & i = 13, 14, 15, 16 \end{cases}$$

其中 $\xi_0 = \xi_i\xi$，$\eta_0 = \eta_i\eta$，$\zeta_0 = \zeta_i\zeta$。

6.3.4　五面体单元

为便于离散求解域，一些区域采用五面体（三棱柱）单元。该类单元也分为 Lagrange 单元和 Serendipity 单元，其插值基函数可以由三角形单元插值基函数与 Lagrange（或 Serendipity）单元插值基函数组合得到。

图 6.21 为典型的一次和二次五面体单元，结点数分别为 6 和 15。单元内任意一点用面积坐标与自然坐标组合表示为 $P(L_1, L_2, L_3, \zeta)$。

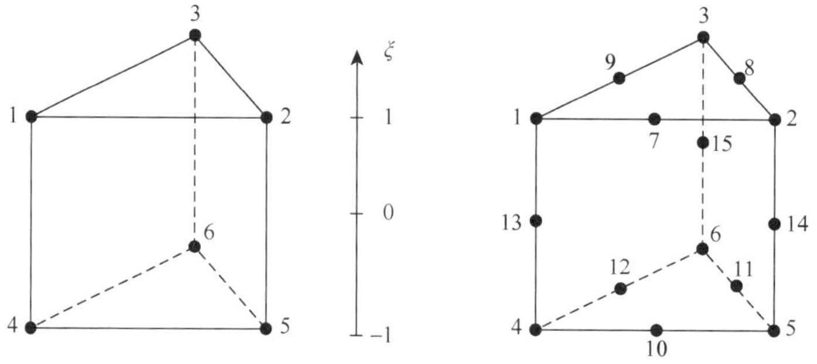

（a）一次　　（b）二次

图 6.21　一次和二次五面体单元

（1）一次 Serendipity 五面体单元各结点的插值基函数为

$$N_i = L_i(1 + \zeta_i\zeta)/2, \quad i = 1, 2, \cdots, 6$$

（2）二次 Serendipity 五面体单元各结点的插值基函数如下。

①六结点三角形单元的角结点插值基函数为

$$\hat{N}_i = \begin{cases} L_i(2L_i - 1)(1+\zeta)/2, & i = 1, 2, 3 \\ L_{i-3}(2L_{i-3} - 1)(1-\zeta)/2, & i = 4, 5, 6 \end{cases}$$

②边中结点的插值基函数为

$$N_7 = 2L_1L_2(1 + \zeta), \quad N_8 = 2L_2L_3(1 + \zeta), \quad N_9 = 2L_1L_3(1 + \zeta)$$

$$N_{10} = 2L_1L_2(1-\zeta), \quad N_{11} = 2L_2L_3(1-\zeta), \quad N_{12} = 2L_1L_3(1-\zeta)$$

$$N_{13} = L_1(1-\zeta^2),\quad N_{14} = L_2(1-\zeta^2),\quad N_{15} = L_3(1-\zeta^2)$$

③修正的角结点插值基函数：

$$N_i = L_i\,(2L_i-1)(1+\zeta)/2 - L_i(1-\zeta^2)/2,\quad i = 1, 2, 3$$

$$N_{i+3} = L_i\,(2L_i-1)(1-\zeta)/2 - L_i(1-\zeta^2)/2,\quad i = 4, 5, 6$$

6.4 本章小结

本章介绍了自然（局部）坐标系下，标准单元插值基函数的构造方法。对于一维单元，介绍了 Lagrange 单元和 Hermite 单元插值基函数的构造，Lagrange 单元属于 C_0 型单元；根据结点导数的阶数，Hermite 单元可以是 C_1 型也可以是 C_n 型，称为一阶单元或 n 阶单元，需要注意的是单元的阶数和单元的次数是两个不同的概念，不要混淆。对于二维问题，介绍了三角形单元、Lagrange 矩形单元和 Serendipity 矩形单元插值基函数的构造，它们都属于 C_0 型单元。对于三维问题，介绍了四面体单元、Lagrange 六面体单元和 Serendipity 六面体单元和五面体单元插值基函数的构造，这些单元也都属于 C_0 型单元。本书未涉及二维与三维 C_1 型或 C_n 型单元，需要了解这方面知识的读者请参考相应文献。

本章涉及的基本概念有自然坐标、面积坐标、体积坐标、变结点法、Lagrange 单元、Hermite 单元和 Serendipity 单元等，需要理解和掌握这些概念。对于二维和三维问题，构造插值基函数的划线法是本章的重点，需要掌握并灵活应用该方法。

6.5 习　题

【习题 6.1】 什么是实体单元？常用的实体单元有哪些？什么是结构单元？常用的结构单元有哪些？

【习题 6.2】 一维四结点单元的自然坐标取值范围为 $0\leqslant\xi\leqslant1$，4 个结点编号从左到右，结点的自然坐标在单元中均匀分布。解答如下问题：①构造 Lagrange 单元插值函数；②画出插值函数在单元中的变化曲线。

【习题 6.3】 证明一维 Lagrange 单元的插值函数满足 $N_1 + N_2 + \cdots + N_n = 1$ 的要求（n 为结点数）。

【习题 6.4】 一维二结点单元的自然坐标取值范围为 $0\leqslant\xi\leqslant1$，结点 1 和 2 的坐标分别为 $\xi_1 = 0$ 和 $\xi_2 = 1$。Hermite 插值基函数 H_i 为如下三次多项式：$H_i = a_i + b_i\xi + c_i\xi^2 + d_i\xi^3$ $(i = 1, 2, 3, 4)$。导出该 Hermite 插值基函数的具体形式。

【习题 6.5】 利用构造变结点数单元插值函数的方法，构造三次三角形单元的插值函数。

【习题 6.6】 一维二结点单元的自然坐标取值范围为 $0\leqslant\xi\leqslant1$，结点 1 和 2 的自然坐标分别为 $\xi_1 = 0$ 和 $\xi_2 = 1$，整体坐标 x 和自然坐标 ξ 的变换式为 $\xi = (x-x_1)/(x_2-x_1)$。解答如下问题：①构造其 Lagrange 插值基函数 $N_1(\xi)$和 $N_2(\xi)$；②结点位移分别为 u_1 和 u_2，位移插值函数为 $u = N_1(\xi)\,u_1 + N_2(\xi)\,u_2$，利用结点 1 和 2 的整体坐标 x_1 和 x_2，可

将其坐标变换写成与位移插值相同的形式 $x=N_1'(\xi)x_1+N_2'(\xi)x_2$，证明：$N_1(\xi)=N_1'(\xi)$，$N_2(\xi)=N_2'(\xi)$。

【习题 6.7】 利用构造变结点单元插值函数的方法，构造五面体单元的插值函数，并验证它们是否符合插值函数的性质。

【习题 6.8】 用划线法推导八结点矩形单元的插值函数。画出 8 个插值函数在单元中的变化曲线。

【习题 6.9】 用构造 Lagrange 单元的方法推导四结点矩形单元的插值函数，并与划线法得到的插值函数进行比较。

【习题 6.10】 在(−1, 1)区域内构造一阶 Hermite 单元插值函数，并讨论所构造函数的性质。

【习题 6.11】 十结点三次三角形单元，用划线法构造用面积坐标表达的插值函数，并验证其性质。

【习题 6.12】 四结点四边形单元的插值函数为 $N_i = (1+\xi_i\xi)(1+\eta_i\eta)/4$，式中$(\xi_i, \eta_i)$为结点 $i(i = 1, 2, 3, 4)$的坐标。请解答如下问题：①用变结点法构造习题 6.12 图所示九结点四边形单元的插值函数；②用构造 Lagrange 单元的方法构造该单元的插值函数。试比较两种方法得到的结果。

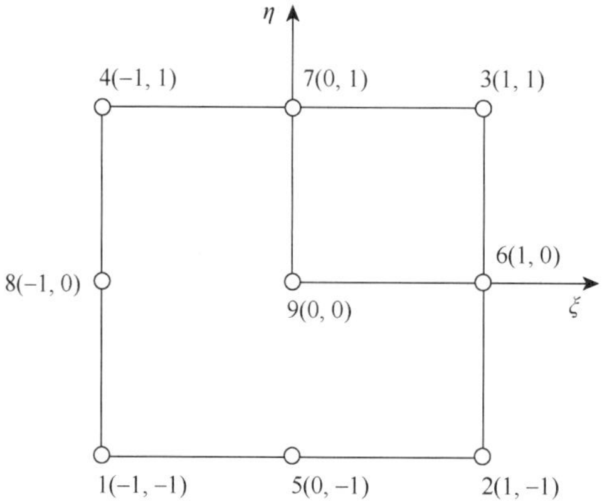

习题 6.12 图

习题解答

第 7 章　等参单元与数值积分

第 6 章介绍的单元插值基函数都是在自然（局部）坐标系中构造的，但自然坐标系中的标准单元难以模拟工程或物理问题中的曲线边界或扭曲边界。因此，有必要建立自然坐标系下的标准单元与实际曲边单元或扭曲单元之间的映射关系，本章将介绍这种映射关系和涉及的相关问题。在第 5 章中单元刚度矩阵和等效结点载荷的计算都涉及积分运算，而这些积分计算通常都不能进行精确积分，因此本章还将介绍本书涉及的数值积分相关理论。

7.1　等参变换与等参单元

7.1.1　单元变换

自然（局部）坐标系(ξ, η, ζ)下，边界线（面）为直线段或平直面，形状规则的单元称为**母单元**。整体坐标系(x, y, z)下，边界线为曲边或曲面，形状扭曲的单元称为**子单元**。如果对母单元中任意一点(ξ, η, ζ)，在子单元中都有一点(x, y, z)与之对应，该对应关系称为母单元与子单元之间的**单元映射**，对应的子单元称为**映射单元**。单元映射建立了自然坐标系下的母单元与整体坐标系下的子单元之间的坐标变换关系，表示为

$$x = f(\xi,\eta,\zeta),\quad y = g(\xi,\eta,\zeta),\quad z = h(\xi,\eta,\zeta) \tag{7.1.1}$$

若坐标变换关系（7.1.1）可通过母单元和子单元间的有限个点(ξ_i, η_i, ζ_i)和(x_i, y_i, z_i) $(i = 1, 2, \cdots, m)$确定，则由插值理论，式（7.1.1）可表示为

$$x = \sum_{i=1}^{m} N_i'(\xi,\eta,\zeta)x_i,\quad y = \sum_{i=1}^{m} N_i'(\xi,\eta,\zeta)y_i,\quad z = \sum_{i=1}^{m} N_i'(\xi,\eta,\zeta)z_i \tag{7.1.2}$$

其中，$N_i'(\xi,\eta,\zeta)$为坐标变换基点(ξ_i, η_i, ζ_i)处的**坐标变换基函数**。对于面积坐标或体积坐标，自然坐标为(L_1, L_2, L_3)或(L_1, L_2, L_3, L_4)，则式（7.1.2）为

$$x = \sum_{i=1}^{m} N_i'(L_1,L_2,L_3)x_i,\quad y = \sum_{i=1}^{m} N_i'(L_1,L_2,L_3)y_i,\quad z = \sum_{i=1}^{m} N_i'(L_1,L_2,L_3)z_i \tag{7.1.3a}$$

或

$$x = \sum_{i=1}^{m} N_i'(L_1,L_2,L_3,L_4)x_i,\quad y = \sum_{i=1}^{m} N_i'(L_1,L_2,L_3,L_4)y_i,\quad z = \sum_{i=1}^{m} N_i'(L_1,L_2,L_3,L_4)z_i \tag{7.1.3b}$$

母单元可以是一维单元、二维单元和三维单元，子单元也可以是一维单元、二维单元和三维单元。母单元为一维单元，对应的坐标变换式（7.1.2）称为**一维单元变换**，这时

$$x=\sum_{i=1}^{m}N_i'(\xi)x_i,\quad y=\sum_{i=1}^{m}N_i'(\xi)y_i,\quad z=\sum_{i=1}^{m}N_i'(\xi)z_i \tag{7.1.4}$$

如果母单元为二维单元，那么对应的坐标变换称为**二维单元变换**，这时

$$x=\sum_{i=1}^{m}N_i'(\xi,\eta)x_i,\quad y=\sum_{i=1}^{m}N_i'(\xi,\eta)y_i,\quad z=\sum_{i=1}^{m}N_i'(\xi,\eta)z_i \tag{7.1.5}$$

如果母单元为三维单元,那么对应的坐标变换称为**三维单元变换**,坐标变换如式(7.1.2)所示。坐标变换式（7.1.2）中，如果 $N_i'(\xi,\eta,\zeta)$ 为 ξ、η 或 ζ 的一次函数，那么坐标变换式（7.1.2）称为**一次坐标变换**，类似可以定义二次、三次、四次坐标变换等。

例 7.1　一维二结点母单元和子单元如图 7.1 所示，写出其坐标变换式。

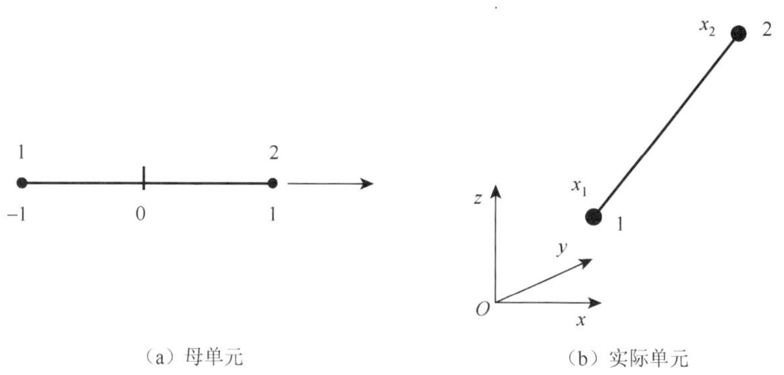

图 7.1　一维单元变换

在总体坐标系下，子单元点 1 和点 2 的坐标分别为(x_1, y_1, z_1)和(x_2, y_2, z_2)，则单元坐标变换为

$$x=\sum_{i=1}^{2}N_i'(\xi)x_i,\quad y=\sum_{i=1}^{2}N_i'(\xi)y_i,\quad z=\sum_{i=1}^{2}N_i'(\xi)z_i$$

其中，$N_i'(\xi)=(1+\xi_i\xi)/2,\quad i=1,2$。

例 7.2　如图 7.2 所示二维三结点三角形母单元和子单元，写出其坐标变换式。

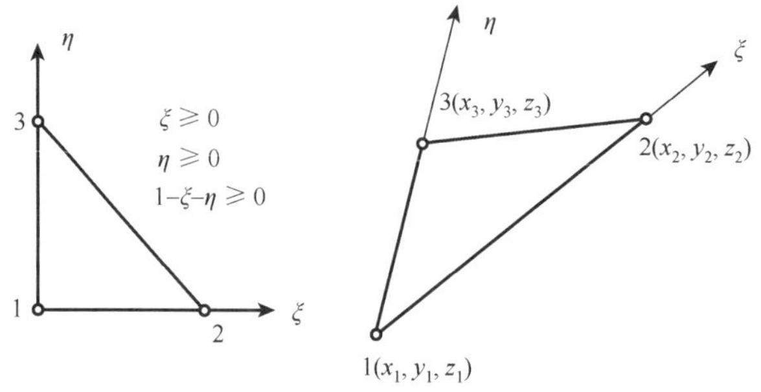

图 7.2　二维三结点三角形单元变换

在总体坐标系下，子单元点 1、点 2 和点 3 的坐标分别为(x_1, y_1, z_1)、(x_2, y_2, z_2)和(x_3, y_3, z_3)，则单元坐标变换为

$$x=\sum_{i=1}^{3}N_i'(\xi,\eta)x_i,\quad y=\sum_{i=1}^{3}N_i'(\xi,\eta)y_i,\quad z=\sum_{i=1}^{3}N_i'(\xi,\eta)z_i$$

其中，$\left[N_1',N_2',N_3'\right]=[1-\xi-\eta,\xi,\eta]$，当然也可以用面积坐标表示。

例 7.3　如图 7.3 所示二维四结点四边形母单元和子单元，写出其坐标变换式。

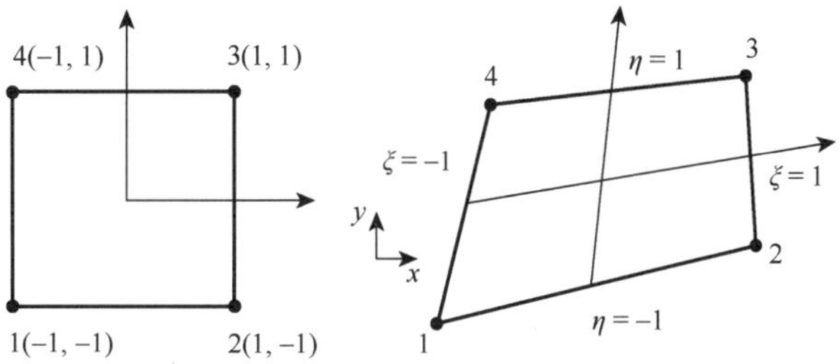

图 7.3　二维四结点四边形单元变换

在总体坐标系下，子单元点 1、点 2、点 3 和点 4 的坐标分别为(x_1, y_1)、(x_2, y_2)、(x_3, y_3)和(x_4, y_4)，则单元坐标变换为

$$x=\sum_{i=1}^{4}N_i'(\xi,\eta)x_i,\quad y=\sum_{i=1}^{4}N_i'(\xi,\eta)y_i$$

其中，$N_i'(\xi,\eta)=(1+\xi_i\xi)(1+\eta_i\eta)/4$，$i=1,2,3,4$。

例 7.4　如图 7.4 所示三维八结点六面体母单元和子单元，写出其坐标变换式。

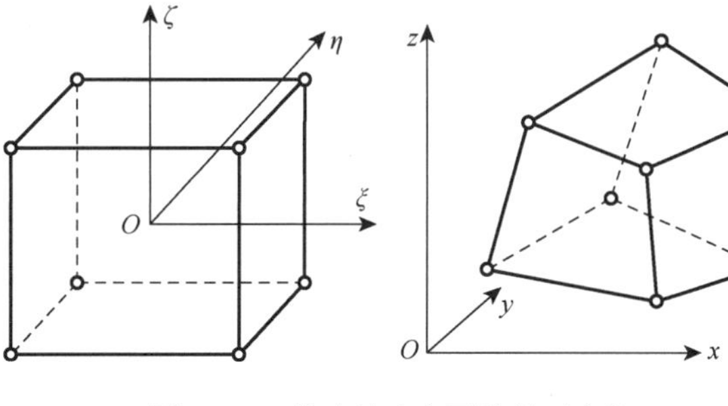

图 7.4　三维八结点六面体单元变换

在总体坐标系下，子单元结点 i 坐标分别为(x_i, y_i, z_i)，则单元坐标变换为

$$x=\sum_{i=1}^{m}N_i'(\xi,\eta,\zeta)x_i,\quad y=\sum_{i=1}^{m}N_i'(\xi,\eta,\zeta)y_i,\quad z=\sum_{i=1}^{m}N_i'(\xi,\eta,\zeta)z_i$$

其中，$N_i'=(1+\xi_i\xi)(1+\eta_i\eta)(1+\zeta_i\zeta)/8$，$i=1,2,\cdots,8$。

例 7.5　如图 7.5 所示二次八结点平面四边形母单元和子单元，写出其坐标变换式。

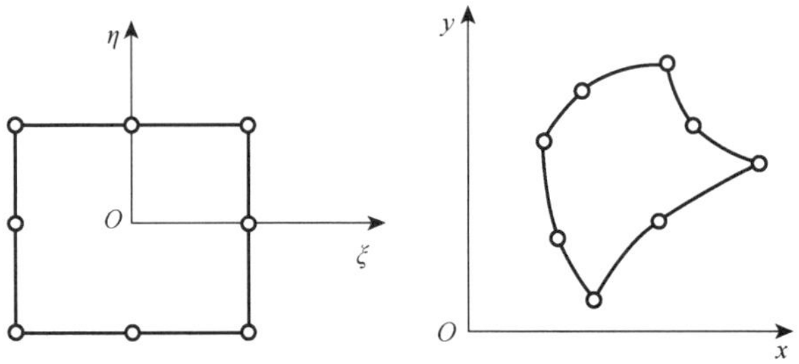

图 7.5　二次八结点平面四边形二维单元变换

在总体坐标系下，子单元结点 i 坐标分别为(x_i, y_i)，则单元坐标变换为

$$x=\sum_{i=1}^{8}N_i'x_i,\quad y=\sum_{i=1}^{8}N_i'y_i$$

其中，$N_i'=(1+\xi_i\xi)(1+\eta_i\eta)(\xi_i\xi+\eta_i\eta-1)/4\ (i=1,2,3,4)$，$N_5'=(1-\xi^2)(1-\eta)/2$，$N_6'=(1-\eta^2)(1+\xi)/2$，$N_7'=(1-\xi^2)(1+\eta)/2$，$N_8'=(1-\eta^2)(1-\xi)/2$。

7.1.2　等参变换

理论上讲，用于确定单元坐标变换关系（7.1.1）或（7.1.2）的坐标变换基点，可以不是单元的结点，坐标变换基点的个数 m 也可以不等于单元的结点数 n。对于确定单元坐标变换关系的坐标变换基点与单元结点重合，并且 $m=n$ 的情况，有如下定义。

定义　对有 n 个结点的母单元和子单元，若母单元中的坐标变换基点 $i(\xi_i, \eta_i, \zeta_i)$也是其结点，$i(\xi_i, \eta_i, \zeta_i)$在子单元的对应点 $i(x_i, y_i, z_i)$是子单元结点，且坐标变换的基点数等于单元的结点数，即 $m=n$，这时母单元与子单元之间的坐标变换为

$$x=\sum_{i=1}^{m}N_i'(\xi,\eta,\zeta)x_i,\quad y=\sum_{i=1}^{m}N_i'(\xi,\eta,\zeta)y_i,\quad z=\sum_{i=1}^{m}N_i'(\xi,\eta,\zeta)z_i \tag{7.1.6}$$

称为**等参变换**，该子单元称为母单元对应的**等参单元**。等参变换的充要条件是 $m=n$ 且 $N_i'(\xi,\eta,\zeta)=N_i(\xi,\eta,\zeta)$。其中 $N_i'(\xi,\eta,\zeta)$ 为基点 $i(\xi_i, \eta_i, \zeta_i)$处的坐标变换基函数，$N_i(\xi,\eta,\zeta)$ 为母单元中结点 $i(\xi_i, \eta_i, \zeta_i)$处的位移插值基函数。

如果母单元坐标变换基点 $i(\xi_i, \eta_i, \zeta_i)$是其结点，基点 $i(\xi_i, \eta_i, \zeta_i)$在子单元的对应点 $i(x_i, y_i, z_i)$是子单元结点，但坐标变换的基点数少于单元的结点数，即 $m<n$，这时母单元与子单元之间的坐标变换式（7.1.2）称为**亚（次）参变换**，该子单元称为母单元对应的**亚参单元**。

如果母单元的结点都是坐标变换基点，母单元的结点在子单元的对应点是子单元结点，但坐标变换的基点数大于单元的结点数，即 $m>n$，这时母单元与子单元之间的坐标变换式（7.1.2）称为**超参变换**，该子单元称为母单元对应的**超参单元**。

等参变换、亚参变换和超参变换的几何描述如图 7.6、图 7.7 和图 7.8 所示，其中圆圈代表结点，方框代表坐标变换基点。

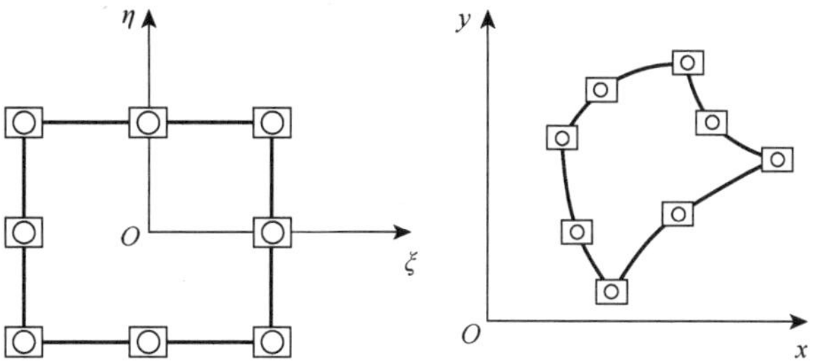

图 7.6　等参变换

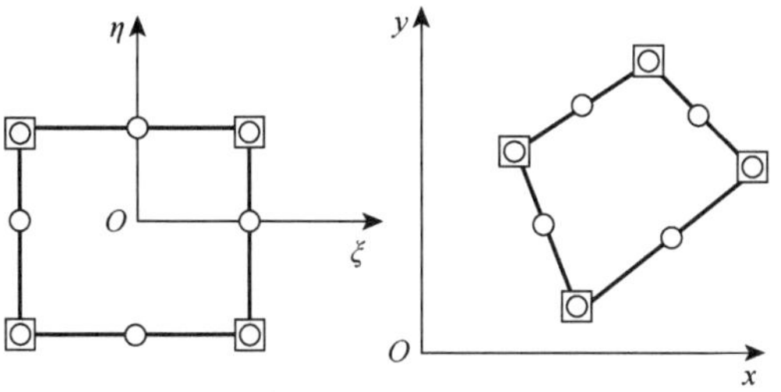

图 7.7　亚参变换

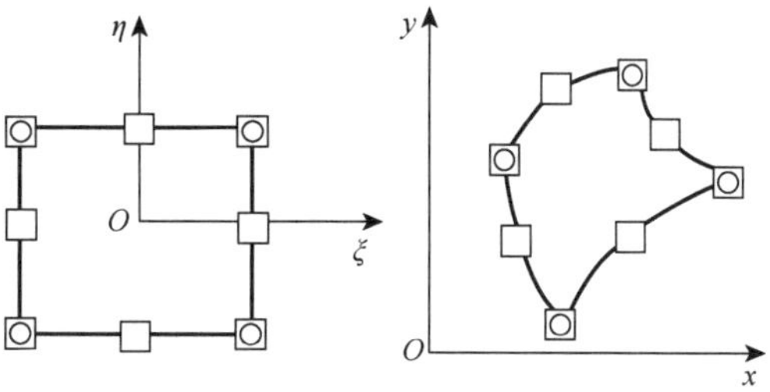

图 7.8　超参变换

如果母单元结点 $i(\xi_i, \eta_i, \zeta_i)$的位移为 $a_i = [u_i, v_i, w_i]^{\mathrm{T}}$，$N_i(\xi,\eta,\zeta)$ 为其位移插值基函数，则母单元内任意点(ξ, η, ζ)的位移为

$$u = \sum_{i=1}^{n} N_i(\xi,\eta,\zeta)u_i, \quad v = \sum_{i=1}^{n} N_i(\xi,\eta,\zeta)v_i, \quad w = \sum_{i=1}^{n} N_i(\xi,\eta,\zeta)w_i \tag{7.1.7}$$

例 7.6　图 7.9 为长 $2a$、宽 $2b$ 的四结点矩形单元（子单元），其形函数为 $\bar{N}_i(x,y)$，母单元的形函数为 $N_i(\xi,\eta)$，证明：在等参变换下 $\bar{N}_i(x,y) = N_i(\xi,\eta)$。

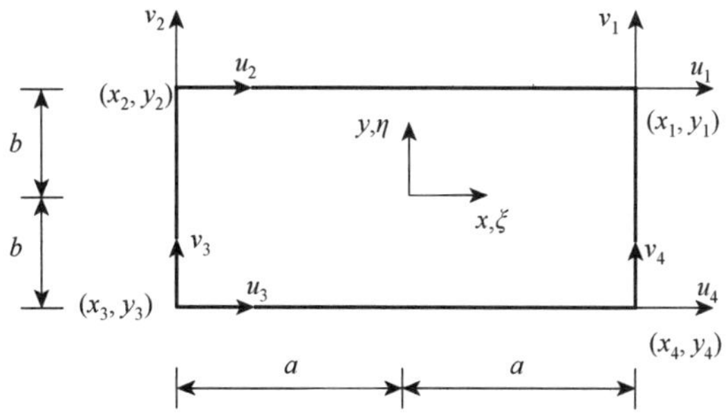

图 7.9　四结点矩形单元

证明　子单元形函数为

$$\bar{N}_1 = \bar{N}_1(x,y) = \frac{1}{4}\left(1+\frac{x}{a}\right)\left(1+\frac{y}{b}\right), \quad \bar{N}_2 = \bar{N}_2(x,y) = \frac{1}{4}\left(1-\frac{x}{a}\right)\left(1+\frac{y}{b}\right)$$

$$\bar{N}_3 = \bar{N}_3(x,y) = \frac{1}{4}\left(1-\frac{x}{a}\right)\left(1-\frac{y}{b}\right), \quad \bar{N}_4 = \bar{N}_4(x,y) = \frac{1}{4}\left(1+\frac{x}{a}\right)\left(1-\frac{y}{b}\right)$$

母单元形函数为

$$N_1 = N_1(\xi,\eta) = \frac{1}{4}(1+\xi)(1+\eta), \quad N_2 = N_2(\xi,\eta) = \frac{1}{4}(1-\xi)(1+\eta)$$

$$N_3 = N_3(\xi,\eta) = \frac{1}{4}(1-\xi)(1-\eta), \quad N_4 = N_4(\xi,\eta) = \frac{1}{4}(1+\xi)(1-\eta)$$

等参变换为

$$x = \sum_{i=1}^{4} N_i\,(\xi,\eta)x_i = aN_1 - aN_2 - aN_3 + aN_4 = a(N_1 - N_2 - N_3 + N_4)$$

$$y = \sum_{i=1}^{n} N_i\,(\xi,\eta)y_i = bN_1 + bN_2 - bN_3 - bN_4 = b(N_1 + N_2 - N_3 - N_4)$$

代入 $\bar{N}_i(x,y)$ 表达式，并利用 $\sum_{i=1}^{4} N_i\,(\xi,\eta)_i = 1$ 得

$$\begin{aligned}\bar{N}_1(x,y) &= \frac{1}{4}\left[1 + \frac{a(N_1 - N_2 - N_3 + N_4)}{a}\right]\left[1 + \frac{b(N_1 - N_2 - N_3 + N_4)}{b}\right] \\ &= (N_1 + N_4)(N_1 + N_2) \\ &= \left[\frac{1}{4}(1+\xi)(1+\eta) + \frac{1}{4}(1+\xi)(1-\eta)\right]\left[\frac{1}{4}(1+\xi)(1+\eta) + \frac{1}{4}(1-\xi)(1+\eta)\right] \\ &= \frac{1}{4}(1+\xi)(1+\eta) = N_1(\xi,\ \eta)\end{aligned}$$

同理，$\bar{N}_2(x,y) = N_2(\xi,\eta)$，$\bar{N}_3(x,y) = N_3(\xi,\eta)$，$\bar{N}_4(x,y) = N_4(\xi,\eta)$。

练习：三结点三角形子单元的形函数为 $\bar{N}_i(x,y)$，母单元的形函数为 $N_i(L_1, L_2, L_3)$，证明在等参变换下 $\bar{N}_i(x,y) = N_i(L_1, L_2, L_3)$。

可以证明：如果子单元的形函数为 $\bar{N}_i(x,y,z)$，母单元的形函数为 $N_i(\xi,\eta,\zeta)$，则等参变换下 $\bar{N}_i(x,y,z) = N_i(\xi,\eta,\zeta)$。

7.2 等参变换下单元刚度矩阵和等效结点载荷

第 5 章给出了单元刚度矩阵和单元等效结点载荷：

$$\boldsymbol{K}^e = \int_{V^e} \boldsymbol{B}^{\mathrm{T}}\boldsymbol{D}\boldsymbol{B}\mathrm{d}V, \quad \boldsymbol{F}^e = \boldsymbol{F}_b^e + \boldsymbol{F}_s^e = \int_{V^e} \bar{\boldsymbol{N}}^{\mathrm{T}}\boldsymbol{f}\mathrm{d}V + \int_{S_\sigma^e} \bar{\boldsymbol{N}}^{\mathrm{T}}\boldsymbol{t}\mathrm{d}S$$

上述积分是在子单元整体坐标中进行的，同时应变矩阵 $\boldsymbol{B} = \boldsymbol{L}\bar{\boldsymbol{N}}$ 中微分算子 $\boldsymbol{L}$ 是对整体坐标 x、y、z 进行运算，而第 6 章插值函数矩阵 $\boldsymbol{N}(\xi,\eta,\zeta)$是在母单元中用自然坐标给出的。为解决上述问题，需要分析自然坐标系下应变矩阵 $\boldsymbol{B}$ 的计算（求导）、体微元 $\mathrm{d}V$ 和面微元 $\mathrm{d}S$ 的计算。

7.2.1 三维等参单元

1. 求导变换

因应变矩阵 $\boldsymbol{B}$ 中涉及 $\partial\bar{N}_i/\partial x$、$\partial\bar{N}_i/\partial y$、$\partial\bar{N}_i/\partial z$ 的计算，而单元结点 i 的插值函数 $N_i(\xi,\eta,\zeta)$是在母单元中用自然坐标给出的，这就需要建立 $\partial\bar{N}_i/\partial x$、$\partial\bar{N}_i/\partial y$、$\partial\bar{N}_i/\partial z$ 与

$\partial N_i/\partial\xi$、$\partial N_i/\partial\eta$、$\partial N_i/\partial\zeta$ 之间的关系。由复合函数求导法则有

$$\begin{cases}\dfrac{\partial\bar{N}_i}{\partial\xi}=\dfrac{\partial\bar{N}_i}{\partial x}\dfrac{\partial x}{\partial\xi}+\dfrac{\partial\bar{N}_i}{\partial y}\dfrac{\partial y}{\partial\xi}+\dfrac{\partial\bar{N}_i}{\partial z}\dfrac{\partial z}{\partial\xi}\\ \dfrac{\partial\bar{N}_i}{\partial\eta}=\dfrac{\partial\bar{N}_i}{\partial x}\dfrac{\partial x}{\partial\eta}+\dfrac{\partial\bar{N}_i}{\partial y}\dfrac{\partial y}{\partial\eta}+\dfrac{\partial\bar{N}_i}{\partial z}\dfrac{\partial z}{\partial\eta}\\ \dfrac{\partial\bar{N}_i}{\partial\zeta}=\dfrac{\partial\bar{N}_i}{\partial x}\dfrac{\partial x}{\partial\zeta}+\dfrac{\partial\bar{N}_i}{\partial y}\dfrac{\partial y}{\partial\zeta}+\dfrac{\partial\bar{N}_i}{\partial z}\dfrac{\partial z}{\partial\zeta}\end{cases}\tag{7.2.1}$$

式（7.2.1）的矩阵形式为

$$\begin{Bmatrix}\dfrac{\partial\bar{N}_i}{\partial\xi}\\ \dfrac{\partial\bar{N}_i}{\partial\eta}\\ \dfrac{\partial\bar{N}_i}{\partial\zeta}\end{Bmatrix}=\begin{bmatrix}\dfrac{\partial x}{\partial\xi}&\dfrac{\partial y}{\partial\xi}&\dfrac{\partial z}{\partial\xi}\\ \dfrac{\partial x}{\partial\eta}&\dfrac{\partial y}{\partial\eta}&\dfrac{\partial z}{\partial\eta}\\ \dfrac{\partial x}{\partial\zeta}&\dfrac{\partial y}{\partial\zeta}&\dfrac{\partial z}{\partial\zeta}\end{bmatrix}\begin{Bmatrix}\dfrac{\partial\bar{N}_i}{\partial x}\\ \dfrac{\partial\bar{N}_i}{\partial y}\\ \dfrac{\partial\bar{N}_i}{\partial z}\end{Bmatrix}=\boldsymbol{J}\begin{Bmatrix}\dfrac{\partial\bar{N}_i}{\partial x}\\ \dfrac{\partial\bar{N}_i}{\partial y}\\ \dfrac{\partial\bar{N}_i}{\partial z}\end{Bmatrix}\tag{7.2.2}$$

得到

$$\begin{Bmatrix}\dfrac{\partial\bar{N}_i}{\partial x}\\ \dfrac{\partial\bar{N}_i}{\partial y}\\ \dfrac{\partial\bar{N}_i}{\partial z}\end{Bmatrix}=\boldsymbol{J}^{-1}\begin{Bmatrix}\dfrac{\partial\bar{N}_i}{\partial\xi}\\ \dfrac{\partial\bar{N}_i}{\partial\eta}\\ \dfrac{\partial\bar{N}_i}{\partial\zeta}\end{Bmatrix}\tag{7.2.3}$$

其中，$\boldsymbol{J}$ 为坐标变换的 Jacobi 矩阵。因为

$$x=\sum_{i=1}^{n}N_i(\xi,\eta,\zeta)x_i,\quad y=\sum_{i=1}^{n}N_i(\xi,\eta,\zeta)y_i,\quad z=\sum_{i=1}^{n}N_i(\xi,\eta,\zeta)z_i$$

得到

$$\boldsymbol{J}=\frac{\partial(x,y,z)}{\partial(\xi,\eta,\zeta)}=\begin{bmatrix}\dfrac{\partial x}{\partial\xi}&\dfrac{\partial y}{\partial\xi}&\dfrac{\partial z}{\partial\xi}\\ \dfrac{\partial x}{\partial\eta}&\dfrac{\partial y}{\partial\eta}&\dfrac{\partial z}{\partial\eta}\\ \dfrac{\partial x}{\partial\zeta}&\dfrac{\partial y}{\partial\zeta}&\dfrac{\partial z}{\partial\zeta}\end{bmatrix}=\begin{bmatrix}\sum\limits_{i=1}^{n}\dfrac{\partial N_i}{\partial\xi}x_i&\sum\limits_{i=1}^{n}\dfrac{\partial N_i}{\partial\xi}y_i&\sum\limits_{i=1}^{n}\dfrac{\partial N_i}{\partial\xi}z_i\\ \sum\limits_{i=1}^{n}\dfrac{\partial N_i}{\partial\eta}x_i&\sum\limits_{i=1}^{n}\dfrac{\partial N_i}{\partial\eta}y_i&\sum\limits_{i=1}^{n}\dfrac{\partial N_i}{\partial\eta}z_i\\ \sum\limits_{i=1}^{n}\dfrac{\partial N_i}{\partial\zeta}x_i&\sum\limits_{i=1}^{n}\dfrac{\partial N_i}{\partial\zeta}y_i&\sum\limits_{i=1}^{n}\dfrac{\partial N_i}{\partial\zeta}z_i\end{bmatrix}$$

$$=\begin{bmatrix}\dfrac{\partial N_1}{\partial\xi}&\dfrac{\partial N_2}{\partial\xi}&\cdots&\dfrac{\partial N_n}{\partial\xi}\\ \dfrac{\partial N_1}{\partial\eta}&\dfrac{\partial N_2}{\partial\eta}&\cdots&\dfrac{\partial N_n}{\partial\eta}\\ \dfrac{\partial N_1}{\partial\zeta}&\dfrac{\partial N_2}{\partial\zeta}&\cdots&\dfrac{\partial N_n}{\partial\zeta}\end{bmatrix}\begin{bmatrix}x_1&y_1&z_1\\ x_2&y_2&z_2\\ \vdots&\vdots&\vdots\\ x_n&y_n&z_n\end{bmatrix}\tag{7.2.4}$$

由 $\bar{N}_i=\bar{N}_i\left(x,y,z\right)=\bar{N}_i\left(\sum_{i=1}^{n}N_i(\xi,\eta,\zeta)x_i,\sum_{i=1}^{n}N_i(\xi,\eta,\zeta)y_i,\sum_{i=1}^{n}N_i(\xi,\eta,\zeta)z_i\right)=N_i(\xi,\eta,\zeta)$，得到 $\partial\bar{N}_i/\partial x$、$\partial\bar{N}_i/\partial y$、$\partial\bar{N}_i/\partial z$ 与 $\partial N_i/\partial\xi$、$\partial N_i/\partial\eta$、$\partial N_i/\partial\zeta$ 之间的关系为

$$\begin{Bmatrix}\dfrac{\partial\bar{N}_i}{\partial x}\\ \dfrac{\partial\bar{N}_i}{\partial y}\\ \dfrac{\partial\bar{N}_i}{\partial z}\end{Bmatrix}=\boldsymbol{J}^{-1}\begin{Bmatrix}\dfrac{\partial\bar{N}_i}{\partial\xi}\\ \dfrac{\partial\bar{N}_i}{\partial\eta}\\ \dfrac{\partial\bar{N}_i}{\partial\zeta}\end{Bmatrix}=\boldsymbol{J}^{-1}\begin{Bmatrix}\dfrac{\partial N_i}{\partial\xi}\\ \dfrac{\partial N_i}{\partial\eta}\\ \dfrac{\partial N_i}{\partial\zeta}\end{Bmatrix} \tag{7.2.5}$$

2. 体微元或面微元变换

由于单元刚度矩阵、等效结点力计算涉及体微元 $\mathrm{d}x\mathrm{d}y\mathrm{d}z$ 和面微元 $\mathrm{d}x\mathrm{d}y$，而自然坐标系下的体微元为 $\mathrm{d}\xi\mathrm{d}\eta\mathrm{d}\zeta$、面微元为 $\mathrm{d}\xi\mathrm{d}\eta$，需要建立二者的关系，基于坐标变换理论得到体微元变换关系为

$$\mathrm{d}x\mathrm{d}y\mathrm{d}z=|\boldsymbol{J}|\mathrm{d}\xi\mathrm{d}\eta\mathrm{d}\zeta \tag{7.2.6a}$$

面微元间关系为

$$\mathrm{d}S=L_\xi\mathrm{d}\eta\mathrm{d}\zeta,\quad \xi=\pm1 \tag{7.2.6b}$$

其中，$L_\xi=\sqrt{J_{11}^2+J_{21}^2+J_{31}^2}$，$J_{ij}$ 为前面定义的 Jacobi 矩阵的代数余子式，$L_i\,(i=\xi,\eta,\zeta)$ 称为**面积分变换系数**。

3. 单元刚度矩阵和单元等效结点载荷

利用 $\partial\bar{N}_i/\partial x$、$\partial\bar{N}_i/\partial y$、$\partial\bar{N}_i/\partial z$ 与 $\partial N_i/\partial\xi$、$\partial N_i/\partial\eta$、$\partial N_i/\partial\zeta$ 之间的关系式(7.2.5)，以及体微元 $\mathrm{d}x\mathrm{d}y\mathrm{d}z$、面微元 $\mathrm{d}x\mathrm{d}y$ 与体微元 $\mathrm{d}\xi\mathrm{d}\eta\mathrm{d}\zeta$、面微元 $\mathrm{d}\xi\mathrm{d}\eta$ 之间的关系，单元刚度矩阵、体积力和面力的积分可以表示为

$$\boldsymbol{K}^e=\int_{V^e}\boldsymbol{B}^{\mathrm{T}}\boldsymbol{D}\boldsymbol{B}\mathrm{d}V=\int_{-1}^{1}\int_{-1}^{1}\int_{-1}^{1}\tilde{\boldsymbol{B}}^{\mathrm{T}}\boldsymbol{D}\tilde{\boldsymbol{B}}|\boldsymbol{J}|\mathrm{d}\xi\mathrm{d}\eta\mathrm{d}\zeta \tag{7.2.7}$$

$$\boldsymbol{P}_b^e=\int_{V^e}\bar{\boldsymbol{N}}^{\mathrm{T}}\boldsymbol{f}\mathrm{d}V=\int_{-1}^{1}\int_{-1}^{1}\int_{-1}^{1}\boldsymbol{N}^{\mathrm{T}}\tilde{\boldsymbol{f}}|\boldsymbol{J}|\mathrm{d}\xi\mathrm{d}\eta\mathrm{d}\zeta \tag{7.2.8}$$

$$\boldsymbol{P}_s^e=\int_{S_\sigma^e}\bar{\boldsymbol{N}}^{\mathrm{T}}\boldsymbol{t}\mathrm{d}S=\int_{-1}^{1}\int_{-1}^{1}\boldsymbol{N}^{\mathrm{T}}\bar{\boldsymbol{t}}L_\xi\mathrm{d}\eta\mathrm{d}\zeta,\quad \xi=\pm1 \tag{7.2.9}$$

其中，$\tilde{\boldsymbol{B}}=\boldsymbol{B}\left(\sum_{i=1}^{n}N_i(\xi,\eta,\zeta)x_i,\sum_{i=1}^{n}N_i(\xi,\eta,\zeta)y_i,\sum_{i=1}^{n}N_i(\xi,\eta,\zeta)z_i\right)$为用自然坐标表示的单元应变矩阵，类似 $\tilde{\boldsymbol{f}}$ 和 $\bar{\boldsymbol{t}}$ 定义为用自然坐标表示的单元体积力和单元面力。下面各式中 $\tilde{\boldsymbol{B}}$、$\tilde{\boldsymbol{f}}$ 和 $\tilde{\boldsymbol{t}}$ 的定义与此类似，具体表达式与等参变换式有关，不再写出。

4. 四面体等参单元的刚度矩阵和等效结点载荷

四面体单元的等参变换为

$$x=\sum_{i=1}^{n}N_i(L_1,L_2,L_3,L_4)x_i,\quad y=\sum_{i=1}^{n}N_i(L_1,L_2,L_3,L_4)y_i,\quad z=\sum_{i=1}^{n}N_i(L_1,L_2,L_3,L_4)z_i$$

定义 $L_1=\xi$，$L_2=\eta$，$L_3=\zeta$，则 $L_4=1-\xi-\eta-\zeta$，这时式（7.2.7）～式（7.2.9）变为

$$\boldsymbol{K}^e=\int_{V^e}\boldsymbol{B}^{\mathrm{T}}\boldsymbol{D}\boldsymbol{B}\mathrm{d}V=\int_0^1\int_0^{1-L_1}\int_0^{1-L_2-L_1}\tilde{\boldsymbol{B}}^{\mathrm{T}}\boldsymbol{D}\tilde{\boldsymbol{B}}|\boldsymbol{J}|\mathrm{d}L_3\mathrm{d}L_2\mathrm{d}L_1 \tag{7.2.10}$$

$$\boldsymbol{F}_b^e=\int_{V^e}\bar{\boldsymbol{N}}^{\mathrm{T}}\boldsymbol{f}\mathrm{d}v=\int_0^1\int_0^{1-L_1}\int_0^{1-L_2-L_1}\boldsymbol{N}^{\mathrm{T}}\tilde{\boldsymbol{f}}|\boldsymbol{J}|\mathrm{d}L_3\mathrm{d}L_2\mathrm{d}L_1 \tag{7.2.11}$$

$$\boldsymbol{F}_s^e=\int_{S_\sigma^e}\bar{\boldsymbol{N}}^{\mathrm{T}}\boldsymbol{t}\mathrm{d}S=\int_0^1\int_0^{1-L_3}\boldsymbol{N}^{\mathrm{T}}\bar{\boldsymbol{t}}L\mathrm{d}L_2\mathrm{d}L_3,\quad L_1=0 \tag{7.2.12}$$

7.2.2　二维等参单元

1. 求导变换

二维单元的等参变换为

$$x=\sum_{i=1}^{n}N_i(\xi,\eta)x_i,\quad y=\sum_{i=1}^{n}N_i(\xi,\eta)y_i \tag{7.2.13}$$

同前述三维单元，类似可以建立 $\partial\bar{N}_i/\partial x$ 、$\partial\bar{N}_i/\partial y$ 与 $\partial N_i/\partial\xi$ 、$\partial N_i/\partial\eta$ 之间的关系为

$$\begin{Bmatrix}\dfrac{\partial\bar{N}_i}{\partial x}\\ \dfrac{\partial\bar{N}_i}{\partial y}\end{Bmatrix}=\boldsymbol{J}^{-1}\begin{Bmatrix}\dfrac{\partial\bar{N}_i}{\partial\xi}\\ \dfrac{\partial\bar{N}_i}{\partial\eta}\end{Bmatrix}=\boldsymbol{J}^{-1}\begin{Bmatrix}\dfrac{\partial N_i}{\partial\xi}\\ \dfrac{\partial N_i}{\partial\eta}\end{Bmatrix} \tag{7.2.14}$$

其中，$\boldsymbol{J}=\begin{bmatrix}\dfrac{\partial x}{\partial\xi}&\dfrac{\partial y}{\partial\xi}\\ \dfrac{\partial x}{\partial\eta}&\dfrac{\partial y}{\partial\eta}\end{bmatrix}=\begin{bmatrix}\sum\limits_{i=1}^{n}\dfrac{\partial N_i}{\partial\xi}x_i&\sum\limits_{i=1}^{n}\dfrac{\partial N_i}{\partial\xi}y_i\\ \sum\limits_{i=1}^{n}\dfrac{\partial N_i}{\partial\eta}x_i&\sum\limits_{i=1}^{n}\dfrac{\partial N_i}{\partial\eta}y_i\end{bmatrix}=\begin{bmatrix}\dfrac{\partial N_1}{\partial\xi}&\dfrac{\partial N_2}{\partial\xi}&\cdots&\dfrac{\partial N_n}{\partial\xi}\\ \dfrac{\partial N_1}{\partial\eta}&\dfrac{\partial N_2}{\partial\eta}&\cdots&\dfrac{\partial N_n}{\partial\eta}\end{bmatrix}\begin{bmatrix}x_1&y_1\\x_2&y_2\\ \vdots&\vdots\\x_n&y_n\end{bmatrix}$。

2. 面积微元或长度微元变换

整体坐标系下的面微元 $\mathrm{d}x\mathrm{d}y$、长度微元 $\mathrm{d}l$ 与自然坐标系下的面微元 $\mathrm{d}\xi\mathrm{d}\eta$、长度微元 $\mathrm{d}\eta$ 之间的关系为

$$\mathrm{d}x\mathrm{d}y=|\boldsymbol{J}|\mathrm{d}\xi\,\mathrm{d}\eta,\quad \mathrm{d}l=|\mathrm{d}\boldsymbol{\eta}|=\left[\left(\frac{\partial x}{\partial\eta}\right)^2+\left(\frac{\partial y}{\partial\eta}\right)^2\right]^{1/2}\mathrm{d}\eta=L\mathrm{d}\eta,\quad \xi=\pm1 \tag{7.2.15}$$

3. 刚度矩阵与载荷列阵变换

利用 $\partial\bar{N}_i/\partial x$ 、$\partial\bar{N}_i/\partial y$ 与 $\partial N_i/\partial\xi$ 、$\partial N_i/\partial\eta$ 之间的关系式（7.2.14），面微元 $\mathrm{d}x\mathrm{d}y$、长度微元 $\mathrm{d}l$ 与面微元 $\mathrm{d}\xi\mathrm{d}\eta$、长度微元 $\mathrm{d}\eta$ 之间的关系式（7.2.15），以及等参变换关系式（7.2.13），单元刚度矩阵、体积力和边界分布力的积分可以表示为

$$\boldsymbol{K}^e=\int_{A^e}\boldsymbol{B}^{\mathrm{T}}(x,y)\boldsymbol{D}\boldsymbol{B}(x,y)t\mathrm{d}x\mathrm{d}y=\int_{-1}^{1}\int_{-1}^{1}\tilde{\boldsymbol{B}}^{\mathrm{T}}\boldsymbol{D}\tilde{\boldsymbol{B}}t|\boldsymbol{J}(\xi,\eta)|\mathrm{d}\xi\mathrm{d}\eta \tag{7.2.16}$$

$$\boldsymbol{F}_b^e=\int_{A^e}\bar{\boldsymbol{N}}^{\mathrm{T}}(x,y)\boldsymbol{f}(x,y)t\mathrm{d}x\mathrm{d}y=\int_{-1}^{1}\int_{-1}^{1}\boldsymbol{N}^{\mathrm{T}}(\xi,\eta)\tilde{\boldsymbol{f}}t|\boldsymbol{J}|\mathrm{d}\xi\mathrm{d}\eta \tag{7.2.17}$$

$$\boldsymbol{F}_s^e=\int_{l_\sigma^e}\bar{\boldsymbol{N}}^{\mathrm{T}}(x,y)\boldsymbol{t}(x,y)t\mathrm{d}l=\int_{-1}^{1}\boldsymbol{N}^{\mathrm{T}}(\xi,\eta)\bar{\boldsymbol{t}}tL\mathrm{d}\eta,\quad \xi=\pm1 \tag{7.2.18}$$

7.2.3 轴对称等参单元

1. 求导变换

轴对称单元的等参变换为

$$r=\sum_{i=1}^{n}N_i(\xi,\eta)r_i,\quad z=\sum_{i=1}^{n}N_i(\xi,\eta)z_i \tag{7.2.19}$$

类似可以建立$\partial\bar{N}_i/\partial r$、$\partial\bar{N}_i/\partial z$与$\partial N_i/\partial\xi$、$\partial N_i/\partial\eta$之间的关系为

$$\begin{Bmatrix}\dfrac{\partial N_i}{\partial r}\\ \dfrac{\partial N_i}{\partial z}\end{Bmatrix}=\boldsymbol{J}^{-1}\begin{Bmatrix}\dfrac{\partial \bar{N}_i}{\partial \xi}\\ \dfrac{\partial \bar{N}_i}{\partial \eta}\end{Bmatrix}=\boldsymbol{J}^{-1}\begin{Bmatrix}\dfrac{\partial N_i}{\partial \xi}\\ \dfrac{\partial N_i}{\partial \eta}\end{Bmatrix} \tag{7.2.20}$$

其中，$\boldsymbol{J}=\begin{bmatrix}\dfrac{\partial r}{\partial\xi} & \dfrac{\partial z}{\partial\xi}\\ \dfrac{\partial r}{\partial\eta} & \dfrac{\partial z}{\partial\eta}\end{bmatrix}=\begin{bmatrix}\displaystyle\sum_{i=1}^{n}\frac{\partial N_i}{\partial\xi}r_i & \displaystyle\sum_{i=1}^{n}\frac{\partial N_i}{\partial\xi}z_i\\ \displaystyle\sum_{i=1}^{n}\frac{\partial N_i}{\partial\eta}r_i & \displaystyle\sum_{i=1}^{n}\frac{\partial N_i}{\partial\eta}z_i\end{bmatrix}$。

2. 面积微元和长度微元

面微元 drdz、长度微元 dl 与面微元 dξdη、长度微元 dη 之间的关系为

$$\mathrm{d}A=|\mathrm{d}\boldsymbol{\xi}\times\mathrm{d}\boldsymbol{\eta}|=\left(\frac{\partial r}{\partial\xi}\frac{\partial z}{\partial\eta}-\frac{\partial r}{\partial\eta}\frac{\partial z}{\partial\xi}\right)\mathrm{d}\xi\mathrm{d}\eta=|\boldsymbol{J}|\mathrm{d}\xi\mathrm{d}\eta \tag{7.2.21}$$

$$\mathrm{d}l=|\mathrm{d}\boldsymbol{\eta}|=\left[\left(\frac{\partial r}{\partial\eta}\right)^2+\left(\frac{\partial z}{\partial\eta}\right)^2\right]^{1/2}\mathrm{d}\eta=L\mathrm{d}\eta,\quad \xi=\pm1 \tag{7.2.22}$$

3. 单元刚度矩阵和载荷列阵

利用$\partial\bar{N}_i/\partial r$、$\partial\bar{N}_i/\partial z$与$\partial N_i/\partial\xi$、$\partial N_i/\partial\eta$之间的关系式（7.2.20），面微元 d$rdz$、长度微元 d$l$ 与面微元 dξdη、长度微元 dη 之间的关系式（7.2.22），以及等参变换关系式（7.2.19），单元刚度矩阵、体积力和边界分布面力的积分可以表示为

$$\boldsymbol{K}^e=\int_{V^e}\boldsymbol{B}^{\mathrm{T}}(r,z)\boldsymbol{D}\boldsymbol{B}(r,z)\mathrm{d}V=2\pi\int_{-1}^{1}\int_{-1}^{1}\tilde{\boldsymbol{B}}^{\mathrm{T}}\boldsymbol{D}\tilde{\boldsymbol{B}}r(\xi,\eta)|\boldsymbol{J}|\mathrm{d}\xi\mathrm{d}\eta \tag{7.2.23a}$$

$$\begin{aligned}\boldsymbol{F}_b^e&=\int_{V^e}\bar{\boldsymbol{N}}^{\mathrm{T}}(r,z)\boldsymbol{f}(r,z)\mathrm{d}V=2\pi\int_{S^e}\bar{\boldsymbol{N}}^{\mathrm{T}}(r,z)\boldsymbol{f}(r,z)r\mathrm{d}r\mathrm{d}z\\&=2\pi\int_{-1}^{1}\int_{-1}^{1}\boldsymbol{N}^{\mathrm{T}}(\xi,\eta)\tilde{\boldsymbol{f}}r|\boldsymbol{J}|\mathrm{d}\xi\mathrm{d}\eta\end{aligned} \tag{7.2.23b}$$

$$
\begin{aligned}
\boldsymbol{F}_s^e &= \int_{S_\sigma^e} \bar{\boldsymbol{N}}^{\mathrm{T}}(r,z)\boldsymbol{t}(r,z)\mathrm{d}S = 2\pi\int_{l_\sigma^e} \bar{\boldsymbol{N}}^{\mathrm{T}}(r,z)\boldsymbol{t}(r,z)r\mathrm{d}l \\
&= 2\pi\int_{-1}^{1} \boldsymbol{N}^{\mathrm{T}}(\xi,\eta)\bar{\boldsymbol{t}}rL\mathrm{d}\eta, \quad \xi = \pm 1
\end{aligned}
\tag{7.2.23c}
$$

7.3 等参变换条件和收敛性

1. 等参变换的条件

等参变换是两个坐标系的变换，并要求坐标变换的基点为单元的结点，这时坐标变换的基函数等于位移插值基函数。对满足上述条件的任意子单元和标准的母单元，是否一定存在等参变换？下面以四边形单元进行说明。

（1）单元内任意点的求导变换：

$$
\begin{Bmatrix} \dfrac{\partial \bar{N}_i}{\partial x} \\ \dfrac{\partial \bar{N}_i}{\partial y} \end{Bmatrix} = \boldsymbol{J}^{-1} \begin{Bmatrix} \dfrac{\partial \bar{N}_i}{\partial \xi} \\ \dfrac{\partial \bar{N}_i}{\partial \eta} \end{Bmatrix} = \boldsymbol{J}^{-1} \begin{Bmatrix} \dfrac{\partial N_i}{\partial \xi} \\ \dfrac{\partial N_i}{\partial \eta} \end{Bmatrix}
$$

（2）微元间面积变换关系：

$$
\mathrm{d}A = |\mathrm{d}\boldsymbol{\xi} \times \mathrm{d}\boldsymbol{\eta}| = |\mathrm{d}\boldsymbol{\xi}||\mathrm{d}\boldsymbol{\eta}|\sin(\mathrm{d}\boldsymbol{\xi},\mathrm{d}\boldsymbol{\eta}) = |\boldsymbol{J}|\mathrm{d}\xi\,\mathrm{d}\eta, \quad |\boldsymbol{J}| = \frac{|\mathrm{d}\boldsymbol{\xi}||\mathrm{d}\boldsymbol{\eta}|\sin(\mathrm{d}\boldsymbol{\xi},\mathrm{d}\boldsymbol{\eta})}{\mathrm{d}\xi\,\mathrm{d}\eta}
$$

可见：①当$|\mathrm{d}\boldsymbol{\xi}| = 0$、$|\mathrm{d}\boldsymbol{\eta}| = 0$ 或 $\sin(\mathrm{d}\boldsymbol{\xi}, \mathrm{d}\boldsymbol{\eta}) = 0$ 时，$|\boldsymbol{J}| = 0$，$\boldsymbol{J}^{-1}$不存在，这时等参变换不能实现。②子单元是凹单元，该对应结点处 $\theta > 180°$，图 7.10 所示单元，在结点 1 处，$\sin\theta_1 > 0$，$|\boldsymbol{J}_1| > 0$；结点 2 处，$\sin\theta_2 < 0$，$|\boldsymbol{J}_2| < 0$；结点 3 处，$\sin\theta_3 > 0$，$|\boldsymbol{J}_3| > 0$；由于$|\boldsymbol{J}|$是连续函数，故在 12 边与 23 边上，必有$|\boldsymbol{J}| = 0$，在该点处 $\boldsymbol{J}^{-1}$不存在，不具备等参变换条件，这时等参变换也不能实现。③若子单元结点编号顺序为顺时针，而母单元结点编号通常逆时针，这时$|\boldsymbol{J}| \leqslant 0$，微元面积 $\mathrm{d}A = |\boldsymbol{J}|\mathrm{d}\xi\mathrm{d}\eta \leqslant 0$，也不能实现等参变换。对上述不能实现等参变换的几何解释如图 7.10 和图 7.11 所示。

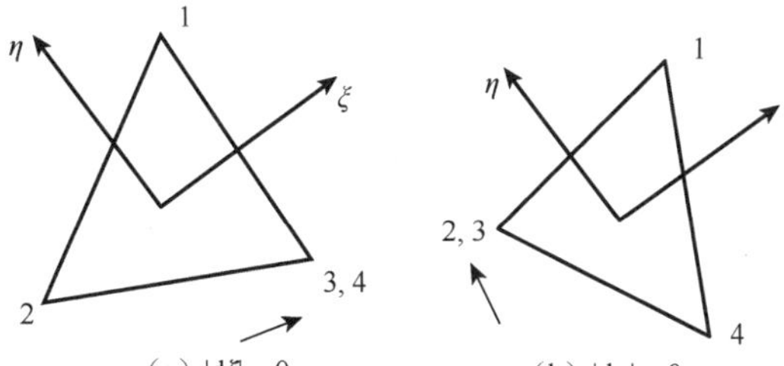

（a）$|\mathrm{d}\xi| = 0$　（b）$|\mathrm{d}\boldsymbol{\eta}| = 0$

图 7.10 不能实现退化单元等参变换的几何解释

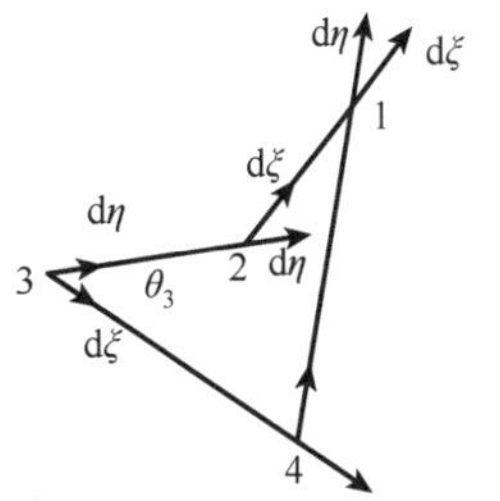

图 7.11 不能实现凹单元等参变换的几何解释

2. 等参单元的收敛性

有限元解的收敛性条件要求单元的插值函数满足协调性和完备性，按照等参单元的定义，只要相邻单元公共边上有完全相同的结点，相邻单元公共边上的坐标和未知函数采用相同的插值函数，协调性就可以得到满足。下面以二维四边形单元为例说明完备性满足要求。二维单元的坐标变换和位移插值函数分别为

$$x=\sum_{i=1}^{n}N_i(\xi,\eta)x_i,\quad y=\sum_{i=1}^{n}N_i(\xi,\eta)y_i,\quad u=\sum_{i=1}^{n}N_i(\xi,\eta)u_i,\quad v=\sum_{i=1}^{n}N_i(\xi,\eta)v_i$$

假设子单元中具有完备性的位移插值模式为$u=b+cx+dy$，则单元内任意点的位移为

$$\begin{aligned}u&=\sum_{i=1}^{n}N_i(\xi,\eta)u_i=\sum_{i=1}^{n}N_i(\xi,\eta)(b+cx_i+dy_i)\\&=b\sum_{i=1}^{n}N_i(\xi,\eta)+c\sum_{i=1}^{n}N_i(\xi,\eta)x_i+d\sum_{i=1}^{n}N_i(\xi,\eta)y_i\\&=b+cx+dy\end{aligned}$$

可见等参变换后，位移插值模式依然包括常数项和一次项，没有改变单元的刚体运动和常应变属性，因此完备性得到保障。

因此，按照协调性和完备性要求，等参单元收敛。

7.4 单元数值积分

前面通过等参变换将刚度矩阵、载荷列阵等的计算从任意区域转换到自然坐标的标准区域，但由于被积函数的复杂性，通常不能得到其原函数精确积分，需要进行数值积分。下面介绍有限元中常用的数值积分方案。

7.4.1 一维数值积分

计算定积分$\int_a^b f(x)\mathrm{d}x$，由积分中值定理得

$$\int_a^b f(x)\mathrm{d}x=(b-a)f(\xi) \tag{7.4.1}$$

根据 $f(\xi)$不同近似算法，就可得到不同数值求积公式。如果在$[a, b]$上取系列点$x_k(k=1, 2, \cdots, n)$，用$f(x_k)$加权平均近似$f(\xi)$，得求积公式：

$$I=\int_a^b f(x)\mathrm{d}x\approx\sum_{k=1}^{n}A_k f(x_k) \tag{7.4.2}$$

其中，x_k称为**求积结点**；A_k称为**求积系数**。A_k仅与x_k的选取有关，不依赖于$f(x)$的具体形式。基于式（7.4.2）中x_k和A_k的不同取法，就可以得到不同的数值积分公式，如何判定这些求积公式的优劣，有如下定义和定理。

定义 如求积公式对所有次数不大于m的多项式都精确成立，至少对一个$m+1$次

多项式不精确成立，则称该求积公式具有 **m 次代数精度**。代数精度越高，求积公式就越好。

定理　求积公式有 m 次代数精度的充要条件是该求积公式对 $1, x, x^2, \cdots, x^m$ 都精确成立，而对 x^{m+1} 不精确成立。

下面介绍两种常用的确定式（7.4.2）中求积结点 x_k 和求积系数 A_k 的方法。

1. 牛顿-科茨（Newton-Cotes）积分

对于给定的 n 个求积结点，设 $a \leqslant x_1 < \cdots < x_{n-1} < x_n \leqslant b$，则 $f(x)$的 Lagrange 插值多项式为

$$\varphi(x) = \sum_{i=1}^{n} l_i^{(n-1)}(x) f(x_i)$$

其中，$l_i^{(n-1)}(x)$ 为结点 x_i 处的 $n-1$ 次 Lagrange 插值基函数。取 $f(x) \approx \varphi(x)$，则

$$\begin{aligned}\int_a^b f(x)\mathrm{d}x &\approx \int_a^b \varphi(x)\mathrm{d}x = \int_a^b \sum_{i=1}^{n} l_i^{(n-1)}(x) f(x_i)\mathrm{d}x \\ &= \sum_{i=1}^{n}\left(\int_a^b l_i^{(n-1)}(x)\mathrm{d}x\right) f(x_i) = \sum_{i=1}^{n} H_i f(x_i)\end{aligned} \tag{7.4.3}$$

其中，$H_i = \int_a^b l_i^{(n-1)}(x)\mathrm{d}x$ 为求积系数，其与函数 $f(x)$的具体形式无关，只与积分点个数和位置有关。

定义　设$x_1, x_2, \cdots, x_n$为区间$[a, b]$上的均布求积结点，$l_i^{(n-1)}(x)$ 为结点x_i处的$n-1$ 次Lagrange插值基函数，则称$C_i^{(n)} = \int_0^1 l_i^{(n-1)}(x)\mathrm{d}x$ 为 $n-1$ 次**科茨（Cotes）积分系数**。这时 $H_i = (b-a)C_i^{(n-1)}$，得到求积公式：

$$\int_a^b f(x)\mathrm{d}x \approx (b-a)\sum_{i=0}^{n} C_i^{(n-1)} f(x_i) \tag{7.4.4}$$

式（7.4.4）称为 $n-1$ 次 **Newton-Cotes 求积公式**。可以证明，具有 n 个求积结点的 Newton-Cotes 公式的代数精度至少为 $n-1$ 次。

2. Gauss 积分

Newton-Cotes 积分公式（7.4.4）是在给定等距求积结点的基础上得到的，如果式（7.4.2）中的求积结点 x_k 和求积系数 A_k 都为待定常数，可以得到代数精度更高的求积公式。为此定义 n 次多项式

$$p(x) = (x-x_1)\cdots(x-x_n) = \prod_{j=1}^{n}(x-x_j)$$

由

$$\int_a^b x^i p(x)\mathrm{d}x = 0, \quad i = 1, 2, \cdots, n$$

确定求积结点 x_k，并称该求积结点为 **Gauss 点**或 **Gauss 积分点**。再定义 $2n-1$ 次多项式：

$$\varphi(x)=\sum_{i=1}^{n} l_i^{(n-1)}(x)f(x_i)+\sum_{i=0}^{n-1}\beta_i x^i p(x)$$

其中，β_i 为常数。则

$$\begin{aligned}\int_a^b \varphi(x)\mathrm{d}x&=\sum_{i=1}^{n}\int_a^b l_i^{(n-1)}(x)f(x_i)\mathrm{d}x+\sum_{i=1}^{n-1}\beta_i\int_a^b x^i p(x)\mathrm{d}x=\sum_{i=1}^{n}\int_a^b l_i^{(n-1)}(x)f(x_i)\mathrm{d}\xi\\&=\sum_{i=1}^{n}H_i f(x_i)\end{aligned}$$

其中，$H_i=\int_a^b l_i^{(n-1)}(x)\mathrm{d}x$ 称为 Gauss 求积系数。用该 $2n-1$ 次多项式 $\varphi(x)$ 近似原函数 $f(x)$，得到数值积分公式

$$\int_a^b f(x)\mathrm{d}x\approx\sum_{i=1}^{n}H_i f(x_i) \tag{7.4.5}$$

求积公式（7.4.5）称为 **Gauss 求积公式**，式（7.4.5）对 $2n-1$ 次多项式精确成立。

一维等参单元在自然坐标下的积分限一般为[−1, 1]，对 n 个求积结点，有

$$I_1=\int_{-1}^{1} f(\xi)\mathrm{d}\xi\approx\sum_{i=1}^{n}H_i f(\xi_i)$$

从 $H_i=\int_{-1}^{1} l_i^{(n-1)}(\xi)\mathrm{d}\xi$ 的表达式看，H_i 与函数 $f(\xi)$ 的具体形式无关，仅与求积结点位置和个数有关。表 7.1 给出了 $n=1$～6 时，区间[−1, 1]上 Gauss 积分点的坐标和相应的积分权系数。

表 7.1　Gauss 积分点坐标和权系数

积分点个数 n	积分点坐标	积分权系数
1	0.000000000000000	2.000000000000000
2	±0.577350269189626	1.000000000000000
3	±0.774596669241483	0.555555555555556
	0.000000000000000	0.888888888888889
4	±0.861136311594053	0.347854845137454
	±0.339981043584856	0.652145154862546
5	±0.906179845938664	0.236926885056189
	±0.538469310105683	0.478628670499366
	0.000000000000000	0.568888888888889
6	±0.932469514203152	0.171324492379170
	±0.661209386466265	0.360761573048139
	±0.238619186083197	0.467913934572691

7.4.2　二维和三维 Gauss 积分

本节讨论二重积分和三重积分

$$I_2=\int_{-1}^{1}\int_{-1}^{1}f(\xi,\eta)\mathrm{d}\xi\,\mathrm{d}\eta,\quad I_3=\int_{-1}^{1}\int_{-1}^{1}\int_{-1}^{1}f(\xi,\eta,\zeta)\mathrm{d}\xi\mathrm{d}\eta\mathrm{d}\zeta$$

的 Gauss 数值积分算法及其在四边形和六面体单元中的应用。基于一维 Gauss 数值积分，得到二重和三重 Gauss 数值积分公式为

$$\begin{aligned}I_2&=\int_{-1}^{1}\int_{-1}^{1}f(\xi,\eta)\mathrm{d}\xi\,\mathrm{d}\eta=\int_{-1}^{1}\sum_{j=1}^{n_p}H_jf(\xi_j,\eta)\mathrm{d}\eta=\sum_{i=1}^{n_p}H_i\sum_{j=1}^{n_q}H_jf(\xi_j,\eta_j)\\&=\sum_{i=1}^{n_p}\sum_{j=1}^{n_q}H_iH_jf(\xi_j,\eta_i)\end{aligned}$$

$$I_3=\int_{-1}^{1}\int_{-1}^{1}\int_{-1}^{1}f(\xi,\eta,\zeta)\mathrm{d}\xi\mathrm{d}\eta\mathrm{d}\zeta=\sum_{i=1}^{n_p}\sum_{j=1}^{n_q}\sum_{m=1}^{n_r}H_iH_jH_mf(\xi_m,\eta_j,\zeta_i)$$

其中，n_p、n_q、n_r 分别为 ξ、η 和 ζ 方向的 Gauss 积分点个数；H_i、H_j、H_m 分别为对应的积分权系数；(ξ_m,η_j,ζ_i)为求积结点坐标。

1. 平面四边形单元 Gauss 积分

平面四边形单元刚度矩阵的数值积分为

$$\boldsymbol{K}^e=\int_{-1}^{1}\int_{-1}^{1}\tilde{\boldsymbol{B}}^{\mathrm{T}}(\xi,\eta)\boldsymbol{D}\tilde{\boldsymbol{B}}(\xi,\eta)t\left|\boldsymbol{J}(\xi,\eta)\right|\mathrm{d}\xi\mathrm{d}\eta=\sum_{p=1}^{n_p}\sum_{q=1}^{n_q}H_pH_q\tilde{\boldsymbol{B}}^{\mathrm{T}}(\xi_p,\eta_q)\boldsymbol{D}\tilde{\boldsymbol{B}}(\xi_p,\eta_q)t\left|\boldsymbol{J}(\xi_p,\eta_q)\right|$$

体积力产生的等效结点载荷向量的数值积分为

$$\boldsymbol{F}_b^e=\int_{-1}^{1}\int_{-1}^{1}\boldsymbol{N}^{\mathrm{T}}\bar{\boldsymbol{f}}t\left|\boldsymbol{J}\right|\mathrm{d}\xi\mathrm{d}\eta=\sum_{p=1}^{n_p}\sum_{q=1}^{n_q}H_pH_q\boldsymbol{N}^{\mathrm{T}}(\xi_p,\eta_q)\bar{\boldsymbol{f}}t\left|\boldsymbol{J}(\xi_p,\eta_q)\right|$$

边界面力产生的等效结点载荷向量的数值积分为

$$\boldsymbol{F}_s^e=\int_{l_\sigma^e}\boldsymbol{N}^{\mathrm{T}}\boldsymbol{t}t\mathrm{d}l=\int_{-1}^{1}\boldsymbol{N}^{\mathrm{T}}\bar{\boldsymbol{t}}tL\mathrm{d}\eta=\sum_{q=1}^{n_q}H_q\boldsymbol{N}^{\mathrm{T}}(C,\eta_q)\bar{\boldsymbol{t}}tL(C,\eta_q),\quad \xi=C=\pm1$$

2. 轴对称四边形单元 Gauss 积分

轴对称四边形单元刚度矩阵的数值积分为

$$\boldsymbol{K}^e=2\pi\int_{-1}^{1}\int_{-1}^{1}\tilde{\boldsymbol{B}}^{\mathrm{T}}\boldsymbol{D}\tilde{\boldsymbol{B}}r(\xi,\eta)\left|\boldsymbol{J}\right|\mathrm{d}\xi\mathrm{d}\eta=2\pi\sum_{p=1}^{n_p}\sum_{q=1}^{n_q}H_pH_q\tilde{\boldsymbol{B}}^{\mathrm{T}}(\xi_p,\eta_q)\boldsymbol{D}\tilde{\boldsymbol{B}}(\xi_p,\eta_q)r(\xi_p,\eta_q)\left|\boldsymbol{J}(\xi_p,\eta_q)\right|$$

体积力产生的等效结点载荷向量的数值积分为

$$\boldsymbol{F}_b^e = 2\pi\int_{-1}^{1}\int_{-1}^{1}\boldsymbol{N}^{\mathrm{T}}\tilde{\boldsymbol{f}}r\left|\boldsymbol{J}\right|\mathrm{d}\xi\mathrm{d}\eta = 2\pi\sum_{p=1}^{n_p}\sum_{q=1}^{n_q}H_pH_q\boldsymbol{N}^{\mathrm{T}}(\xi_p,\eta_q)\tilde{\boldsymbol{f}}r(\xi_p,\eta_q)\left|\boldsymbol{J}(\xi_p,\eta_q)\right|$$

边界面力产生的等效结点载荷向量的数值积分为

$$\boldsymbol{F}_s^e = 2\pi\int_{-1}^{1}\boldsymbol{N}^{\mathrm{T}}\bar{\boldsymbol{t}}rL\mathrm{d}\eta = 2\pi\sum_{q=1}^{n_q}H_q\boldsymbol{N}^{\mathrm{T}}(C,\eta_q)\bar{\boldsymbol{t}}L(C,\eta_q),\quad \xi = C = \pm 1$$

3. 六面体单元 Gauss 积分

六面体单元刚度矩阵的数值积分为

$$\boldsymbol{K}^e = \int_{-1}^{1}\int_{-1}^{1}\int_{-1}^{1}\tilde{\boldsymbol{B}}^{\mathrm{T}}\boldsymbol{D}\tilde{\boldsymbol{B}}\left|\boldsymbol{J}\right|\mathrm{d}\xi\mathrm{d}\eta\mathrm{d}\zeta = \sum_{p=1}^{n_p}\sum_{q=1}^{n_q}\sum_{r=1}^{n_r}H_pH_qH_r\tilde{\boldsymbol{B}}^{\mathrm{T}}(\xi_r,\eta_q,\zeta_p)\boldsymbol{D}\tilde{\boldsymbol{B}}(\xi_r,\eta_q,\zeta_p)\left|\boldsymbol{J}(\xi_r,\eta_q,\zeta_p)\right|$$

体积力产生的等效结点载荷向量的数值积分为

$$\boldsymbol{F}_b^e = \int_{-1}^{1}\int_{-1}^{1}\int_{-1}^{1}\boldsymbol{N}^{\mathrm{T}}\tilde{\boldsymbol{f}}\left|\boldsymbol{J}\right|\mathrm{d}\xi\mathrm{d}\eta\mathrm{d}\zeta = \sum_{p=1}^{n_p}\sum_{q=1}^{n_q}\sum_{r=1}^{n_r}H_pH_qH_r\boldsymbol{N}^{\mathrm{T}}(\xi_r,\eta_q,\zeta_p)\tilde{\boldsymbol{f}}\left|\boldsymbol{J}(\xi_r,\eta_q,\zeta_p)\right|$$

边界面力产生的等效结点载荷向量的数值积分为

$$\boldsymbol{F}_s^e = \int_{S_\sigma^e}\boldsymbol{N}^{\mathrm{T}}\bar{\boldsymbol{t}}\mathrm{d}S = \int_{-1}^{1}\int_{-1}^{1}\boldsymbol{N}^{\mathrm{T}}\bar{\boldsymbol{t}}L\mathrm{d}\eta\mathrm{d}\zeta = \sum_{p=1}^{n_p}\sum_{q=1}^{n_q}H_pH_q\boldsymbol{N}^{\mathrm{T}}(C,\eta_q,\zeta_p)\bar{\boldsymbol{t}}L(C,\eta_q,\zeta_p),\quad \xi = C = \pm 1$$

7.4.3 Irons 积分

对于三维六面体单元，刚度矩阵和等效载荷列阵计算会遇到如下积分：

$$I = \int_{-1}^{1}\int_{-1}^{1}\int_{-1}^{1}F(\xi,\eta,\zeta)\mathrm{d}\xi\mathrm{d}\eta\mathrm{d}\zeta$$

如果每个方向用 n 积分点，用 Newton-Cotes 积分需 n^3 个积分点，在每个方向的精度为 $n-1$ 次；如果每个方向用 n 个积分点，采用 Gauss 积分，需 n^3 个积分点，在每个方向的精度为 $2n-1$ 次。1971 年，Irons 通过优化求积结点在三个方向位置，提出了一种比 Gauss 积分精度和效率更高的积分公式，称为 **Irons 积分**，其公式为

$$\begin{aligned}
I_3 &= \int_{-1}^{1}\int_{-1}^{1}\int_{-1}^{1}F(\xi,\eta,\zeta)\mathrm{d}\xi\mathrm{d}\eta\mathrm{d}\zeta \\
&= A_1F(0,0,0) \\
&\quad + B_6\left[F(-b,0,0)+F(b,0,0)+F(0,-b,0)+F(0,b,0)+F(0,0,-b)+F(0,0,b)\right] \\
&\quad + C_8\left[F(-c,-c,-c)+F(c,-c,-c)+F(-c,c,-c)+F(-c,-c,c)\right. \\
&\quad \left.+F(c,c,-c)+F(c,-c,c)+F(-c,c,c)+F(c,c,c)\right] \\
&\quad + D_{12}\left[F(-d,-d,0)+F(-d,0,-d)+F(0,-d,-d)+F(d,d,0)+F(d,0,d)+F(0,d,d)\right. \\
&\quad \left.+F(-d,d,0)+F(-d,0,d)+F(0,-d,d)+F(d,-d,0)+F(d,0,-d)+F(0,-d,d)\right]
\end{aligned} \tag{7.4.6}$$

其中，A_1、B_6、C_8 和 D_{12} 为权系数，表 7.2 给出了该权系数对应的积分点个数；b、c、d 为积分点的坐标参数。Irons 积分公式中的积分点个数、代数精度、积分点坐标和权系数如表 7.2 所示。

表 7.2　Irons 积分公式中的权系数和积分点坐标参数

积分点个数	代数精度	积分点坐标	权系数
1	1	—	$A_1 = 8$
6	3	$b = 1$	$B_6 = 8/6$
14	5	$b = 0.795822426$ $c = 0.758786911$	$B_6 = 0.886426593$ $C_8 = 0.335180055$
27	7	$b = 0.848418011$ $c = 0.652816472$ $d = 0.106412899$	$A_1 = 0.788073483$ $B_6 = 0.499369002$ $C_8 = 0.478508449$ $D_{12} = 0.032303742$

由表 7.2 可知，用 14 个 Iron 积分点的代数精度 5，达到了 3×3×3 个 Gauss 积分点的代数精度，通常采用 14 点 Iron 积分方案。

7.4.4　Hammer 积分

当采用面积坐标或体积坐标时，单元刚度矩阵和等效载荷列阵需要计算形如

$$\int_0^1\int_0^{1-L_1} F(L_1,L_2,L_3)\mathrm{d}L_2\mathrm{d}L_1 ,\quad \int_0^1\int_0^{1-L_1}\int_0^{1-L_1-L_2} F(L_1,L_2,L_3,L_4)\,\mathrm{d}L_3\mathrm{d}L_2\mathrm{d}L_1$$

的积分，该类积分称为 **Hammer 积分**。二维三角形的 Hammer 积分公式为

$$\begin{aligned}\int_0^1\int_0^{1-L_1} F(L_1,L_2,L_3)\mathrm{d}L_2\,\mathrm{d}L_1 &= A_1F(a,a,a)+B_3\left[F(a,a,b)+F(a,b,a)+F(b,a,a)\right]\\ &\quad +C_3\left[F(c,c,d)+F(c,d,c)+F(d,c,c)\right]\end{aligned}\qquad (7.4.7)$$

其中，A_1、B_3、C_3 为权系数，表 7.3 给出了该权系数对应的积分点个数；a、b、c、d 为积分点的坐标参数。二维三角形 Hammer 积分的积分点个数、代数精度、积分点坐标和权系数如表 7.3 所示。

表 7.3　二维三角形 Hammer 积分的权系数和积分点坐标参数

积分点个数	代数精度	积分点坐标	权系数（×1/2）
1	1	$a = 1/3$	$A_1 = 1$
3	2	$a = 1/6$，$b = 2/3$	$B_3 = 1/3$
4	3	$a = 1/5$，$b = 3/5$	$A_1 = -27/48$ $B_3 = 25/48$
7	5	$a = 0.101286507$ $b = 0.797426985$ $c = 0.470142064$ $d = 0.059715872$	$A_1 = 0.225000000$ $B_3 = 0.125939181$ $C_3 = 0.132394153$

三维四面体的 Hammer 积分公式为

$$\int_0^1\int_0^{1-L_1}\int_0^{1-L_1-L_2}F(L_1,L_2,L_3,L_4)\,\mathrm{d}L_3\mathrm{d}L_2\mathrm{d}L_1$$
$$=A_1F(a,a,a)+B_4\left[F(a,b,b,b)+F(b,a,b,b)+F(b,b,a,b)+F(b,b,b,a)\right] \quad (7.4.8)$$

其中，A_1、B_4 为权系数，表 7.4 为该权系数对应的积分点个数；a 和 b 为积分点的坐标参数。三维四面体 Hammer 积分的积分点个数、代数精度、积分点坐标和权系数如表 7.4 所示。

表 7.4　三维四面体 Hammer 积分的权系数和积分点坐标参数

积分点个数	代数精度	积分点坐标	权系数（×1/6）
1	1	$a = 1/4$	$A_1 = 1$
4	2	$a = 0.58541020$ $b = 0.13819660$	$B_4 = 1/4$
5	3	$a = 1/2$，$b = 1/6$	$A_1 = -4/5$ $B_4 = 9/20$

7.5　积分点个数的选择

计算单元刚度矩阵、载荷列阵等一般都采用 Gauss 积分、Irons 积分或 Hammer 积分等，无论采用何种积分，都需要确定其积分点的个数。要选择多少个积分点才能满足要求？本节将给出回答。

1. 选择积分点个数的原则

一维等参单元刚度矩阵的积分为 $\boldsymbol{K}^e=\int_{-1}^{1}\tilde{\boldsymbol{B}}^{\mathrm{T}}\boldsymbol{D}\tilde{\boldsymbol{B}}|\boldsymbol{J}|\mathrm{d}\xi$ ，如果插值函数 N 为 p 次多项式，计算应变矩阵 $\tilde{\boldsymbol{B}}$ 的微分算子 $\boldsymbol{L}$ 中的导数为 m 阶，则被积函数至少为 $2(p-m)$次多项式。如果 $|\boldsymbol{J}|$为常数，选择积分点个数 $n=p-m+1$，则积分代数精度 $2n-1=2(p-m+1)-1=2(p-m)+1>2(p-m)$。这时对单元刚度矩阵用 Gauss 积分是精确成立的，此时的积分称为**完全积分**。

二维等参单元刚度矩阵的积分为 $\boldsymbol{K}^e=\int_{-1}^{1}\int_{-1}^{1}\tilde{\boldsymbol{B}}^{\mathrm{T}}\boldsymbol{D}\tilde{\boldsymbol{B}}|\boldsymbol{J}|\mathrm{d}\xi\,\mathrm{d}\eta$ ，如果$|\boldsymbol{J}|$为常数，对四结点四边形单元，被积函数包括了 1、ξ、η、ξ^2、η^2 和 $\xi\eta$，沿 ξ、η 方向都需要 2 个 Gauss 积分点，精确积分共需 2×2 个 Gauss 积分点。如果$|\boldsymbol{J}|$不为常数，那么精确积分需要更多积分点。可以证明平行四边形单元的$|\boldsymbol{J}|$一定为常数。

三维等参单元刚度矩阵的积分为 $\boldsymbol{K}^e=\int_{-1}^{1}\int_{-1}^{1}\int_{-1}^{1}\tilde{\boldsymbol{B}}^{\mathrm{T}}\boldsymbol{D}\tilde{\boldsymbol{B}}|\boldsymbol{J}|\mathrm{d}\xi\,\mathrm{d}\eta\mathrm{d}\zeta$ ，如果$|\boldsymbol{J}|$为常数，对八结点六面体单元，被积函数最高次幂为 $\xi^2\eta$、$\xi^2\zeta$、$\xi\eta^2$、$\xi\zeta^2$、$\eta\zeta^2$、$\eta^2\zeta$，沿 ξ、η、ζ 方向都需要 2 个 Gauss 积分点才能精确积分，共需 2×2×2 个 Gauss 积分点。如果$|\boldsymbol{J}|$不为常数，那么精确积分需要更多积分点。

单元精度是由完全插值多项式的次数决定的，非完全多项式的高次项不能提高单元精度，而完全积分 Gauss 积分点个数由多项式的最高次数确定。因此，可以用插值函数中完全多项式的次数来决定积分点个数，这样的积分方案称为**减缩积分**。四结点和八结点四边形单元全积分点个数为 2×2 和 3×3，减缩积分的积分点个数为 1×1 和 2×2；三维八结点和二十结点六面体单元全积分点个数为 2×2×2 和 3×3×3，减缩积分的积分点个数为 1×1×1 和 2×2×2。

注：①若插值函数为完全多项式，则无须采用减缩积分；②如果$|\boldsymbol{J}|$不为常数，那么积分点个数需要增加；③平行四边形单元或平行六面体单元中，$|\boldsymbol{J}|$为常数，因此在应用时单元不会扭曲。

2. 总刚度矩阵 K 非奇异

由单元刚度矩阵组集得到的总刚度矩阵 $\boldsymbol{K}$ 是奇异的，在引入约束条件后$|\boldsymbol{K}|\neq 0$，该结论是基于刚度矩阵精确积分得出的，如果数值积分点个数不够，仍然可能导致 $\boldsymbol{K}$ 奇异。单元刚度矩阵的数值积分公式为

$$\boldsymbol{K}^e=\sum_{i=1}^{n_g} H_i \tilde{\boldsymbol{B}}_i^{\mathrm{T}} \boldsymbol{D} \tilde{\boldsymbol{B}}_i |\boldsymbol{J}_i| \tag{7.5.1}$$

其中，n_g 为 Gauss 积分点总数，二维问题 $n_g = n_p n_q$，三维问题 $n_g = n_p n_q n_r$；弹性矩阵 $\boldsymbol{D}$ 为 $d\times d$ 的矩阵，二维问题 $d = 3$，三维问题 $d = 6$；应变矩阵 $\tilde{\boldsymbol{B}}_i$ 为 $d\times n_f$，n_f 为单元结点自由度，$\mathrm{tr}(\tilde{\boldsymbol{B}}_i) = d$，通常 $d < n_f$。由此得到

$$\mathrm{rank}(\boldsymbol{K})=\mathrm{rank}\left(\sum_{i=1}^{n_g}\left(\tilde{\boldsymbol{B}}_i^{\mathrm{T}} \boldsymbol{D} \tilde{\boldsymbol{B}}_i\right)\right) \leqslant n_g d \tag{7.5.2}$$

因为 $\boldsymbol{K}=\sum_{e=1}^{M}\boldsymbol{K}^e$，则 $\mathrm{rank}(\boldsymbol{K})=\mathrm{rank}\left(\sum_{e=1}^{M}\boldsymbol{K}^e\right)\leqslant Mn_g d$，因此 $\boldsymbol{K}$ 非奇异的必要条件为

$$Mn_g d \geqslant N \tag{7.5.3}$$

其中，N 为系统的独立自由度；M 为单元总数。

例 7.7　对于如图 7.12 所示四结点和八结点矩形单元，分别采用 1 个和 4 个 Gauss 积分点，讨论该结构的奇异性。

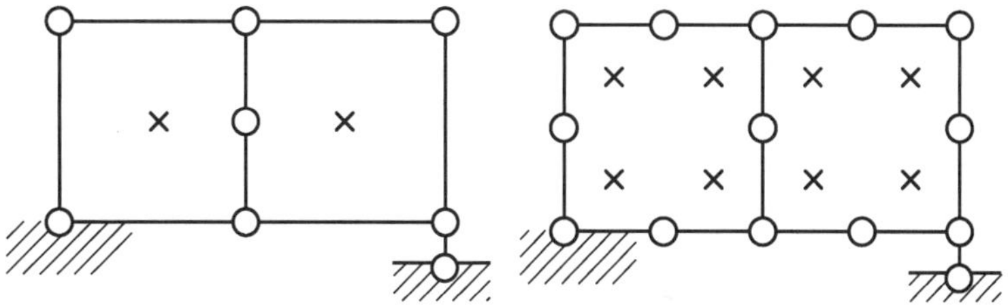

（a）四结点矩形单元　　（b）八结点矩形单元

图 7.12　矩形单元

解　对于四结点矩形单元，结点数为 6，总自由度为 12，系统独立自由度为

$N = 12-3 = 9$，每个单元的 Gauss 积分点总数 $n_g = 1$，单元数 $M = 2$，$d = 3$，$Mn_gd = 6 < N$，因此 $\boldsymbol{K}$ 奇异。

对于八结点矩形单元，结点数为13，总自由度为26，系统独立自由度为 $N = 26-3 = 23$，每个单元的 Gauss 积分点总数 $n_g = 4$，单元数 $M = 2$，$d = 3$，$Mn_gd = 24 > N$，因此 $\boldsymbol{K}$ 非奇异。

例 7.8　对于如图 7.13 所示八结点和四结点矩形单元，分别采用 4 个和 1 个 Gauss 积分点，讨论该结构的奇异性。

解　对于八结点矩形单元，结点数为 65，总自由度为 130，系统独立自由度为 $N = 130-3 = 127$，每个单元的 Gauss 积分点总数 $n_g = 4$，单元数 $M = 16$，$d = 3$，$Mn_gd = 192 > N$，因此 $\boldsymbol{K}$ 非奇异。

对于四结点矩形单元，结点数为25，总自由度为50，系统独立自由度为 $N = 50-3 = 47$，每个单元的 Gauss 积分点总数 $n_g = 1$，单元数 $M = 16$，$d = 3$，$Mn_gd = 48 > N$，因此 $\boldsymbol{K}$ 非奇异。

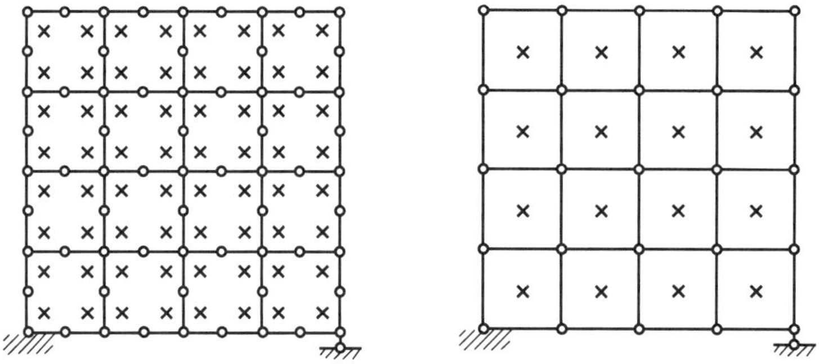

（a）八结点矩形单元　　　（b）四结点矩形单元

图 7.13　矩形单元结构奇异性

7.6　本 章 小 结

由于自然坐标系中的单元一般形状规则，而工程或物理中的单元大都形状扭曲，为了将前者用于分析实际工程或物理问题，本章引入了等参变换和等参单元的概念。等参变换本质上是自然坐标系下的标准单元与整体坐标系下的工程或物理单元（等参单元）之间的坐标变换，由于该坐标变换采用了与单元位移插值相同的基函数，可以将总体坐标系下单元刚度矩阵和等效结点载荷的计算，转化为自然坐标系下形状规则单元的刚度矩阵和等效结点载荷的计算，为此本章较为详细地给出了二维等参单元、轴对称等参单元和三维等参单元刚度矩阵和等效结点载荷详细的计算方案。等参单元的应用必然涉及数值积分，本章对常见单元涉及的 Newton-Cotes 积分、Gauss 积分、Irons 积分和 Hammer 积分，以及选择积分点个数的原则进行了介绍，涉及的概念包括单元映射、等参变换、等参单元、超（亚）参单元、完全积分、减缩积分等，这些概念和方法需要理解和掌握。

7.7 习　　题

【习题 7.1】　如习题 7.1 图所示二次四边形单元，试计算$\partial N_1/\partial x$ 和$\partial N_2/\partial y$ 在自然坐标为(0.5, 0.0)的点 Q 的数值（因为单元的边是直线，可用 4 个结点定义单元的几何形状）。

【习题 7.2】　一维 n 点 Newton-Cotes 积分的精度是多少？n 点 Gauss 积分的精度是多少？什么是完全积分？什么是减缩积分？

【习题 7.3】　如习题 7.3 图所示二次三角形单元，计算$\partial N_4/\partial x$ 和$\partial N_4/\partial y$ 在点 $P(1.5, 2.0)$ 的数值。

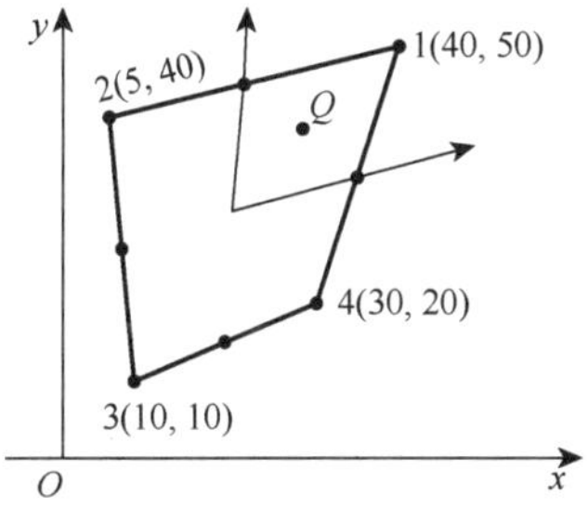

习题 7.1 图

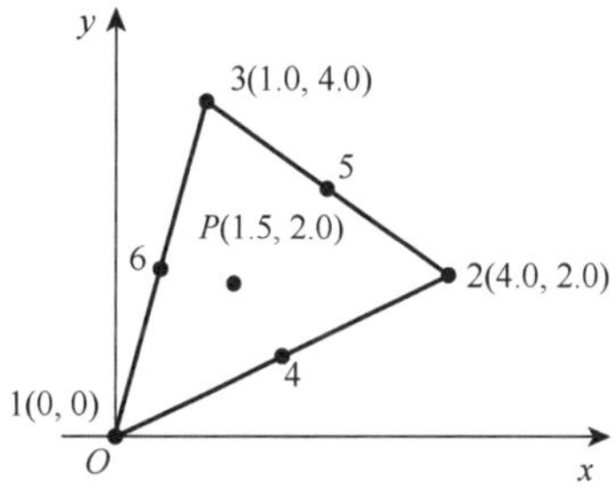

习题 7.3 图

【习题 7.4】　分析八结点四边形单元完全积分和减缩积分方案所需积分点个数。

【习题 7.5】　习题 7.5 图为一维三结点二次母单元和对应的映射单元。母单元的自然坐标变化范围为$-1\leqslant\xi\leqslant 1$，原点在中点。映射单元三个结点的整体坐标 x 分别为 1、3、5。解答如下问题：①写出该单元的 Lagrange 插值函数 $N_i(\xi)(i = 1, 2, 3)$；②写出单元的位移插值公式；③若为等参变换，则写出单元的坐标变换式；④导出 $\mathrm{d}N_i(\xi)/\mathrm{d}x(i = 1, 2, 3)$的表达式；⑤给出应变矩阵 $\boldsymbol{B}$ 的表达式。

习题 7.5 图

【习题 7.6】　四结点四边形单元的一次等参坐标变换式为 $x=\sum_{i=1}^{4}N_i(\xi,\eta)x_i$，$y=\sum_{i=1}^{4}N_i(\xi,\eta)y_i$。其中 $N_i = (1 + \xi_i\xi)(1 + \eta_i\eta)/4$，（$\xi_i, \eta_i$）为母单元中结点 i 的坐标。试导出整体坐标中线积分的微元长度 $\mathrm{d}l$ 与 $\mathrm{d}\eta$、$\mathrm{d}\xi$ 的关系，并比较两者的变换系数 L。

【习题 7.7】　计算一维 3 点 Gauss 积分的积分点坐标和权系数。

【习题 7.8】　习题 7.8 图为自然坐标系下的四结点四边形母单元和整体坐标系下的子单元，解答如下问题：

（1）若为等参单元，请写出单元的位移插值和坐标变换表达式；

（2）给出该单元的 Jacobi 矩阵表达式。

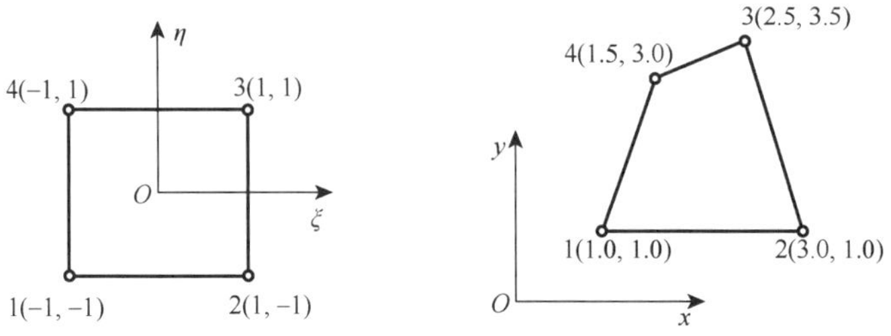

习题 7.8 图

【习题 7.9】 二维四结点等参单元，在 x、y 坐标中单元各边与坐标轴 x、y 平行，边长为 a、b。确定下列情况下的等效结点载荷：①在 $\xi=1$ 的边上作用沿 x 正方向的分布载荷，在 $\eta=-1$ 处为 0，在 $\eta=1$ 处为 q_0，方向压向单元；②在 $\xi=1$ 的边上作用均布载荷 q_0，方向压向单元；③在 y 正方向上作用均匀的体积力 f_0。

【习题 7.10】 习题 7.9 是八结点等参单元时，结点载荷向量各是什么？

【习题 7.11】 推导四结点轴对称四边形等参单元的 Jacobi 行列式 $|\boldsymbol{J}|$、应变矩阵 $\boldsymbol{B}$ 和边界积分变换系数 L。

【习题 7.12】 三维八结点和二十结点等参单元，在 x、y、z 坐标中单元各边与坐标轴 x、y、z 平行，边长为 a、b、c，在下列三种载荷情况下（设载荷沿 ζ 方向不变），结点载荷向量各是什么？

（1）在 x 正方向有一分布载荷作用在 $\xi=1$ 的边上，在 $\eta=-1$ 为 0，在 $\eta=1$ 为 q_0，呈线性变化；

（2）在 $\xi=1$ 的边上作用均布载荷 q_0，方向压向单元；

（3）在 y 正方向上作用均匀的体积力 f_0。

【习题 7.13】 习题 7.13 图所示的四结点正方形、矩形和平行四边形单元，根据这些单元 Jacobi 矩阵的特点，可以得到什么结论？

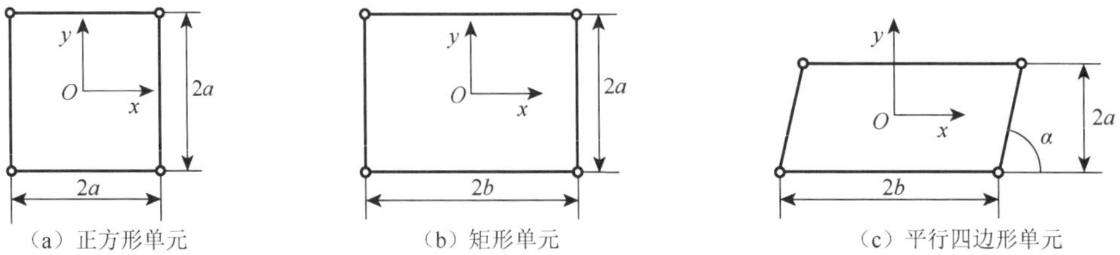

（a）正方形单元　　（b）矩形单元　　（c）平行四边形单元

习题 7.13 图

【习题 7.14】 讨论二维三次 Serendipity 矩形单元、三维八结点线性单元和三维二十结点二次单元的优化积分方案及精确积分方案所需的 Gauss 积分阶次（假定 $|\boldsymbol{J}|$ 为常数）。

【习题 7.15】　习题 7.15 图是由四结点四边形单元退化得到的三角形单元。如果结点 1 的坐标为 1(10, 8)，边长 $a = 20$，$b = 30$，解答如下问题：

（1）写出坐标变换表达式 $x(\xi, \eta)$和 $y(\xi, \eta)$；

（2）计算该单元的 Jacobi 矩阵 $\boldsymbol{J}(\xi, \eta)$；

（3）计算 Jacobi 行列式$|\boldsymbol{J}(\xi, \eta)|$；

（4）讨论 Jacobi 矩阵在退化为结点 3 和 4 的奇异性。

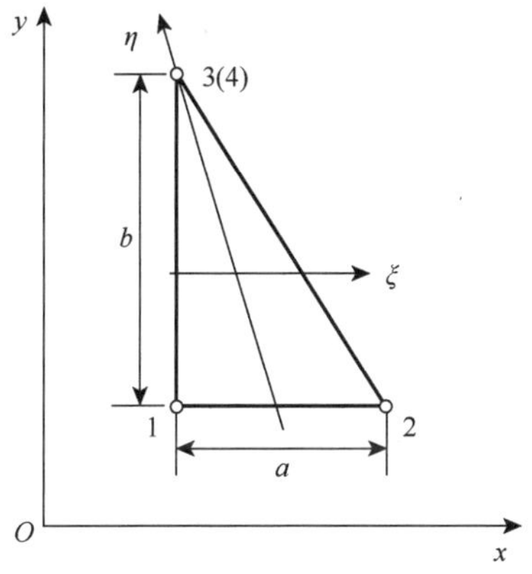

习题 7.15 图

第 8 章　有限元应力解的改进

对结构进行有限元分析的最终目的是对结构进行强度、刚度及稳定性校核。前面各章介绍了如何计算单元结点位移、单元内任意点的应变和位移。在用有限元法对实际工程结构进行计算时，会涉及建立合理的有限元模型，分析方案的恰当选择、计算结果的正确解释及应力解的改进等，下面将就这些内容进行介绍。

8.1　有限元模型

要对一个实际工程问题建立合理的有限元模型，需要选择正确的单元类型和形状，以及合理的布局网格等。

1. 单元类型和形状选择

单元维数方面需要考虑是采用一维、二维还是三维单元；单元类型方面需要考虑是采用实体单元（二维实体单元、三维实体单元）还是结构单元（杆、梁、板、壳等）；单元插值函数次数方面需要考虑是采用线性单元还是高次单元等。下面通过算例说明这些问题。

例 8.1　如图 8.1（a）所示悬臂梁，自由端受集中载荷作用，分别采用图示三种网格，计算 A 点的挠度 v_A 和 B 点 x 方向上的应力 σ_{xB}（弹性力学解析解：$v_A = 1$，$\sigma_{xB} = 1$）。

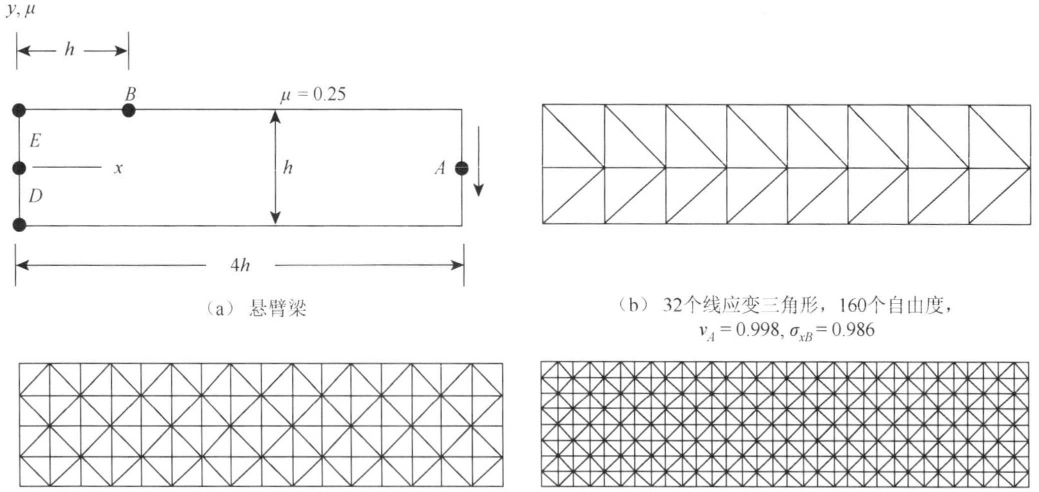

（a）悬臂梁

（b）32个线应变三角形，160个自由度，$v_A = 0.998, \sigma_{xB} = 0.986$

（c）128个常应变三角形，160个自由度，$v_A = 0.859, \sigma_{xB} = 0.854$

（d）512个常应变三角形，576个自由度　$v_A = 0.961, \sigma_{xB} = 0.956$

图 8.1　单元次数选择

采用图 8.1（b）方案，使用 32 个线性应变三角形单元（六结点二次三角形单元），共计 160 个自由度，得到 $v_A = 0.998$，$\sigma_{xB} = 0.986$，位移误差为 0.2%，应力误差为 1.4%。采用图 8.1（c）方案，使用 128 个常应变三角形单元（三结点三角形单元），共计 160 个自由度，得到 $v_A = 0.859$，$\sigma_{xB} = 0.854$，位移误差为 14.1%，应力误差为 14.6%。采用图 8.1（d）方案，使用 512 个常应变三角形单元，共计 576 个自由度，得到 $v_A = 0.961$，$\sigma_{xB} = 0.956$，位移误差为 3.9%，应力误差为 4.4%。由此可见，采用线性应变单元计算代价小，精度更好。

例 8.2　如图 8.2 所示悬臂梁，在自由端分别受集中力和集中力偶作用，分别采用 Q4 单元（四结点四边形单元）和 QM6 单元（非协调单元，后续介绍），按图 8.2 所示两种网格计算结点 i 的竖向位移和结点 j 的水平应力，其中材料弹性模量 $E = 1500\text{Pa}$，泊松比 $\mu = 0.25$。

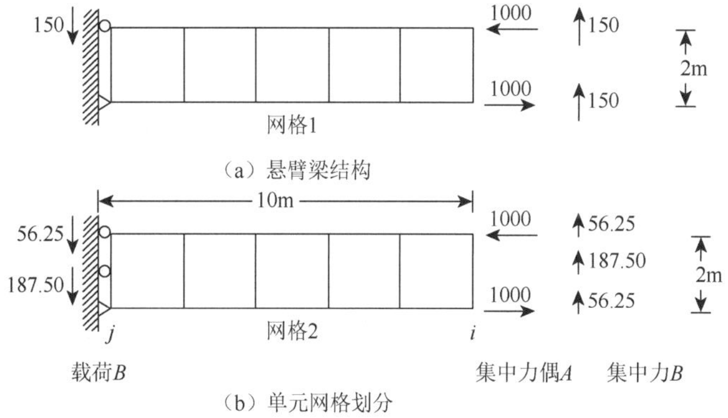

图 8.2　单元类型选择（单位：N）

计算结果如表 8.1 所示，可见在同样的网格尺度下，非协调单元 QM6 的计算效果比 Q4 单元（四结点四边形单元）的效果更好。

表 8.1　单元类型对结果的影响

单元类型	网格	结点 i 的竖向位移/mm		结点 j 的水平应力/MPa	
		集中力偶 A	集中力 B	集中力偶 A	集中力 B
Q4	网格 1	0.0714	0.0726	30.000	40.500
	网格 2	0.0713	0.0727	29.749	42.374
QM6	网格 1	0.0708	0.0722	30.000	45.000
	网格 2	0.0723	0.0732	30.315	45.734
梁理论解	—	0.0714	0.0714	30.000	45.000
弹性力学解	—	0.0716	0.0744	35.930	45.000

例 8.3　如图 8.3 所示悬臂梁，研究不同网格形状、积分方案等对自由端挠度的影响。

采用常应变三角形单元（CST 单元），自由度为 40，计算端部挠度为 0.25，误差 75%；采用 Q4 单元，自由度为 40，计算端部挠度为 0.67，误差 33%；采用线性应变三角形单元（LST

单元），自由度为 48，计算端部挠度为 0.99，误差 1%；采用二次八结点四边形单元（Q8 单元），自由度为 20，计算端部挠度为 0.93，误差 7%；采用九结点四边形单元（Q9 单元），自由度为 24，计算端部挠度为 0.95，误差 5%；采用一个二结点梁单元，自由度为 2，计算端部挠度为 1.00，误差 0%。可见对于同一个问题，虽然可以采用不同网格形状、不同单元类型和次数、不同结点布置、不同 Gauss 积分方案等，但计算代价和精度完全不同。

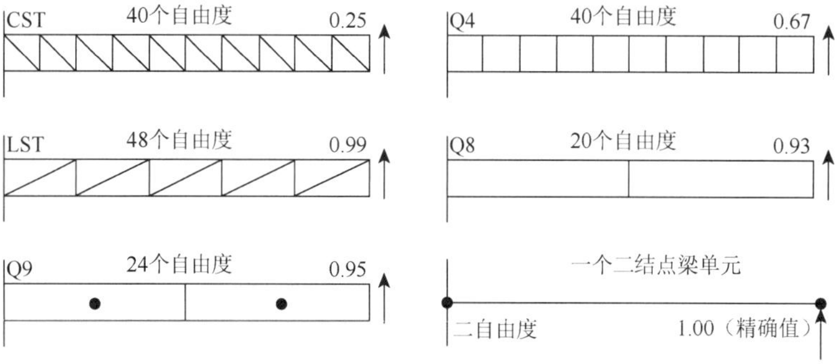

图 8.3　网格形状、单元类型和积分方案选择

例 8.4　如图 8.4 所示长 $L = 10\text{cm}$、高 $h = 2\text{cm}$、宽 $b = 1\text{cm}$ 的悬臂梁。材料弹性模量 $E = 2.1\times10^5\text{MPa}$，泊松比 $\mu = 0.3$ 。在自由端分别受 $P = 300\text{N}$ 的集中力和集中力偶度 $M = 2000\text{N}\cdot\text{cm}$ 的作用，分别用 5×1、5×2、10×1、10×2、10×4 和 10×8 网格，选取 T3（三结点三角形）、T6（六结点三角形）、Q4（四结点四边形）、Q8（八结点四边形）和 Q9（九结点四边形）单元计算自由端的挠度。

图 8.4　自由端受集中力和集中力偶作用的悬臂梁

图 8.5 给出了 5×2 三角形和 5×1 四边形两种典型网格，其他网格可以类似给出。有限元模型中左端所有结点 $u = 0$，$v = 0$；自由端的集中力 P 按分布载荷 $p_y = -0.75P(1-y^2)$ 加载；由于平面应力单元结点无转角，自由端的集中力偶 M 转化为分布力，按 $p_y = 1.5My$ 方式加载。

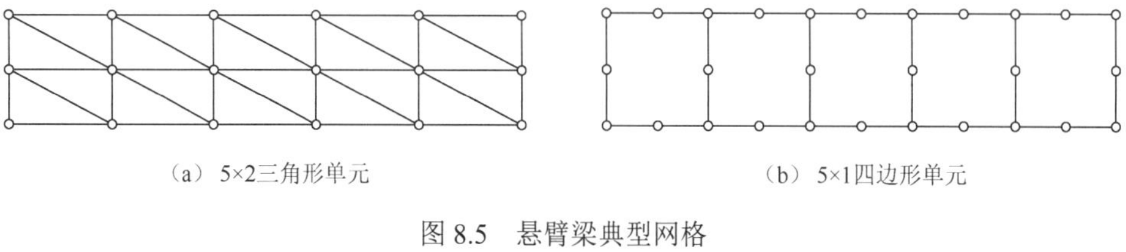

（a）5×2三角形单元　　（b）5×1四边形单元

图 8.5　悬臂梁典型网格

在力偶 M 作用下弹性力学的位移解为

$$u=\frac{M}{EI}xy,\quad v=-\frac{M}{2EI}(x^2+\mu y^2)$$

在力 P 作用下弹性力学的位移解为

$$u=\frac{P}{2EI}(2Lx-x^2)y-\frac{\mu P}{6EI}y^3+\frac{P}{6GI}y^3,\quad v=-\frac{P}{6EI}(3Lx^2-x^3)y-\frac{\mu P}{2EI}(L-x)y^2-\frac{Ph^2}{6GI}x$$

最大位移位于悬臂梁自由端下方 A 点处，即 $(x, y) = (L, -h/2)$ 处，从上述弹性力学解得到 M 作用下 $v_{\max} = 7.164\times10^{-3}\text{cm}$，$P$ 作用下 $v_{\max} = 7.442\times10^{-3}\text{cm}$。

表 8.2 给出了各种网格和单元类型下的计算结果。可见 T3 和 Q4 单元即使在高度方向划分了 8 个单元，M 和 P 作用下，T3 单元的误差为 52.5%和 31.9%，Q4 单元精度虽有所改进，但误差仍为 8.9%和 9.7%；而 T6、Q8 和 Q9 单元即使使用较少的网格，也能得到 M 作用下与弹性力学理论解完全一致的结果，得到 P 作用下接近弹性力学理论解的结果。

表 8.2　梁最大挠度　（单位：10^{-3}cm）

网格	T3		T6		Q4		Q8		Q9	
	M	P	M	P	M	P	M	P	M	P
5×1	1.665	1.859	7.164	7.320	4.815	4.963	7.164	7.345	7.164	7.345
5×2	2.678	2.878	7.164	7.366	5.083	5.225	7.164	7.376	7.164	7.337
10×1	2.011	2.209	7.164	7.343	5.977	6.163	7.164	7.351	7.164	7.350
10×2	3.886	4.114	7.164	7.381	6.392	6.573	7.164	7.384	7.164	7.386
10×4	5.012	5.226	—	—	6.497	6.690	—	—	—	—
10×8	3.405	5.068	—	—	6.524	6.723	—	—	—	—

对产生上述结果的原因解释如下：T3 单元的位移模式为包含 1、x、y 的一次完全多项式；Q4 单元的位移模式为包含 1、x、y、xy 的多项式，也是一次完全多项式，没有达到完全二次；T6 单元的位移模式为包含 1、x、y、xy、x^2、y^2 的二次完全多项式；Q8 单元的位移模式包含 1、x、y、xy、x^2、y^2、x^2y、xy^2 项，也是二次完全多项式，非三次完全多项式；Q9 在 Q8 的基础上增加了 x^2y^2 项，也是二次完全多项式，非三次完全多项式。由于 T3 和 Q4 单元的位移模式为非完全二次多项式，而 M 作用的位移理论解为二次，P 作用下的理论解高于二次，因此 T3 和 Q4 对真实位移场的描述能力较差；但 T6、Q8 和 Q9 单元的位移模式已经包含完全二次多项式，因此对 M 作用的位移场的描述能力较好，即使采用稀疏网格也能得到与理论解一致的结果；同时由于 T6、Q8 和 Q9 单元位移模式都为非完全的三次多项式，而 P 作用下位移为关于 x 或 y 的三次多项式，因此这三种单元对 P 作用下的精度有一定差异。

2. 网格的布局

1）网格疏密的合理布局

根据几何形状和应力分布设置网格疏密。应力集中区和应力梯度大的区域网格应该设置得更密集，如图 8.6 所示。

2）不连续处网格自然划分

网格划分时将材料分界面（线）设置为单元边界面（线），将板厚度突变处设置为单元共同边界，将在载荷突变点设置为单元结点等，如图 8.7 所示。

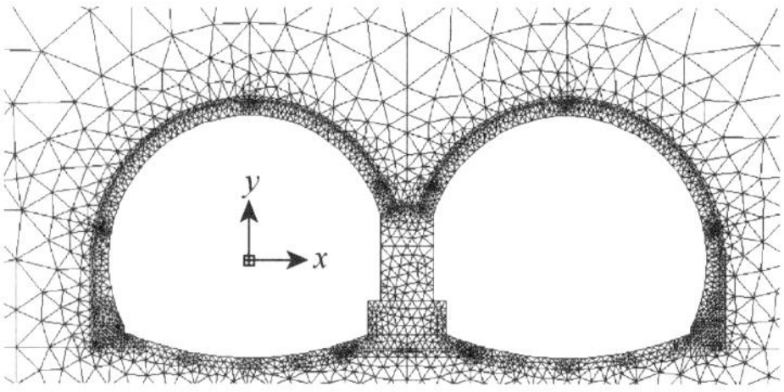

图 8.6　网格疏密布局

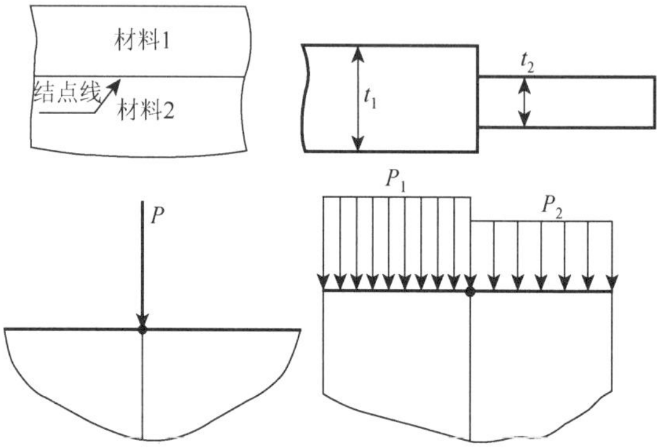

图 8.7　不连续处网格划分

3）网格疏密的过渡

网格疏密的过渡可以采用不规则单元过渡（图 8.8（a））、不同形状单元过渡（图 8.8（b））、多点约束（MPC）过渡（图 8.8（c））、不同阶次单元的过渡（图 8.8（d））等多种网格疏密过渡方式。

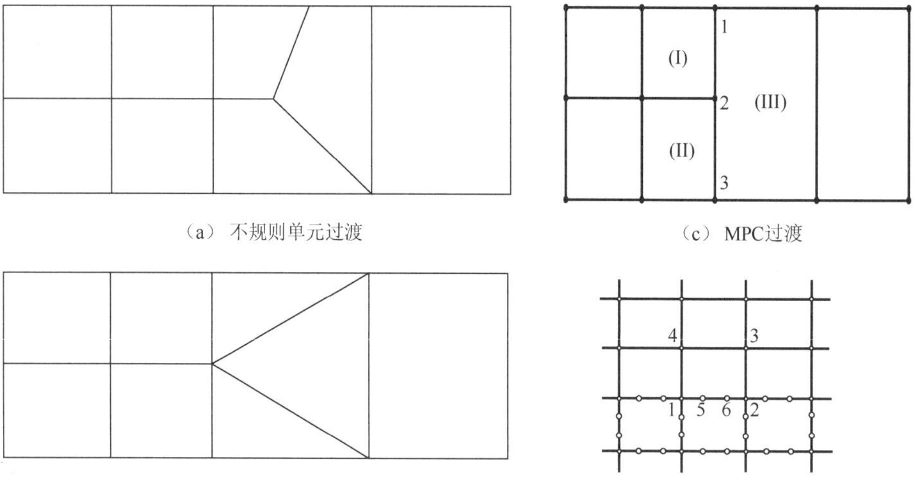

（a）不规则单元过渡　（c）MPC过渡

（b）不同形状单元过渡　（d）不同阶次单元的过渡

图 8.8　网格疏密过渡方法

在采用如图 8.8 所示 MPC 过渡时，结点 2 是单元(I)和(II)的结点，但不是单元(III)的结点，这时需要增加约束方程：

$$\phi_2 = \frac{1}{2}(\phi_1 + \phi_3) \tag{8.1.1}$$

该方程表示结点 2 的所有结点物理量等于结点 1 和 3 相应物理量的算术平均，当然可以做成是以距离为权系数的加权平均。图 8.9 给出了一些有限元建模中不推荐的单元过渡方式。

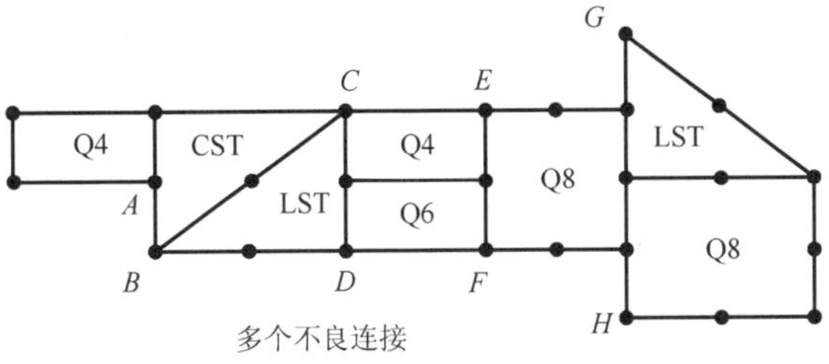

图 8.9 多个不良单元的过渡

8.2 有限元应力解性质

有限元计算的目的是进行强度、刚度校核等，这就需求出应力分布。求应力分布的步骤是：①位移法求所有结点位移解 $\boldsymbol{a}$；②计算单元内每点的应变 $\boldsymbol{\varepsilon}=\boldsymbol{B}\boldsymbol{a}^e$ 得到全域的应变分布；③计算单元内每点的应力 $\boldsymbol{\sigma}=\boldsymbol{D}\boldsymbol{\varepsilon}=\boldsymbol{D}\boldsymbol{B}\boldsymbol{a}^e$ 得到全域的应力分布。但应该引起注意的是：

（1）位移在整个域内连续，但不一定可导；

（2）由于计算应变和应力需要对插值函数求导，按照 $\boldsymbol{\varepsilon}=\boldsymbol{B}\boldsymbol{a}^e$、$\boldsymbol{\sigma}=\boldsymbol{D}\boldsymbol{\varepsilon}=\boldsymbol{D}\boldsymbol{B}\boldsymbol{a}^e$ 得到的单元内应变和应力精度低于位移精度，应力在单元内一般不满足平衡方程，即在单元与单元的交界面上应力不连续；

（3）在给定面力的边界上一般不满足力的边界条件，对应力计算结果要进行处理，为此需要研究有限元应力解的性质。

8.2.1 应力近似解性质

设 $\boldsymbol{u}$、$\boldsymbol{\varepsilon}$ 和 $\boldsymbol{\sigma}$ 分别为位移、应变和应力的精确解，则位移、应变和应力的近似解可表示为

$$\tilde{\boldsymbol{u}}=\boldsymbol{u}+\delta\boldsymbol{u},\quad \tilde{\boldsymbol{\varepsilon}}=\boldsymbol{\varepsilon}+\delta\boldsymbol{\varepsilon}(\boldsymbol{u}),\quad \tilde{\boldsymbol{\sigma}}=\boldsymbol{\sigma}+\delta\boldsymbol{\sigma}(\boldsymbol{u}) \tag{8.2.1}$$

近似解的能量泛函为

$$\begin{aligned}
\Pi_p(\tilde{\boldsymbol{u}})&=\frac{1}{2}\int_V\tilde{\boldsymbol{\varepsilon}}^{\mathrm{T}}\boldsymbol{D}^{\mathrm{T}}\tilde{\boldsymbol{\varepsilon}}\,\mathrm{d}V-\int_V\tilde{\boldsymbol{u}}^{\mathrm{T}}\boldsymbol{f}\,\mathrm{d}V-\int_{S_T}\tilde{\boldsymbol{u}}^{\mathrm{T}}\boldsymbol{t}\mathrm{d}S\\
&=\frac{1}{2}\int_V(\boldsymbol{\varepsilon}+\delta\boldsymbol{\varepsilon})^{\mathrm{T}}\boldsymbol{D}(\boldsymbol{\varepsilon}+\delta\boldsymbol{\varepsilon})\mathrm{d}V-\int_V(\boldsymbol{u}+\delta\boldsymbol{u})^{\mathrm{T}}\boldsymbol{f}\,\mathrm{d}V-\int_{S_T}(\boldsymbol{u}+\delta\boldsymbol{u})^{\mathrm{T}}\boldsymbol{t}\mathrm{d}S\\
&=\frac{1}{2}\int_V\boldsymbol{\varepsilon}^{\mathrm{T}}\boldsymbol{D}\boldsymbol{\varepsilon}\,\mathrm{d}V-\int_V\boldsymbol{u}^{\mathrm{T}}\boldsymbol{f}\,\mathrm{d}V-\int_{S_T}\boldsymbol{u}^{\mathrm{T}}\boldsymbol{t}\mathrm{d}S\\
&\quad+\int_V\boldsymbol{\varepsilon}^{\mathrm{T}}\boldsymbol{D}\delta\boldsymbol{\varepsilon}\,\mathrm{d}V-\int_V\delta\boldsymbol{u}^{\mathrm{T}}\boldsymbol{f}\,\mathrm{d}V-\int_{S_T}\delta\boldsymbol{u}^{\mathrm{T}}\boldsymbol{t}\mathrm{d}S+\frac{1}{2}\int_V\delta\boldsymbol{\varepsilon}^{\mathrm{T}}\boldsymbol{D}\delta\boldsymbol{\varepsilon}\,\mathrm{d}V\\
&=\Pi_p(\boldsymbol{u})+\delta\Pi_p(\boldsymbol{u})+\delta^2\Pi_p(\boldsymbol{u})
\end{aligned} \tag{8.2.2}$$

因为精确解 $\Pi_p(\boldsymbol{u}) = \text{const}$ 并且 $\delta\Pi_p(\boldsymbol{u})=0$，得

$$\begin{aligned}\Pi_p(\tilde{\boldsymbol{u}}) &= \Pi_p(\boldsymbol{u}) + \delta^2\Pi_p \\ &= \Pi_p(\boldsymbol{u}) + \frac{1}{2}\int_V (\tilde{\boldsymbol{\varepsilon}} - \boldsymbol{\varepsilon})^{\mathrm{T}}\boldsymbol{D}(\tilde{\boldsymbol{\varepsilon}} - \boldsymbol{\varepsilon})\mathrm{d}V\end{aligned} \tag{8.2.3}$$

所以，求 $\Pi_p(\tilde{\boldsymbol{u}})$ 的极小值问题转化为求式（8.2.4）的极小值问题：

$$\begin{aligned}J(\tilde{\boldsymbol{\varepsilon}}, \boldsymbol{\varepsilon}) = \delta^2\Pi_p(\tilde{\boldsymbol{\varepsilon}}, \boldsymbol{\varepsilon}) &= \frac{1}{2}\int_V (\tilde{\boldsymbol{\varepsilon}} - \boldsymbol{\varepsilon})^{\mathrm{T}}\boldsymbol{D}(\tilde{\boldsymbol{\varepsilon}} - \boldsymbol{\varepsilon})\mathrm{d}V \\ &= \sum_{e=1}^{M}\frac{1}{2}\int_{V_e} (\tilde{\boldsymbol{\varepsilon}} - \boldsymbol{\varepsilon})^{\mathrm{T}}\boldsymbol{D}(\tilde{\boldsymbol{\varepsilon}} - \boldsymbol{\varepsilon})\mathrm{d}V\end{aligned} \tag{8.2.4}$$

其中，M 为单元数。对于线弹性问题，因应变能与余能相等，故得

$$J(\tilde{\boldsymbol{\sigma}}, \boldsymbol{\sigma}) = \sum_{e-1}^{M}\frac{1}{2}\int_{V_e} (\tilde{\boldsymbol{\sigma}} - \boldsymbol{\sigma})^{\mathrm{T}}\boldsymbol{C}(\tilde{\boldsymbol{\sigma}} - \boldsymbol{\sigma})\mathrm{d}V \tag{8.2.5}$$

其中，$\boldsymbol{C}$ 为材料柔度矩阵。由式（8.2.2）、式（8.2.4）和式（8.2.5）可见，将求 $\Pi_p(\tilde{\boldsymbol{u}})$ 的极小值问题，转化为求位移的变分 $\delta\boldsymbol{u}$ 所引起的应变能或余能为极小值问题，在数学上就是求应变差 $\tilde{\boldsymbol{\varepsilon}} - \boldsymbol{\varepsilon}$ 或应力差 $\tilde{\boldsymbol{\sigma}} - \boldsymbol{\sigma}$ 关于权系数矩阵 $\boldsymbol{D}$ 或 $\boldsymbol{C}$ 的加权最小二乘问题。因此，可以认为应变或应力的近似解 $\tilde{\boldsymbol{\varepsilon}}$ 和 $\tilde{\boldsymbol{\sigma}}$，就是精确应变 $\boldsymbol{\varepsilon}$ 和精确应力 $\boldsymbol{\sigma}$ 在加权意义下的最小二乘近似解。有限元得到的近似应变解（或近似应力解）必然在精确解附近上下振荡，在一些点处近似解正好等于精确解，这样的点称为**最佳应力点**。

8.2.2　等参单元的最佳应力点

对泛函（8.2.5）或（8.2.4）求极值，得

$$\delta J(\tilde{\boldsymbol{\sigma}}, \boldsymbol{\sigma}) = \sum_{e=1}^{M}\int_{V_e} (\tilde{\boldsymbol{\sigma}} - \boldsymbol{\sigma})^{\mathrm{T}}\boldsymbol{C}\delta\tilde{\boldsymbol{\sigma}}\,\mathrm{d}V = 0 \tag{8.2.6}$$

或

$$\delta J(\tilde{\boldsymbol{u}}, \boldsymbol{u}) = \sum_{e=1}^{M}\int_{V_e} (\boldsymbol{L}\tilde{\boldsymbol{u}} - \boldsymbol{L}\boldsymbol{u})^{\mathrm{T}}\boldsymbol{D}\delta(\boldsymbol{L}\tilde{\boldsymbol{u}})\mathrm{d}V = 0 \tag{8.2.7}$$

如果位移近似解 $\tilde{\boldsymbol{u}}$ 为 p 次多项式，微分算子 $\boldsymbol{L}$ 的最高阶导数为 m，则 $\tilde{\boldsymbol{\sigma}}$ 为 $p-m$ 次多项式，Gauss 积分至少采用 $p-m+1$ 点积分，才能得到 $2(p-m)+1$ 次代数精度。设数值积分为 $p-m+1$ 次代数精度，且 Jacobi 行列式为常数，则

$$\delta J(\tilde{\boldsymbol{\sigma}}, \boldsymbol{\sigma}) = \sum_{e=1}^{M}\sum_{j=1}^{p-m+1} H_j(\tilde{\boldsymbol{\sigma}}_j - \boldsymbol{\sigma}_j)^{\mathrm{T}}\boldsymbol{C}\delta\tilde{\boldsymbol{\sigma}}_j|\boldsymbol{J}| = 0 \tag{8.2.8}$$

是精确成立的，由于在每个单元的 Gauss 积分点上 $\delta\tilde{\boldsymbol{\sigma}}_j$ 独立，所以有

$$\tilde{\boldsymbol{\sigma}}_j = \boldsymbol{\sigma}_j,\quad j = 1, 2, \cdots, p - m + 1 \tag{8.2.9}$$

式（8.2.9）表明，在 $\boldsymbol{\sigma}$ 为 $p-m+1$ 次多项式都是成立的，故在 Gauss 积分点上 $\tilde{\boldsymbol{\sigma}}$ 的精度可达到 $p-m+1$ 次，比自身插值高一次。

由此可得，如果位移近似解为 $\tilde{\boldsymbol{u}}$ 为 p 次多项式，微分 $\boldsymbol{L}$ 为 m 阶微分算子，则应变近似解 $\tilde{\boldsymbol{\varepsilon}}$（或应力近似解 $\tilde{\boldsymbol{\sigma}}$）为 $p-m$ 次多项式。若精确解 $\boldsymbol{\varepsilon}$ 或 $\boldsymbol{\sigma}$ 为 $p-m+1$ 次多项式，则在 $p-m+1$ 个 Gauss 积分点，近似解 $\tilde{\boldsymbol{\varepsilon}}$（或 $\tilde{\boldsymbol{\sigma}}$）和精确解 $\boldsymbol{\varepsilon}$（或 $\boldsymbol{\sigma}$）数值相等。即在 $p-m+1$ 个 Gauss 积分点上，近似解 $\tilde{\boldsymbol{\varepsilon}}$（或 $\tilde{\boldsymbol{\sigma}}$）比本身高一次精度，称这些 Gauss 积分点为**单元的最佳应力点**。

8.3　有限元应力后处理方法

在计算出全部结点位移 $\boldsymbol{a}$ 后，理论上可由公式 $\boldsymbol{\sigma}=\boldsymbol{DBa}^e$ 计算单元内任意点的应力。位移与应力的解有如下特点：①位移解在全域都是连续的；②直接计算结点上的应力精度较低；③应力解在单元间是跳跃的。因此，需要对计算得到的单元应力进行处理。常用的应力处理方法有单元平均法、结点平均法、总体应力修匀法、单元应力修匀法和分片应力修匀法等，本书仅介绍前四种方法。

8.3.1　单元平均法与结点平均法

1. 单元平均法

对于如图 8.10 所示三结点三角形单元，首先计算每个单元形心处的应力作为单元应力（事实上单元内每点应力相等），再以单元应力的算术平均或面积加权平均作为四边形单元形心处的应力，即

$$\tilde{\sigma}=\frac{1}{2}\left(\boldsymbol{\sigma}_2^e+\boldsymbol{\sigma}_1^e\right) \quad 或 \quad \tilde{\sigma}=\frac{\boldsymbol{\sigma}_1^e A_1^e+\boldsymbol{\sigma}_2^e A_2^e}{A_1^e+A_2^e} \tag{8.3.1}$$

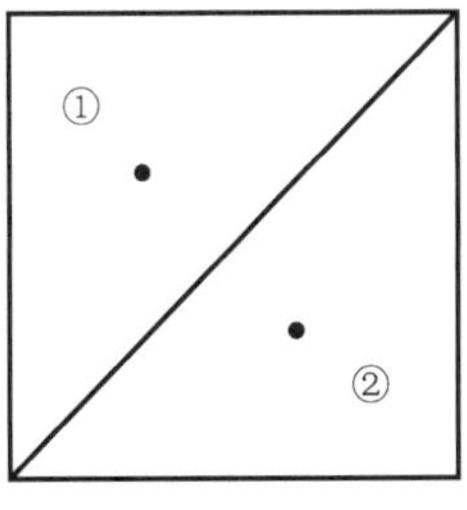

（a）单元平均法

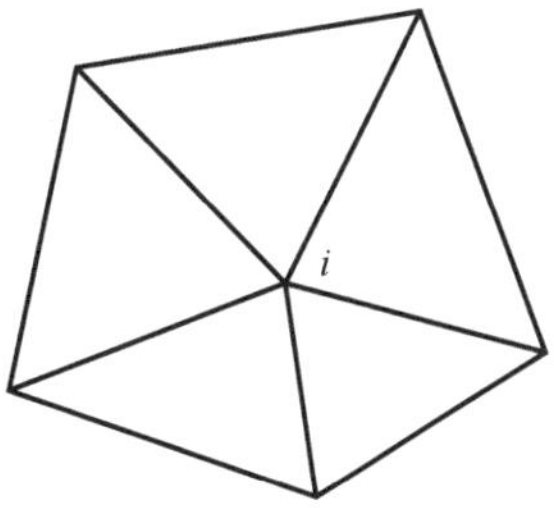

（b）结点平均法

图 8.10　单元平均法与结点平均法

2. 结点平均法

如果结点 i 有 m 个单元与之关联，首先计算每个单元在结点 i 处的应力，再以这些应力的算术平均或面积加权平均作为结点 i 处的应力，即

$$\boldsymbol{\sigma}_i = \frac{1}{m}\sum_{e=1}^{m}\boldsymbol{\sigma}_i^e \quad 或 \quad \boldsymbol{\sigma}_i = \frac{\sum_{e=1}^{m} A_i^e \boldsymbol{\sigma}_i^e}{\sum_{e=1}^{m} A_i^e} \tag{8.3.2}$$

8.3.2　总体应力修匀法

通常应力在全域是不连续的，可采用总体应力修匀法，得到全域内连续的应力场。为此构造一个改进的应力解$\boldsymbol{\sigma}^*$：

$$\boldsymbol{\sigma}^* = \sum_{i=1}^{n_e} \boldsymbol{N}_i \boldsymbol{\sigma}_i^* \tag{8.3.3}$$

其中，$\boldsymbol{N}_i$为插值函数矩阵（可以不同于单元位移插值函数矩阵）；$\boldsymbol{\sigma}_i^*$为改进后的结点应力；n_e为单元结点数。该改进应力解在全域连续，并与有限元的应力近似解$\tilde{\boldsymbol{\sigma}}$满足最小二乘原则，于是定义泛函：

$$\Pi(\boldsymbol{\sigma}^*, \tilde{\boldsymbol{\sigma}}) = \sum_{e=1}^{M} \frac{1}{2}\int_{V_e} (\boldsymbol{\sigma}^* - \tilde{\boldsymbol{\sigma}})^{\mathrm{T}} \boldsymbol{C} (\boldsymbol{\sigma}^* - \tilde{\boldsymbol{\sigma}}) \mathrm{d}V \tag{8.3.4}$$

对泛函（8.3.4）变分取驻值得

$$\delta\Pi(\boldsymbol{\sigma}^*, \tilde{\boldsymbol{\sigma}}) = \sum_{e=1}^{M} \int_{V_e} (\boldsymbol{\sigma}^* - \tilde{\boldsymbol{\sigma}})^{\mathrm{T}} \boldsymbol{C} \delta\boldsymbol{\sigma}^* \, \mathrm{d}V = 0 \tag{8.3.5}$$

代入式（8.3.3）中$\boldsymbol{\sigma}^*$的表达式，由$\delta\boldsymbol{\sigma}_i^*$的任意性得

$$\sum_{e=1}^{M} \int_{V_e} (\boldsymbol{\sigma}^* - \tilde{\boldsymbol{\sigma}})^{\mathrm{T}} \boldsymbol{C} \boldsymbol{N}_i \, \mathrm{d}V = 0, \quad i = 1, 2, \cdots, N \tag{8.3.6}$$

其中，N为全部单元的结点数。

由式（8.3.6）可得$N \times S$个线性方程组，其中S为应力分量数。求解方程组（8.3.6），得到各结点上应力改进值$\boldsymbol{\sigma}_i^*$，再由式（8.3.3）得到全域上的应力分布。

该改进应力在全域上连续，但计算工作量大，相当于第二次有限元计算（第一次求位移场，第二次求应力场）。

8.3.3　单元应力修匀法

鉴于总体应力修匀法计算量大，为此提出单元应力修匀法。设改进后的应力为

$$\boldsymbol{\sigma}^* = \sum_{i=1}^{n_e} \boldsymbol{N}_i^* \boldsymbol{\sigma}_i^* \tag{8.3.7}$$

其中，$\boldsymbol{\sigma}_i^*$为改进后的结点应力；n_e为单元结点数；$\boldsymbol{N}_i^*$为改进应力的插值函数矩阵（可以与位移插值函数矩阵不同）。仅考虑式（8.3.6）中的一个单元，并取$\boldsymbol{C} = \boldsymbol{I}$，则单元的余能泛函为

$$J(\boldsymbol{\sigma}^*, \tilde{\boldsymbol{\sigma}}) = \frac{1}{2}\int_{V_e} (\boldsymbol{\sigma}^* - \tilde{\boldsymbol{\sigma}})^{\mathrm{T}} (\boldsymbol{\sigma}^* - \tilde{\boldsymbol{\sigma}}) \mathrm{d}V \tag{8.3.8}$$

对泛函（8.3.8）变分取驻值得

$$\delta J(\boldsymbol{\sigma}^*, \tilde{\boldsymbol{\sigma}}) = \int_{V_e} (\boldsymbol{\sigma}^* - \tilde{\boldsymbol{\sigma}})^{\mathrm{T}} \delta\boldsymbol{\sigma}^* \,\mathrm{d}V = 0 \tag{8.3.9}$$

代入式（8.3.7）中 $\boldsymbol{\sigma}^*$ 的表达式，由 $\delta\boldsymbol{\sigma}_i^*$ 的任意性得

$$\int_{V_e} (\boldsymbol{\sigma}^* - \tilde{\boldsymbol{\sigma}})^{\mathrm{T}} \boldsymbol{N}_i^* \,\mathrm{d}V = 0, \quad i = 1, 2, \cdots, n_e \tag{8.3.10}$$

方程（8.3.10）有 $n_e \times S$ 个线性方程组，其中 S 为应力分量数。方程（8.3.10）也可以写成分量形式，如对 $\boldsymbol{\sigma}_x$ 可以表示为

$$\int_{V_e} \left(\sigma_x^* - \tilde{\sigma}_x\right) N_i^* \,\mathrm{d}V = 0, \quad i = 1, 2, \cdots, n_e$$

对于等参单元，最佳应力点在 $p-m+1$ 阶 Gauss 积分点上，因此可由 Gauss 积分点的应力外插到结点上的应力。这时将式（8.3.7）中的 $\boldsymbol{\sigma}^*$ 视为 Gauss 积分点的应力，再由式（8.3.7）解出结点应力 $\boldsymbol{\sigma}_i^*$。

例 8.5　如图 8.11 所示平面八结点单元，用 4 个 Gauss 积分点应力值改进结点应力值。

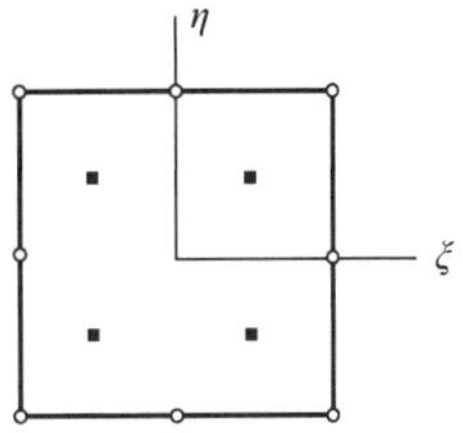

图 8.11　平面八结点单元

设改进后单元内任意点的应力为

$$\boldsymbol{\sigma}^* = \sum_{i=1}^{4} N_i \boldsymbol{\sigma}_i^* \tag{8.3.11}$$

其中，$N_i = (1+\xi_i\xi)(1+\eta_i\eta)/4$ 为四个角结点的插值基函数；$\boldsymbol{\sigma}_i^*$ 为四个角结点的应力向量。考虑 4 个 Gauss 积分点，其坐标为

$$\mathrm{I}:\left(\frac{1}{\sqrt{3}},\frac{1}{\sqrt{3}}\right),\ \mathrm{II}:\left(-\frac{1}{\sqrt{3}},\frac{1}{\sqrt{3}}\right),\ \mathrm{III}:\left(-\frac{1}{\sqrt{3}},-\frac{1}{\sqrt{3}}\right),\ \mathrm{IV}:\left(\frac{1}{\sqrt{3}},-\frac{1}{\sqrt{3}}\right)$$

将其代入式（8.3.11）得

$$\begin{Bmatrix} \tilde{\boldsymbol{\sigma}}_{\mathrm{I}} \\ \tilde{\boldsymbol{\sigma}}_{\mathrm{II}} \\ \tilde{\boldsymbol{\sigma}}_{\mathrm{III}} \\ \tilde{\boldsymbol{\sigma}}_{\mathrm{IV}} \end{Bmatrix} = \begin{bmatrix} N_1^*(\mathrm{I}) & N_2^*(\mathrm{I}) & N_3^*(\mathrm{I}) & N_4^*(\mathrm{I}) \\ N_1^*(\mathrm{II}) & N_2^*(\mathrm{II}) & N_3^*(\mathrm{II}) & N_4^*(\mathrm{II}) \\ N_1^*(\mathrm{III}) & N_2^*(\mathrm{III}) & N_3^*(\mathrm{III}) & N_4^*(\mathrm{III}) \\ N_1^*(\mathrm{IV}) & N_2^*(\mathrm{IV}) & N_3^*(\mathrm{IV}) & N_4^*(\mathrm{IV}) \end{bmatrix} \begin{Bmatrix} \boldsymbol{\sigma}_1^* \\ \boldsymbol{\sigma}_2^* \\ \boldsymbol{\sigma}_3^* \\ \boldsymbol{\sigma}_4^* \end{Bmatrix} \tag{8.3.12}$$

其中，$N_1^*(\mathrm{I}) = \frac{1}{4}\left(1+1/\sqrt{3}\right)\left(1+1/\sqrt{3}\right), \cdots$。由式（8.3.12）解得四个角结点应力为

$$\begin{Bmatrix} \boldsymbol{\sigma}_1^* \\ \boldsymbol{\sigma}_2^* \\ \boldsymbol{\sigma}_3^* \\ \boldsymbol{\sigma}_4^* \end{Bmatrix} = \begin{bmatrix} a & b & c & b \\ b & a & b & c \\ c & b & a & b \\ b & c & b & a \end{bmatrix} \begin{Bmatrix} \tilde{\boldsymbol{\sigma}}_{\mathrm{I}} \\ \tilde{\boldsymbol{\sigma}}_{\mathrm{II}} \\ \tilde{\boldsymbol{\sigma}}_{\mathrm{III}} \\ \tilde{\boldsymbol{\sigma}}_{\mathrm{IV}} \end{Bmatrix} \tag{8.3.13}$$

其中，$a = 1+\sqrt{3}/2$，$b = -1/2$，$c = 1-\sqrt{3}/2$。再由式（8.3.11）求得单元内任意点的应力。

如果结点 i 有 m 个单元与之关联，不同单元修匀得到的结点 i 处的应力通常不等，再由式（8.3.2）对这些修匀得到的应力的算术平均或面积加权平均得到结点 i 处的应力。

8.4　非协调单元

8.4.1　问题提出

考虑如图 8.12 所示的梁纯弯曲问题，基于弹性力学理论和应力精确解为

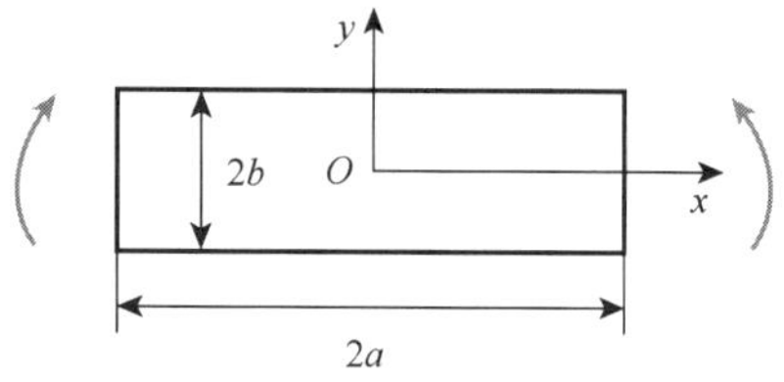

图 8.12　梁的纯弯曲

$$u=\alpha xy,\quad v=\alpha(a^2-x^2)/2+\alpha\mu(b^2-y^2)/2 \tag{8.4.1}$$

$$\begin{Bmatrix}\sigma_x\\ \sigma_y\\ \tau_{xy}\end{Bmatrix}=\frac{E}{1-\mu^2}\begin{bmatrix}1&\mu&0\\ \mu&1&0\\ 0&0&(1-\mu)/2\end{bmatrix}\begin{Bmatrix}\varepsilon_x\\ \varepsilon_y\\ \gamma_{xy}\end{Bmatrix}=\begin{Bmatrix}\alpha Ey\\ 0\\ 0\end{Bmatrix} \tag{8.4.2}$$

其中，α 为由边界条件确定的参数；E 为材料弹性模量；μ 为材料泊松比。

用一个四结点四边形单元求解得到位移、应变和应力解为

$$u=\alpha xy,\quad v=0,\quad \gamma_{xy}=\partial u/\partial y=\alpha x,\quad \varepsilon_x=\alpha y,\quad \varepsilon_y=0 \tag{8.4.3}$$

$$\begin{Bmatrix}\sigma_x\\ \sigma_y\\ \tau_{xy}\end{Bmatrix}=\frac{E}{1-\mu^2}\begin{bmatrix}1&\mu&0\\ \mu&1&0\\ 0&0&(1-\mu)/2\end{bmatrix}\begin{Bmatrix}\alpha y\\ 0\\ \alpha x\end{Bmatrix}=\frac{E}{1-\mu^2}\begin{Bmatrix}\alpha y\\ \alpha\mu y\\ \alpha(1-\mu)x/2\end{Bmatrix} \tag{8.4.4}$$

可见 $\sigma_y\neq 0$，$\tau_{xy}\neq 0$，与弹性力学理论解矛盾。产生错误的原因在于四结点四边形单元采用的位移模式为

$$u=a_1+a_2x+a_3y+a_4xy,\quad v=a_5+a_6x+a_7y+a_8xy \tag{8.4.5}$$

缺少完全二次项，不能真实反映纯弯曲梁的变形模式。

8.4.2　威尔逊（Wilson）非协调单元

解决上述问题的方法之一是采用八结点四边形单元，这时位移插值函数中包括 1、ξ、η、ξ^2、$\xi\eta$、η^2、$\xi^2\eta$，$\xi\eta^2$ 插值函数为二次完全多项式。有限元的精度取决于完全多项式，而非完全多项式的高次项对精度无贡献，不仅增加计算量，甚至影响计算精度。基于此，为避免增加非完全的三次项 $\xi^2\eta$，Wilson 等于 1973 年采用在四结点四边形单元位移模式中补充附加自由度的方式构造一种等参单元，称为 **Wilson 非协调单元**。在四结点四边形单元的形函数中增加二次项，则

$$u=\sum_{i=1}^{4}N_iu_i+\alpha_1(1-\xi^2)+\alpha_2(1-\eta^2),\quad v=\sum_{i=1}^{4}N_iv_i+\alpha_3(1-\xi^2)+\alpha_4(1-\eta^2) \tag{8.4.6}$$

其中，$N_i=(1+\xi_i\xi)(1+\eta_i\eta)/4$（$i$=1～4）为四结点四边形单元的插值基函数；$\alpha_1$～$\alpha_4$ 称为**内**

部结点自由度。插值模式（8.4.6）在四个结点上为零，对结点位移无影响，只对单元内部位移起调整作用。式（8.4.6）的矩阵形式为

$$\boldsymbol{u}=\begin{Bmatrix}u\\v\end{Bmatrix}=\begin{bmatrix}N_1&0&N_2&0&N_3&0&N_4&0&N_5&N_6&0&0\\0&N_1&0&N_2&0&N_3&0&N_4&0&0&N_5&N_6\end{bmatrix}\begin{Bmatrix}\boldsymbol{a}^e\\\boldsymbol{a}_\alpha^e\end{Bmatrix}\tag{8.4.7a}$$

或

$$\boldsymbol{u}=\boldsymbol{N}\boldsymbol{a}^e+\bar{\boldsymbol{N}}\boldsymbol{a}_\alpha^e\tag{8.4.7b}$$

其中

$$\boldsymbol{a}_\alpha^e=[\alpha_1\quad\alpha_2\quad\alpha_3\quad\alpha_4]^{\mathrm{T}},\quad \boldsymbol{N}=\begin{bmatrix}N_1&0&N_2&0&N_3&0&N_4&0\\0&N_1&0&N_2&0&N_3&0&N_4\end{bmatrix}$$

$$\bar{\boldsymbol{N}}=\begin{bmatrix}N_5&N_6&0&0\\0&0&N_5&N_6\end{bmatrix}=\begin{bmatrix}1-\xi^2&1-\eta^2&0&0\\0&0&1-\xi^2&1-\eta^2\end{bmatrix}$$

单元内任意点的应变为

$$\boldsymbol{\varepsilon}=\{\varepsilon_x,\varepsilon_y,\gamma_{xy}\}^{\mathrm{T}}=\left\{\frac{\partial u}{\partial x},\frac{\partial v}{\partial y},\frac{\partial u}{\partial y}+\frac{\partial v}{\partial x}\right\}^{\mathrm{T}}$$

$$=\begin{bmatrix}\frac{\partial N_1}{\partial x}&0&\frac{\partial N_2}{\partial x}&0&\frac{\partial N_3}{\partial x}&0&\frac{\partial N_4}{\partial x}&0&\frac{\partial N_5}{\partial x}&0&\frac{\partial N_6}{\partial x}&0\\0&\frac{\partial N_1}{\partial y}&0&\frac{\partial N_2}{\partial y}&0&\frac{\partial N_3}{\partial y}&0&\frac{\partial N_4}{\partial y}&0&\frac{\partial N_5}{\partial y}&0&\frac{\partial N_6}{\partial y}\\\frac{\partial N_1}{\partial y}&\frac{\partial N_1}{\partial x}&\frac{\partial N_2}{\partial y}&\frac{\partial N_2}{\partial x}&\frac{\partial N_3}{\partial y}&\frac{\partial N_3}{\partial x}&\frac{\partial N_4}{\partial y}&\frac{\partial N_4}{\partial x}&\frac{\partial N_5}{\partial y}&\frac{\partial N_5}{\partial x}&\frac{\partial N_6}{\partial y}&\frac{\partial N_6}{\partial x}\end{bmatrix}\begin{Bmatrix}\boldsymbol{a}^e\\\boldsymbol{a}_\alpha^e\end{Bmatrix}$$

$$=\begin{bmatrix}\boldsymbol{B}&\bar{\boldsymbol{B}}\end{bmatrix}\begin{Bmatrix}\boldsymbol{a}^e\\\boldsymbol{a}_\alpha^e\end{Bmatrix}$$

或

$$\boldsymbol{\varepsilon}=\boldsymbol{B}\boldsymbol{a}^e+\bar{\boldsymbol{B}}\boldsymbol{a}_\alpha^e=\begin{bmatrix}\boldsymbol{B}&\bar{\boldsymbol{B}}\end{bmatrix}\begin{Bmatrix}\boldsymbol{a}^e\\\boldsymbol{a}_\alpha^e\end{Bmatrix}\tag{8.4.8}$$

式中，$\bar{\boldsymbol{B}}=L\bar{\boldsymbol{N}}$，$L$为平面问题应变微分算子。

代入势能泛函变分取极值，得到单元刚度方程为

$$\begin{bmatrix}\boldsymbol{K}_{uu}^e&\boldsymbol{K}_{u\alpha}^e\\\boldsymbol{K}_{\alpha u}^e&\boldsymbol{K}_{\alpha\alpha}^e\end{bmatrix}\begin{Bmatrix}\boldsymbol{a}^e\\\boldsymbol{a}_\alpha^e\end{Bmatrix}=\begin{Bmatrix}\boldsymbol{F}_u^e\\\boldsymbol{F}_\alpha^e\end{Bmatrix}\tag{8.4.9}$$

其中，$\boldsymbol{K}_{uu}^e=\int_{V^e}\boldsymbol{B}^{\mathrm{T}}\boldsymbol{D}\boldsymbol{B}\mathrm{d}V$，$\boldsymbol{K}_{u\alpha}^e=(\boldsymbol{K}_{\alpha u}^e)^{\mathrm{T}}=\int_{V^e}\boldsymbol{B}^{\mathrm{T}}\boldsymbol{D}\bar{\boldsymbol{B}}\mathrm{d}V$，$\boldsymbol{K}_{\alpha\alpha}^e=\int_{V^e}\bar{\boldsymbol{B}}^{\mathrm{T}}\boldsymbol{D}\bar{\boldsymbol{B}}\mathrm{d}V$，$\boldsymbol{F}_u^e=\int_{V^e}\boldsymbol{N}^{\mathrm{T}}\boldsymbol{f}\mathrm{d}V+\int_{S^e}\boldsymbol{N}^{\mathrm{T}}\boldsymbol{t}\mathrm{d}S$，$\boldsymbol{F}_\alpha^e=\int_{V^e}\bar{\boldsymbol{N}}^{\mathrm{T}}\boldsymbol{f}\mathrm{d}V+\int_{S^e}\bar{\boldsymbol{N}}^{\mathrm{T}}\boldsymbol{t}\mathrm{d}S$，无体积力时，$\boldsymbol{F}_\alpha^e$可以忽略。

由方程组（8.4.9）中的第二个方程得

$$\boldsymbol{a}_\alpha^e=\left(\boldsymbol{K}_{\alpha\alpha}^e\right)^{-1}\left(\boldsymbol{F}_\alpha^e-\boldsymbol{K}_{\alpha u}^e\boldsymbol{a}^e\right)\tag{8.4.10}$$

代入方程组（8.4.9）中的第一个方程得

$$\boldsymbol{K}^e\boldsymbol{a}^e=\boldsymbol{F}^e\tag{8.4.11}$$

其中，$\boldsymbol{K}^e=[\boldsymbol{K}_{uu}-\boldsymbol{K}_{u\alpha}(\boldsymbol{K}_{\alpha\alpha})^{-1}\boldsymbol{K}_{\alpha u}]$，$\boldsymbol{F}^e=\boldsymbol{F}_u^e-\boldsymbol{K}_{u\alpha}(\boldsymbol{K}_{\alpha\alpha})^{-1}\boldsymbol{F}_\alpha^e$。

可见内部自由度$\boldsymbol{a}_\alpha^e=[\alpha_1\ \ \alpha_2\ \ \alpha_3\ \ \alpha_4]^{\mathrm{T}}$不出现在总刚度矩阵中，不增加求解方程的自由度，上述消除内部自由度的方法称为**内部自由度凝聚**，这样得到的单元称为**Q6 单元**。

插值模式（8.4.6）达到二次完备，在四结点等参插值项 1、ξ、η、$\xi\eta$ 的基础上，补充了 ξ^2、η^2；在 $\xi=\pm1$ 和 $\eta=\pm1$ 的边界上位移模式为二次抛物线变化，在单元边界上位移为非协调的，因此称为**非协调单元**。

例 8.6　考虑例 8.2 的悬臂梁问题，表 8.2 给出了采用协调单元与非协调单元的计算结果。可见非协调单元减少了采用高次单元的计算量，还能得到非常好的结果，这也是非协调单元在商用软件中得到广泛应用的原因。

8.4.3　非协调单元的收敛性

1. 协调性

非协调单元不能保证单元之间的位移协调性，但可以证明对于 C_0 型问题，在单元尺寸不断缩小的情况下，即应变趋于常应变的情况下，位移的连续性能得到恢复，非协调单元的解仍然趋于精确解。

2. 收敛性

检验非协调单元是否能描述常应变，以及在常应变状态下能否自动地保证位移的连续性，可以通过下面介绍的**拼片试验（patch test）**实现。

3. 拼片试验

考虑如图 8.13 所示单元片，该片至少有一个结点 i 完全被单元包围，结点 i 的平衡方程为

$$\sum_{e=1}^{m}\left(K_{ij}^e a_j-F_i^e\right)=0 \tag{8.4.12}$$

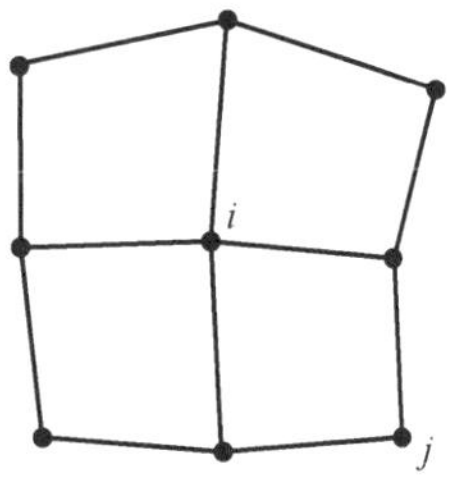

图 8.13　拼片试验原理

其中，m 为单元片包含的单元数；结点 j 为单元片内除 i 外的所有结点。

考察非协调单元的收敛性，即考察单元是否能描述常应变状态。为此设计数值试验，当赋予单元片中各结点与常应变状态等效的位移和载荷时，校核关系式（8.4.12）是否成立，若成立则认为单元通过试验，即单元能描述常应变状态，这时单元尺寸不断缩小，有限元解收敛于精确解，这种数值试验称为单元的拼片试验。

如平面问题中常应变对应的位移模式为

$$u=\beta_1+\beta_2x+\beta_3y,\quad v=\beta_4+\beta_5x+\beta_6y \tag{8.4.13}$$

当对单元中片结点 j 赋予与常应变等效的位移时，有

$$u_j = \beta_1 + \beta_2 x_j + \beta_3 y_j, \quad v_j = \beta_4 + \beta_5 x_j + \beta_6 y_j \tag{8.4.14}$$

这时相应的体积力为零，同时结点 i 上不能作用集中力（含面力的等效结点力），因此 $\boldsymbol{F}_i^e$ 必须为零。因此，通过拼片试验的要求是：当赋予片中各结点如式（8.4.14）所示的位移时，式（8.4.15）成立：

$$\sum_{e=1}^{m} K_{ij}^e u_j = 0, \quad \sum_{e=1}^{m} K_{ij}^e v_j = 0 \tag{8.4.15}$$

拼片试验的另一种提法：当对单元片中除结点 i 外的结点赋予对应于常应变状态的位移时，求解方程组（8.4.15）得到结点 i 的位移 u_i、v_i 和常应变状态下的位移一致，则认为通过拼片试验。

4. Q6 单元收敛条件

1）不含非协调项

如果非协调位移插值模式（8.4.6）不包括非协调项，即 $\alpha_i = 0$（$i = 1, 2, 3, 4$），自然满足收敛性条件，当然也能通过拼片试验。对片中结点 j 赋予与常应变等效的位移即式（8.4.14）时，自然也应有 $\alpha_i = 0$（$i = 1, 2, 3, 4$）。

2）含非协调项

从式（8.4.10）中 $\boldsymbol{a}_\alpha^e$ 的定义知，当 $\boldsymbol{F}_\alpha^e$=$\boldsymbol{F}_i^e$=0 时，有

$$\boldsymbol{a}_\alpha^e = \left(\boldsymbol{K}_{\alpha\alpha}^e\right)^{-1} - \left(\boldsymbol{F}_\alpha^e - \boldsymbol{K}_{\alpha u}^e \boldsymbol{a}^e\right) = -\left(\boldsymbol{K}_{\alpha\alpha}^e\right)^{-1} \boldsymbol{K}_{\alpha u}^e \boldsymbol{a}^e = -\left(\boldsymbol{K}_{\alpha\alpha}^e\right)^{-1}\left(\int_{V^e} \bar{\boldsymbol{B}}^{\mathrm{T}} \boldsymbol{DB} \mathrm{d}V\right)\boldsymbol{a}^e \tag{8.4.16}$$

对片中结点 j 赋予与常应变等效的位移即式（8.4.14）时，设片中整体结点位移向量为$(\boldsymbol{a}^e)_l$，则有 $\boldsymbol{a}^e = (\boldsymbol{a}^e)_l$。因此，通过拼片试验的要求为

$$\boldsymbol{a}_\alpha^e = -\left(\boldsymbol{K}_{\alpha\alpha}^e\right)^{-1} \int_{V^e} \bar{\boldsymbol{B}}^{\mathrm{T}} \boldsymbol{DB} \mathrm{d}V (\boldsymbol{a}^e)_l = -\left(\boldsymbol{K}_{\alpha\alpha}^e\right)^{-1} \int_{V^e} \bar{\boldsymbol{B}}^{\mathrm{T}} \boldsymbol{DB} (\boldsymbol{a}^e)_l \mathrm{d}V = 0 \tag{8.4.17}$$

因 $\boldsymbol{K}_{\alpha\alpha}^e$ 非奇异（非零常应变意味着无刚体运动），同时 $\boldsymbol{DB}(\boldsymbol{a}^e)_l = \boldsymbol{\sigma}_l$ 为常应力（对应常应变），得到通过拼片试验的要求为

$$\int_{V^e} \bar{\boldsymbol{B}}^{\mathrm{T}} \mathrm{d}V = \int_{-1}^{1}\int_{-1}^{1} \bar{\boldsymbol{B}}^{\mathrm{T}} |\boldsymbol{J}| \mathrm{d}\xi \mathrm{d}\eta = 0 \tag{8.4.18}$$

其中，$\bar{\boldsymbol{B}}^{\mathrm{T}} = \bar{\boldsymbol{B}}^{\mathrm{T}}\left(\sum_{i=1}^{4} N_i(\xi,\eta)x_i, \sum_{i=1}^{4} N_i(\xi,\eta)y_i\right)$。可以验证：

（1）当单元为平行四边形（含矩形）时，$|\boldsymbol{J}|$为常数，被积函数为 ξ 和 η 项，式（8.4.18）成立，从而式（8.4.15）满足，非协调单元通过拼片试验，即单元尺寸不断减小时，非协调单元的解收敛于精确解。

（2）对于非平行四边形单元，单元不能表示常应力状态，条件（8.4.18）不满足。对于非平行四边形单元，Taylor 等用形心$(\xi, \eta) = (0, 0)$处的 Jacobi 矩阵行列式代替式（8.4.18）中的$|\boldsymbol{J}|$值，这时条件（8.4.18）恒成立，非协调单元通过拼片试验，该单元称为 **QM6 单元**。

按照同样的思路，可以发展八结点平面四边形非协调单元、三维二十结点六面体非协调单元和十六结点厚板非协调单元等。

例 8.7　如图 8.14 所示均匀拉伸板条，材料性能、几何尺寸和载荷如图所示。分别采用 Q4 单元、Q6 单元和 QM6 单元计算结点 1、2 和 3 处的水平位移和拉伸应力。

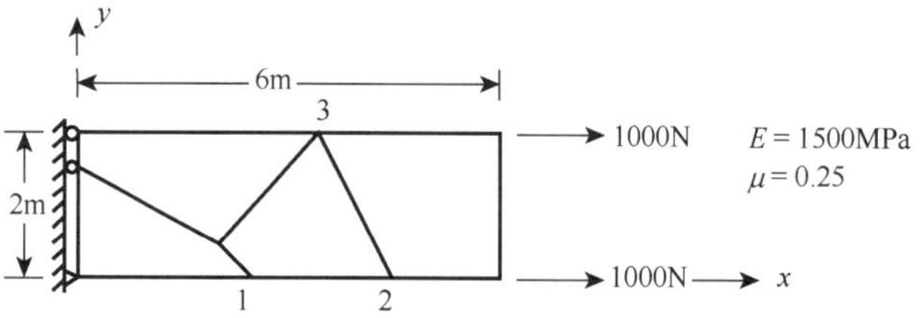

图 8.14　均匀拉伸板条

计算结果如表 8.3 所示。可见 Q4 单元和 QM6 单元的计算结果与精确解完全一致，Q6 单元效果差一些。出现上述现象的原因是 Q4 单元为协调单元，收敛性能得到保证，QM6 单元由于用单元形心处的 Jacobi 行列式代替式（8.4.18）中的$|\boldsymbol{J}|$时，式（8.4.18）恒成立，通过拼片试验，收敛性也能得到保证。而 Q6 单元对任意四边形单元$|\boldsymbol{J}|$不为常数，式（8.4.18）不成立，不能通过拼片试验，单元收敛性不能得到保证。

表 8.3　Q4、Q6 和 QM6 单元的计算结果比较

单元类型	u_1	u_2	u_3	σ_{x1}	σ_{x2}	σ_{x3}
Q4	1.666	1.333	2.333	1000	1000	1000
Q6	1.693	1.476	2.685	1873	632.8	521.5
QM6	1.666	1.333	2.333	1000	1000	1000
精确解	1.666	1.333	2.333	1000	1000	1000

8.5　本 章 小 结

本章讨论了有限元模型建立中需要考虑的若干问题及应力结果改进的一些方法。在有限元模型建立方面，讨论了单元类型和形状、网格布局、网格疏密过渡等内容。在有限元应力结果改进方面，主要介绍了有限元应力解的性质、总体应力修匀法、单元应力修匀法。针对插值函数非完全项单元增加计算量、影响计算精度问题，介绍了 Q6 和 QM6 两种非协调单元，并介绍了保证非协调单元收敛的拼片试验。

8.6　习　　题

【习题 8.1】　位移有限元解的精度有何性质？位移的精度和应力、应变的精度关系如何？

【习题 8.2】　单元中哪些点的位移精度最高？哪些点的应力和应变的精度最高？改善应力精度的方法有哪些？

【习题 8.3】　单元具有 p 次多项式的位移函数，泛函中的微分阶数是 m，形成单元刚度矩阵时采用 $n+1$ 阶 Gauss 积分（其中 $n=p-m$）。为什么说，对于结点等间距分布的一维杆单元其应力的近似解在 Gauss 积分点上能够具有比自身高一次的精度，而对于其他情况，特别是二维、三维单元情况，上述结论只能是近似的？

【习题 8.4】 有限元建模时应该注意哪些问题？提高有限元计算精度的方法有哪些？如何保证有限元分析结果的精度？

【习题 8.5】 如习题 8.5 图所示悬臂梁，高度 $h = 1\text{m}$，长度 $L = 10\text{m}$，厚度 $t = 1\text{m}$，自由端作用集中载荷 $F = 1000\text{kN}$。材料弹性模量 $E = 200\text{GPa}$，泊松比 $\mu = 0.3$ 。分别用三结点三角形单元、四结点四边形单元、八结点四边形单元计算该悬臂梁的变形和应力，并将计算结果与由基本梁理论得到的结果进行比较。

【习题 8.6】 垂直悬挂截面积为 A、长度为 l 的等截面直杆，受自重作用，材料密度为 ρ。如用一维杆单元求解杆内的应力分布，问应采用多少结点的单元？在什么位置有限元结果可以达到解析解的精度？并给出它们的数值。

【习题 8.7】 如习题 8.7 图所示悬臂梁，材料弹性模量 $E = 200\text{GPa}$，泊松比 $\mu = 0.3$ 。分别用八结点和二十结点六面体单元计算其变形和应力，并比较两种单元的计算精度。

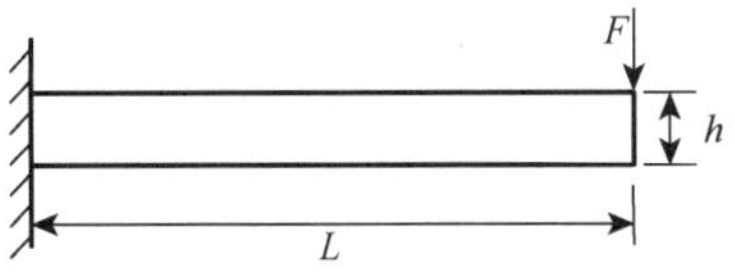

习题 8.5 图

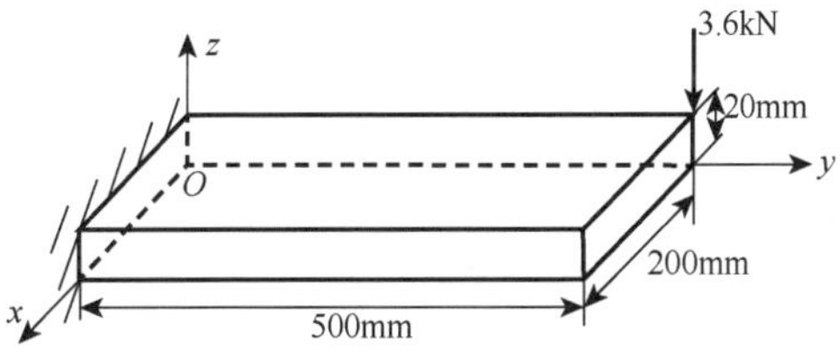

习题 8.7 图

【习题 8.8】 如习题 8.8 图所示中心带孔平板，板宽 $W = 50\text{mm}$，长 $L = 80\text{mm}$，板厚 $t = 1\text{mm}$，孔径 $D = 10\text{mm}$。材料弹性模量 $E = 200\text{GPa}$，泊松比 $\mu = 0.3$ 。在板两端施加均布荷载 $q = 10\text{N/mm}^2$。分别用三结点三角形单元和四结点四边形单元计算其变形和应力，并给出水平应力分量沿 AB 的分布。

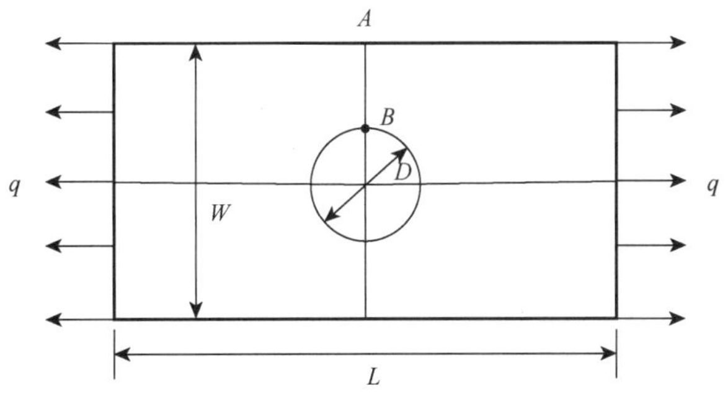

习题　8.8 图

习题解答

第 9 章　板壳结构有限元法

如果结构在一个方向的尺度比其他两个方向的尺度小得多，这样的结构称为**板壳结构**。力学上通过引入一定假设，将该类三维结构简化为二维问题。根据几何和受力状态不同，板壳结构可以分为平板弯曲问题、薄膜应力问题和壳体问题。如果中面为平面，所受载荷仅有垂直于中面的横向载荷，那么该类问题就是**平板弯曲问题**；如果中面为平面，所受载荷仅有位于中面内的面内载荷，那么该类问题就是**薄膜应力问题**（或平面应力问题）；如果中面为曲面，所受载荷既有位于中面内的面内载荷，又有垂直于中面的横向载荷，那么该类问题就是**壳体问题**。从几何尺度上看，平板又分为薄板、中厚板和厚板；壳体结构又分为薄壳、中厚壳和厚壳。本章仅介绍平板弯曲、Mindlin 厚板弯曲和平面壳体三种单元。

9.1　薄板单元

第 3 章的薄板理论又称 **Kirchhoff 理论**，基于该理论的板单元称为**薄板单元**。有多种基于 Kirchhoff 理论的薄板单元，如矩形薄板单元、三角形薄板单元和离散 Kirchhoff 薄板单元（DKT）等，本章仅介绍前两种薄板单元。

9.1.1　矩形板单元

1. 位移插值模式

对如图 9.1 所示四结点矩形板单元，每个角结点有 3 个自由度，分别为横向挠度 w、绕 x 轴的转角 θ_x 和绕 y 轴的转角 θ_y。则结点位移列阵为

$$\boldsymbol{a}_i=\begin{Bmatrix} w_i \\ \theta_{xi} \\ \theta_{yi} \end{Bmatrix}=\begin{Bmatrix} w_i \\ \left(\partial w/\partial y\right)_i \\ -\left(\partial w/\partial x\right)_i \end{Bmatrix},\quad i=1,2,3,4 \tag{9.1.1}$$

单元结点位移列阵为

$$\boldsymbol{a}^e=[\boldsymbol{a}_1\quad \boldsymbol{a}_2\quad \boldsymbol{a}_3\quad \boldsymbol{a}_4]^{\mathrm{T}} \tag{9.1.2}$$

基于广义坐标有限元法，单元插值函数应为 Pascal 三角形中选取 12 项构成的多项式，则有

$$\begin{aligned} w=&\alpha_1+\alpha_2 x+\alpha_3 y+\alpha_4 x^2+\alpha_5 xy+\alpha_6 y^2 \\ &+\alpha_7 x^3+\alpha_8 x^2 y+\alpha_9 xy^2+\alpha_{10} y^3+\alpha_{11} x^3 y+\alpha_{12} xy^3 \end{aligned} \tag{9.1.3a}$$

该位移模式为三次完备。式（9.1.3a）的矩阵形式为

$$\boldsymbol{w}=\boldsymbol{P\alpha} \tag{9.1.3b}$$

其中，$\boldsymbol{P}=[1\quad x\quad y\quad x^2\quad xy\quad y^2\quad x^3\quad x^2y\quad xy^2\quad y^3\quad x^3y\quad xy^3]$，$\boldsymbol{\alpha}=[\alpha_1\quad \alpha_2\quad \alpha_3\quad \alpha_4\quad \alpha_5\quad \alpha_6\quad \alpha_7\quad \alpha_8\quad \alpha_9\quad \alpha_{10}\quad \alpha_{11}\quad \alpha_{12}]^{\mathrm{T}}$。

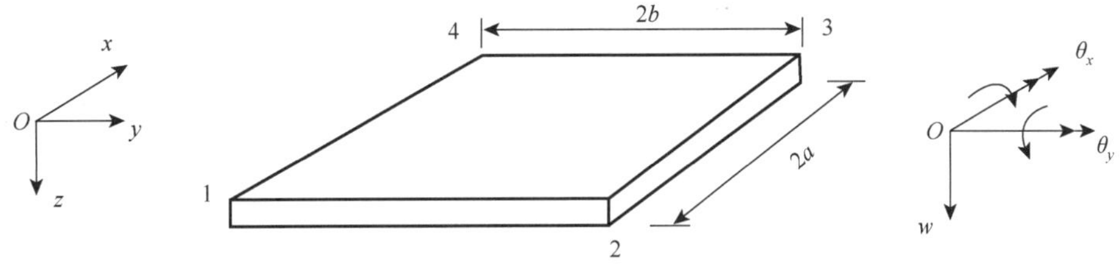

图 9.1　矩形板单元

以结点位移表示插值函数得到

$$\begin{cases} w_i=\alpha_1+\alpha_2x_i+\alpha_3y_i+\alpha_4x_i^2+\alpha_5x_iy_i+\alpha_6y_i^2+\alpha_7x_i^3+\alpha_8x_i^2y_i+\alpha_9x_iy_i^2+\alpha_{10}y_i^3+\alpha_{11}x_i^3y_i+\alpha_{12}x_iy_i^3 \\ (\partial w/\partial y)_i=\theta_{xi}=\alpha_3+\alpha_5x_i+2\alpha_6y_i+\alpha_8x_i^2+2\alpha_9x_iy_i+3\alpha_{10}y_i^2+\alpha_{11}x_i^3+3\alpha_{12}x_iy_i^2 \\ -(\partial w/\partial x)_i=\theta_{yi}=-\alpha_2-2\alpha_4x_i-\alpha_5y_i-3\alpha_7x_i^2-2\alpha_8x_iy_i-\alpha_9y_i^2-3\alpha_{11}x_i^2y_i-\alpha_{12}y_i^3 \end{cases} \tag{9.1.4}$$

其中，$i=1, 2, 3, 4$ 表示单元结点号，表示为矩阵形式有

$$\boldsymbol{C\alpha}=\boldsymbol{a}^e \tag{9.1.5}$$

其中，$\boldsymbol{C}$ 为 12×12 的矩阵，元素为 x_i、y_i 及其适当幂次之积。式（9.1.3）可以用结点位移表示为

$$\boldsymbol{w}=\boldsymbol{P\alpha}=\boldsymbol{PC}^{-1}\boldsymbol{a}^e=\boldsymbol{Na}^e \tag{9.1.6}$$

其中，$\boldsymbol{N}=\boldsymbol{PC}^{-1}$。

1963 年，Melosh 定义自然坐标 $\xi=(x-x_o)/a$，$\eta=(y-y_o)/b$，其中(x_o, y_o)为单元中心点的总体坐标。然后将式（9.1.6）以自然坐标表示为

$$w=\sum_{i=1}^{4}(N_iw_i+N_{xi}\theta_{xi}+N_{yi}\theta_{yi})=\sum_{i=1}^{4}N_ia_i=\boldsymbol{Na}^e \tag{9.1.7}$$

其中，$\boldsymbol{N}=[N_1\quad N_{1x}\quad N_{1y}\quad N_2\quad N_{2x}\quad N_{2y}\quad N_3\quad N_{3x}\quad N_{3y}\quad N_4\quad N_{4x}\quad N_{4y}]$；$N_i=(1+\xi_i\xi)(1+\eta_i\eta)(2+\xi_i\xi+\eta_i\eta-\xi^2-\eta^2)/8$；$N_{ix}=-b\eta_i(1+\xi_i\xi)(1+\eta_i\eta)(1-\eta^2)/8$；$N_{iy}=a\xi_i\cdot(1+\xi_i\xi)(1+\eta_i\eta)(1-\xi^2)/8$，$i=1, 2, 3, 4$。

2. 单元刚度矩阵和等效载荷列阵

基于薄板基本方程和式（9.1.6），广义应变和应力向量为

$$\boldsymbol{\kappa}=\boldsymbol{L}w=\boldsymbol{LNa}^e=\boldsymbol{Ba}^e,\quad \boldsymbol{M}=\boldsymbol{D\kappa}=\boldsymbol{DBa}^e \tag{9.1.8}$$

其中，算子 $\boldsymbol{L}=[-\partial^2/\partial x^2\quad -\partial^2/\partial y^2\quad -2\partial^2/\partial x\partial y]^{\mathrm{T}}$；应变矩阵 $\boldsymbol{B}=[\boldsymbol{B}_1\quad \boldsymbol{B}_2\quad \boldsymbol{B}_3\quad \boldsymbol{B}_4]$，结点对应的子矩阵为

$$\boldsymbol{B}_i = -\begin{bmatrix} \partial^2 N_i / \partial y^2 & \partial^2 N_{ix} / \partial y^2 & \partial^2 N_{iy} / \partial y^2 \\ \partial^2 N_i / \partial x^2 & \partial^2 N_{ix} / \partial x^2 & \partial^2 N_{iy} / \partial x^2 \\ 2\partial^2 N_i / \partial x \partial y & 2\partial^2 N_{ix} / \partial x \partial y & 2\partial^2 N_{iy} / \partial x \partial y \end{bmatrix}, \quad i = 1, 2, 3, 4$$

将$\boldsymbol{\kappa}$、$\boldsymbol{M}$的表达式代入第 3 章薄板弯曲的势能泛函：

$$\Pi_p = \int_A \left(\frac{1}{2} \boldsymbol{\kappa}^{\mathrm{T}} \boldsymbol{D} \boldsymbol{\kappa} - qw \right) \mathrm{d}x\mathrm{d}y - \int_{S_n} \theta_n M_n \mathrm{d}S - \int_{S_t} \theta_s M_{ns} \mathrm{d}S - \int_{S_s} w Q_n \mathrm{d}S \tag{9.1.9}$$

对势能泛函变分，并由$\delta \Pi_p = 0$得到单元刚度方程为

$$\boldsymbol{K}^e \boldsymbol{a}^e = \boldsymbol{F}^e \tag{9.1.10}$$

其中，$\boldsymbol{K}^e = \int_{A^e} \boldsymbol{B}^{\mathrm{T}} \boldsymbol{D} \boldsymbol{B} \mathrm{d}x\mathrm{d}y$为四结点矩形薄板单元的刚度矩阵；$\boldsymbol{F}^e$为单元的等效结点载荷，且

$$\boldsymbol{F}^e = \begin{Bmatrix} \boldsymbol{F}_1^e \\ \boldsymbol{F}_2^e \\ \boldsymbol{F}_3^e \\ \boldsymbol{F}_4^e \end{Bmatrix}, \quad \boldsymbol{F}_i^e = \int_{A^e} \begin{bmatrix} N_i & \partial N_i / \partial y & \partial N_i / \partial x \\ N_{ix} & \partial N_{ix} / \partial y & \partial N_{ix} / \partial x \\ N_{iy} & \partial N_{iy} / \partial y & \partial N_{iy} / \partial x \end{bmatrix} \begin{Bmatrix} q_z \\ m_x \\ m_y \end{Bmatrix} \mathrm{d}x\mathrm{d}y, \quad i = 1, 2, 3, 4$$

例 9.1 长 $2a$、宽 $2b$ 的矩形薄板单元，仅受竖向均布载荷 q，求其等效结点载荷。

$$\begin{aligned} \boldsymbol{F}^e &= [F_{z1} \quad M_{x1} \quad M_{y1} \quad F_{z2} \quad M_{x2} \quad M_{y2} \quad F_{z3} \quad M_{x3} \quad M_{y3} \quad F_{z4} \quad M_{x4} \quad M_{y4}]^{\mathrm{T}} \\ &= 4qab \begin{bmatrix} \frac{1}{4} & \frac{a}{12} & \frac{b}{12} & \frac{1}{4} & -\frac{a}{12} & \frac{b}{12} & \frac{1}{4} & -\frac{a}{12} & -\frac{b}{12} & \frac{1}{4} & \frac{a}{12} & -\frac{b}{12} \end{bmatrix}^{\mathrm{T}} \end{aligned}$$

3. 位移模式的收敛性

（1）位移模式$\alpha_1 + \alpha_2 x + \alpha_3 y$代表沿 z 向的平移、绕 y 轴和 x 轴的转动三个刚体位移。

（2）位移模式$\alpha_4 x^2 + \alpha_5 xy + \alpha_6 y^2$代表常曲率，且

$$\kappa_x = -\frac{\partial^2 w}{\partial x^2} = -2\alpha_4, \quad \kappa_y = -\frac{\partial^2 w}{\partial y^2} = -2\alpha_6, \quad \kappa_{xy} = -2\frac{\partial^2 w}{\partial x \partial y} = -2\alpha_5 \tag{9.1.11}$$

因此单元的完备性要求满足。

（3）单元间连续性检查：

单元边界为 x = 常数或 y = 常数，w 是 y 或 x 的三次变化曲线。以如图 9.2 所示 23 边为例来说，w 的三次表达式可由 w_2、$(\partial w/\partial x)_2$、$w_3$、$(\partial w/\partial x)_3$ 共 4 个参数完全确定，因此边界上挠度连续。另外，在 23 边的法向导数$\left(\partial w / \partial y\right)\big|_{y=\mathrm{const}}$为三次 x 变化，而在边界上只有 2 个参数$-(\partial w/\partial y)_2$、$-(\partial w/\partial y)_3$，不能唯一确定$\partial w / \partial y$的表达式，因此该边界上法向导数不连续。因此，四结点矩形薄板单元属于非协调单元。

由于在单元间边界上法向导数不连续，所以插值函数是非协调的。单元不满足收敛准则，但可以验证该单元通过拼片试验，故当单元剖分不断缩小时，计算结果还是

能收敛于精确解的，但收敛不是单调的。应该注意到上述结果不能推广到一般的四边形板单元。

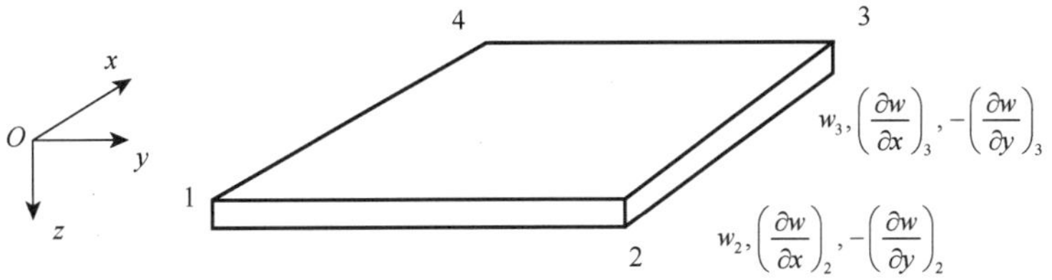

图 9.2　单元间的连续性检查

9.1.2　三角形板单元

1. 位移插值模式

如图 9.3 所示三结点三角形板单元，每个角结点有 3 个自由度，分别是横向挠度 w、绕 x 轴的转角 θ_x 和绕 y 轴的转角 θ_y。则结点位移列阵为

$$\boldsymbol{a}_i = \begin{Bmatrix} w_i \\ \theta_{xi} \\ \theta_{yi} \end{Bmatrix} = \begin{Bmatrix} w_i \\ w,_{yi} \\ -w,_{xi} \end{Bmatrix} \quad (i,j,m) \tag{9.1.12}$$

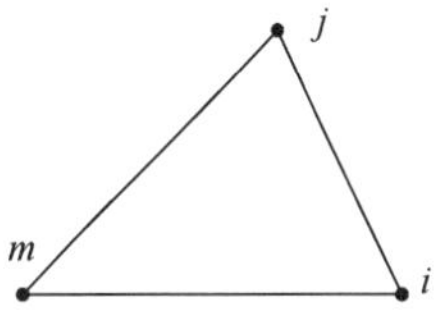

图 9.3　三角形板单元

单元结点位移列阵为

$$\boldsymbol{a}^e = [\boldsymbol{a}_i \quad \boldsymbol{a}_j \quad \boldsymbol{a}_m]^{\mathrm{T}} \tag{9.1.13}$$

共有 3×3 = 9 个自由度，作为三次完备多项式，包含 1、x、y、x^2、xy、y^2、x^3、x^2y、xy^2、y^3 共计 10 项，这时 $w = \alpha_1 + \alpha_2 x + \alpha_3 y + \alpha_4 x^2 + \alpha_5 xy + \alpha_6 y^2 + \alpha_7 x^3 + \alpha_8 x^2 y + \alpha_9 xy^2 + \alpha_{10} y^3$。但按照广义坐标有限元法，插值函数应该从中选取 9 项构造多项式。问题是如何从中选取其中 9 项。

前 6 项是必需的，因为代表刚体运动和常应变，后 3 项的取法有各种方案：①x^3、y^3 取相同待定系数 $\alpha_7 = \alpha_{10}$；②x^2y、xy^2 取相同的待定系数 $\alpha_8 = \alpha_9$；③在单元中心增加一个结点，但该结点仅有挠度 w 的自由度；④利用面积坐标 $L_i + L_j + L_m = 1$ 特征。但方案①和②中，在由位移求待定系数的方程 $\boldsymbol{C\alpha} = \boldsymbol{a}^e$ 时，$\boldsymbol{C}$ 矩阵奇异，不能确定待定参数 $\boldsymbol{\alpha}$；而方案③导出的单元不收敛。为此引入面积坐标构造插值函数：

$$\begin{aligned} w = {} & \alpha_1 L_i + \alpha_2 L_j + \alpha_3 L_m + \alpha_4 L_j L_m + \alpha_5 L_m L_i + \alpha_6 L_i L_j \\ & + \alpha_7 \left(L_j L_m^2 - L_m L_j^2\right) + \alpha_8 \left(L_m L_i^2 - L_i L_m^2\right) + \alpha_9 \left(L_i L_j^2 - L_j L_i^2\right) \end{aligned} \tag{9.1.14}$$

该模式包括了完全的三次项，其中前三项代表刚体位移，四至六项代表常应变。利用坐标变换

$$\begin{cases} x = L_i x_i + L_j x_j + L_m x_m \\ y = L_i y_i + L_j y_j + L_m y_m \end{cases}, \quad L_i = a_i + b_i x + c_i y \quad (i,j,m) \tag{9.1.15}$$

代入结点坐标求出系数，得到插值函数

$$w = \boldsymbol{N}\boldsymbol{a}^e = [\boldsymbol{N}_i \quad \boldsymbol{N}_j \quad \boldsymbol{N}_m]\boldsymbol{a}^e \tag{9.1.16}$$

其中，$\boldsymbol{N}_i = [N_i \quad N_{xi} \quad N_{yi}]\ (i,j,m)$，具体表达式 $N_i = L_i + L_j^2 L_j + L_i^2 L_m - L_i L_j^2 - L_i L_m^2$，$N_{xi} = b_j L_i^2 L_m - b_m L_i^2 L_j + (b_j - b_m) L_i L_j L_m / 2$，$N_{yi} = c_j L_i^2 L_m - c_m L_i^2 L_j + (c_j - c_m) L_i L_j L_m / 2$。

2. 单元刚度矩阵和等效载荷列阵

基于薄板基本方程和插值函数（9.1.16），广义应变向量和广义内力向量表达式分别为

$$\boldsymbol{\kappa} = \boldsymbol{L}w = \boldsymbol{L}\boldsymbol{N}\boldsymbol{a}^e = \boldsymbol{B}\boldsymbol{a}^e,\quad \boldsymbol{M} = \boldsymbol{D}\boldsymbol{\kappa} = \boldsymbol{D}\boldsymbol{B}\boldsymbol{a}^e \tag{9.1.17}$$

其中，$\boldsymbol{L} = [-\partial^2/\partial x^2 \quad -\partial^2/\partial y^2 \quad -2\partial^2/\partial x\partial y]^{\mathrm{T}}$；应变矩阵 $\boldsymbol{B} = \begin{bmatrix}\boldsymbol{B}_i & \boldsymbol{B}_j & \boldsymbol{B}_m\end{bmatrix}$，其子矩阵为

$$\boldsymbol{B}_i = -\begin{bmatrix} \partial^2 N_i/\partial y^2 & \partial^2 N_{ix}/\partial y^2 & \partial^2 N_{iy}/\partial y^2 \\ \partial^2 N_i/\partial x^2 & \partial^2 N_{ix}/\partial x^2 & \partial^2 N_{iy}/\partial x^2 \\ 2\partial^2 N_i/\partial x\partial y & 2\partial^2 N_{ix}/\partial x\partial y & 2\partial^2 N_{iy}/\partial x\partial y \end{bmatrix} \quad (i,j,m)$$

将 $\boldsymbol{\kappa}$、$\boldsymbol{M}$ 的表达式代入第 3 章薄板弯曲的势能泛函：

$$\Pi_p = \int_A \left(\frac{1}{2}\boldsymbol{\kappa}^{\mathrm{T}}\boldsymbol{D}\boldsymbol{\kappa} - qw\right)\mathrm{d}x\mathrm{d}y - \int_{S_n}\theta_n M_n \mathrm{d}S - \int_{S_t}\theta_s M_{ns}\mathrm{d}S - \int_{S_s} wQ_n \mathrm{d}S \tag{9.1.18}$$

对势能泛函（9.1.18）变分，并由 $\delta\Pi_p = 0$ 得到单元刚度方程

$$\boldsymbol{K}^e\boldsymbol{a}^e = \boldsymbol{F}^e \tag{9.1.19}$$

其中，$\boldsymbol{K}^e = \int_{A^e}\boldsymbol{B}^{\mathrm{T}}\boldsymbol{D}\boldsymbol{B}\mathrm{d}x\mathrm{d}y$ 为三结点三角形薄板单元的刚度矩阵；$\boldsymbol{F}^e$ 为单元的等效结点载荷，且

$$\boldsymbol{F}^e = \begin{Bmatrix}\boldsymbol{F}_i^e \\ \boldsymbol{F}_j^e \\ \boldsymbol{F}_m^e\end{Bmatrix},\quad \boldsymbol{F}_i^e = \int_{A^e}\begin{bmatrix} N_i & \partial N_i/\partial y & \partial N_i/\partial x \\ N_{ix} & \partial N_{ix}/\partial y & \partial N_{ix}/\partial x \\ N_{iy} & \partial N_{iy}/\partial y & \partial N_{iy}/\partial x \end{bmatrix}\begin{Bmatrix} q_z \\ m_x \\ m_y \end{Bmatrix}\mathrm{d}x\mathrm{d}y \quad (i,j,m)$$

3. 位移模式的收敛性

1）完备性检查

插值基函数中包含有完备的线性项 $\alpha_1 L_i + \alpha_2 L_j + \alpha_3 L_m$ 能正确反映刚体位移，二次项 $\alpha_4 L_j L_m + \alpha_5 L_m L_i + \alpha_6 L_i L_j$ 能正确反映常应变，因此完备性要求满足。

2）单元间连续性检查

在单元边界上，w 是三次变化，可由两端结点的 w 和 w_s 唯一确定，w 是协调的；在单元边界上，位移的法向导数 w_n 是二次变化的，不能由两端结点的 w_n 确定，w_n 是非协调的，因此三结点三角形板单元属于非协调单元。

由于在单元间边界上法向导数不连续，所以插值函数是非协调的。单元不满足收敛准则。Irons 等已证明如果单元网格是由 3 组等间距直线产生的，单元能够通过拼片试验，因此有限元解收敛于精确解。

9.2　Mindlin 厚板单元

9.2.1　单元刚度方程

1. 位移模式

与第 4 章的 Timoshenko 梁单元类似，势能泛函中挠度 w 和转角 θ_x 和 θ_y 独立插值，属于 C_0 型连续问题。无论是三角形单元还是四边形单元，不管结点如何布置，如果单元结点数为 n，则位移模式可以统一表示为

$$\begin{Bmatrix} w \\ \theta_x \\ \theta_y \end{Bmatrix} = \boldsymbol{N}\boldsymbol{a}^e \tag{9.2.1}$$

其中，$\boldsymbol{N}=[N_1\boldsymbol{I}\quad N_2\boldsymbol{I}\quad \cdots \quad N_n\boldsymbol{I}]$，$N_i$ 为 C_0 型二维单元插值函数，$\boldsymbol{I}$ 为 3×3 的单位矩阵；$\boldsymbol{a}^e=[\boldsymbol{a}_1\quad \boldsymbol{a}_2\quad \cdots \quad \boldsymbol{a}_n]^{\mathrm{T}}$，$\boldsymbol{a}_i=\begin{bmatrix} w_i & \theta_{xi} & \theta_{yi}\end{bmatrix}^{\mathrm{T}}$。代入广义应变表达式得

$$\boldsymbol{\kappa}=-\boldsymbol{L\theta}=\begin{Bmatrix} -\partial\theta_x/\partial x \\ -\partial\theta_y/\partial y \\ -(\partial\theta_x/\partial y+\partial\theta_y/\partial x) \end{Bmatrix}=\boldsymbol{B}_b\boldsymbol{a}^e,\quad \boldsymbol{\gamma}=\nabla w-\boldsymbol{\theta}=\begin{Bmatrix} \partial w/\partial x-\theta_x \\ \partial w/\partial y-\theta_y \end{Bmatrix}=\boldsymbol{B}_s\boldsymbol{a}^e \tag{9.2.2}$$

其中，$\boldsymbol{B}_b=[\boldsymbol{B}_{b1}\quad \boldsymbol{B}_{b2}\quad \cdots \quad \boldsymbol{B}_{bn}]$，$\boldsymbol{B}_s=[\boldsymbol{B}_{s1}\quad \boldsymbol{B}_{s2}\quad \cdots \quad \boldsymbol{B}_{sn}]$，$\boldsymbol{B}_{bi}$ 和 $\boldsymbol{B}_{si}$ 的表达式为

$$\boldsymbol{B}_{bi}=\begin{bmatrix} 0 & -\dfrac{\partial N_i}{\partial x} & 0 \\ 0 & 0 & -\dfrac{\partial N_i}{\partial y} \\ 0 & -\dfrac{\partial N_i}{\partial y} & -\dfrac{\partial N_i}{\partial x} \end{bmatrix},\quad \boldsymbol{B}_{si}=\begin{bmatrix} \dfrac{\partial N_i}{\partial x} & -N_i & 0 \\ \dfrac{\partial N_i}{\partial y} & 0 & -N_i \end{bmatrix}$$

2. 单元刚度方程

将广义应变代入泛函：

$$\begin{aligned} \Pi_p &= \frac{1}{2}\int_A (\boldsymbol{L\theta})^{\mathrm{T}}\boldsymbol{DL\theta}\,\mathrm{d}x\mathrm{d}y+\frac{1}{2}\int_A(\nabla w-\boldsymbol{\theta})^{\mathrm{T}}\boldsymbol{\alpha}(\nabla w-\boldsymbol{\theta})\mathrm{d}x\mathrm{d}y \\ &\quad -\int_A wq\,\mathrm{d}x\mathrm{d}y-\int_{S_n}\theta_n M_n\mathrm{d}S-\int_{S_t}\theta_s M_{ns}\mathrm{d}S-\int_{S_s} wQ_n\mathrm{d}S \end{aligned} \tag{9.2.3}$$

由 $\delta\Pi_p=0$ 得

$$\boldsymbol{K}^e\boldsymbol{a}^e=\left(\boldsymbol{K}_b^e+\alpha\boldsymbol{K}_s^e\right)\boldsymbol{a}^e=\boldsymbol{P}^e \tag{9.2.4}$$

其中，$\boldsymbol{K}_b^e=\int_{A^e}\boldsymbol{B}_b^{\mathrm{T}}\boldsymbol{DB}_b\mathrm{d}x\mathrm{d}y$，$\boldsymbol{K}_s^e=\int_{A^e}\boldsymbol{B}_s^{\mathrm{T}}\boldsymbol{DB}_s\mathrm{d}x\mathrm{d}y$。

$$\boldsymbol{F}^e = \iint_{A^e} \boldsymbol{N}^{\mathrm{T}} \begin{Bmatrix} q \\ 0 \\ 0 \end{Bmatrix} \mathrm{d}x\mathrm{d}y + \int_{S_n^e + S_t^e} \boldsymbol{N}^{\mathrm{T}} \begin{Bmatrix} 0 \\ M_x \\ M_y \end{Bmatrix} \mathrm{d}S + \int_{S_s^e} \boldsymbol{N}^{\mathrm{T}} \begin{Bmatrix} Q_n \\ 0 \\ 0 \end{Bmatrix} \mathrm{d}S$$

Mindlin 厚板的三种边界条件如下：

（1）$w = \bar{w}$，$\theta_n = \bar{\theta}_n$，$\theta_s = \bar{\theta}_s$（在 S_1 上，固定边界） （9.2.5a）

（2）$w = \bar{w}$，$M_n = \bar{M}_n$，$M_s = \bar{M}_s$（在 S_2 上，简支边界） （9.2.5b）

（3）$Q_n = \bar{Q}_n$，$M_n = \bar{M}_n$，$M_s = \bar{M}_s$（在 S_3 上，自由边界） （9.2.5c）

给定位移 w 和转角 θ_x 和 θ_y 属于强制边界条件，给定横向力 Q_n 和力矩 M_n、M_s 属于自然边界条件。

9.2.2 剪切锁死现象

Mindlin 厚板单元由于采用挠度和转角独立插值，与第 3 章中的 Timoshenko 梁单元采用挠度和转角独立插值类似，会导致剪切锁死现象。为简单说明问题，先从 Timoshenko 梁单元出发引入相关概念。

1. Timoshenko 梁单元中的剪切锁死现象

考虑二结点梁单元，长度为 l，位移和转角插值为

$$w = N_1(\xi)w_1 + N_2(\xi)w_2, \quad \theta = N_1(\xi)\theta_1 + N_2(\xi)\theta_2 \tag{9.2.6}$$

其中，插值基函数为 $N_1(\xi) = (1-\xi)/2$，$N_2(\xi) = (1+\xi)/2, (-1 \leqslant \xi \leqslant 1)$。将式（9.2.6）代入式（4.3.32b）得到截面切应变为

$$\gamma = \frac{\mathrm{d}w}{\mathrm{d}x} - \theta = \frac{1}{l}(w_2 - w_1) - \frac{1}{2}(\theta_1 + \theta_2) - \frac{1}{2}(\theta_2 - \theta_1)\xi \tag{9.2.7}$$

从物理概念上讲，当梁的高度逐渐减小时，$\gamma \approx 0$，而式（9.2.7）为关于 ξ 的一次多项式，因此得到

$$\frac{1}{l}(w_2 - w_1) = \frac{1}{2}(\theta_1 + \theta_2), \quad \frac{1}{2}(\theta_2 - \theta_1) = 0 \tag{9.2.8}$$

式（9.2.8）第一式表明在单元内，梁的平均转角等于梁横向位移的变化率，这是可以实现的；式（9.2.8）第二式表明单元内各截面转角 θ 为常数，意味着梁不能发生弯曲，只有刚体转动，而静定结构没有刚体运动，因此产生错误的结果。产生上述错误现象的原因在于约束条件 $\mathrm{d}w/\mathrm{d}x - \theta = 0$ 未能精确满足，在梁的厚度较小时，夸大了势能泛函中剪切应变能作用。在梁、板、壳有限元分析中，出现的这种现象称为**剪切锁死**。为避免出现剪切锁死现象，通常有**减缩积分**和**假设应变**两种方案。

2. 减缩积分法

基于式（9.2.6）的插值基函数，利用泛函的极值条件，得到单元刚度矩阵：

$$\boldsymbol{K}^e = \boldsymbol{K}_b^e + \boldsymbol{K}_s^e \tag{9.2.9}$$

其中，$\boldsymbol{K}_b^e=\dfrac{EIl}{2}\int_{-1}^{1}\boldsymbol{B}_b^{\mathrm{T}}\boldsymbol{B}_b\mathrm{d}\xi$ ，$\boldsymbol{K}_s^e=\dfrac{GAl}{2k}\int_{-1}^{1}\boldsymbol{B}_s^{\mathrm{T}}\boldsymbol{B}_s\mathrm{d}\xi$ ，k 为截面剪切修正因子。代入参数计算得到

$$\boldsymbol{K}_b^e=\frac{EIl}{2}\begin{bmatrix}0&0&0&0\\0&1&0&-1\\0&0&0&0\\0&-1&0&1\end{bmatrix},\quad \boldsymbol{K}_s^e=\frac{GA}{8k}\int_{-1}^{1}\begin{bmatrix}4l&2(1-\xi)&-4l&2(1+\xi)\\2(1-\xi)&l(1-\xi)^2&-2(1-\xi)&l(1-\xi^2)\\-4l&-2(1-\xi)&4l&-2(1+\xi)\\2(1+\xi)&l(1-\xi^2)&-2(1+\xi)&l(1+\xi)^2\end{bmatrix}\mathrm{d}\xi$$

在 $\boldsymbol{K}_b^e$、$\boldsymbol{K}_s^e$ 的计算中对应的应变矩阵为

$$\boldsymbol{B}_b=\begin{bmatrix}0&\dfrac{1}{l}&0&-\dfrac{1}{l}\end{bmatrix},\quad \boldsymbol{B}_s=\begin{bmatrix}-\dfrac{1}{l}&-\dfrac{1}{2}(1-\xi)&\dfrac{1}{l}&-\dfrac{1}{2}(1+\xi)\end{bmatrix}$$

可见 $\boldsymbol{K}_b^e$ 不依赖积分方案选取，$\boldsymbol{K}_s^e$ 的取值与所选取积分方案有关。当采用精确积分（2 点 Gauss 全积分）和减缩积分（1 点 Gauss 积分）时，得到

$$\boldsymbol{K}_s^e=\frac{GA}{kl}\begin{bmatrix}1&\dfrac{l}{2}&-1&\dfrac{l}{2}\\\dfrac{l}{2}&\dfrac{l^2}{3}&-\dfrac{l}{2}&\dfrac{l^2}{6}\\-1&-\dfrac{l}{2}&1&-\dfrac{l}{2}\\\dfrac{l}{2}&\dfrac{l^2}{6}&-\dfrac{l}{2}&\dfrac{l^2}{3}\end{bmatrix},\quad \bar{\boldsymbol{K}}_s^e=\frac{GA}{kl}\begin{bmatrix}1&\dfrac{l}{2}&-1&\dfrac{l}{2}\\\dfrac{l}{2}&\dfrac{l^2}{4}&-\dfrac{l}{2}&\dfrac{l^2}{4}\\-1&-\dfrac{l}{2}&1&-\dfrac{l}{2}\\\dfrac{l}{2}&\dfrac{l^2}{4}&-\dfrac{l}{2}&\dfrac{l^2}{4}\end{bmatrix}$$

容易计算 $\mathrm{rank}\left(\boldsymbol{K}_s^e\right)=2$，$\mathrm{rank}\left(\bar{\boldsymbol{K}}_s^e\right)=1$。剪切应变能的精确积分需要 2 个 Gauss 积分点，采用 1 点 Gauss 积分就是用积分点处 θ 的值代替其单元内的线性变化，这就为约束条件 $\mathrm{d}w/\mathrm{d}x-\theta=0$ 的满足提供了可能，因此 $\mathrm{rank}\left(\bar{\boldsymbol{K}}_s^e\right)=1$ 成为避免剪切锁死现象的一条解决方案。

同时当 $\mathrm{rank}\left(\bar{\boldsymbol{K}}_s^e\right)=1$ 时，$\mathrm{rank}\left(\boldsymbol{K}^e\right)=2$，在引入限制刚体运动的约束后，总刚度矩阵 $\boldsymbol{K}$ 非奇异，方程可以求解。因此，为保证梁在变薄，即 l/h 趋于无穷大时，能得到有意义的非零解，$\boldsymbol{K}_s$ 必须奇异（约束刚体运动后），同时 $\boldsymbol{K}$ 非奇异（约束刚体运动后）。

上述结论是针对二结点梁单元得出的，进一步研究发现对于 n 结点梁单元，采用 $n-1$ 个 Gauss 积分点，可以同时保证 $\boldsymbol{K}_s$ 奇异及 $\boldsymbol{K}$ 非奇异。

3. 假设应变法

不用插值公式（9.2.6）计算剪切应变 γ ，采用如下插值：

$$\bar{\gamma}=\sum_{j=1}^{m}\bar{N}_j(\xi)\bar{\gamma}_j \tag{9.2.10}$$

代入泛函推导单元刚度矩阵。式（9.2.10）中 $\bar{\gamma}_j$ 为插值基点 ξ_j 处的剪切应变，m 为插值点数目。下面讨论如何确定插值基点 ξ_j、插值点数目 m 及插值点处的切应变 $\bar{\gamma}_j$ 。

在 w 和 θ 采用同次插值多项式时，$\mathrm{d}w/\mathrm{d}x$ 总比 θ 低一次，为使梁很薄时 γ 趋于 0，应使插值函数 $\bar{\gamma}$ 与 $\mathrm{d}w/\mathrm{d}x$ 保持同阶，因此 $\bar{\gamma}$ 的插值点数目应比 w 和 θ 的插值点数少 1，即

$m=n-1$。第 8 章指出 Gauss 积分点的应力（或应变）精度较其他点高一次，因此通常 ξ_j 取 m 个 Gauss 积分点的坐标，并且插值点处的切应变：

$$\bar{\gamma}_j=\gamma(\xi_j)=\left(\frac{\mathrm{d}w}{\mathrm{d}x}-\theta\right)\bigg|_{\xi=\xi_j}=\sum_{i=1}^{n}\left(\frac{\mathrm{d}N_i(\xi)}{\mathrm{d}x}w_i-N_i(\xi)\theta_i\right)\bigg|_{\xi=\xi_j}$$

如对二结点 Timoshenko 梁单元，$m=1$，$\xi_1=0$，$\bar{N}_1(\xi)=1$，有

$$\bar{\gamma}=\gamma(\xi_1)=\left(\frac{\mathrm{d}w}{\mathrm{d}x}-\theta\right)\bigg|_{\xi=0}=\frac{1}{l}(w_2-w_1)-\frac{1}{2}(\theta_1+\theta_2)$$

对三结点 Timoshenko 梁单元，$m=2$，$\xi_{1,2}=\pm\frac{1}{\sqrt{3}}$，$\bar{N}_1=\frac{1}{2}\left(1-\sqrt{3}\xi\right)$，$\bar{N}_2=\frac{1}{2}\left(1+\sqrt{3}\xi\right)$，有

$$\bar{\gamma}=\gamma(\xi_1)=\bar{N}_1\left(\frac{\mathrm{d}w}{\mathrm{d}x}-\theta\right)\bigg|_{\xi_1=-\frac{1}{\sqrt{3}}}+\bar{N}_2\left(\frac{\mathrm{d}w}{\mathrm{d}x}-\theta\right)\bigg|_{\xi_2=\frac{1}{\sqrt{3}}}$$

上述通过剪切应变插值解决剪切锁死现象的方法称为**假设应变法**。

4. Mindlin 厚板单元的剪切锁死现象

为避免由于厚度很小而发生剪切锁死现象，要求 $\boldsymbol{K}_s$ 奇异，就须对刚度矩阵 $\boldsymbol{K}_s$ 采用减缩积分。用减缩积分可能导致 $\boldsymbol{K}$ 奇异，出现除刚体运动之外对变形能无贡献的变形模式，称为**零能模式**。

由第 7 章关于单元积分点选择方案，Mindlin 厚板单元中 $\boldsymbol{K}$ 非奇异的必要条件为

$$M_e n_b d_b + M_e n_s d_s \geqslant N \tag{9.2.11}$$

其中，M_e 为单元数；n_b、n_s 分别为计算矩阵 $\boldsymbol{K}_b$ 和 $\boldsymbol{K}_s$ 的高斯积分点个数；d_b、d_s 为弯曲应变和剪切应变的分量数（对 Mindlin 厚板单元 $d_b=3$、$d_s=2$）；N 为系统独立自由度数目。

保证 $\boldsymbol{K}_s$ 奇异性的充分条件为

$$M_e n_s d_s < N \tag{9.2.12}$$

《有限单元法》（王勖成，2003）指出，当事先不知道单元数 M_e 和系统自由度数目 N 时，建议不等式（9.2.11）和（9.2.12）用如下不等式代替：

$$n_b d_b + n_s d_s \geqslant N_e \tag{9.2.13}$$

$$n_s d_s < j \quad 或 \quad r=\frac{j}{n_s d_s}>1 \tag{9.2.14}$$

其中，N_e 为一个单元仅约束刚体位移后的自由度数目；j 为在已有网格基础上再增加一个单元所增加的自由度数目；r 称为**奇异性指标**，r 越大 $\boldsymbol{K}_s$ 的奇异性越高。

综上所述，保证 $\boldsymbol{K}_b$ 非奇异和 $\boldsymbol{K}_s$ 奇异有各种方案。实际应用和通用程序中，对厚板采用精确积分可避免零能模式和剪切锁死现象；对薄板普遍采用减缩积分方案，虽然这时仍可能出现剪切锁死现象，主要发生在 Serendipity 单元且网格数目较少的情形，这可以通过改用 Lagrange 单元避免。在薄板分析时，推荐采用四结点和九结点 Lagrange 单元。

例 9.2　四边固支和四边简支方形薄板，承受均布载荷 q 或中央集中载荷 P。取 1/4 用不同密度网格计算得到的中心点挠度和 Timoshenko 精确解的比较列于表 9.1，其中，L 为板边长，$D=Et^3/[12(1-\mu^2]$，计算中 $\mu=0.3$。

表 9.1　正方形薄板的中点挠度（矩形单元）

网格	结点数	四边简支		四边固支	
		均布载荷	集中载荷	均布载荷	集中载荷
		$w_{max}D/(qL^4)$	$w_{max}D/(PL^2)$	$w_{max}D/(qL^4)$	$w_{max}D/(PL^2)$
2×2	9	0.003446	0.013784	0.001480	0.005919
4×4	25	0.003939	0.012327	0.001403	0.006134
8×8	81	0.004033	0.011829	0.001304	0.005803
16×16	289	0.004056	0.011671	0.001275	0.005672
精确解		0.004062	0.01160	0.00126	0.00560

9.3　平面壳单元

9.3.1　薄壳基本假设

1. 直法线假设

在变形前正交于壳体中面的直线段，变形后仍为正交于中面的直法线段，且保持长度不变，该假设称为**薄壳直法线假设**，又称**基尔霍夫-拉夫（Kirchhoff-Love）假设**。基于该假设有

$$\gamma_{xz}=0,\ \ \gamma_{yz}=0,\ \ \varepsilon_z=0 \tag{9.3.1}$$

2. 切平面应力假设

正应力σ_z比应力分量σ_x、σ_y、τ_{xy}小得多，即可以假定$\sigma_z=0$。

对于空间薄壁壳体结构，几何上可以用一系列的平面三角形或矩形的组合模拟，当给这样的平面三角形或矩形赋予一定的物理意义形成的单元，称为**平面壳单元**。

三角形单元或矩形单元可以模拟平面问题、板弯曲问题，还可以模拟壳体结构。平板与薄壳在几何上都表现为厚度方向的尺度比其他两个方向小得多，都使用 Kirchhoff 假设。但平板的面内位移分量u、v与弯曲位移w、θ_x、θ_y不耦合，而壳体的位移分量u、v、w同时发生，弯曲状态与薄膜状态相互耦合。

9.3.2　平面壳单元

平面壳单元可以看成平面应力单元与平板弯曲单元的组合，因此其单元刚度矩阵也应为这两种单元刚度矩阵的组合。下面以三结点三角形单元说明（图 9.4）。

1. 平面应力状态

局部坐标系中，平面应力状态下结点i的位移列阵$\boldsymbol{a}_i^{(m)}=[u_i\quad v_i]^{\mathrm{T}}$，单元的位移插值模式为（上标$m$表示薄膜应力状态）

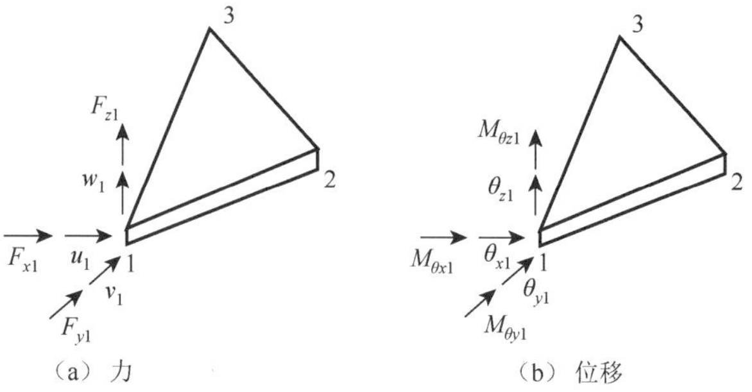

图 9.4　三角形平面薄壳单元的位移和力

$$\begin{bmatrix} u \\ v \end{bmatrix} = \sum_{i=1}^{3} \boldsymbol{N}_i^{(m)} \begin{bmatrix} u_i \\ v_i \end{bmatrix} = \sum_{i=1}^{3} \boldsymbol{N}_i^{(m)} \boldsymbol{a}_i^{(m)} \tag{9.3.2}$$

其中，$\boldsymbol{N}_i^{(m)}$为结点 i 的插值基函数矩阵。单元的应变为

$$\boldsymbol{\varepsilon} = \sum_{i=1}^{3} \boldsymbol{B}_i^{(m)} \boldsymbol{a}_i^{(m)}, \quad \boldsymbol{\varepsilon} = [\varepsilon_x \quad \varepsilon_y \quad \gamma_{xy}]^{\mathrm{T}} \tag{9.3.3}$$

其中，$\boldsymbol{B}_i^{(m)}$为结点 i 对应的应变矩阵，与平面应力对应的应变矩阵相同。单元刚度矩阵块为

$$\boldsymbol{K}_{ij}^{(m)} = \int_{A^e} \left(\boldsymbol{B}_i^{(m)}\right)^{\mathrm{T}} \boldsymbol{D}^{(m)} \boldsymbol{B}_j^{(m)} t\mathrm{d}x\mathrm{d}y \tag{9.3.4}$$

其中，弹性矩阵 $\boldsymbol{D}^{(m)}=\boldsymbol{D}$ 为平面应力问题的弹性矩阵。

2. 平板弯曲状态

局部坐标系中，平板弯曲状态下结点 i 的位移向量 $\boldsymbol{a}_i^{(b)} = [w_i \quad \theta_{xi} \quad \theta_{yi}]^{\mathrm{T}}$，其中 $\theta_{xi} = (\partial w/\partial y)_i$，$\theta_{yi} = -(\partial w/\partial x)_i$。单元的位移模式为（上标 b 表示弯曲状态）

$$w = \sum_{i=1}^{3} \boldsymbol{N}_i^{(b)} \boldsymbol{a}_i^{(b)} \tag{9.3.5}$$

广义应变为

$$\boldsymbol{\kappa} = \sum_{i=1}^{3} \boldsymbol{B}_i^{(b)} \boldsymbol{a}_i^{(b)} = \left[-\frac{\partial^2 w}{\partial x^2} \quad -\frac{\partial^2 w}{\partial y^2} \quad -2\frac{\partial^2 w}{\partial x \partial y}\right]^{\mathrm{T}}$$

单元刚度矩阵块为

$$\boldsymbol{K}_{ij}^{(b)} = \iint \left(\boldsymbol{B}_i^{(b)}\right)^{\mathrm{T}} \boldsymbol{D}^{(b)} \boldsymbol{B}_j^{(b)} \mathrm{d}x\mathrm{d}y \tag{9.3.6}$$

其中，弹性矩阵 $\boldsymbol{D}^{(m)} = \boldsymbol{D}^{(b)}$。

3. 局部坐标系下平面壳单元刚度方程

在单元局部坐标系中 $\theta_{zi} = 0$，但在总体坐标系中 $\theta_{zi} \neq 0$。为方便矩阵运算，定义局部坐标系下平面壳单元的结点 i 位移列阵和广义力列阵为

$$\boldsymbol{a}_i = [u_i \quad v_i \quad w_i \quad \theta_{xi} \quad \theta_{yi} \quad \theta_{zi}]^{\mathrm{T}}, \quad \boldsymbol{F}_i = [F_{xi} \quad F_{yi} \quad F_{zi} \quad M_{xi} \quad M_{yi} \quad M_{zi}]^{\mathrm{T}} \tag{9.3.7}$$

单元的结点位移列阵和单元广义力列阵为

$$\boldsymbol{a}^e=\begin{Bmatrix}\boldsymbol{a}_1\\\boldsymbol{a}_2\\\boldsymbol{a}_3\end{Bmatrix}_{18\times1},\quad \boldsymbol{F}^e=\begin{Bmatrix}\boldsymbol{F}_1\\\boldsymbol{F}_2\\\boldsymbol{F}_3\end{Bmatrix}_{18\times1}\tag{9.3.8}$$

局部坐标系下平面壳单元刚度矩阵块为

$$\boldsymbol{K}_{ij}^e=\begin{bmatrix}\left[\boldsymbol{K}_{ij}^{(m)}\right]_{2\times2} & [\boldsymbol{0}]_{2\times3} & [\boldsymbol{0}]_{2\times1}\\ [\boldsymbol{0}]_{3\times2} & \left[\boldsymbol{K}_{ij}^{(b)}\right]_{3\times3} & [\boldsymbol{0}]_{3\times1}\\ [\boldsymbol{0}]_{1\times2} & [\boldsymbol{0}]_{1\times3} & [\boldsymbol{0}]_{1\times1}\end{bmatrix}_{6\times6}\tag{9.3.9}$$

局部坐标系下单元刚度矩阵为

$$\boldsymbol{K}^e=\begin{bmatrix}\boldsymbol{K}_{11}^e & \boldsymbol{K}_{12}^e & \boldsymbol{K}_{13}^e\\ \boldsymbol{K}_{21}^e & \boldsymbol{K}_{22}^e & \boldsymbol{K}_{23}^e\\ \boldsymbol{K}_{31}^e & \boldsymbol{K}_{32}^e & \boldsymbol{K}_{33}^e\end{bmatrix}_{18\times18}\tag{9.3.10}$$

局部坐标系下单元刚度方程为 $\boldsymbol{K}^e\boldsymbol{a}^e=\boldsymbol{F}^e$，即

$$\begin{bmatrix}\boldsymbol{K}_{11}^e & \boldsymbol{K}_{12}^e & \boldsymbol{K}_{13}^e\\ \boldsymbol{K}_{21}^e & \boldsymbol{K}_{22}^e & \boldsymbol{K}_{23}^e\\ \boldsymbol{K}_{31}^e & \boldsymbol{K}_{32}^e & \boldsymbol{K}_{33}^e\end{bmatrix}_{18\times18}\begin{Bmatrix}\boldsymbol{a}_1\\\boldsymbol{a}_2\\\boldsymbol{a}_3\end{Bmatrix}_{18\times1}=\begin{Bmatrix}\boldsymbol{F}_1\\\boldsymbol{F}_2\\\boldsymbol{F}_3\end{Bmatrix}_{18\times1}\tag{9.3.11}$$

4. 单元矩阵的坐标变换

在图 9.5 中，局部坐标系为 $Oxyz$，总体坐标系为 $O'x'y'z'$，平面壳单元的结点 i 在局部坐标系 $Oxyz$ 下的位移为

$$\boldsymbol{a}_i=[u_i\quad v_i\quad w_i\quad \theta_{xi}\quad \theta_{yi}\quad \theta_{zi}]^{\mathrm{T}}\tag{9.3.12}$$

结点 i 在总体坐标系 $O'x'y'z'$ 下的位移为

$$\boldsymbol{a}_i'=\left[u_i'\quad v_i'\quad w_i'\quad \theta_{xi}'\quad \theta_{yi}'\quad \theta_{zi}'\right]^{\mathrm{T}}\tag{9.3.13}$$

则结点 i 的位移在两个坐标系之间的变换关系为

$$\boldsymbol{a}_i'=\boldsymbol{T}_0\boldsymbol{a}_i,\quad \boldsymbol{a}_i=\boldsymbol{T}_0^{\mathrm{T}}\boldsymbol{a}_i'\tag{9.3.14}$$

变换矩阵为

$$\boldsymbol{T}_0=\begin{bmatrix}\boldsymbol{\lambda} & 0\\ 0 & \boldsymbol{\lambda}\end{bmatrix},\quad \boldsymbol{\lambda}=\begin{bmatrix}l_{x'x} & l_{x'y} & l_{x'z}\\ l_{y'x} & l_{y'y} & l_{y'z}\\ l_{z'x} & l_{z'y} & l_{z'z}\end{bmatrix}\tag{9.3.15}$$

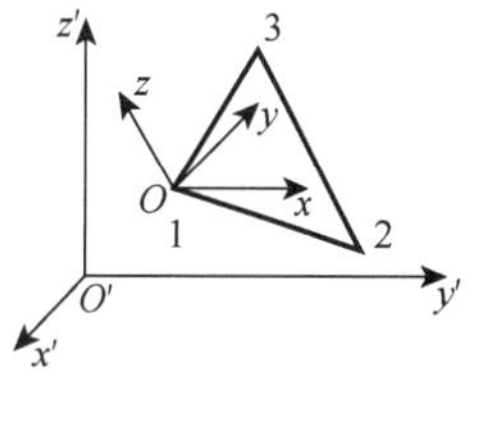

图 9.5　平面壳单元的局部坐标系与总体坐标系

其中，$l_{x'x}=\cos(x',x)$ 等为局部坐标系 $Oxyz$ 的 x、y、z 轴在总体坐标系 $O'x'y'z'$下 x'、y'、z'轴下的方向余弦。

单元位移变换关系为

$$\boldsymbol{a}^{e\prime}=\boldsymbol{T}\boldsymbol{a}^e,\quad \boldsymbol{a}^e=\boldsymbol{T}^{\mathrm{T}}\boldsymbol{a}^{e\prime},\quad \boldsymbol{T}=\begin{bmatrix}\boldsymbol{T}_0 & 0 & 0\\ 0 & \boldsymbol{T}_0 & 0\\ 0 & 0 & \boldsymbol{T}_0\end{bmatrix}\tag{9.3.16}$$

单元刚度矩阵的变换关系为

$$
\begin{aligned}
&\boldsymbol{K}^{e\prime} = \boldsymbol{T}\boldsymbol{K}^{e}\boldsymbol{T}^{\mathrm{T}}, \quad \boldsymbol{K}_{ij}^{e\prime} = \boldsymbol{T}_0\boldsymbol{K}_{ij}^{e}\boldsymbol{T}_0^{\mathrm{T}} \\
&\boldsymbol{K}^{e} = \boldsymbol{T}^{\mathrm{T}}\boldsymbol{K}^{e\prime}\boldsymbol{T}, \quad \boldsymbol{K}_{ij}^{e} = \boldsymbol{T}_0^{\mathrm{T}}\boldsymbol{K}_{ij}^{e\prime}\boldsymbol{T}_0
\end{aligned} \tag{9.3.17}
$$

单元载荷向量的变换关系为

$$
\begin{aligned}
&\boldsymbol{F}^{e} = \boldsymbol{T}\boldsymbol{F}^{e\prime}, \quad \boldsymbol{F}_i^{e} = \boldsymbol{T}_0\boldsymbol{F}_i^{e\prime} \\
&\boldsymbol{F}^{e\prime} = \boldsymbol{T}\boldsymbol{F}^{e}, \quad \boldsymbol{F}_i^{e\prime} = \boldsymbol{T}_0^{\mathrm{T}}\boldsymbol{F}_i^{e}
\end{aligned} \tag{9.3.18}
$$

注意：若与结点 i 相关的单元在同一平面内，由于与自由度 θ_{zi} 对应的单元刚度矩阵的行和列元素全为零元素，所以形成的总刚度矩阵必奇异，即$|\boldsymbol{K}| = 0$，这时总刚度方程无法求解。采用如下处理方法：①在局部坐标系建立该结点对应的平衡方程组时，删去自由度 θ_{zi} 对应的方程；②在此点上给出任意的刚度系数 $\boldsymbol{K}_{\theta z}$，不影响计算结果。

例 9.3　如图 9.6 所示四边固定的正方形板，边长 $L = 0.2\text{m}$，厚度 $t = 0.01\text{m}$，在板中心点 B 有沿$-z$ 方向的集中力 $F = 100\text{N}$。材料弹性模量为 $E = 2.0\times10^5\text{MPa}$，泊松比 $\mu = 0.3$ 。分别采用三角形板单元和三角形壳单元计算点 B 的挠度。

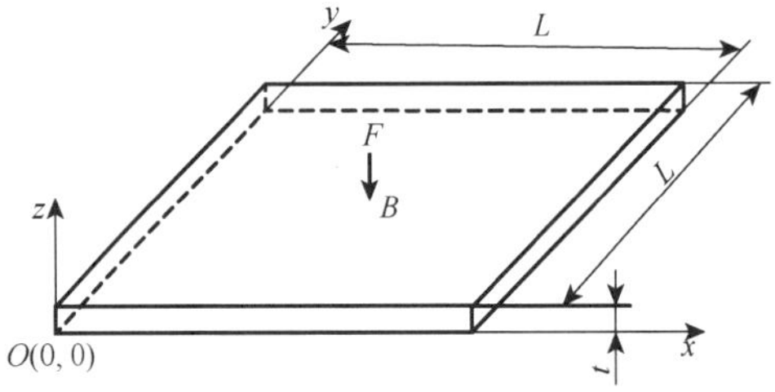

（a） 正方形板

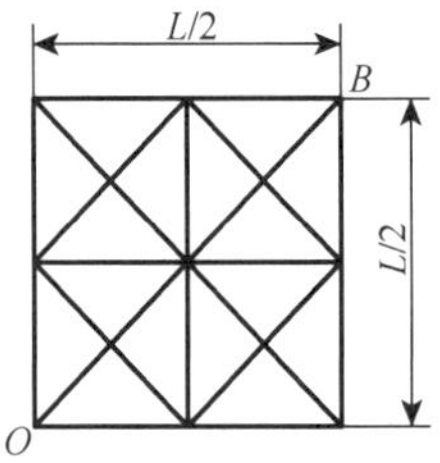

（b） 1/4 板及单元

图 9.6　板单元和壳单元

由于对称性，取四分之一为计算模型。分别采用三角形板单元和三角形壳单元。过点 O 的两个边界施加固定约束，过点 B 的两个边施加对称约束；在 B 处施加大小为 $F/4 = 25\text{N}$ 的垂直于板面的集中力。计算出板单元和壳单元对应的点 B 的挠度（z 方向位移）分别为 $0.1257\times10^{-5}\text{m}$、$0.1276\times10^{-5}\text{m}$。薄板中心 B 点的挠度解析解为

$$
w_B = \frac{0.0056\times12(1-\mu^2)FL^2}{Et^3} = 0.1223\times10^{-5}\text{m}
$$

可见采用壳单元，考虑中面变形，挠度的计算结果稍大于板单元，说明中面的变形对计算结果是有影响的。

9.4　本 章 小 结

本章主要介绍了基于薄板理论的四结点矩形单元、三结点三角形单元和平面壳单元、基于 Mindlin 厚板理论的厚板单元。基于薄板理论的四结点矩形单元和三结点三角形单元，其位移插值函数满足完备性要求，单元间横向挠度的连续性虽然得到保障，但法向导数并不连续，都属于非协调单元，这两种单元都能通过拼片试验。基于 Mindlin 厚板理论的单元，

横向挠度和截面转角独立插值，方程结构形式简单，便于推广到壳体单元，但可能会出现剪切锁死的零能模式，解决剪切锁死现象的方案主要有减缩积分法和假设应变法。平板与薄壳的共同点是厚度方向尺度比其他两个方向尺寸小得多，都可使用 Kirchhoff 假设，但平板中的薄膜应力状态与弯曲应力状态不耦合，而壳体中两种应力状态是相互耦合的，本章以三结点三角形平面壳单元为例，说明了平面壳单元刚度方程的建立过程。除了本章介绍的几种板壳单元，还有很多板壳单元，包括协调单元、非协调单元、应力单元等。

本章涉及的理论有 Kirchhoff 薄板理论、Mindlin 厚板理论和 Kirchhoff 壳理论，相应的有薄板单元、Mindlin 厚板单元和平面壳单元，此外还涉及剪切自锁和零能模式，以及解决剪切锁死现象的降阶积分和假设应变等方案，这些概念和方法需要理解和掌握。

9.5　习　　题

【习题 9.1】 如果三角形板单元的位移函数是 $w=\alpha_1+\alpha_2x+\alpha_3y+\alpha_4x^2+\alpha_5xy+\alpha_6y^2+\alpha_7x^3+\alpha_8(x^2y+xy^2)+\alpha_9y^3$。验证当单元的两边分别平行于坐标轴且长度相等时，决定参数 $\alpha_1,\alpha_2,\cdots,\alpha_9$ 的代数方程组的系数矩阵是奇异的。

【习题 9.2】 试从变分原理角度论证 Mindlin 厚板单元减缩积分方法和假设剪切应变方法的理论基础。

【习题 9.3】 习题 9.3 图为四边固支带中心圆孔的正方形板，板尺寸为 500mm×500mm，圆孔直径为 100mm，板厚 4mm。板上表面承受垂直向下的均匀分布载荷，其大小为 15kN/m^2。板材弹性模量为 200GPa，泊松比为 0.3。分别用平面壳单元和三维实体单元计算其应力和变形，并比较其计算结果。

【习题 9.4】 习题 9.4 图简支工字梁长 6m，截面积 115cm^2，高度 352mm，翼板宽 253mm，厚 16mm，腹板厚 9.5mm，截面惯性矩 2.65×10^{-4}m^4。材料弹性模量 200GPa，泊松比 0.3。梁上表面中心受垂直向下大小 110kN 的集中载荷。用有限元法计算梁的挠度和弯曲应力，并与经典梁弯曲理论结果进行比较。

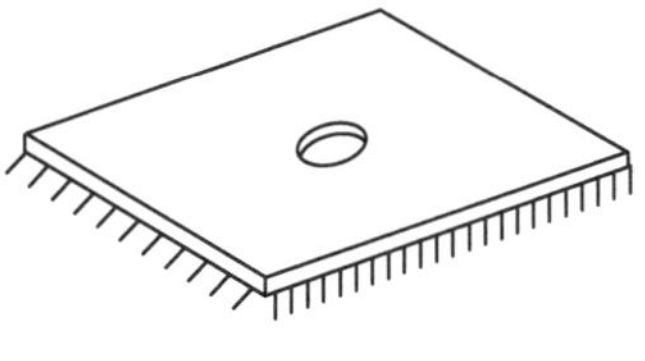

习题 9.3 图

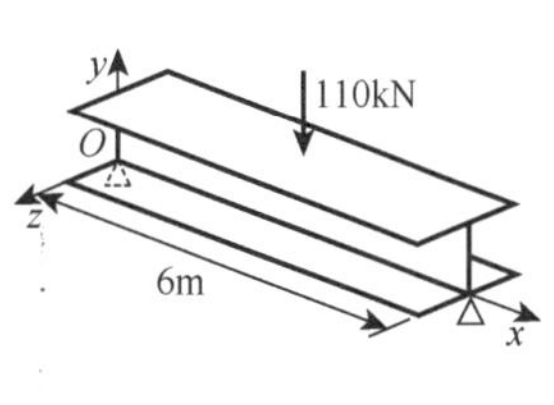

习题 9.4 图

【习题 9.5】 习题 9.5 图为四边形简支正方形薄板，边长 $L=1$m，厚度 $t=0.002$m，材料弹性模量 $E=2.1\times10^4$MPa，泊松比 $\mu=0.3$，板面承受均匀分布载荷 $p=1$kN/m^2，取板的 1/4 为计算模型。解决以下问题：①试写出 1/4 计算模型的边界约束条件；②用板单元计算板中心的挠度和弯矩。

【习题 9.6】 习题 9.6 图为筒形拱顶，$L=50$m，$t=0.3$m，$R=25$m，$\theta=30°$，材料弹性模量为 7.0×10^{4}MPa，泊松比为 0.269，密度为 2.7t/m^3。用平面壳单元计算其在自重作用下的变形和应力。

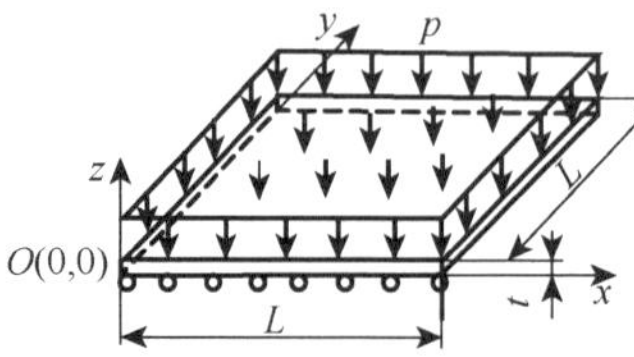

习题 9.5 图

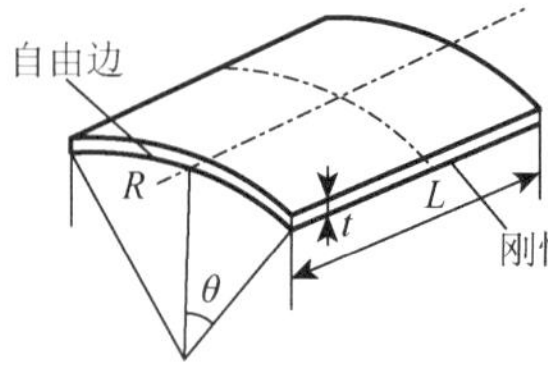

习题 9.6 图

【习题 9.7】 习题 9.7 图为圆柱壳屋顶，$R = 7.62\text{m}$，$L = 7.62\text{m}$，壳厚度 $t = 7.62\text{cm}$，圆心角 80°，材料弹性模量 $E = 2.07\times10^4\text{MPa}$，泊松比 $\mu = 0.3$，径向均匀分布外载荷 $p = 4.31\text{MPa}$，轴向两端由刚性隔板支撑，其余两边为自由边界。采用平面壳单元计算其在 p 作用下的变形、膜应力、弯曲应力和弯矩。

【习题 9.8】 几何参数如习题 9.8 图的球对称拱顶所示，材料弹性模量 200GPa，泊松比 $\mu = 0.3$，密度 7.8t/m^3。顶部外表面作用有 200Pa 的均布压力。用平面壳单元计算其在自重和外部压力作用下的变形和应力。

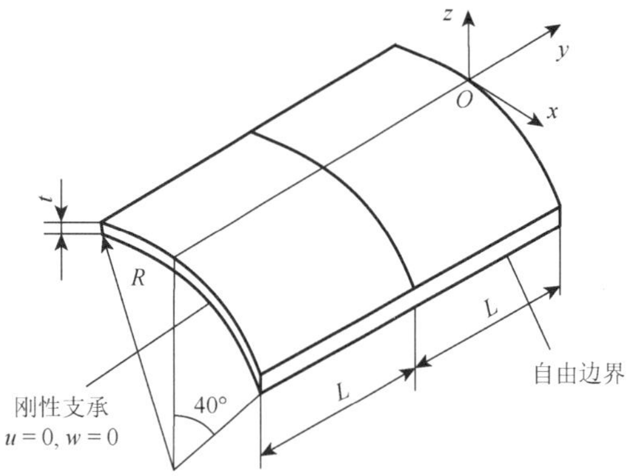

习题 9.7 图

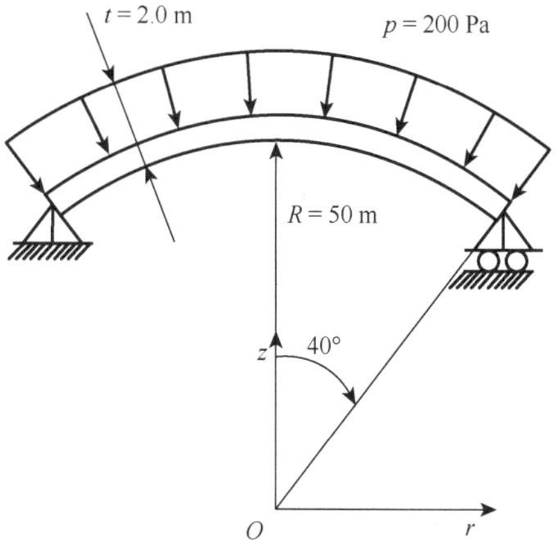

习题 9.8 图

习题解答

第 10 章　动力学问题有限元法

如果结构受到随时间变化的载荷，结构内各点的位移、应变和应力也将随时间而变化，这类问题称为**动力学问题**。若力的作用时间非常短，如爆炸、碰撞、跌落等，则该类动力学问题称为**冲击动力学问题**；若力的作用时间相对较长，如高速运行的车辆、旋转电机等，则该类动力学问题称为**结构动力学问题**。用有限元法求解动力学问题需要首先建立其动力学方程，再求解其动力学特性和动力学响应。动力学特性包括固有频率、模态和阻尼比等；动力学响应分为**瞬态响应**和**频率响应**，本书仅介绍瞬态响应的计算。

10.1　有限元动力学方程

10.1.1　弹性动力学基本方程及定解条件

动力学问题研究的是动载作用下结构的力学特性及响应，这时结构的位移、应变、应力等力学基本变量不仅是空间的函数，还是时间的函数，结构反力也是时间的函数，对应的位移、应变、应力和反力称为**动位移**、**动应变**、**动应力**和**动反力**。由于这些力学基本变量是时间和空间的函数，相应的力学基本方程（如平衡方程、几何方程和本构方程等）也需要能描述其与空间位置和时间的相关性，这些描述弹性体空间位置和时间相关性的基本方程称为**弹性体动力学基本方程**。弹性体动力学基本方程的解不仅依赖边界条件，还与初始条件密切相关，而边界条件和初始条件统称为**定解条件**。下面介绍这些基本方程和定解条件。

1. 三维弹性体动力学基本方程

1）平衡方程

平衡方程为

$$\boldsymbol{L}^{\mathrm{T}}\boldsymbol{\sigma}+\boldsymbol{f}=\rho\ddot{\boldsymbol{u}}+\mu\dot{\boldsymbol{u}} \tag{10.1.1}$$

其中，$\rho\ddot{\boldsymbol{u}}$、$\mu\dot{\boldsymbol{u}}$ 分别为惯性项和阻尼项；其他项的力学意义与弹性力学静力学问题相同。

2）几何方程

几何方程为

$$\boldsymbol{\varepsilon}=\boldsymbol{L}\boldsymbol{u} \tag{10.1.2}$$

3）本构方程

本构方程为

$$\boldsymbol{\sigma}=\boldsymbol{D}\boldsymbol{\varepsilon} \tag{10.1.3}$$

2. 边界条件

动力学问题的边界条件描述结构中一些位置的力学基本变量随时间变化的规律，因此动力学问题的边界条件称为**动态边界条件**。动态边界条件包括**动态位移边界条件**和**动态力边界条件**，动态位移边界条件是给定结构某些位置的广义位移随时间变化的规律，动态力边界条件是给定结构某些位置的广义力随时间变化的规律。两类动态边界条件表述为

$$\boldsymbol{u}=\bar{\boldsymbol{u}}(t), \quad \boldsymbol{n\sigma}=\bar{\boldsymbol{t}}(t) \tag{10.1.4}$$

其中，$\bar{\boldsymbol{u}}(t)$ 和 $\bar{\boldsymbol{t}}(t)$ 为给定的动态位移边界条件和动态力边界条件。

3. 初始条件

要确定动力学基本方程的解，除了边界条件，还需要初始条件。初始条件包括位移初始条件和速度初始条件，它们描述初始时刻结构中各点的位移和速度，表示为

$$\boldsymbol{u}(0)=\boldsymbol{u}(x,y,z,0)=\bar{\boldsymbol{u}}(0), \quad \dot{\boldsymbol{u}}(0)=\dot{\boldsymbol{u}}(x,y,z,0)=\bar{\dot{\boldsymbol{u}}}(0) \tag{10.1.5}$$

其中，$\bar{\boldsymbol{u}}(0)$ 和 $\bar{\dot{\boldsymbol{u}}}(0)$ 为给定的结构中各点的初始位移和初始速度。

10.1.2 有限元动力学方程

有限元动力学计算时采用只对空间域离散，结点位移为时间的函数，为此单元内任意点的位移为

$$u(X,t)=\sum_{i=1}^{n_e}N_i(X)u_i(t), \quad v(X,t)=\sum_{i=1}^{n_e}N_i(X)v_i(t), \quad w(X,t)=\sum_{i=1}^{n_e}N_i(X)w_i(t) \tag{10.1.6a}$$

其中，n_e 为单元结点数；$N_i(X)=N_i(x,y,z)$为结点 i 处的插值基函数，与静力学分析的插值基函数相同，与时间无关。式（10.1.6a）的矩阵形式为

$$\boldsymbol{u}=\boldsymbol{N}\boldsymbol{a}^e(t) \tag{10.1.6b}$$

其中，$\boldsymbol{N}=\begin{bmatrix}\boldsymbol{N}_1 & \boldsymbol{N}_2\cdots\boldsymbol{N}_{n_e}\end{bmatrix}$，$\boldsymbol{N}_i=N_i\boldsymbol{I}_{3\times3}$；$\boldsymbol{a}^e(t)=[\boldsymbol{a}_1(t)\quad \boldsymbol{a}_2(t)\quad \cdots\quad \boldsymbol{a}_{n_e}(t)]^{\mathrm{T}}$ 为随时间变化的单元结点位移列阵，$\boldsymbol{a}_i(t)=[u_i(t)\quad v_i(t)\quad w_i(t)]^{\mathrm{T}}$ 为结点 i 随时间变化的结点位移列阵；$\boldsymbol{u}=[u(x,y,z,t)\quad v(x,y,z,t)\quad w(x,y,z,t)]^{\mathrm{T}}$ 为单元内任意点 $P(x,y,z)$在时刻 t 的位移。

基于平衡方程和力边界条件的等效积分形式为

$$\int_V(\delta\boldsymbol{u})^{\mathrm{T}}(\boldsymbol{L}^{\mathrm{T}}\boldsymbol{\sigma}+\boldsymbol{f}-\rho\ddot{\boldsymbol{u}}-\mu\dot{\boldsymbol{u}})\mathrm{d}V-\int_{S_\sigma}(\delta\boldsymbol{u})^{\mathrm{T}}(\boldsymbol{n\sigma}-\bar{\boldsymbol{t}})\mathrm{d}S=0 \tag{10.1.7}$$

将式（10.1.6）代入式（10.1.7）得到结构动力学方程为

$$\boldsymbol{M}\ddot{\boldsymbol{a}}(t)+\boldsymbol{C}\dot{\boldsymbol{a}}(t)+\boldsymbol{K}\boldsymbol{a}(t)=\boldsymbol{F}(t) \tag{10.1.8}$$

其中，$\boldsymbol{a}(t)=[\boldsymbol{a}_1(t)\quad \boldsymbol{a}_2(t)\quad \cdots\quad \boldsymbol{a}_n(t)]^{\mathrm{T}}$ 为结构的总体结点位移列阵，n 为结构总结点数；$\boldsymbol{M}$、$\boldsymbol{C}$、$\boldsymbol{K}$ 和 $\boldsymbol{F}(t)$分别称为结构的**质量矩阵**、**阻尼矩阵**、**刚度矩阵**和**等效结点载荷列阵**，它们都由对应的单元矩阵和单元载荷向量组集而成，即

$$\boldsymbol{M}=\sum_e \boldsymbol{M}^e,\quad \boldsymbol{C}=\sum_e \boldsymbol{C}^e,\quad \boldsymbol{K}=\sum_e \boldsymbol{K}^e,\quad \boldsymbol{F}(t)=\sum_e \boldsymbol{F}^e(t)$$

其中

$$\boldsymbol{M}^e=\int_{V_e}\rho\boldsymbol{N}^{\mathrm{T}}\boldsymbol{N}\,\mathrm{d}V,\quad \boldsymbol{C}^e=\int_{V_e}\mu\boldsymbol{N}^{\mathrm{T}}\boldsymbol{N}\,\mathrm{d}V,\quad \boldsymbol{K}^e=\int_{V_e}\boldsymbol{B}^{\mathrm{T}}\boldsymbol{D}\boldsymbol{B}\mathrm{d}V$$

$$\boldsymbol{F}^e(t)=\int_{V_e}\boldsymbol{N}^{\mathrm{T}}\boldsymbol{f}\,\mathrm{d}V+\int_{S_{\sigma e}}\boldsymbol{N}^{\mathrm{T}}\boldsymbol{t}\,\mathrm{d}V$$

分别称为**单元质量矩阵**、**单元阻尼矩阵**、**单元刚度矩阵**和**单元等效结点载荷列阵**。其中 ρ 为单位体积的材料密度，μ 为单位体积的阻尼系数，此处和后续将不再重复介绍与静力学内容相同的参数。

若方程（10.1.8）中 $\boldsymbol{F}(t)\neq 0$，则称该类动力学问题为**强迫振动**，强迫振动主要关注外载荷引起的系统动力学响应。若 $\boldsymbol{F}(t)=0$，则称该类动力学问题为**自由振动**。若进一步 $\boldsymbol{C}=0$，则称为**无阻尼自由振动**，自由振动主要关注系统的动力学特性，如固有频率、振动模态和阻尼比等，以及初始条件引起的动力学响应等。动力学方程（10.1.8）中的载荷向量 $\boldsymbol{F}(t)$通常是给定的，刚度矩阵 $\boldsymbol{K}$ 已在前面各章节中给出，要获得结构的动力学特性及响应，还需要给出其质量矩阵和阻尼矩阵。

10.2　质量矩阵与阻尼矩阵

10.2.1　质量矩阵

1. 一致质量矩阵

单元的质量矩阵定义为

$$\boldsymbol{M}^e=\int_{V_e}\rho\boldsymbol{N}^{\mathrm{T}}\boldsymbol{N}\,\mathrm{d}V \tag{10.2.1}$$

用该定义给出的单元质量矩阵称为**单元一致质量矩阵**或**单元协调质量矩阵**。由定义可见单元一致质量矩阵计算与所选择的 Gauss 积分点个数有关。下面给出完全积分下一些常见单元的一致质量矩阵。

1）一维杆单元

一维二结点杆单元形函数矩阵 $\boldsymbol{N}=[N_1(x)\quad N_2(x)]$，其插值基函数 $N_1(x)=1-x/l^e$，$N_2(x)=x/l^e$。代入式（10.2.1）得到一维二结点杆单元的一致质量矩阵为

$$\boldsymbol{M}^e=\int_{V_e}\rho\boldsymbol{N}^{\mathrm{T}}\boldsymbol{N}\mathrm{d}V=\frac{\rho A l^e}{6}\begin{bmatrix}2 & 1\\ 1 & 2\end{bmatrix}$$

其中，A 为杆件截面面积（下同）。

2）平面杆单元

平面二结点杆单元形函数矩阵 $\boldsymbol{N}=[\boldsymbol{N}_1\quad \boldsymbol{N}_2]$，$\boldsymbol{N}_i=N_i\boldsymbol{I}_{2\times 2}$，插值基函数 $N_1(x)=1-x/l^e$，$N_2(x)=x/l^e$。代入式（10.2.1）得到平面二结点杆单元一致质量矩阵为

$$\boldsymbol{M}^e=\int_{V^e}\rho\boldsymbol{N}^{\mathrm{T}}\boldsymbol{N}\mathrm{d}V=\frac{\rho Al^e}{6}\begin{bmatrix}2&0&1&0\\0&2&0&1\\1&0&2&0\\0&1&0&2\end{bmatrix}$$

3）一维 Euler-Bernoulli 梁单元

一维二结点梁单元形函数矩阵 $\boldsymbol{N}=[N_1 \quad N_2 \quad N_3 \quad N_4]$，其中插值基函数 N_i 的表达式见式（4.3.5），代入式（10.2.1）得到单元局部坐标系下一维 Euler-Bernoulli 梁的单元一致质量矩阵为

$$\boldsymbol{M}^e=\int_{V^e}\rho\boldsymbol{H}^{\mathrm{T}}\boldsymbol{H}\mathrm{d}V=\frac{\rho Al^e}{420}\begin{bmatrix}156&22l^e&54&-13l^e\\22l^e&4l^{e2}&13l^e&-3l^{e2}\\54&13l^e&156&-22l^e\\-13l^e&-3l^{e2}&-22l^e&4l^{e2}\end{bmatrix}$$

如果局部坐标系 $Ox'y'$ 的 Ox' 轴与总体坐标系 Oxy 的 Ox 轴的夹角为 α。总体坐标系中一维 Euler-Bernoulli 梁单元的一致质量矩阵通过变换 $\boldsymbol{M}^e=\boldsymbol{T}^{\mathrm{T}}\boldsymbol{M}^{e'}\boldsymbol{T}$ 得到，其中

$$\boldsymbol{T}=\begin{bmatrix}\boldsymbol{T}_0&0\\0&\boldsymbol{T}_0\end{bmatrix},\quad \boldsymbol{T}_0=\begin{bmatrix}\cos\alpha&\sin\alpha&0\\-\sin\alpha&\cos\alpha&0\\0&0&1\end{bmatrix}$$

4）平面梁单元

同前述得到平面梁单元的刚度矩阵一样，将平面梁单元视为一维杆单元与一维梁单元的叠加。因此，在单元局部坐标系 $Ox'y'$ 下的二结点平面梁单元的一致质量矩阵为

$$\boldsymbol{M}^{e'}=\begin{bmatrix}2a&0&0&a&0&0\\0&156b&22l^{e2}b&0&54b&-13l^eb\\0&22l^{e2}b&4l^{e2}b&0&13l^eb&-3l^{e2}b\\a&0&0&2a&0&0\\0&54b&13l^eb&0&156b&-22l^eb\\0&-13l^eb&-3l^{e2}b&0&-22l^eb&4l^{e2}b\end{bmatrix}$$

其中，$a=\rho Al^e/6$，$b=\rho Al^e/420$。总体坐标系下平面梁单元一致质量矩阵通过 $\boldsymbol{M}^e=\boldsymbol{T}^{\mathrm{T}}\boldsymbol{M}^{e'}\boldsymbol{T}$ 得到。

5）平面三角形单元

平面三结点三角形单元的形函数矩阵 $\boldsymbol{N}=[\boldsymbol{N}_1 \quad \boldsymbol{N}_2 \quad \boldsymbol{N}_3]$，$\boldsymbol{N}_i=N_i\boldsymbol{I}_{2\times 2}$，插值基函数为 $N_i=(b_i+c_i x+d_i y)/(2A)$，$i=1, 2, 3$，在单元局部坐标系下的单元一致质量矩阵为

$$\boldsymbol{M}^e=\rho t^e\int_{A^e}\boldsymbol{N}^{\mathrm{T}}\boldsymbol{N}\mathrm{d}x\mathrm{d}y=\frac{\rho t^e A}{12}\begin{bmatrix}2&0&1&0&1&0\\0&2&0&1&0&1\\1&0&2&0&1&0\\0&1&0&2&0&1\\1&0&1&0&2&0\\0&1&0&1&0&2\end{bmatrix}$$

练习：推导轴对称三角形单元和四面体单元的一致质量矩阵。

2. 集中质量矩阵

为提高计算效率，在有限元动力学计算中常用仅在主对角线有非 0 元素的**集中质量矩阵**，也称为**团聚质量矩阵**。单元的集中质量矩阵可以基于一致质量矩阵得到，下面给出一些由单元一致质量矩阵得到单元集中质量矩阵的方法。

1）质点质量集中法

该方法直接将单元的质量平均到单元结点对应的自由度上，如对于二结点平面杆单元，其集中质量矩阵为

$$\boldsymbol{M}^e = \frac{\rho A l^e}{2}\boldsymbol{I}_{4\times 4}$$

因梁单元涉及平动自由度和转动自由度，其集中质量矩阵有不考虑转动惯量影响和考虑转动惯量影响两种情况。这时两种情况对应的集中质量矩阵为

$$\boldsymbol{M}^e = \rho A l^e \begin{bmatrix} 1/2 & & & \\ & 0 & & \\ & & 1/2 & \\ & & & 0 \end{bmatrix},\quad \boldsymbol{M}^e = \rho A l^e \begin{bmatrix} 1/2 & & & \\ & \alpha l^{e2} & & \\ & & 1/2 & \\ & & & \alpha l^{e2} \end{bmatrix}$$

其中考虑转动惯量影响时，参数 α 按如下方法确定：设想长度 $l^e/2$，质量 $\rho A l^e/2$ 的均匀杆与结点相连并一起旋转，转动惯量 $J = \rho A l^{e3}/24$，得到 $\alpha = 1/24$。

2）HRZ 法

该方法于 1976 年由 Hinton、Rock 和 Zienkiewicz 提出，因此称为 **HRZ 法**。该方法将单元一致质量矩阵 $\boldsymbol{M}^e$ 的主元素乘以缩放因子得到，即

$$(\boldsymbol{M}^e)_{ij} = \begin{cases} \alpha(\boldsymbol{M}^e)_{ii}, & i = j \\ 0, & i \neq j \end{cases} \tag{10.2.2}$$

其中，参数 α 根据平动自由度质量守恒确定，即通过表达式 $\alpha\sum(\boldsymbol{M}^e)_{ii} = \int_V \rho \mathrm{d}V$ 确定。其中求和符号中的 i 仅针对平动相关性进行。

例 10.1　用 HRZ 法确定一维杆单元和一维梁单元的集中质量矩阵。

解　对于二结点一维杆单元，其一致质量矩阵为

$$\boldsymbol{M}^e = \frac{\rho A l^e}{6}\begin{bmatrix} 2 & 1 \\ 1 & 2 \end{bmatrix},\quad \alpha\left(\frac{\rho A l^e}{3} + \frac{\rho A l^e}{3}\right) = \rho A l^e$$

得 $\alpha = 3/2$，因此单元集中质量矩阵为

$$\boldsymbol{M}^e = \frac{\rho A l^e}{2}\boldsymbol{I}_{2\times 2}$$

对于二结点一维梁单元，在局部坐标系下其单元一致质量矩阵为

$$\boldsymbol{M}^e = \frac{\rho A l^e}{420}\begin{bmatrix} 156 & 22l^e & 54 & -13l^e \\ 22l^e & 4l^{e2} & 13l^e & -3l^{e2} \\ 54 & 13l^e & 156 & -22l^e \\ -13l^e & -3l^{e2} & -22l^e & 4l^{e2} \end{bmatrix},\quad \alpha\left(\frac{156\rho A l^e}{420} + \frac{156\rho A l^e}{420}\right) = \rho A l^e$$

得到$\alpha = 210/156$，因此单元集中质量矩阵为

$$\boldsymbol{M}^e = \rho A l^e \begin{bmatrix} 1/2 & & & \\ & l^{e2}/78 & & \\ & & 1/2 & \\ & & & l^{e2}/78 \end{bmatrix}$$

例 10.2 单元厚度为 t，用 HRZ 法计算平面八结点两次 Serendipity 单元和九结点 Lagrange 单元的集中质量矩阵。

解 首先分别用 2×2 和 3×3 的 Gauss 积分计算一致质量矩阵（练习）。再按照 HRZ 法计算得到 Serendipity 单元和 Lagrange 单元的集中质量矩阵。则采用 2×2 和 3×3 的 Gauss 积分点，Serendipity 单元的集中质量矩阵（图 10.1（a）)，图中括号内的数表示用 3×3 的 Gauss 积分得到的结果（下同）。

$$\boldsymbol{M}^e = \frac{\rho A t}{36}\begin{bmatrix} \boldsymbol{I}_{8\times 8} & \\ & 8\boldsymbol{I}_{8\times 8} \end{bmatrix}, \qquad \boldsymbol{M}^e = \frac{\rho A t}{76}\begin{bmatrix} 3\boldsymbol{I}_{8\times 8} & \\ & 16\boldsymbol{I}_{8\times 8} \end{bmatrix}$$

则采用 2×2 和 3×3 的 Gauss 积分点，Lagrange 单元的集中质量矩阵为（图 10.1（b））

$$\boldsymbol{M}^e = \frac{\rho A t}{36}\begin{bmatrix} \boldsymbol{I}_{8\times 8} & & \\ & 4\boldsymbol{I}_{8\times 8} & \\ & & 16\boldsymbol{I}_{2\times 2} \end{bmatrix}, \qquad \boldsymbol{M}^e = \frac{\rho A t}{36}\begin{bmatrix} \boldsymbol{I}_{8\times 8} & & \\ & 4\boldsymbol{I}_{8\times 8} & \\ & & 16\boldsymbol{I}_{2\times 2} \end{bmatrix}$$

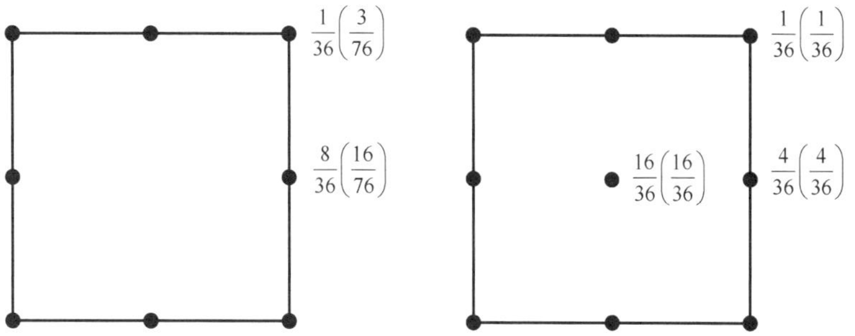

（a） Serendipity 单元　　（b） Lagrange 单元

图 10.1 不同 Gauss 积分下 Serendipity 和 Lagrange 单元的集中质量矩阵

3）行集中法（同行元素相加法）

如果该行的主元素对应的是平动自由度，那么该行的主元素等于该行所有平动自由度对应的元素之和，转动自由度对应的主元素及非主元素均为零。

$$(\boldsymbol{M}^e)_{ij} = \begin{cases} \sum_{k=1}^{n_e} (\boldsymbol{M}^e)_{ik}, & i = j \\ 0, & i \neq j \end{cases} \tag{10.2.3}$$

注意：$\sum_{k=1}^{n_e} (\boldsymbol{M}^e)_{ik}$ 仅对平动或转动求和，该法是比较常用的方法。

例 10.3 用行集中法求平面杆单元、一维梁单元和平面三角形单元的集中质量矩阵。

解　平面杆单元、一维梁单元和平面三角形单元的集中质量矩阵分别为

$$\boldsymbol{M}^e=\frac{\rho A l^e}{2}\boldsymbol{I}_{4\times4},\quad \boldsymbol{M}^e=\frac{\rho A l^e}{2}\begin{bmatrix}1&0&0&0\\0&0&0&0\\0&0&1&0\\0&0&0&0\end{bmatrix},\quad \boldsymbol{M}^e=\frac{\rho t^e A}{3}\boldsymbol{I}_{6\times6}$$

4）最佳质量集中法

集中质量矩阵可以认为是使用合适的积分规则来计算

$$\boldsymbol{M}^e=\int_V\rho\boldsymbol{N}^{\mathrm{T}}\boldsymbol{N}\mathrm{d}V=\sum_i\rho w_i\boldsymbol{N}^{\mathrm{T}}(\xi_i)\boldsymbol{N}(\xi_i)J(\xi_i) \tag{10.2.4}$$

得到的结果。当积分点与只有平移自由度的单元结点重合时，就不会产生非对角项。若有转动自由度，则对角线上会出现块状矩阵。采用该特殊积分得到的对角质量矩阵称为**最佳集中质量矩阵**。该方法是 1975 年由 Fried 和 Malkus 提出的。图 10.2 给出了几种常见二次单元集中质量矩阵元素分布示意，其中 m 为单元总质量。根据图 10.2，三结点杆单元、六结点三角形单元、八结点和九结点正方形单元的最佳集中质量矩阵分别为

$$\boldsymbol{M}_1^e=\frac{m}{6}\begin{bmatrix}1&0&0\\0&4&0\\0&0&1\end{bmatrix},\quad \boldsymbol{M}_2^e=\frac{m}{3}\begin{bmatrix}\boldsymbol{I}_{6\times6}&0\\0&\boldsymbol{I}_{6\times6}\end{bmatrix},\quad \boldsymbol{M}_3^e=\frac{m}{12}\begin{bmatrix}-\boldsymbol{I}_{8\times8}&\\&4\boldsymbol{I}_{8\times8}\end{bmatrix},\quad \boldsymbol{M}_4^e=\frac{m}{36}\begin{bmatrix}\boldsymbol{I}_{8\times8}&&\\&4\boldsymbol{I}_{8\times8}&\\&&16\boldsymbol{I}_{2\times2}\end{bmatrix}$$

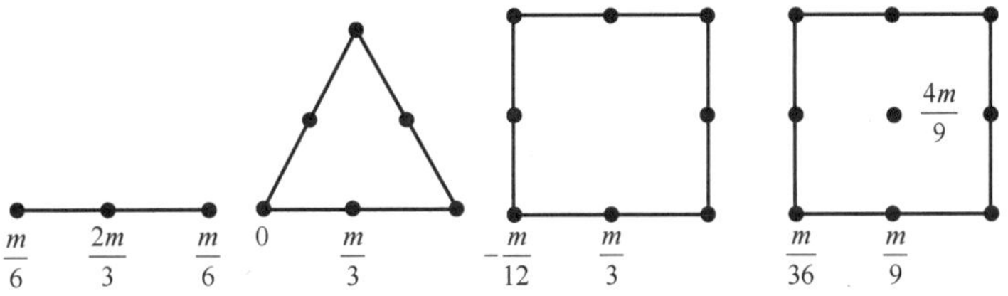

图 10.2　常见二次单元最佳集中质量矩阵元素分布

不同的集中质量方法得到的集中质量矩阵各不相同，也各有优缺点。表 10.1 给出了用质点质量集中法、HRZ 法和一致质量矩阵法计算四周简支方板的前七阶横向振动固有频率的误差。

表 10.1　不同质量矩阵计算简支方板横向振动前七阶固有频率的误差（%）

振型(m, n)	质量矩阵类型		
	质点质量集中法	HRZ 法	一致质量矩阵法
（1，1）	0.32	0.32	−0.11
（2，1）	−0.45	0.45	−0.40
（2，2）	−4.2	−2.75	−0.35
（3，1）	−5.75	0.05	5.18
（3，2）	−1.015	−2.96	4.68
（3，3）	−19.42	−5.18	13.78
（4，2）	31.70	1.53	16.88

由表 10.1 可见，计算低阶模态采用各种质量矩阵都会得到较为满意的结果，但高阶模态计算采用 HRZ 法效果更好。目前的商用软件如 ANSYS 和 ABAQUS 等，低阶单元采用一致质量矩阵，高阶单元使用 HRZ 集中质量矩阵。

10.2.2　阻尼矩阵

按照单元的阻尼矩阵定义：

$$\boldsymbol{C}^e = \int_{V_e} \mu \boldsymbol{N}^{\mathrm{T}} \boldsymbol{N} \mathrm{d}V \tag{10.2.5}$$

给出的阻尼矩阵称为**协调阻尼矩阵**，它是假定阻尼力正比于质点运动速度，是介质阻尼简化的结果，该单元阻尼矩阵正比于单元质量矩阵。此外，一些阻尼可以简化为正比于应变速度的阻尼，如材料内摩擦引起的结构阻尼，阻尼力表示为 $\mu D\dot{\varepsilon}$，该单元阻尼矩阵正比于单元刚度矩阵，这时单元阻尼矩阵为

$$\boldsymbol{C}^e = \int_{V_e} \mu \boldsymbol{B}^{\mathrm{T}} \boldsymbol{B} \mathrm{d}V \tag{10.2.6}$$

这种与质量矩阵或刚度矩阵成比例的阻尼矩阵，称为**比例阻尼**或**振型阻尼**。

有限元计算中常将结构阻尼矩阵简化为质量矩阵 $\boldsymbol{M}$ 和刚度矩阵 $\boldsymbol{K}$ 的线性组合，即

$$\boldsymbol{C} = \alpha \boldsymbol{M} + \beta \boldsymbol{K} \tag{10.2.7}$$

该阻尼矩阵称为瑞利（**Rayleigh 阻尼矩阵**）。其中 α 和 β 为不依赖于频率的常数，α 对低频响应影响较大，β 对高频响应影响较大。

前面已经给出了动力学方程（10.1.8）中质量矩阵、刚度矩阵、阻尼矩阵及载荷列阵，现在可以对动力学方程（10.1.8）进行求解。求解动力学方程（10.1.8）的方法可以分为**模态叠加法**和**直接积分法**，而直接积分法又有多种方法，包括**显式积分**和**隐式积分**两类。

10.3　模态叠加法

10.3.1　固有振型及性质

1. 正则模态概念

对于无阻尼自由振动问题，振动方程为

$$\boldsymbol{M}\ddot{\boldsymbol{a}} + \boldsymbol{K}\boldsymbol{a} = \boldsymbol{0} \tag{10.3.1}$$

假设方程（10.3.1）的解为

$$\boldsymbol{a}(t) = \boldsymbol{\phi} \mathrm{e}^{\mathrm{i}\omega t} \tag{10.3.2}$$

其中，ω 为固有频率；$\boldsymbol{\phi}$ 为与 ω 对应的特征向量。将式（10.3.2）代入式（10.3.1）得

$$(\boldsymbol{K} - \omega^2 \boldsymbol{M})\boldsymbol{\phi} = \boldsymbol{0} \tag{10.3.3}$$

要使线性方程组（10.3.3）有非零解，则

$$\left|\boldsymbol{K}-\omega^2\boldsymbol{M}\right|=0 \tag{10.3.4}$$

求解方程（10.3.4），得 n 个特征值 $\omega_i^2(i=1,2,\cdots,n)$，再代入方程（10.3.3）得 n 个特征向量 $\boldsymbol{\phi}_i(i=1,2,\cdots,n)$。由此形成特征对 $\left(\omega_i^2,\boldsymbol{\phi}_i\right)$，其中特征值 $\omega_1,\omega_2,\cdots,\omega_n$ 为系统的 n 个**固有频率**，并且 $0\leqslant\omega_1<\omega_2<\cdots<\omega_n$。特征向量 $\boldsymbol{\phi}_1,\boldsymbol{\phi}_2,\cdots,\boldsymbol{\phi}_n$ 为系统的 n 个**固有振型**或**模态**。对于给定的 ω_i^2，由方程（10.3.3）得到的特征向量 $\boldsymbol{\phi}_i$ 并不唯一，将满足

$$\boldsymbol{\phi}_i^{\mathrm{T}}\boldsymbol{M}\boldsymbol{\phi}_i=1,\quad i=1,2,\cdots,n \tag{10.3.5}$$

的特征向量（振型或模态）称为**正则振型**或**正则模态**。后续所指振型或模态均指正则振型或正则模态。

2. 模态的性质

根据模态和固有频率的定义，由方程（10.3.3），有

$$\omega_i^2\boldsymbol{M}\boldsymbol{\phi}_i=\boldsymbol{K}\boldsymbol{\phi}_i,\quad \omega_j^2\boldsymbol{M}\boldsymbol{\phi}_j=\boldsymbol{K}\boldsymbol{\phi}_j \tag{10.3.6}$$

两式分别左乘 $\boldsymbol{\phi}_j^{\mathrm{T}}$ 和 $\boldsymbol{\phi}_i^{\mathrm{T}}$，然后相减得

$$\left(\omega_i^2-\omega_j^2\right)\boldsymbol{\phi}_j^{\mathrm{T}}\boldsymbol{M}\boldsymbol{\phi}_i=0$$

当 $\omega_i^2\neq\omega_j^2$ 不为零时，有

$$\boldsymbol{\phi}_j^{\mathrm{T}}\boldsymbol{M}\boldsymbol{\phi}_i=0 \tag{10.3.7}$$

再综合式（10.3.5）和式（10.3.7）得

$$\boldsymbol{\phi}_j^{\mathrm{T}}\boldsymbol{M}\boldsymbol{\phi}_i=\begin{cases}1, & i=j\\ 0, & i\neq j\end{cases} \tag{10.3.8}$$

式（10.3.8）称为**振型或模态关于质量矩阵 $\boldsymbol{M}$ 正交**。再将式（10.3.8）代入式（10.3.6）得

$$\boldsymbol{\phi}_j^{\mathrm{T}}\boldsymbol{K}\boldsymbol{\phi}_i=\begin{cases}\omega_i^2, & i=j\\ 0, & i\neq j\end{cases} \tag{10.3.9}$$

式（10.3.9）称为**振型或模态关于刚度矩阵 $\boldsymbol{K}$ 正交**。将各阶模态进行排列得到矩阵：

$$\boldsymbol{\Phi}=\begin{bmatrix}\boldsymbol{\phi}_1 & \boldsymbol{\phi}_2 & \cdots & \boldsymbol{\phi}_n\end{bmatrix}$$

称该矩阵为**模态矩阵**或**振型矩阵**。再定义**固有频率矩阵** $\boldsymbol{\Omega}=\mathrm{diag}\left(\omega_1^2,\omega_2^2,\cdots,\omega_n^2\right)$。这时正交条件（10.3.8）和（10.3.9）可以表示为

$$\boldsymbol{\Phi}^{\mathrm{T}}\boldsymbol{M}\boldsymbol{\Phi}=\boldsymbol{I},\quad \boldsymbol{\Phi}^{\mathrm{T}}\boldsymbol{K}\boldsymbol{\Phi}=\boldsymbol{\Omega} \tag{10.3.10}$$

式（10.3.10）称为**模态矩阵关于质量（刚度）矩阵正交**。

如果阻尼矩阵 $\boldsymbol{C}$ 为振型阻尼，利用 $\boldsymbol{\Phi}$ 的正交性条件（10.3.10）得

$$\boldsymbol{\phi}_i^{\mathrm{T}}\boldsymbol{C}\boldsymbol{\phi}_j=\begin{cases}2\omega_i\xi_i, & i=j\\ 0, & i\neq j\end{cases} \tag{10.3.11}$$

或 $\boldsymbol{\Phi}^{\mathrm{T}}\boldsymbol{C}\boldsymbol{\Phi}=\mathrm{diag}(2\omega_1\xi_1,2\omega_2\xi_2,\cdots,2\omega_n\xi_n)$。其中 ξ_i $(i=1,2,\cdots,n)$ 称为第 i 阶**模态（振型）阻尼比**。如果 $\boldsymbol{C}=\alpha\boldsymbol{M}+\beta\boldsymbol{K}$，这时有

$$\boldsymbol{\Phi}^{\mathrm{T}}\boldsymbol{C}\boldsymbol{\Phi}=\alpha\boldsymbol{I}+\beta\boldsymbol{\Omega}=\mathrm{diag}(\alpha+2\beta\omega_1\xi_1,\alpha+2\beta\omega_2\xi_2,\cdots,\alpha+2\beta\omega_n\xi_n) \tag{10.3.12}$$

由式（10.3.11）与式（10.3.12）得

$$\alpha=\frac{2(\omega_i\xi_i-\omega_j\xi_j)\omega_i\omega_j}{\omega_i^2-\omega_j^2},\quad \beta=\frac{2(\omega_i\xi_i-\omega_j\xi_j)}{\omega_i^2-\omega_j^2} \tag{10.3.13}$$

由式(10.3.13)可见，如果根据实验或资料得到了两个振型的阻尼比 ξ_i 和 ξ_j，式(10.3.13)就提供了一套确定常数 α 和 β 的方法。图 10.3 给出了阻尼比与频率的关系。

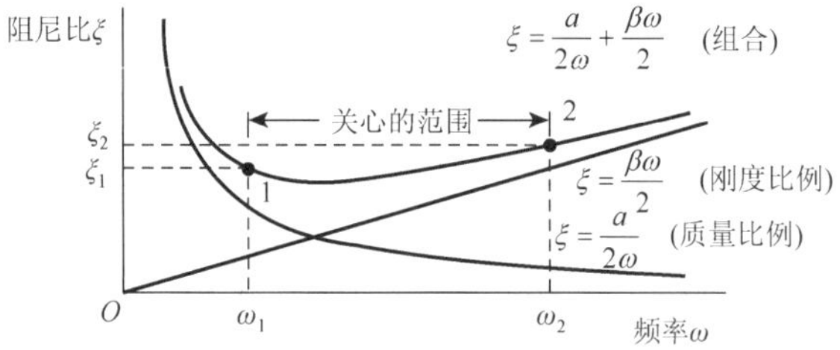

图 10.3　阻尼比与频率的关系

10.3.2　位移模态变换

以特征向量表示位移，进行如下模态变换：

$$\boldsymbol{a}(t)=\boldsymbol{\Phi}\,\boldsymbol{x}(t)=\sum_{i=1}^{n}\boldsymbol{\phi}_i x_i \tag{10.3.14}$$

其中，$\boldsymbol{x}(t)=[x_1\quad x_2\quad\cdots\quad x_n]^{\mathrm{T}}$，$x_i$ 为广义位移，称为**模态坐标**。将式（10.3.14）中的 $\boldsymbol{\Phi}_i$ 视为广义位移基向量，$\boldsymbol{a}(t)$视为基向量 $\boldsymbol{\Phi}_i$ 的线性组合。将其代入动力学方程（10.1.8），并利用模态矩阵 $\boldsymbol{\Phi}$ 的正交性，得

$$\ddot{\boldsymbol{x}}(t)+\boldsymbol{\Phi}^{\mathrm{T}}\boldsymbol{C}\boldsymbol{\Phi}\dot{\boldsymbol{x}}(t)+\boldsymbol{\Omega}\boldsymbol{x}(t)=\boldsymbol{\Phi}^{\mathrm{T}}\boldsymbol{F}(t)=\boldsymbol{R}(t) \tag{10.3.15}$$

其中，$\boldsymbol{R}(t)=\boldsymbol{\Phi}^{\mathrm{T}}\boldsymbol{F}(t)$ 称为模态力列阵。

初始条件为

$$\boldsymbol{x}_0=\boldsymbol{\Phi}^{\mathrm{T}}\boldsymbol{M}\boldsymbol{a}_0,\quad \dot{\boldsymbol{x}}_0=\boldsymbol{\Phi}^{\mathrm{T}}\boldsymbol{M}\dot{\boldsymbol{a}}_0 \tag{10.3.16}$$

如果阻尼矩阵为模态阻尼，则方程（10.3.15）可进一步简化为 n 个独立的方程：

$$\ddot{x}_i(t)+2\omega_i\zeta_i\dot{x}_i(t)+\omega_i^2x_i(t)=r_i(t),\quad i=1,2,\cdots,n \tag{10.3.17}$$

其中，$r_i(t)=\boldsymbol{\Phi}_i^{\mathrm{T}}\boldsymbol{F}(t)$ 为载荷向量 $\boldsymbol{F}(t)$在这些 $\boldsymbol{\Phi}_i$ 上的投影，称为第 i 阶**模态力**。

10.3.3　动力学响应

方程（10.3.17）中每一个方程相当于一个单自由度系统的振动方程，利用杜阿梅尔（Duhamel）积分公式得到

$$x_i(t)=\frac{1}{\bar{\omega}_i}\int_0^t r_i(t)\,\mathrm{e}^{-\zeta_i\bar{\omega}_i(t-\tau)}\sin(\bar{\omega}_i(t-\tau))\mathrm{d}\tau+\mathrm{e}^{-\zeta_i\bar{\omega}_i t}(a_i\sin(\bar{\omega}_i t)+b_i\cos(\bar{\omega}_i t))$$

其中，$\bar{\omega}_i=\omega_i\sqrt{1-\zeta_i^2}$ 为阻尼系统的固有频率；a_i 和 b_i 由初始条件确定。

在得到每个模态坐标的响应后，代入式（10.3.14）得到系统的响应。在实际应用中，式（10.3.14）所取的模态数远小于 n，这样能大大提高计算效率。

例 10.4　图 10.4 为三自由度振动系统，设 $m_1=m_2=1$，$m_3=2$，$k_1=k_2=k_3=1$。求：

（1）系统的固有频率和模态；

（2）若系统初位移 $\boldsymbol{a}(0)=[a\quad 0\quad 0]^{\mathrm{T}}$ 和初速度为零，求系统对初始条件的响应；

（3）设激振力矢量 $\boldsymbol{P}(t)=[P\sin(\omega t)\quad 0\quad 0]^{\mathrm{T}}$，求系统对此作用力下的响应。

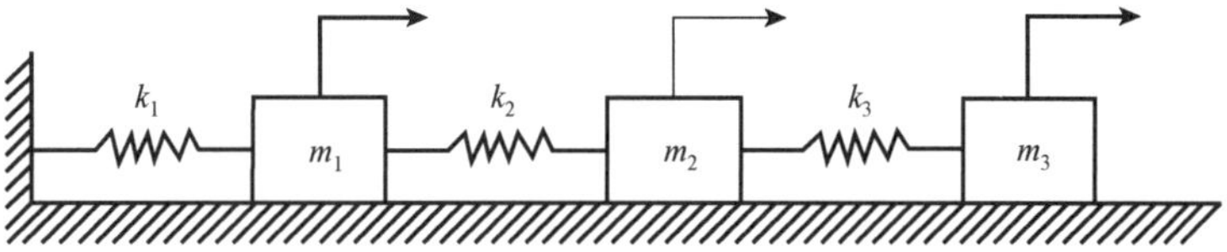

图 10.4　质量弹簧系统

解　（1）系统的固有频率和模态。系统的质量矩阵和刚度矩阵为

$$\boldsymbol{M}=\begin{bmatrix}1&&\\&1&\\&&1\end{bmatrix},\quad \boldsymbol{K}=\begin{bmatrix}2&-1&\\-1&2&-1\\&-1&1\end{bmatrix}$$

特征方程为

$$\left|\boldsymbol{K}-\omega^2\boldsymbol{M}\right|=0$$

解得固有频率和模态为

$$\omega_1^2=0.1267,\quad \omega_2^2=1.2726,\quad \omega_3^2=3.1007,\quad \boldsymbol{\phi}_1=\begin{Bmatrix}0.2418\\0.4530\\0.6067\end{Bmatrix},\quad \boldsymbol{\phi}_2=\begin{Bmatrix}0.7120\\0.5179\\-0.3359\end{Bmatrix},\quad \boldsymbol{\phi}_3=\begin{Bmatrix}0.6592\\-0.7256\\0.1394\end{Bmatrix}$$

模态矩阵为

$$\boldsymbol{\Phi}=[\boldsymbol{\phi}_1\quad\boldsymbol{\phi}_2\quad\boldsymbol{\phi}_3]=\begin{bmatrix}0.2418&0.7120&0.6592\\0.4530&0.5179&-0.7256\\0.6067&-0.3359&0.1394\end{bmatrix}$$

（2）系统对初始条件的响应。模态坐标下的初始条件为

$$x\big|_{t=0}=\boldsymbol{\Phi}^{\mathrm{T}}\boldsymbol{Ma}(t)\big|_{t=0}=\begin{bmatrix}0.2418 & 0.7120 & 0.6592\\0.4530 & 0.5179 & -0.7256\\0.6067 & -0.3359 & 0.1394\end{bmatrix}^{\mathrm{T}}\begin{bmatrix}a\\0\\0\end{bmatrix}=a\begin{bmatrix}0.2418\\0.7120\\0.6592\end{bmatrix}$$

$$\dot{x}\big|_{t=0}=\boldsymbol{\Phi}^{\mathrm{T}}\boldsymbol{M}\dot{\boldsymbol{a}}(t)\big|_{t=0}=0$$

将上述初始条件代入公式

$$x_i(t)=x_{i0}\cos(\omega_i t)+\frac{\dot{x}_{i0}}{\omega_i}\sin(\omega_i t),\quad i=1,2,3$$

得到模态坐标下的响应为

$$x_1(t)=0.2418a\cos(\omega_1 t),\quad x_2(t)=0.7120a\cos(\omega_2 t),\quad x_3(t)=0.6592a\cos(\omega_3 t)$$

代入坐标变换关系得到物理空间下的响应为

$$\begin{aligned}\boldsymbol{a}(t)&=\boldsymbol{\phi}_1x_1(t)+\boldsymbol{\phi}_2x_2(t)+\boldsymbol{\phi}_3x_3(t)\\&=a\begin{Bmatrix}0.0585\\0.1095\\0.1467\end{Bmatrix}\cos(0.3559t)+a\begin{Bmatrix}0.5069\\0.5179\\-0.3687\end{Bmatrix}\cos(1.1281t)+a\begin{Bmatrix}0.4345\\-0.4783\\0.0919\end{Bmatrix}\cos(1.7609t)\end{aligned}$$

（3）强迫振动响应。模态力列阵为

$$\boldsymbol{R}(t)=\boldsymbol{\Phi}^{\mathrm{T}}\boldsymbol{F}(t)=\begin{bmatrix}0.2418 & 0.7120 & 0.6592\\0.4530 & 0.5179 & -0.7256\\0.6067 & -0.3359 & 0.1394\end{bmatrix}^{\mathrm{T}}\begin{bmatrix}P\sin(\omega t)\\0\\0\end{bmatrix}=\begin{bmatrix}0.2418\\0.7120\\0.6592\end{bmatrix}P\sin(\omega t)$$

模态坐标下的振动方程为

$$\ddot{x}_1+\omega_1^2x_1=0.2418P\sin(\omega t),\quad \ddot{x}_2+\omega_2^2x_2=0.7120P\sin(\omega t),\quad \ddot{x}_3+\omega_3^2x_3=0.6592P\sin(\omega t)$$

解得

$$x_1(t)=\frac{0.2418}{\omega_1^2-\omega^2}P\sin(\omega t),\quad x_2(t)=\frac{0.7120}{\omega_2^2-\omega^2}P\sin(\omega t),\quad x_3(t)=\frac{0.6592}{\omega_3^2-\omega^2}P\sin(\omega t)$$

在物理坐标下的外激励响应为

$$\boldsymbol{a}(t)=\boldsymbol{\Phi}\boldsymbol{x}(t)=\begin{bmatrix}0.2418 & 0.7120 & 0.6592\\0.4530 & 0.5179 & -0.7256\\0.6067 & -0.3359 & 0.1394\end{bmatrix}\begin{Bmatrix}x_1(t)\\x_2(t)\\x_3(t)\end{Bmatrix}=\begin{Bmatrix}\dfrac{0.0585}{\omega_1^2-\omega^2}+\dfrac{0.5069}{\omega_2^2-\omega^2}+\dfrac{0.4345}{\omega_3^2-\omega^2}\\\dfrac{0.1095}{\omega_1^2-\omega^2}+\dfrac{0.3697}{\omega_2^2-\omega^2}+\dfrac{0.4783}{\omega_3^2-\omega^2}\\\dfrac{0.1467}{\omega_1^2-\omega^2}+\dfrac{0.2387}{\omega_2^2-\omega^2}+\dfrac{0.0919}{\omega_3^2-\omega^2}\end{Bmatrix}P\sin(\omega t)$$

例 10.5　求如图 10.5 所示无约束阶梯杆轴向自由振动频率和模态。材料弹性模量为 E，质量密度为 ρ，截面面积为 $A^{(1)}=2A^{(2)}=2A$。

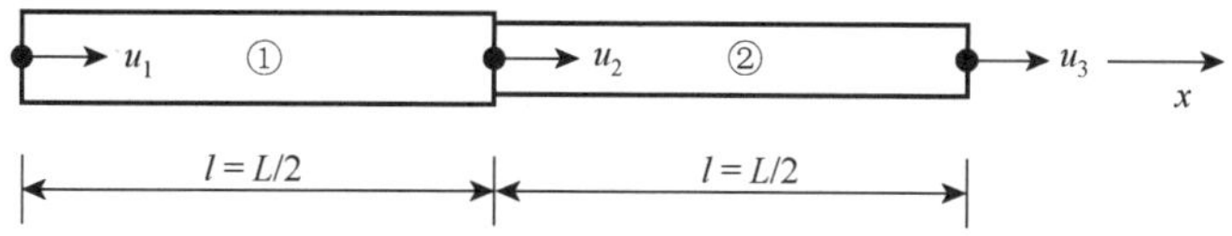

图 10.5　无约束阶梯杆

解　单元①和②的单元刚度矩阵和单元质量矩阵为

$$\boldsymbol{K}^{(1)}=\frac{4AE}{L}\begin{bmatrix}1 & -1\\ -1 & 1\end{bmatrix},\quad \boldsymbol{K}^{(2)}=\frac{2AE}{L}\begin{bmatrix}1 & -1\\ -1 & 1\end{bmatrix},\quad \boldsymbol{M}^{(1)}=\frac{\rho AL}{6}\begin{bmatrix}2 & 1\\ 1 & 2\end{bmatrix},\quad \boldsymbol{M}^{(2)}=\frac{\rho AL}{12}\begin{bmatrix}2 & 1\\ 1 & 2\end{bmatrix}$$

总刚度矩阵和总质量矩阵为

$$\boldsymbol{K}=\frac{2AE}{L}\begin{bmatrix}2 & -2 & 0\\ -2 & 3 & -1\\ 0 & -1 & 1\end{bmatrix},\quad \boldsymbol{M}=\frac{\rho AL}{12}\begin{bmatrix}2 & 2 & 0\\ 2 & 6 & 1\\ 0 & 1 & 2\end{bmatrix}$$

由特征方程

$$\left|\boldsymbol{K}-\omega^2\boldsymbol{M}\right|=0$$

解得

$$\omega_1=0,\quad \boldsymbol{\phi}_1=\begin{Bmatrix}1\\1\\1\end{Bmatrix},\quad \omega_2=\frac{3.46}{L}\sqrt{E/\rho},\quad \boldsymbol{\phi}_2=\begin{Bmatrix}1\\0\\-1\end{Bmatrix},\quad \omega_3=\frac{6.92}{L}\sqrt{E/\rho},\quad \boldsymbol{\phi}_3=\begin{Bmatrix}1\\-1\\1\end{Bmatrix}$$

则阶梯杆前三阶模态如图 10.6 所示。

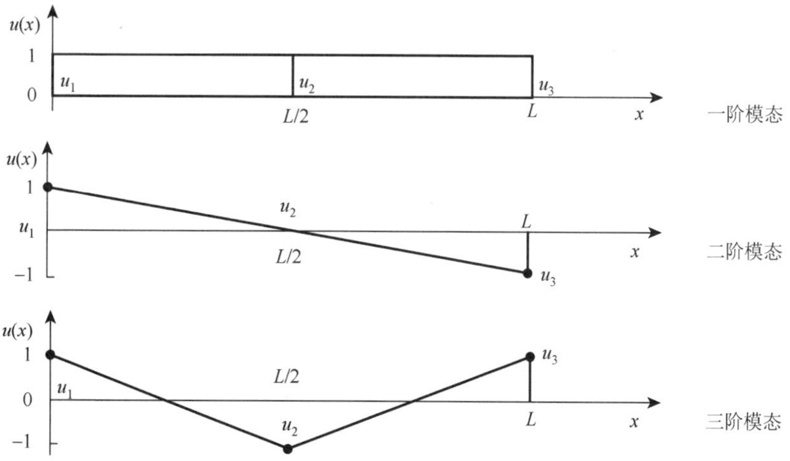

图 10.6　阶梯杆前三阶模态

例 10.6　如图 10.7 所示为左端固定阶梯杆，材料弹性模量为 E，质量密度为 ρ，截面面积为 $A^{(1)}=2A^{(2)}=2A$，初始位移和速度都为 0，求在结点 3 受图示脉冲载荷下的动态响应。

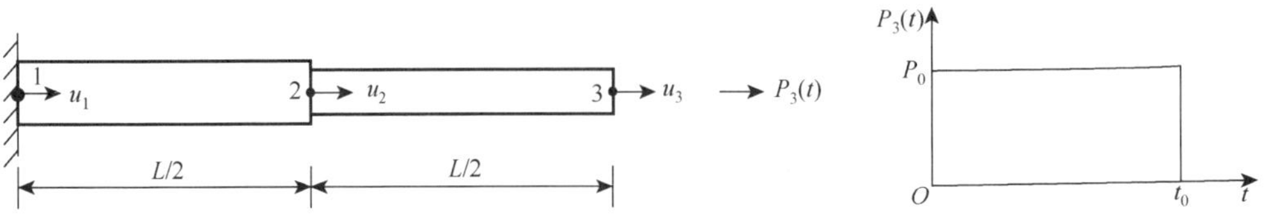

（a） 阶梯结构　　（b） 作用在结点3上的脉冲载荷

图 10.7　受脉冲载荷作用阶梯杆

解　单元刚度矩阵、质量矩阵，总刚度矩阵、总质量矩阵为

$$\boldsymbol{K}^{(1)}=\frac{4AE}{L}\begin{bmatrix}1&-1\\-1&1\end{bmatrix},\quad \boldsymbol{K}^{(2)}=\frac{2AE}{L}\begin{bmatrix}1&-1\\-1&1\end{bmatrix},\quad \boldsymbol{M}^{(1)}=\frac{\rho AL}{6}\begin{bmatrix}2&1\\1&2\end{bmatrix},\quad \boldsymbol{M}^{(2)}=\frac{\rho AL}{12}\begin{bmatrix}2&1\\1&2\end{bmatrix}$$

$$\boldsymbol{K}=\frac{2AE}{L}\begin{bmatrix}2&-2&0\\-2&3&-1\\0&-1&1\end{bmatrix},\quad \boldsymbol{M}=\frac{\rho AL}{12}\begin{bmatrix}2&2&0\\2&6&1\\0&1&2\end{bmatrix}$$

由于 $u_1=0$，划去总刚度矩阵和总质量矩阵的第一行和第一列得

$$\tilde{\boldsymbol{K}}=\frac{2AE}{L}\begin{bmatrix}3&-1\\-1&1\end{bmatrix},\quad \tilde{\boldsymbol{M}}=\frac{\rho AL}{12}\begin{bmatrix}6&1\\1&2\end{bmatrix}$$

由特征方程

$$\left|\tilde{\boldsymbol{K}}-\omega^2\tilde{\boldsymbol{M}}\right|=0$$

解得

$$\omega_1=\frac{1.985}{L}\sqrt{\frac{E}{\rho}}(\text{rad/s}),\quad \boldsymbol{\phi}_1=\begin{Bmatrix}0.5775\\1\end{Bmatrix},\quad \omega_2=\frac{5.159}{L}\sqrt{\frac{E}{\rho}}(\text{rad/s}),\quad \boldsymbol{\phi}_2=\begin{Bmatrix}1\\-0.5775\end{Bmatrix}$$

利用正交性条件 $\boldsymbol{\phi}_i^{\mathrm{T}}\boldsymbol{M}\boldsymbol{\phi}_j=\begin{cases}1, & i=j\\0, & i\neq j\end{cases}$，得到正则模态矩阵为

$$\boldsymbol{\Phi}=[\boldsymbol{\phi}_1\quad \boldsymbol{\phi}_2]=\frac{1}{\sqrt{\rho Al}}\begin{bmatrix}0.8812&-1.1860\\1.5260&2.0530\end{bmatrix}$$

模态力列阵为

$$\boldsymbol{F}(t)=\boldsymbol{\Phi}^{\mathrm{T}}\boldsymbol{F}(t)=\frac{1}{\sqrt{\rho AL}}\begin{bmatrix}0.8812&1.5260\\-1.1860&2.0530\end{bmatrix}\begin{bmatrix}0\\P_3(t)\end{bmatrix}=\frac{1}{\sqrt{\rho AL}}\begin{bmatrix}1.526\\2.053\end{bmatrix}P_3(t)$$

则无阻尼解耦运动方程为

$$\ddot{\boldsymbol{\eta}}(t)+\frac{E}{\rho L^2}\begin{bmatrix}1.985^2&0\\0&5.159^2\end{bmatrix}\boldsymbol{\eta}(t)=\frac{1}{\sqrt{\rho AL}}\begin{bmatrix}1.526\\2.053\end{bmatrix}P_3(t)$$

由初始条件为 $\boldsymbol{a}(0)=\boldsymbol{\Phi}\cdot\boldsymbol{\eta}(0)=\boldsymbol{0}, \dot{\boldsymbol{a}}(0)=\boldsymbol{\Phi}\cdot\dot{\boldsymbol{\eta}}(0)=\boldsymbol{0}$，得到 $\boldsymbol{\eta}(0)=\boldsymbol{0}$，$\dot{\boldsymbol{\eta}}(0)=\boldsymbol{0}$。由 Duhamel 积分公式得到

$$\eta_1(t)=\frac{L}{1.985}\sqrt{\rho/E}\int_0^t\frac{1.5260}{\sqrt{\rho AL}}P_3(t)\sin\left(\frac{1.985}{L}\sqrt{E/\rho}(t-\tau)\right)\mathrm{d}\tau$$

$$\eta_2(t)=\frac{L}{5.159}\sqrt{\rho/E}\int_0^t\frac{2.053}{\sqrt{\rho AL}}P_3(t)\sin\left(\frac{5.159}{L}\sqrt{E/\rho}(t-\tau)\right)\mathrm{d}\tau$$

因此结点 1 和结点 2 位移随时间的变化为

$$\begin{Bmatrix}u_2(t)\\u_3(t)\end{Bmatrix}=\boldsymbol{\Phi\eta}(t)=\frac{1}{\sqrt{\rho AL}}\begin{bmatrix}0.8812\eta_1(t)-1.18\eta_2(t)\\1.526\eta_1(t)+2.053\eta_2(t)\end{bmatrix}$$

（1）对于 $t<t_0$，有

$$u_2(t)=\frac{P_0L}{AE}\left[0.2499-0.3414\cos\left(\frac{1.985}{L}\sqrt{\frac{E}{\rho}}t\right)+0.9149\cos\left(\frac{5.159}{L}\sqrt{\frac{E}{\rho}}t\right)\right]$$

$$u_3(t)=\frac{P_0L}{AE}\left[0.4324-0.5907\cos\left(\frac{1.985}{L}\sqrt{\frac{E}{\rho}}t\right)+0.1583\cos\left(\frac{5.159}{L}\sqrt{\frac{E}{\rho}}t\right)\right]$$

（2）对于 $t\geqslant t_0$，有

$$\begin{aligned}u_2(t)=\frac{P_0L}{AE}\Bigg\{&0.3414\left[\cos\left(\frac{1.985}{L}\sqrt{\frac{E}{\rho}}(t-t_0)\right)-\cos\left(\frac{1.985}{L}\sqrt{\frac{E}{\rho}}t\right)\right]\\&-0.09149\left[\cos\left(\frac{5.159}{L}\sqrt{\frac{E}{\rho}}(t-t_0)\right)-\cos\left(\frac{5.159}{L}\sqrt{\frac{E}{\rho}}t\right)\right]\Bigg\}\end{aligned}$$

$$\begin{aligned}u_3(t)=\frac{P_0L}{AE}\Bigg[&0.5907\left(\cos\left(\frac{1.985}{L}\sqrt{\frac{E}{\rho}}(t-t_0)\right)-\cos\left(\frac{1.985}{L}\sqrt{\frac{E}{\rho}}t\right)\right)\\&+0.1583\left(\cos\left(\frac{5.159}{L}\sqrt{\frac{E}{\rho}}(t-t_0)\right)-\cos\left(\frac{5.159}{L}\sqrt{\frac{E}{\rho}}t\right)\right)\Bigg]\end{aligned}$$

10.4 直接积分法

求解有限元动力学方程的方法有两类，一类为模态叠加法，另一类为直接积分法。直接积分法的方法较多，如中心差分法、Newmark-β 法、Wilson-θ 法、Houbolt 法、广义 α 法等。本章介绍两种直接积分法，一是显式中心差分法，二是隐式 Newmark 法。这两种方法都是：①假定 $t=0$ 时刻的位移 $\boldsymbol{a}$、速度 $\dot{\boldsymbol{a}}$、加速度 $\ddot{\boldsymbol{a}}$ 已知；②将求解的时间域[0, T]等分为 n 个时间间隔 Δt（$=T/n$），并假设 $0, \Delta t, 2\Delta t, \cdots, t$ 时刻位移、速度、加速度已经求出，计算时刻 $t+\Delta t$ 时刻的位移、速度、加速度。

10.4.1 显式中心差分法

假设时刻 $t-\Delta t$ 位移为 $\boldsymbol{a}_{t-\Delta t}$ 和 $t+\Delta t$ 时刻的位移为 $\boldsymbol{a}_{t+\Delta t}$，则基于中心差分法，$t$ 时刻速度为

$$\dot{\boldsymbol{a}}_t = \frac{1}{2\Delta t}(\boldsymbol{a}_{t+\Delta t} - \boldsymbol{a}_{t-\Delta t}) \tag{10.4.1}$$

利用 Taylor 级数展开式，$t+\Delta t$ 时刻的位移为

$$\boldsymbol{a}_{t+\Delta t} = \boldsymbol{a}_t + \dot{\boldsymbol{a}}_t\Delta t + \frac{1}{2}\ddot{\boldsymbol{a}}_t\Delta t^2 + O((\Delta t)^3) \tag{10.4.2}$$

式中，$O(\cdot)$表示截断误差。由此得到 t 时刻的加速度为

$$\ddot{\boldsymbol{a}}_t = \frac{1}{\Delta t^2}(2\boldsymbol{a}_{t+\Delta t} - 2\boldsymbol{a}_t - 2\Delta t\dot{\boldsymbol{a}}_t) \tag{10.4.3}$$

再将式（10.4.1）代入式（10.4.3）得到 t 时刻的加速度为

$$\ddot{\boldsymbol{a}}_t = \frac{1}{\Delta t^2}(\boldsymbol{a}_{t-\Delta t} - 2\boldsymbol{a}_t + \boldsymbol{a}_{t+\Delta t}) \tag{10.4.4}$$

将式（10.4.1）和式（10.4.4）代入 t 时刻的动力学方程

$$\boldsymbol{M}\ddot{\boldsymbol{a}}_t + \boldsymbol{C}\dot{\boldsymbol{a}}_t + \boldsymbol{K}\boldsymbol{a}_t = \boldsymbol{F}_t \tag{10.4.5}$$

得到

$$\boldsymbol{M}\left[\frac{1}{\Delta t^2}(\boldsymbol{a}_{t+\Delta t} - 2\boldsymbol{a}_t + \boldsymbol{a}_{t-\Delta t})\right] + \boldsymbol{C}\left[\frac{1}{2\Delta t}(\boldsymbol{a}_{t+\Delta t} - \boldsymbol{a}_{t-\Delta t})\right] + \boldsymbol{K}\boldsymbol{a}_t = \boldsymbol{F}_t$$

进一步整理得

$$\left(\frac{1}{\Delta t^2}\boldsymbol{M} + \frac{1}{2\Delta t}\boldsymbol{C}\right)\boldsymbol{a}_{t+\Delta t} = \boldsymbol{F}_t - \left(\boldsymbol{K} - \frac{2}{\Delta t^2}\boldsymbol{M}\right)\boldsymbol{a}_t - \left(\frac{1}{\Delta t^2}\boldsymbol{M} - \frac{1}{2\Delta t}\boldsymbol{C}\right)\boldsymbol{a}_{t-\Delta t} \tag{10.4.6}$$

由式（10.4.6）可见：

（1） 如果已知 t 时刻的力 $\boldsymbol{F}_t$ 和 t 时刻的位移 $\boldsymbol{a}_t$，以及 $t-\Delta t$ 时刻的位移 $\boldsymbol{a}_{t-\Delta t}$，就可以求得 $t+\Delta t$ 时刻的位移 $\boldsymbol{a}_{t+\Delta t}$。

（2）当 $t=0$ 时，要计算 $\boldsymbol{a}_{\Delta t}$，还需已知 $\boldsymbol{a}_{-\Delta t}$，由式（10.4.1）和式（10.4.4）得到

$$\boldsymbol{a}_{-\Delta t} = \boldsymbol{a}_0 - \Delta t\dot{\boldsymbol{a}}_0 + \frac{\Delta t^2}{2}\ddot{\boldsymbol{a}}_0 \tag{10.4.7}$$

而式（10.4.7）中的 $\ddot{\boldsymbol{a}}_0$ 由方程式（10.4.5）给出：

$$\ddot{\boldsymbol{a}}_0 = \boldsymbol{M}^{-1}(\boldsymbol{F}_0 - \boldsymbol{C}\dot{\boldsymbol{a}}_0 - \boldsymbol{K}\boldsymbol{a}_0) \tag{10.4.8}$$

中心差分法求解运动方程的步骤如下。

（1）初始计算：

①形成刚度矩阵 $\boldsymbol{K}$、质量矩阵 $\boldsymbol{M}$ 和阻尼矩阵 $\boldsymbol{C}$;

②给定 $\boldsymbol{a}_0$ 和 $\dot{\boldsymbol{a}}_0$，计算 $\ddot{\boldsymbol{a}}_0$；

③选择时间步长 $\Delta t < \Delta t_{\mathrm{cr}}$；

④计算 $\boldsymbol{a}_{-\Delta t} = \boldsymbol{a}_0 - \Delta t\dot{\boldsymbol{a}}_0 + \dfrac{\Delta t^2}{2}\ddot{\boldsymbol{a}}_0$；

⑤形成有效质量矩阵 $\hat{\boldsymbol{M}} = \dfrac{1}{\Delta t^2}\boldsymbol{M} + \dfrac{1}{2\Delta t}\boldsymbol{C}$；

⑥三角分解 $\hat{\boldsymbol{M}} = \boldsymbol{L}\boldsymbol{D}\boldsymbol{L}^{\mathrm{T}}$。

（2）对每一时间步长 $(t=0,\Delta t,2\Delta t,\cdots)$：

①计算时刻 t 的有效载荷 $\hat{\boldsymbol{F}}_t=\boldsymbol{F}_t-\left(\boldsymbol{K}-\dfrac{2}{\Delta t^2}\boldsymbol{M}\right)\boldsymbol{a}_t-\left(\dfrac{1}{\Delta t^2}\boldsymbol{M}-\dfrac{1}{2\Delta t}\boldsymbol{C}\right)\boldsymbol{a}_{t-\Delta t}$；

②求解时间 $t+\Delta t$ 的位移 $\boldsymbol{LDL}^{\mathrm{T}}\boldsymbol{a}_{t+\Delta t}=\hat{\boldsymbol{F}}_t$；

③计算时刻 t 的速度和加速度，即

$$\dot{\boldsymbol{a}}_t=\frac{1}{2\Delta t}(-\boldsymbol{a}_{t-\Delta t}+\boldsymbol{a}_{t+\Delta t}),\quad \ddot{\boldsymbol{a}}_t=\frac{1}{\Delta t^2}(\boldsymbol{a}_{t-\Delta t}-2\boldsymbol{a}_t+\boldsymbol{a}_{t+\Delta t})$$

注：（1）若已知 $\boldsymbol{a}_{t-\Delta t}$ 和 $\boldsymbol{a}_t$ 可直接预测下一步的 $\boldsymbol{a}_{t+\Delta t}$，该方法就是逐步求解各离散时刻位移的递推公式，因此称为**逐步积分法**。

（2）如果质量矩阵 $\boldsymbol{M}$ 是对角矩阵，$\boldsymbol{C}$ 也是对角矩阵或可以忽略，则利用递推公式(10.4.6)求解时，不需对矩阵 $\boldsymbol{M}$ 和 $\boldsymbol{C}$ 进行三角分级，直接递推就可得下一时间步的预测值，因此方法称为**显式时间积分**（**explicit time integral**）。

（3）中心差分法是条件稳定的，时间步长不能任意取，最大时间步长 Δt 与计算的问题、网格剖分等相关。一般步长可取

$$\Delta t\leqslant\Delta t_{\mathrm{cr}}=\frac{2}{\omega_n}=\frac{T_n}{\pi}\tag{10.4.9}$$

其中，ω_n 为系统的最高阶固有频率；T_n 为系统的最小固有振动周期。实际应用中用模型中最小尺度单元的最小振动周期代替系统的 T_n，这是因为 $\min\left\{T_n^e\right\}\leqslant T_n$。通常用如下两种方法确定：①网格剖分后，找出尺寸最小的单元，形成单元的特征方程 $|\boldsymbol{K}^{(e)}-\omega^2\boldsymbol{M}^{(e)}|=0$，求出最大特征根 ω_n，得到 $T_n=2\pi/\omega_n$；②网格剖分后，找出尺寸最小的单元的最小边长 L，近似地估计 $T_n=\pi L/C$，其中 $C=(E/\rho)^{1/2}$ 为声波传播速度，由此得 $\Delta t_{\mathrm{cr}}=L/C$，即声波通过单元的时间。由该方法确定的条件 $\Delta t<\Delta t_{\mathrm{cr}}$ 称为 **Courant、Friedrich 和 Lewy 条件**（简称 **CFL 条件**）。

（4）中心差分法为显式算法，适合于由冲击、碰撞、爆炸类型的载荷引起的波传播问题的求解。因为这些问题本身就是在初始扰动后，按一定的波速 c 在介质中传播。对于结构动力学问题，采用该显式时间积分方案不太合适，因为结构动力学的动力响应中低频成分起主要作用，允许大的时间步长。

例 10.7　图 10.8 为开始静止的无阻尼均匀线弹性钢杆，受到突然施加的端部轴向力。用 40 个二结点杆单元模拟其波的传播。图中 C_n 为 Courant 数，即实际步长与临界步长的比值。在 $t=0$ 时刻作用载荷 $P_0=100\mathrm{lb}$（$1\mathrm{lb}=0.454\mathrm{kg}$），材料弹性模量 $E=30\times10^6\ \mathrm{lb/in^2}$（$1\mathrm{in}=2.54\mathrm{cm}$），质量密度 $\rho=7.4\times10^{-4}\mathrm{lb\cdot s/in^2}$。截面面积 $A=1.0\mathrm{in}^2$，杆件长度 $L_T=20\mathrm{in}$。

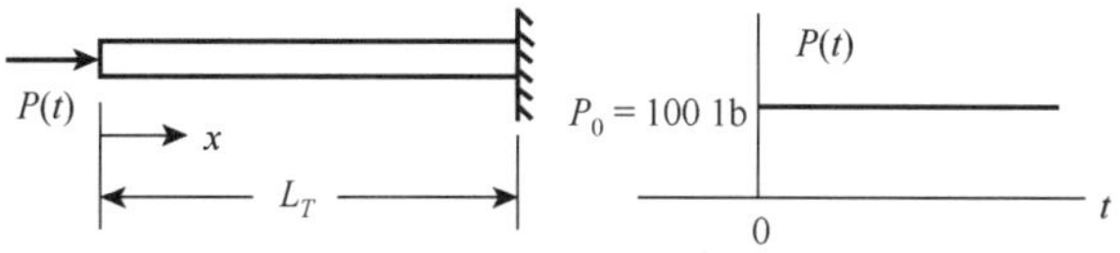

图 10.8　无阻尼均匀线弹性钢杆

解　图 10.9 给出了不同参数下的轴向应力随时间的变化，可见结果对参数 C 非常敏感。同时过大的 Δt 可能导致系统不稳定。

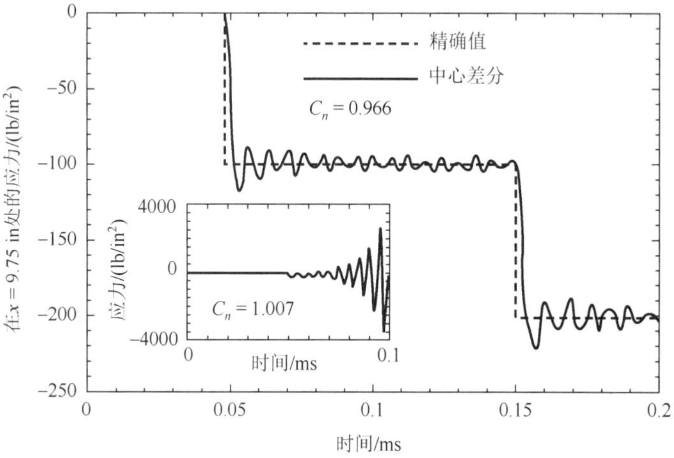

图 10.9 杆的轴向应力随时间变化曲线

中心差分解用 $\Delta t = 2.400\times10^{-6}$s（$C_n = 0.966$），插图表示过大的 Δt($\Delta t = 2.400\times10^{-6}$ s，对应 $C_n = 1.007$)形成的不稳定性

10.4.2 隐式 Newmark 法

显式中心差分法主要用于模拟短时载荷下结构的动力学行为，对长时载荷下结构的动力学响应求解也有各种方法，本节仅介绍 Newmark 法（又称 Newmark-β 法）。

如果在 Taylor 级数展开式中仅保留一阶导数，$t+\Delta t$ 时刻的位移 $\boldsymbol{a}_{t+\Delta t}$ 和速度 $\dot{\boldsymbol{a}}_{t+\Delta t}$ 可以由前一时刻 t 的位移 $\boldsymbol{a}_t$ 、速度 $\dot{\boldsymbol{a}}_t$ 和加速度 $\ddot{\boldsymbol{a}}_t$ 表示为

$$\boldsymbol{a}_{t+\Delta t} = \boldsymbol{a}_t + \dot{\boldsymbol{a}}_t\Delta t \tag{10.4.10}$$

$$\dot{\boldsymbol{a}}_{t+\Delta t} = \dot{\boldsymbol{a}}_t + \ddot{\boldsymbol{a}}_t\Delta t \tag{10.4.11}$$

给定初值 $\boldsymbol{a}_0$ 和 $\dot{\boldsymbol{a}}_0$，由时刻 t 的运动方程

$$\boldsymbol{M}\ddot{\boldsymbol{a}}_t + \boldsymbol{C}\dot{\boldsymbol{a}}_t + \boldsymbol{K}\boldsymbol{a}_t = \boldsymbol{F}_t$$

可以求出 t 时刻的加速度 $\ddot{\boldsymbol{a}}_t$ 。再由式（10.4.10）和式（10.4.11）求出 $t+\Delta t$ 时刻的位移 $\boldsymbol{a}_{t+\Delta t}$ 和速度 $\dot{\boldsymbol{a}}_{t+\Delta t}$，该方法称为**单步 Euler 法**。该方法位移截断误差为 $O(\Delta t^2)$，为改善精度，用 t 和 $t+\Delta t$ 时刻的速度和加速度的均值代替式（10.4.10）和式（10.4.11）中的速度和加速度，得到

$$\boldsymbol{a}_{t+\Delta t} = \boldsymbol{a}_t + \frac{1}{2}(\dot{\boldsymbol{a}}_t + \dot{\boldsymbol{a}}_{t+\Delta t})\Delta t \tag{10.4.12}$$

$$\dot{\boldsymbol{a}}_{t+\Delta t} = \dot{\boldsymbol{a}}_t + \frac{1}{2}(\ddot{\boldsymbol{a}}_t + \ddot{\boldsymbol{a}}_{t+\Delta t})\Delta t \tag{10.4.13}$$

将式（10.4.13）代入式（10.4.12）得到

$$\boldsymbol{a}_{t+\Delta t} = \boldsymbol{a}_t + \dot{\boldsymbol{a}}_t\Delta t + \frac{1}{4}(\ddot{\boldsymbol{a}}_t + \ddot{\boldsymbol{a}}_{t+\Delta t})(\Delta t)^2 \tag{10.4.14}$$

式（10.4.14）是基于式（10.4.13）用 t 和 $t+\Delta t$ 时刻平均加速度代替 t 时刻的加速度，因此基于式（14.4.13）和式（10.4.14）推出的数值积分方案称为**平均加速度法**。

Newmark 引入参数 β 和 γ 将式（14.4.13）和式（10.4.14）进行如下推广得到

$$\dot{\boldsymbol{a}}_{t+\Delta t}=\dot{\boldsymbol{a}}_t+[(1-\gamma)\ddot{\boldsymbol{a}}_t+\gamma\ddot{\boldsymbol{a}}_{t+\Delta t}]\Delta t \tag{10.4.15}$$

$$\boldsymbol{a}_{t+\Delta t}=\boldsymbol{a}_t+\dot{\boldsymbol{a}}_t\Delta t+\left[\left(\frac{1}{2}-\beta\right)\ddot{\boldsymbol{a}}_t+\beta\ddot{\boldsymbol{a}}_{t+\Delta t}\right](\Delta t^2) \tag{10.4.16}$$

该积分方案称为 **Newmark 法**或 **Newmark-$\boldsymbol{\beta}$ 法**。其中 γ 和 β 是按积分精度、稳定性和算法阻尼要求决定的参数，取不同的值代表不同的积分方案。几个特例如下：

（1）$\beta=1/6$，$\gamma=1/2$，对应于线性加速度法，即在时间域$[0,\Delta t]$内加速度内线性变化：

$$\ddot{\boldsymbol{a}}_{t+\tau}=\ddot{\boldsymbol{a}}_t+(\ddot{\boldsymbol{a}}_{t+\Delta t}-\ddot{\boldsymbol{a}}_t)\tau/\Delta t,\quad 0\leqslant\tau\leqslant\Delta t$$

（2）$\beta=1/4$，$\gamma=1/2$，对应于平均加速度法，即在时间$[0,\Delta t]$内加速度取平均值：

$$\ddot{\boldsymbol{a}}_{t+\tau}=\frac{1}{2}(\ddot{\boldsymbol{a}}_{t+\Delta t}+\ddot{\boldsymbol{a}}_t),\quad 0\leqslant\tau\leqslant\Delta t$$

（3）$\beta=0$，$\gamma=1/2$，对应于中心差分法。

（4）$\beta=1/8$，$\gamma=1/2$，对应于**半步加速度法**，前半步加速度为 $\ddot{\boldsymbol{a}}_t$，后半步加速度为 $\ddot{\boldsymbol{a}}_{t+\Delta t}$，即

$$\ddot{\boldsymbol{a}}_{t+\tau}=\begin{cases}\ddot{\boldsymbol{a}}_t, & \tau\leqslant\dfrac{\Delta t}{2}\\[2ex] \ddot{\boldsymbol{a}}_{t+\Delta t}, & \dfrac{\Delta t}{2}\leqslant\tau\leqslant\Delta t\end{cases}$$

与中心差分法不同，Newmark 法中时刻 $t+\Delta t$ 的位移通过满足时刻 $t+\Delta t$ 的运动方程

$$\boldsymbol{M}\ddot{\boldsymbol{a}}_{t+\Delta t}+\boldsymbol{C}\dot{\boldsymbol{a}}_{t+\Delta t}+\boldsymbol{K}\boldsymbol{a}_{t+\Delta t}=\boldsymbol{F}_{t+\Delta t} \tag{10.4.17}$$

得到。由 Newmark 关系（10.4.16）得到

$$\ddot{\boldsymbol{a}}_{t+\Delta t}=\frac{1}{\beta(\Delta t)^2}(\boldsymbol{a}_{t+\Delta t}-\boldsymbol{a}_t)-\frac{1}{\beta\Delta t}\dot{\boldsymbol{a}}_t-\left(\frac{1}{2\beta}-1\right)\ddot{\boldsymbol{a}}_t \tag{10.4.18}$$

将式（10.4.18）代入式（10.4.15）得到

$$\dot{\boldsymbol{a}}_{t+\Delta t}=\frac{\gamma}{\beta\Delta t}(\boldsymbol{a}_{t+\Delta t}-\boldsymbol{a}_t)+\left(1-\frac{\gamma}{\beta}\right)\dot{\boldsymbol{a}}_t+\left(1-\frac{\gamma}{2\beta}\right)\Delta t\ddot{\boldsymbol{a}}_t \tag{10.4.19}$$

将式（10.4.18）和式（10.4.19）代入式（10.4.17）得到递推公式

$$\begin{aligned}\left[\boldsymbol{K}+\frac{1}{\beta(\Delta t)^2}\boldsymbol{M}+\frac{\gamma}{\beta\Delta t}\boldsymbol{C}\right]\boldsymbol{a}_{t+\Delta t}=\boldsymbol{F}_{t+\Delta t}&+\boldsymbol{M}\left[\frac{1}{\beta(\Delta t)^2}\boldsymbol{a}_t+\frac{1}{\beta\Delta t}\dot{\boldsymbol{a}}_t+\left(\frac{1}{2\beta}-1\right)\ddot{\boldsymbol{a}}_t\right]\\&+\boldsymbol{C}\left[\frac{\gamma}{\beta\Delta t}\boldsymbol{a}_t+\left(\frac{\gamma}{\beta}-1\right)\dot{\boldsymbol{a}}_t+\left(\frac{\gamma}{2\beta}-1\right)\Delta t\ddot{\boldsymbol{a}}_t\right]\end{aligned} \tag{10.4.20}$$

Newmark 法的计算步骤如下。

（1）初始计算：

①形成刚度矩阵 $\boldsymbol{K}$、质量矩阵 $\boldsymbol{M}$ 和阻尼矩阵 $\boldsymbol{C}$；

②给定 $\boldsymbol{a}_0$ 和 $\dot{\boldsymbol{a}}_0$，并计算 $\ddot{\boldsymbol{a}}_0$；

③选择时间步长 Δt，以及参数 β、γ 和积分常数，要求 $\gamma \geqslant 0.5, \beta \geqslant 0.25(0.5+\gamma)^2$，即

$$c_0 = \frac{1}{\beta(\Delta t)^2}, \quad c_1 = \frac{\gamma}{\beta \Delta t}, \quad c_2 = \frac{1}{\beta \Delta t}, \quad c_3 = \frac{1}{2\beta} - 1$$

$$c_4 = \frac{\gamma}{\beta} - 1, \quad c_5 = \frac{\Delta t}{2}\left(\frac{\gamma}{\beta} - 2\right), \quad c_6 = \Delta t(1-\gamma), \quad c_7 = \gamma \Delta t$$

④形成有效刚度矩阵 $\hat{\boldsymbol{K}} = \boldsymbol{K} + c_0 \boldsymbol{M} + c_1 \boldsymbol{C}$；

⑤三角分解 $\hat{\boldsymbol{K}} = \boldsymbol{LDL}^{\mathrm{T}}$。

（2）对每一时间步长（$t = 0, \Delta t, 2\Delta t, \cdots$）：

①计算时刻 $t+\Delta t$ 的有效载荷，即

$$\hat{\boldsymbol{F}}_{t+\Delta t} = \boldsymbol{F}_{t+\Delta t} + \boldsymbol{M}(c_0 \boldsymbol{a}_t + c_2 \dot{\boldsymbol{a}}_t + c_3 \ddot{\boldsymbol{a}}_t) + \boldsymbol{C}(c_0 \boldsymbol{a}_t + c_2 \dot{\boldsymbol{a}}_t + c_3 \ddot{\boldsymbol{a}}_t)$$

②求解时刻 $t+\Delta t$ 的位移 $\boldsymbol{LDL}^{\mathrm{T}} \boldsymbol{a}_{t+\Delta t} = \hat{\boldsymbol{F}}_{t+\Delta t}$；

③计算时刻 $t+\Delta t$ 的加速度和速度，即

$$\ddot{\boldsymbol{a}}_{t+\Delta t} = c_0(\boldsymbol{a}_{t+\Delta t} - \boldsymbol{a}_t) - c_2 \dot{\boldsymbol{a}}_t - c_3 \ddot{\boldsymbol{a}}_t, \quad \dot{\boldsymbol{a}}_{t+\Delta t} = \dot{\boldsymbol{a}}_t + c_6 \ddot{\boldsymbol{a}}_t + c_7 \ddot{\boldsymbol{a}}_{t+\Delta t}$$

Newmark 法的特点：

（1）Newmark 法为隐式积分算法，因为每一步都必须求解方程；

（2）Newmark 法适合于时程较长的系统瞬态响应分析，而且大时间步长可以滤掉高阶不精确模态对系统响应的影响；

（3）当 $\gamma \geqslant 0.5$、$\beta \geqslant 0.25(0.5+\gamma)^2$ 时算法是无条件稳定的，即时间步长的大小不影响解的稳定性；

（4）当 $\gamma \geqslant 0.5$、$\beta < 0.5\gamma$ 时是条件稳定的，此时 $\Delta t \leqslant \Omega_{\mathrm{crit}}/\omega_{\max}$，其中

$$\Omega_{\mathrm{crit}} = \frac{\xi(\gamma - 1/2) + \sqrt{\gamma/2 - \beta + \xi^2(\gamma - 1/2)}}{\gamma/2 - \beta}$$

其中，ξ 为阻尼比。当 $\gamma = 1/2$ 时，阻尼对稳定性没有影响；当 $\gamma > 1/2$ 时，阻尼比增加临界时间步长。为了过滤高频振型，可增加算法阻尼，如取 $\gamma \geqslant 0.5$，$\beta = 0.25(0.5+\gamma)^2$。

10.5 本章小结

本章介绍了结构动力学的有限元建立方法、单元质量矩阵和单元阻尼矩阵，在单元质量矩阵部分除介绍单元一致质量矩阵的求法，还着重介绍了由一致质量矩阵获得单元集中质量矩阵的各种方法。在动力学方程求解方面介绍了模态叠加法和直接积分法。在模态叠加法部分介绍了结构振动特性，如固有频率和模态等概念和求解方法，以及用叠加法得到结构动力学响应的方法。在直接积分法中，对显式中心差分法和隐式 Newmark 法进行了介绍，并给出了相应的计算流程。直接积分法步长的选取涉及求解精度和数值算法的稳定性，本章仅给出了保证数值算法稳定的时间步长取法，没有给出具体推导过程，感兴趣的读者可以参考相关的书籍和文献。

本章涉及的概念有质量矩阵、阻尼矩阵、协调质量矩阵、集中质量矩阵、模态、模态正交、CFL 条件、显式积分和隐式积分等，涉及的方法有模态叠加法、显式中心差分法、隐式 Newmark 法、临界时间步长取法等。这些概念和方法需要掌握和灵活应用。

10.6 习　　题

【习题 10.1】 中心差分法和 Newmark 法各有何特点？各适合于求解哪类问题？直接积分法的步长取决于哪些因素？

【习题 10.2】 求习题 10.2 图杆件轴向振动的固有频率和振型。

【习题 10.3】 分别用协调质量矩阵和集中质量矩阵求习题 10.3 图阶梯杆的固有频率和振型。

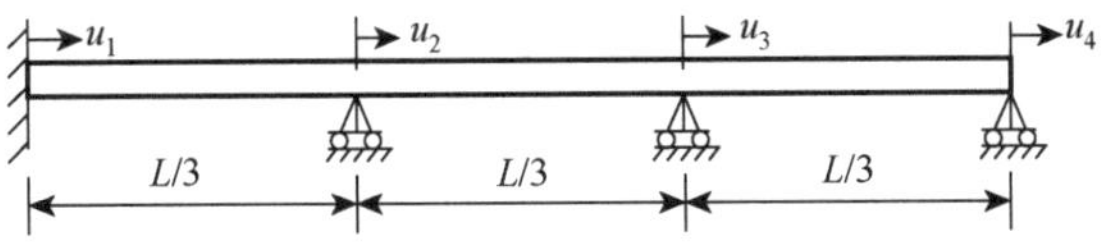

习题 10.2 图

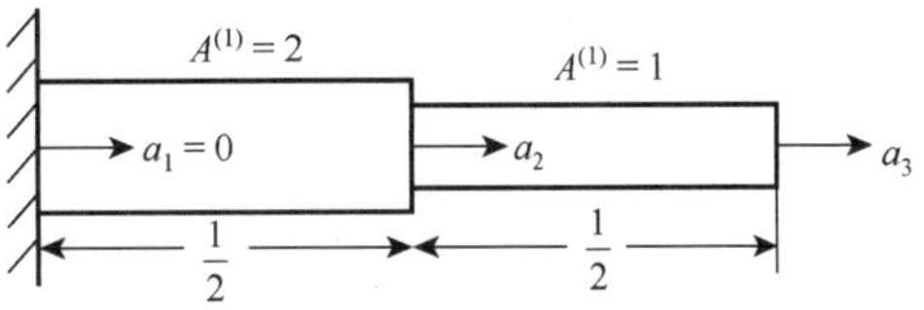

习题 10.3 图

【习题 10.4】 结构刚度矩阵和质量矩阵为

$$\boldsymbol{K}=\begin{bmatrix}2 & -1 & 0\\ -1 & 4 & -2\\ 0 & -2 & 2\end{bmatrix},\qquad \boldsymbol{M}=\begin{bmatrix}1 & 0 & 0\\ 0 & 3 & 0\\ 0 & 0 & 1\end{bmatrix}$$

用解析方法求其固有频率和振型。

【习题 10.5】 结构质量矩阵 $\boldsymbol{M}$、刚度矩阵 $\boldsymbol{K}$、载荷时程列阵 $\boldsymbol{F}(t)$、初始位移和初始速度分别为

$$\boldsymbol{M}=\begin{bmatrix}2 & 1 & 0\\ 1 & 6 & 0\\ 0 & 0 & 2\end{bmatrix},\quad \boldsymbol{K}=\begin{bmatrix}4 & 1 & 0\\ 1 & 8 & 2\\ 0 & 2 & 4\end{bmatrix},\quad \boldsymbol{F}=\begin{Bmatrix}\sin(2\pi\times 0.25t)\\ 0\\ 0\end{Bmatrix},\quad \boldsymbol{a}(0)=\begin{Bmatrix}0\\ 0\\ 0\end{Bmatrix},\quad \dot{\boldsymbol{a}}(0)=\begin{Bmatrix}0\\ 0\\ 0\end{Bmatrix}$$

用 Newmark 法计算在时间区间[0, 2s]的位移、速度和加速度时程响应。

【习题 10.6】 用集中质量矩阵采用中心差分法求习题 10.6 图阶梯杆在图示外载作用下的响应（各点初位移和初速度都为零）。

【习题 10.7】 习题 10.7 图矩形截面悬臂梁，材料密度为 7800kg/m^3，弹性模量为 200GPa，泊松比为 0.3。①若梁厚度为 1mm，分别用二维四边形四结点单元和二结点二维梁单元计算前五阶固有频率和模态，比较两种单元的计算结果，考查单元收敛性。②若梁的厚度为 5mm，分别用六面体八结点单元和二结点三维空间梁单元计算前五阶固有频率和模态，比较两种单元的计算结果，考查单元收敛性。

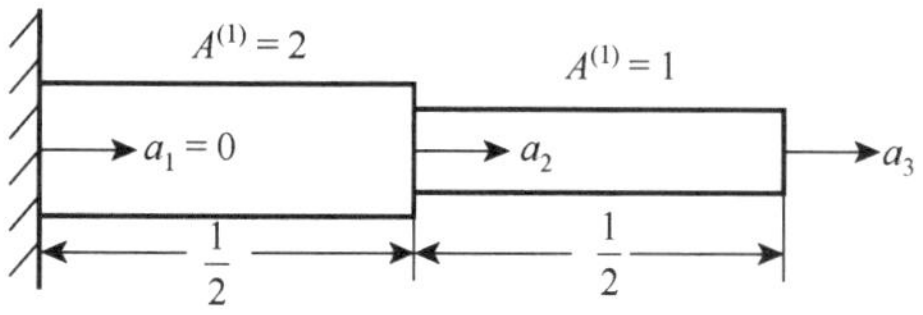

习题 10.6 图

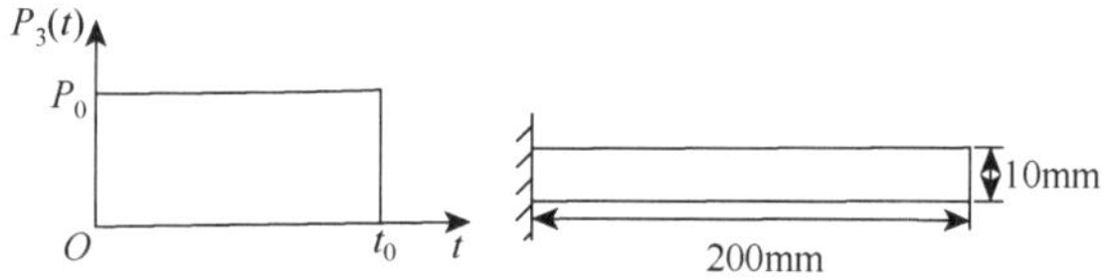

习题 10.7 图

【习题 10.8】 习题 10.8 图为 7 根杆组成的桁架结构，各杆以铰接的形式连接，跨度 $L=2l=4\text{m}$，高度 $h=2\text{m}$；所有杆件截面积 $A=0.001\text{m}^2$，密度 $\rho=7800\text{kg/m}^3$，弹性模量 $E=2.1\times10^{11}$ Pa，载荷为 $P_1=100\text{N}$，$P_2=200\text{N}$。试对该结构进行静力分析和模态分析。

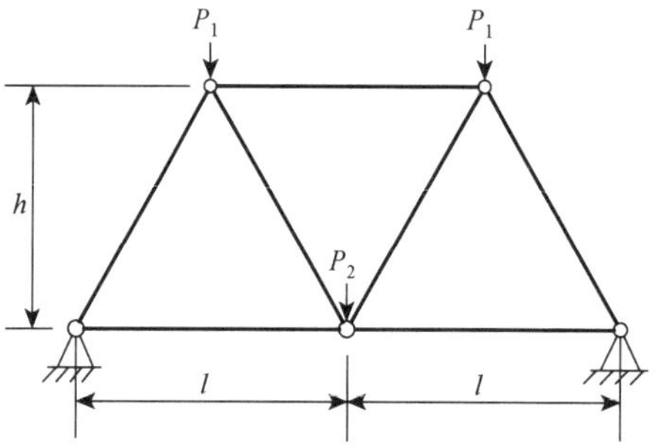

习题 10.8 图

【习题 10.9】 用 Newmark 法和振型叠加法求解习题 10.6。

【习题 10.10】 如习题 10.10 图所示拱形结构，材料密度为 7.8t/m^3，弹性模量为 200GPa，泊松比为 0.3。拱底为固定约束，上表面作用随时间变化的均布载荷 $q(t)$，其随时间变化规律如习题 10.10 图所示。解答下列问题：

（1）将结构简化为二维平面应力问题，用有限元法计算其前五阶固有频率和模态；

（2）用二维模型计算其在均布力作用下的动力响应；

（3）假设结构厚度 2.5m，用三维模型计算其前五阶固有频率和模态，以及在 $q(t)$ 作用下的动力响应。

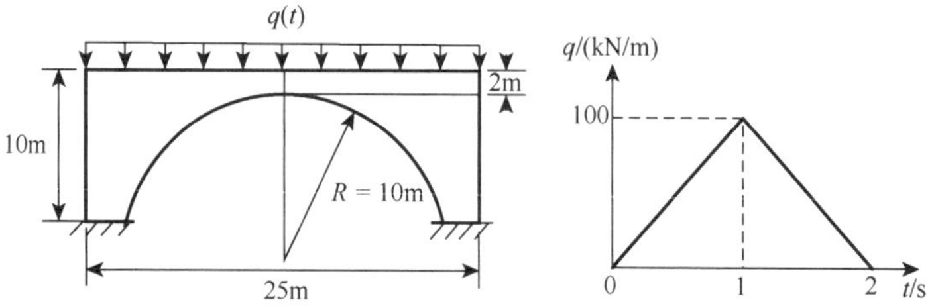

习题 10.10 图

习题解答

第 11 章　热传导和热应力有限元法

传热是广泛存在的自然现象，有温度差就会有热量的传递，有热量输入和输出，就会引起温度变化。**传热分析**就是分析介质（包括固体、液体和气体等）之间热量交换、化学反应、材料相变、能量转换等。温度变化和非均匀分布，引起结构应力变化，由温度变化和非均匀分布引起的应力称为**热应力**。为分析结构的热应力，需要确定结构温度场分布，有限元法是确定结构温度场分布的主要手段，本章介绍确定结构稳态温度场分布、瞬态温度场分布以及温度场引起的结构应力分布的有限元法。

11.1　稳态热传导有限元法

11.1.1　基本方程和能量泛函

基于第 3 章温度场介绍，三维热问题中，对各方向传热不耦合的材料，瞬态温度场中场变量 $T(x, y, z, t)$在直角坐标系下的控制方程为

$$c_p\rho\dot{T}-\frac{\partial}{\partial x}\left(k_x\frac{\partial T}{\partial x}\right)-\frac{\partial}{\partial y}\left(k_y\frac{\partial T}{\partial y}\right)-\frac{\partial}{\partial z}\left(k_z\frac{\partial T}{\partial z}\right)-\rho Q=0 \tag{11.1.1}$$

将边界条件（3.2.25）～（3.2.27）进一步表述为

$$T=\bar{T}\quad（在给定温度边界 S_T 上）\tag{11.1.2a}$$

$$k_x\frac{\partial T}{\partial x}n_x+k_y\frac{\partial T}{\partial y}n_y+k_z\frac{\partial T}{\partial z}n_z=q\quad（在已知热流密度边界 S_q 上）\tag{11.1.2b}$$

$$k_x\frac{\partial T}{\partial x}n_x+k_y\frac{\partial T}{\partial y}n_y+k_z\frac{\partial T}{\partial z}n_z=h(T_a-T)\quad（在已知环境温度和换热系数边界 S_c 上）\tag{11.1.2c}$$

其中，T 为温度（K 或℃）；ρ 为质量密度（kg/m^3）；c_p 为比热容（J/(kg·K)）；$Q=Q(x, y, z, t)$ 为热源密度（W/kg）；k_x、k_y、k_z 为导热系数（W/(m·K)）；n_x、n_y、n_z 为边界外法线的方向余弦；$\bar{T}$ 为在 S_T 上给定的温度；$q=q(\Gamma, t)$为在 S_q 上给定的热流密度（W/m^2）；$T_a=T_a(\Gamma, t)$ 为在 S_c 上给定的环境温度（自然对流下为外界环境温度，强迫对流下为边界层绝热壁温度）；h 为对流换热系数（$W/(m^2·K)$）。

式（11.1.2a）在 S_T 上给定温度，称为**第一类边界条件**，是强制边界条件；式（11.1.2b）在 S_q 上给定的热流量，称为**第二类边界条件**，当 $q=0$ 时就为**绝热边界条件**；式（11.1.2c）

在 S_c 上给定**对流换热条件**，称为**第三类边界条件**。第二类和第三类边界条件都是自然边界条件。

在瞬态方程（11.1.1）和边界条件（11.1.2）中不考虑时间效应就得到相应的稳态方程和边界条件，并由此可给出其变分原理中的泛函：

$$\Pi = \int_\Omega \left[\frac{1}{2}k_x\left(\frac{\partial T}{\partial x}\right)^2 + \frac{1}{2}k_y\left(\frac{\partial T}{\partial y}\right)^2 + \frac{1}{2}k_z\left(\frac{\partial T}{\partial z}\right)^2 - \rho QT \right] \mathrm{d}\Omega$$
$$-\int_{S_q} qT\mathrm{d}\Gamma - \frac{1}{2}\int_{S_c} h(T_a - T)^2 \mathrm{d}\Gamma \tag{11.1.3}$$

由式（11.1.3）定义的泛函取驻值，可以得到相应的稳态方程和边界条件。

11.1.2　有限元离散

将求解域划分为有限个单元，单元内任意点的温度可以表示为

$$T = \sum_{i=1}^{n_e} N_i(x,y,z)T_i = \boldsymbol{N}\boldsymbol{T}^e \tag{11.1.4}$$

其中，n_e 为单元结点数；$N_i(x,y,z)$为结点 i 的插值基函数；T_i 为结点 i 的温度；$\boldsymbol{N} = \begin{bmatrix} N_1 & N_2 & \cdots & N_{n_e} \end{bmatrix}$；$\boldsymbol{T} = \begin{bmatrix} T_1 & T_2 & \cdots & T_{n_e} \end{bmatrix}^{\mathrm{T}}$ 分别为单元形函数矩阵和单元结点温度列阵。

将式（11.1.4）代入泛函（11.1.3），并由 $\delta\Pi = 0$，得到稳态热传导有限元方程为

$$\boldsymbol{K}\boldsymbol{T} = \boldsymbol{F} \tag{11.1.5}$$

其中，$\boldsymbol{T} = \begin{bmatrix} T_1 & T_2 & \cdots & T_n \end{bmatrix}^{\mathrm{T}}$ 为总体结点温度列阵，n 为总结点数；$\boldsymbol{F}$ 为温度载荷列阵；矩阵 $\boldsymbol{K}$ 为热传导矩阵，在引入温度边界条件后为对称正定矩阵。它们都为单元矩阵组集而成，因此有

$$\boldsymbol{K} = \sum_e \boldsymbol{K}^e + \sum_e \boldsymbol{H}^e, \quad \boldsymbol{F} = \sum_e \boldsymbol{F}_q^e + \sum_e \boldsymbol{F}_H^e + \sum_e \boldsymbol{F}_Q^e \tag{11.1.6}$$

对应元素为

$$K_{ij}^e = \int_{\Omega^e} \left(k_x \frac{\partial N_i}{\partial x}\frac{\partial N_j}{\partial x} + k_y \frac{\partial N_i}{\partial y}\frac{\partial N_j}{\partial y} + k_z \frac{\partial N_i}{\partial z}\frac{\partial N_j}{\partial z} \right) \mathrm{d}\Omega, \quad H_{ij}^e = \int_{S_c^e} hN_iN_j \mathrm{d}\Gamma$$
$$F_{q_i}^e = \int_{S_q^e} N_i q \mathrm{d}\Gamma, F_{H_i}^e = \int_{S_c^e} N_i h T_a \mathrm{d}\Gamma, \quad F_{Q_i}^e = \int_{S_c^e} N_i \rho Q \mathrm{d}\Omega$$

$\boldsymbol{K}$ 中的第一项代表热传导对热传导矩阵的贡献；第二项代表热交换对热传导矩阵的贡献；$\boldsymbol{F}$ 中的三项分别代表热流、热交换和热源引起的温度载荷。方程（11.1.5）为三维稳态热传导问题有限元方程，类似可以建立一维、二维和轴对称问题热传导问题有限元方程。对三维稳态热传导稳态有限元方程（11.1.5），在未引入温度边界条件前其热传导矩阵是奇异的，引入边界条件（至少给定一个结点的温度）就可以求解。

例 11.1　图 11.1 为由三种材料组成的墙体，外部门温度 $T_0 = 20℃$，对流发生在内表面，内表面温度 $T = 800℃$，对流系数 $h = 25\mathrm{W/(m^2 \cdot ℃)}$，求墙体内的温度。

解　单元划分示意图如图 11.1 所示，结点坐标为 1(0, 0)、2(0.3, 0)、3(0.35, 0)、4(0.6, 0)，单元热传导矩阵为

$$\boldsymbol{H}^{(1)}=\begin{bmatrix}25 & 0\\ 0 & 0\end{bmatrix},\quad \boldsymbol{H}^{(2)}=\begin{bmatrix}0 & 0\\ 0 & 0\end{bmatrix},\quad \boldsymbol{H}^{(3)}=\begin{bmatrix}0 & 0\\ 0 & 0\end{bmatrix}$$

$$\boldsymbol{K}^{(1)}=\frac{20}{0.3}\begin{bmatrix}1 & -1\\ -1 & 1\end{bmatrix}=\begin{bmatrix}66.67 & -66.67\\ -66.67 & 66.67\end{bmatrix},\quad \boldsymbol{K}^{(2)}=\frac{30}{0.15}\begin{bmatrix}1 & -1\\ -1 & 1\end{bmatrix}=\begin{bmatrix}200 & -200\\ -200 & 200\end{bmatrix}$$

$$\boldsymbol{K}^{(3)}=\frac{50}{0.15}\begin{bmatrix}1 & -1\\ -1 & 1\end{bmatrix}=\begin{bmatrix}333.33 & -333.33\\ -333.33 & 333.33\end{bmatrix}$$

热传导矩阵为

$$\boldsymbol{K}=\boldsymbol{K}^{(1)}+\boldsymbol{H}^{(1)}+\boldsymbol{K}^{(2)}+\boldsymbol{H}^{(2)}+\boldsymbol{K}^{(3)}+\boldsymbol{H}^{(3)}=66.7\begin{bmatrix}1.375 & -1 & 0 & 0\\ -1 & 4 & -3 & 0\\ 0 & -3 & 8 & -5\\ 0 & 0 & -5 & 5\end{bmatrix}$$

$$F_{H_1}^{(1)}=25\times 800,\quad F_{H_2}^{(1)}=F_{H_1}^{(2)}=F_{H_2}^{(2)}=F_{H_1}^{(3)}=F_{H_2}^{(3)}=0,\quad F_{q_i}^{e}=0,\quad F_{Q_i}^{e}=0$$

得到稳态热传导有限元方程为

$$66.7\times\begin{bmatrix}1.375 & -1 & 0 & 0\\ -1 & 4 & -3 & 0\\ 0 & -3 & 8 & -5\\ 0 & 0 & -5 & 5\end{bmatrix}\begin{Bmatrix}T_1\\ T_2\\ T_3\\ 20\end{Bmatrix}=\begin{Bmatrix}25\times 800\\ 0\\ 0\\ F_4\end{Bmatrix}$$

解得

$$\begin{Bmatrix}T_1\\ T_2\\ T_3\\ T_4\end{Bmatrix}=\begin{Bmatrix}292.1\\ 101.6\\ 38.1\\ 20.0\end{Bmatrix}$$

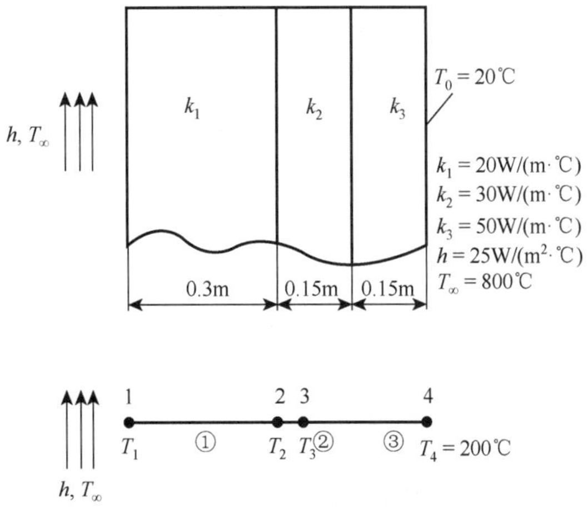

图 11.1　三种材料墙体结构

11.2　瞬态热传导有限元法

11.2.1　瞬态热传导有限元方程

基于瞬态热传导方程（11.1.1）和边界条件（11.1.2）的等效积分形式为

$$\begin{aligned}&\int_{\Omega} w\left[c_p\rho\dot{T}-\frac{\partial}{\partial x}\left(k_x\frac{\partial T}{\partial x}\right)-\frac{\partial}{\partial y}\left(k_y\frac{\partial T}{\partial y}\right)-\frac{\partial}{\partial z}\left(k_z\frac{\partial T}{\partial z}\right)-\rho Q\right]\mathrm{d}\Omega\\&+\int_{S_T} w_1\left(T-\bar{T}\right)\mathrm{d}\Gamma+\int_{S_q} w_2\left(k_x\frac{\partial T}{\partial x}n_x+k_y\frac{\partial T}{\partial y}n_y+k_z\frac{\partial T}{\partial z}n_z-q\right)\mathrm{d}\Gamma\\&+\int_{S_c} w_3\left(k_x\frac{\partial T}{\partial x}n_x+k_y\frac{\partial T}{\partial y}n_y+k_z\frac{\partial T}{\partial z}n_z-h(T_a-T)\right)\mathrm{d}\Gamma=0\end{aligned}\tag{11.2.1}$$

其中，w_1、w_2 和 w_3 为任意权函数，设在 Γ_1 上已经满足边界条件 $T=\bar{T}$，$w_1=0$，并取 $w=w_2=w_3=\delta T$，则式（11.2.1）的等效积分形式为

$$\begin{aligned}&\int_{\Omega}\left[\delta T\left(\rho c\frac{\mathrm{d}T}{\mathrm{d}t}\right)+\frac{\partial\delta T}{\partial x}\left(k_x\frac{\partial T}{\partial x}\right)+\frac{\partial\delta T}{\partial y}\left(k_y\frac{\partial T}{\partial y}\right)+\frac{\partial\delta T}{\partial z}\left(k_z\frac{\partial T}{\partial z}\right)-\delta T\rho Q\right]\mathrm{d}\Omega\\&-\int_{S_q}\delta Tq\mathrm{d}\Gamma+\int_{S_c}\delta Th(T_a-T)\mathrm{d}\Gamma=0\end{aligned}\tag{11.2.2}$$

将求解域离散为有限个单元，结点温度为时间的函数，则单元内任意一点的温度可以由结点温度插值为

$$T=\sum_{i=1}^{n_e}N_i(x,y,z)T_i(t)=\boldsymbol{N}(x,y,z)\boldsymbol{T}^e(t)\tag{11.2.3}$$

其中，n_e 为单元结点数；$N_i(x,y,z)$为结点 i 的插值基函数；$T_i(t)$为结点 i 的温度随时间变化的规律。有

$$\boldsymbol{N}(x,y,z)=\begin{bmatrix}N_1 & N_2 & \cdots & N_{n_e}\end{bmatrix},\quad \boldsymbol{T}^e(t)=[T_1(t)\quad T_2(t)\quad\cdots\quad T_{n_e}(t)]^{\mathrm{T}}$$

将式（12.2.3）代入等效积分方程（11.2.2）整理得瞬态热传导有限元方程为

$$\boldsymbol{C}\dot{\boldsymbol{T}}(t)+\boldsymbol{K}\boldsymbol{T}(t)=\boldsymbol{F}(t)\tag{11.2.4}$$

其中，$\boldsymbol{C}$ 为热容矩阵；$\boldsymbol{K}$ 为热传导矩阵。它们都为 n 阶矩阵，n 为结构结点总数。在引入温度边界条件后都为对称正定矩阵，$\boldsymbol{T}(t)=[T_1(t)\quad T_2(t)\quad\cdots\quad T_n(t)]^{\mathrm{T}}$ 为结点温度列阵；$\boldsymbol{F}(t)$ 为结点温度载荷列阵，它们都为单元矩阵组集而成，因此

$$\boldsymbol{K}=\sum_e\boldsymbol{K}^e+\sum_e\boldsymbol{H}^e,\qquad \boldsymbol{C}=\sum_e\boldsymbol{C}^e,\qquad \boldsymbol{F}=\sum_e\boldsymbol{F}_q^e+\sum_e\boldsymbol{F}_H^e+\sum_e\boldsymbol{F}_Q^e\tag{11.2.5}$$

对应元素为

$$K_{ij}^e=\int_{\Omega^e}\left(k_x\frac{\partial N_i}{\partial x}\frac{\partial N_j}{\partial x}+k_y\frac{\partial N_i}{\partial y}\frac{\partial N_j}{\partial y}+k_z\frac{\partial N_i}{\partial z}\frac{\partial N_j}{\partial z}\right)\mathrm{d}\Omega,\qquad H_{ij}^e=\int_{S_c^e}hN_iN_j\mathrm{d}\Gamma$$

$$F_{q_i}^e=\int_{S_q^e}N_i q\mathrm{d}\Gamma,\quad F_{H_i}^e=\int_{S_c^e}N_i hT_a\mathrm{d}\Gamma,\quad F_{Q_i}^e=\int_{S_c^e}N_i\rho Q\mathrm{d}\Omega,\quad C_{ij}^e=\int_{S_c^e}\rho c_p N_i N_j\mathrm{d}\Gamma$$

由于结点温度是时间的函数，解方程（11.2.4）还需要引入初始条件，而引入边界条件后结合初始条件就可以求解方程。求解瞬态温度场方程（11.2.4）的方法有模态叠加法、直接积分法，下面将介绍这两种方法。

11.2.2　瞬态热传导有限元解法

1. 模态叠加法

1）特征值问题

瞬态热传导有限元方程（11.2.4）的齐次方程为

$$\boldsymbol{C}\dot{\boldsymbol{T}}(t)+\boldsymbol{K}\boldsymbol{T}(t)=0 \tag{11.2.6}$$

设齐次方程（11.2.6）的解为

$$\boldsymbol{T}(t)=\hat{\boldsymbol{T}}\mathrm{e}^{-\omega t}$$

其中，$\hat{\boldsymbol{T}}=\begin{bmatrix}\hat{\boldsymbol{T}}_1 & \hat{\boldsymbol{T}}_2 & \cdots & \hat{\boldsymbol{T}}_n\end{bmatrix}^{\mathrm{T}}$。代入式（11.2.6）得到

$$\left(-\omega\boldsymbol{C}+\boldsymbol{K}\right)\hat{\boldsymbol{T}}=0 \tag{11.2.7}$$

要使方程（11.2.7）有非零解，则有

$$\left|-\omega\boldsymbol{C}+\boldsymbol{K}\right|=0 \tag{11.2.8}$$

方程（11.2.8）为广义特征值问题，可以求出 n 个特征值 ω_i。当 $\boldsymbol{C}$ 和 $\boldsymbol{K}$ 都为正定矩阵时，$\omega_i>0$，且 $0<\omega_1<\omega_2<\cdots<\omega_n$。将 ω_i 代入式（11.2.7）可求得对应的特征向量 $\hat{\boldsymbol{T}}_i$（称为第 i 阶模态）。模态具有如下性质：

$$\hat{\boldsymbol{T}}_i^{\mathrm{T}}\boldsymbol{K}\hat{\boldsymbol{T}}_j=\begin{cases}K_i, & i=j\\ 0, & i\neq j\end{cases},\qquad \hat{\boldsymbol{T}}_i^{\mathrm{T}}\boldsymbol{C}\hat{\boldsymbol{T}}_j=\begin{cases}C_i, & i=j\\ 0, & i\neq j\end{cases} \tag{11.2.9}$$

性质（11.2.9）分别称为**模态关于热传导矩阵**和**热容矩阵正交**。C_i 和 K_i 分别称为第 i 阶模态热容和第 i 阶模态热导。定义模态矩阵为

$$\hat{\boldsymbol{T}}=\begin{bmatrix}\hat{\boldsymbol{T}}_1 & \hat{\boldsymbol{T}}_2 & \cdots & \hat{\boldsymbol{T}}_n\end{bmatrix} \tag{11.2.10}$$

容易验证：

$$\hat{\boldsymbol{T}}^{\mathrm{T}}\boldsymbol{K}\hat{\boldsymbol{T}}=\mathrm{diag}(K_1,K_2,\cdots,K_n),\quad \hat{\boldsymbol{T}}^{\mathrm{T}}\boldsymbol{C}\hat{\boldsymbol{T}}=\mathrm{diag}(C_1,C_2,\cdots,C_n) \tag{11.2.11}$$

式（11.2.11）称为**模态矩阵关于热传导矩阵**和**热容矩阵正交**。

齐次方程（11.2.6）的解为

$$\boldsymbol{T}(t)=\sum_{i=1}^{n}A_i\hat{\boldsymbol{T}}_i\mathrm{e}^{-\omega_i t} \tag{11.2.12}$$

其中，A_i 为任意常数，由初始条件确定。

2）瞬态响应解

对于非齐次方程（11.2.4），假设其解为

$$\boldsymbol{T}(t)=\sum_{i=1}^{n}\hat{\boldsymbol{T}}_i y_i(t)=\begin{bmatrix}\hat{\boldsymbol{T}}_1 & \hat{\boldsymbol{T}}_2 & \cdots & \hat{\boldsymbol{T}}_n\end{bmatrix}\begin{Bmatrix}y_1(t)\\ y_2(t)\\ \vdots \\ y_n(t)\end{Bmatrix} \tag{11.2.13}$$

将式（11.2.13）代入方程（11.2.4），在两边同左乘以模态矩阵 $\hat{\boldsymbol{T}}_i^{\mathrm{T}}$，并利用模态矩阵的性质得到

$$C_i\dot{y}_i(t)+K_i y_i(t)=F_i(t) \tag{11.2.14}$$

其中，$\boldsymbol{F}_i(t)=\hat{\boldsymbol{T}}_i^{\mathrm{T}}\boldsymbol{F}(t)$。由方程（11.2.14）结合初始条件解出 $y_i(t)$，再代入式（11.2.13）可以得到各结点温度随时间的变化规律。

2. 直接积分法

1）差分公式

将求解区域$[0, T]$均匀划分为 M 个时间步，步长 $\Delta t = T/M$，如果 $t = 0$ 时的初始温度列阵 $\boldsymbol{T}(0) = \boldsymbol{T}_0$ 已知，并假设 $t_i = i\Delta t$ 的温度列阵 $\boldsymbol{T}_i$ 已求出，下面计算 $t_{i+1} = (i + 1)\Delta t$ 时刻的温度列阵 $\boldsymbol{T}_{i+1}$。

在区间$[t_i, t_{i+1}]$内任意时刻 t 可以表示为 $t = t_i + \theta\Delta t$，其中 $0\leqslant\theta\leqslant 1$，则在 $t = t_i + \theta\Delta t$ 时刻的温度列阵和温度载荷列阵可以线性插值为

$$\boldsymbol{T}(t_i+\theta\Delta t)=(1-\theta)\boldsymbol{T}_i+\theta\boldsymbol{T}_{i+1},\qquad \boldsymbol{F}(t_i+\theta\Delta t)=(1-\theta)\boldsymbol{F}_i+\theta\boldsymbol{F}_{i+1} \tag{11.2.15}$$

$t = t_i + \theta\Delta t$ 时刻的温度列阵的导数为

$$\dot{\boldsymbol{T}}(t_i+\theta\Delta t)=(\boldsymbol{T}_{i+1}-\boldsymbol{T}_i)/\Delta t \tag{11.2.16}$$

将式（11.2.15）和式（11.2.16）代入瞬态热传导有限元方程（11.2.4）整理得到

$$\left(\frac{1}{\Delta t}\boldsymbol{C}+\theta\boldsymbol{K}\right)\boldsymbol{T}_{i+1}+\left[-\frac{1}{\Delta t}\boldsymbol{C}+(1-\theta)\boldsymbol{K}\right]\boldsymbol{T}_i=(1-\theta)\boldsymbol{F}_i+\theta\boldsymbol{F}_{i+1} \tag{11.2.17}$$

式（11.2.17）可以简写为

$$\bar{\boldsymbol{K}}\boldsymbol{T}_{i+1}=\bar{\boldsymbol{Q}}_{i+1} \tag{11.2.18}$$

其中，$\bar{\boldsymbol{K}}=\theta\boldsymbol{K}+\boldsymbol{C}/\Delta t$，$\bar{\boldsymbol{Q}}_{i+1}=[\boldsymbol{C}/\Delta t-(1-\theta)\boldsymbol{K}]\boldsymbol{T}_i+(1-\theta)\boldsymbol{F}_i+\theta\boldsymbol{F}_{i+1}$。

可见，当已知温度载荷列阵和 $t_i = i\Delta t$ 的温度列阵 $\boldsymbol{T}_i$ 时，由式（11.2.17）可以计算 $t_{i+1} = (i + 1)\Delta t$ 时刻的温度列阵 $\boldsymbol{T}_{i+1}$，式（11.2.17）称为**两点循环公式**。上述这种不对微分方程进行形式变换，直接对微分方程进行数值积分的方法称为**直接积分法**。

在式（11.2.16）中，若 $\theta = 0$，则 $\dot{\boldsymbol{T}}_i=(\boldsymbol{T}_{i+1}-\boldsymbol{T}_i)/\Delta t$ 为向前差分（Euler 差分公式）；若 $\theta = 1/2$，则 $\dot{\boldsymbol{T}}_{i+1/2}=(\boldsymbol{T}_{i+1}-\boldsymbol{T}_i)/\Delta t$ 为中心差分，即克兰克-尼科尔森（Crank-Nicholson）差分公式；若 $\theta = 1$，则 $\dot{\boldsymbol{T}}_{i+1}=(\boldsymbol{T}_{i+1}-\boldsymbol{T}_i)/\Delta t$ 为向后差分。θ 的不同取值直接影响到解的精度和稳定性。

2）计算步骤

（1）初始计算如下：

①形成热容矩阵 $\boldsymbol{C}$ 和热传导矩阵 $\boldsymbol{K}$；

②给定温度初始条件 $\boldsymbol{T}_0$；

③选择积分参数 θ 和时间步长 Δt；

④形成有效系数矩阵 $\bar{\boldsymbol{K}} = \theta \boldsymbol{K} + \boldsymbol{C}/\Delta t$；

⑤三角分解 $\bar{\boldsymbol{K}} = \boldsymbol{L}^{\mathrm{T}}\boldsymbol{D}\boldsymbol{L}$。

（2）对每个时间步计算：

①形成向量 $\boldsymbol{F}_{i+1}$；

②形成有效向量 $\bar{\boldsymbol{Q}}_{i+1} = \left[\dfrac{1}{\Delta t}\boldsymbol{C} - (1-\theta)\boldsymbol{K}\right]\boldsymbol{T}_i + (1-\theta)\boldsymbol{F}_i + \theta \boldsymbol{F}_{i+1}$；

③回代求解 $\boldsymbol{T}_{i+1}\left(\boldsymbol{L}^{\mathrm{T}}\boldsymbol{D}\boldsymbol{L}\boldsymbol{T}_{i+1} = \bar{\boldsymbol{Q}}_{i+1}\right)$；

④进入下一个时间步循环，直至得到最后一个时刻的解 $\boldsymbol{T}_M$。

3）参数 θ 和 Δt 的取法

在方程（11.2.4）求解的直接积分法中涉及参数 θ 和步长 Δt 的选取，这些参数的不同取法会影响解的精度和算法的稳定性。对于一定的数值积分方法，若时间步长 Δt 取任意值，误差不会无限增大（不发散），则称该方法是**无条件稳定的**；若时间步长 Δt 需满足一定的条件才不发散，则称该方法是**条件稳定的**。研究解的稳定性一般用一组不耦合的齐次微分方程进行，为此考虑如下方程：

$$C_i \dot{y}_i(t) + K_i y_i(t) = 0 \tag{11.2.19}$$

设方程（11.2.19）的解为

$$y_i = A_i \mathrm{e}^{-\omega_i t} \tag{11.2.20}$$

其中，A_i 为任意常数；$\omega_i = K_i/C_i$。对方程（11.2.19）直接积分并利用式（11.2.17）得到

$$(C_i/\Delta t + K_i\theta)(y_i)_{k+1} + [-C_i/\Delta t + K_i(1-\theta)](y_i)_k = 0 \tag{11.2.21}$$

定义 $\lambda = (y_i)_{k+1}/(y_i)_k$，则有

$$\lambda = \frac{-C_i/\Delta t + K_i(1-\theta)}{C_i/\Delta t + K_i\theta} = \frac{1-\omega_i\Delta t(1-\theta)}{1+\omega_i\theta\Delta t} \tag{11.2.22}$$

要使得到的解稳定，则 λ 应该满足 $|\lambda| < 1$，否则解是发散的；同时要求 $\lambda > 0$，否则虽然解稳定，但具有振荡性质，不满足瞬态热传导问题的物理特点。

（1）由 $|\lambda| < 1$ 得到

$$\omega_i\Delta t(1-2\theta) < 2 \tag{11.2.23}$$

可见，当 $\theta \geqslant 1/2$ 时，解是无条件稳定的；当 $0 < \theta < 1/2$ 时，解是条件稳定的，此时要求步长满足：

$$\Delta t < \Delta t_{\mathrm{cr}} = \frac{2}{(1-2\theta)\omega_i} \tag{11.2.24}$$

其中，Δt_{cr} 称为**临界步长**。

（2）由 $\lambda > 0$ 得到

$$\Delta t < \frac{1}{(1-\theta)\omega_i} \tag{11.2.25}$$

稳定性条件（11.2.23）～（11.2.25）仅是从数学上分析了齐次微分方程（11.2.19）解的稳定性得到的，并没有涉及瞬态温度场分析的物理问题。瞬态温度场分析的时间域包括外加温度环境变化阶段，以及外加温度环境停止直至结构内部温度场稳定阶段。前一阶段由工况条件确定，后一阶段所需时间 t_s 与结构材料、几何尺寸、加热和冷却边界条件等相关，因此 Δt 的取法也应该与 t_s 密切相关。有文献指出：

$$t_s \approx 4.6/\omega_1 \tag{11.2.26}$$

并且 $\Delta t = t_s/N$，其中 N 为估计的计算步数，通常 $N = 20$～30。应该综合考虑式（11.2.23）～式（11.2.26），Δt 应该是满足这些条件中的最小值。

11.3　热应力有限元法

对于一维问题，温度变化引起的应变为

$$\varepsilon_0 = \alpha(T - T_0) = \alpha\Delta T \tag{11.3.1}$$

其中，α 为材料的热膨胀系数（℃$^{-1}$）；T_0 为无热应力时的参考温度；T 为结构的稳态或瞬态温度场，可以通过温度场有限元分析得到各结点温度，然后通过插值得到其他点的温度。对于三维各向同性材料，结构中任意一点由温度变化引起的应变为

$$\boldsymbol{\varepsilon}_0 = \alpha(T - T_0)[1 \quad 1 \quad 1 \quad 0 \quad 0 \quad 0]^{\mathrm{T}} \tag{11.3.2}$$

将温度引起的应变视为初应变，本构关系为

$$\boldsymbol{\sigma} = \boldsymbol{D}(\boldsymbol{\varepsilon} - \boldsymbol{\varepsilon}_0) \tag{11.3.3}$$

其中，$\boldsymbol{D}$ 为弹性矩阵。引入温度应变的势能泛函为

$$\begin{aligned}\Pi_p &= \int_V \frac{1}{2}\boldsymbol{\varepsilon}^{\mathrm{T}}\boldsymbol{\sigma}\mathrm{d}V - \int_V \boldsymbol{u}^{\mathrm{T}}\boldsymbol{f}\mathrm{d}V - \int_{S_\sigma} \boldsymbol{u}^{\mathrm{T}}\boldsymbol{t}\mathrm{d}S \\ &= \int_V \left(\frac{1}{2}\boldsymbol{\varepsilon}^{\mathrm{T}}\boldsymbol{D}\boldsymbol{\varepsilon} - \boldsymbol{\varepsilon}^{\mathrm{T}}\boldsymbol{D}\boldsymbol{\varepsilon}_0\right)\mathrm{d}V - \int_V \boldsymbol{u}^{\mathrm{T}}\boldsymbol{f}\mathrm{d}V - \int_{S_\sigma} \boldsymbol{u}^{\mathrm{T}}\boldsymbol{t}\mathrm{d}S\end{aligned} \tag{11.3.4}$$

对结构进行有限元离散（可以与温度场分析的离散方法不同），将单元插值函数代入势能泛函，并由 $\delta\Pi_p = 0$，得到结构的有限元平衡方程：

$$\boldsymbol{K}\boldsymbol{a} = \boldsymbol{F} \tag{11.3.5}$$

其中，$\boldsymbol{K}=\sum_e \boldsymbol{K}^e$，$\boldsymbol{F}=\sum_e \boldsymbol{F}^e$，$\boldsymbol{K}^e = \int_{V^e} \boldsymbol{B}^{\mathrm{T}}\boldsymbol{D}\boldsymbol{B}\mathrm{d}V$，$\boldsymbol{F}^e = \boldsymbol{F}_b^e + \boldsymbol{F}_s^e + \boldsymbol{F}_{\varepsilon_0}^e$，$\boldsymbol{F}_b^e = \int_{V^e} \boldsymbol{N}^{\mathrm{T}}\boldsymbol{f}\mathrm{d}V$ 和 $\boldsymbol{F}_s^e = \int_{S_\sigma^e} \boldsymbol{N}^{\mathrm{T}}\boldsymbol{t}\mathrm{d}S$ 为体积力和面力引起的等效结点力向量；$\boldsymbol{F}_{\varepsilon_0}^e = \int_{V^e} \boldsymbol{B}^{\mathrm{T}}\boldsymbol{D}\boldsymbol{\varepsilon}_0\mathrm{d}V$ 为由温度应变引起的载荷向量。

例 11.2　如图 11.2 所示四杆结构，各杆材料弹性模量 $E = 29.4\times10^4\mathrm{N/mm^2}$，热膨胀系数 $\alpha = 1/150000$，杆截面面积 $A = 100\mathrm{mm^2}$，如果仅杆单元②和③存在升温变化 $\Delta T = 50$℃，求温度变化引起的各结点位移以及各单元内的应力。

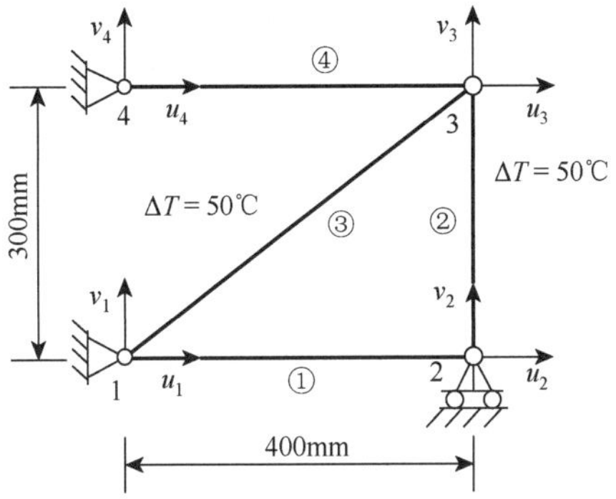

图 11.2 具有温度变化的四杆结构

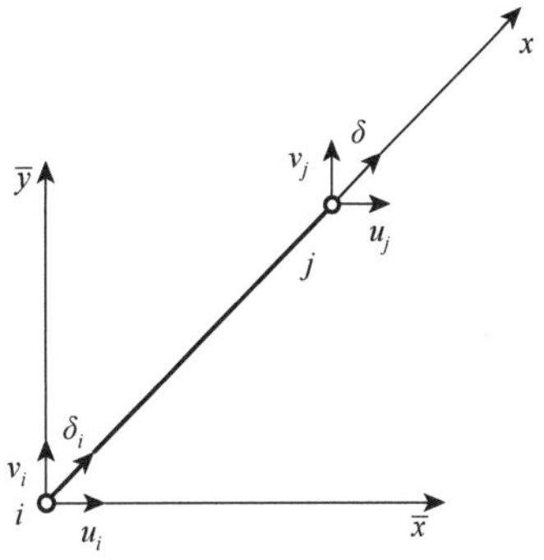

图 11.3 杆单元坐标变换中的符号

解 （1）单元和结点如图 11.2 所示。

（2）如图 11.3 所示，杆单元的平面坐标转换矩阵为

$$\boldsymbol{K}^{(1)} = \frac{29.5\times10^4\times100}{400}\times\begin{bmatrix}1 & 0 & -1 & 0\\0 & 0 & 0 & 0\\-1 & 0 & 1 & 0\\0 & 0 & 0 & 0\end{bmatrix},\quad \boldsymbol{K}^{(2)} = \frac{29.5\times10^4\times100}{300}\times\begin{bmatrix}0 & 0 & 0 & 0\\0 & 1 & 0 & -1\\0 & 0 & 0 & 0\\0 & -1 & 0 & 1\end{bmatrix}$$

$$\boldsymbol{K}^{(3)} = \frac{29.5\times10^4\times100}{500}\times\begin{bmatrix}0.64 & 0.48 & -0.64 & -0.48\\0.48 & 0.36 & -0.48 & -0.36\\-0.64 & -0.48 & 0.64 & 0.48\\-0.48 & -0.36 & 0.48 & 0.36\end{bmatrix},\quad \boldsymbol{K}^{(4)} = \frac{29.5\times10^4\times100}{400}\times\begin{bmatrix}1 & 0 & -1 & 0\\0 & 0 & 0 & 0\\-1 & 0 & 1 & 0\\0 & 0 & 0 & 0\end{bmatrix}$$

（3）建立整体刚度方程。总刚度矩阵为

$$\boldsymbol{K} = \frac{29.5\times10^4\times100}{6000}\times\begin{bmatrix}22.68 & 5.76 & -15.0 & 0 & -7.68 & -5.76 & 0 & 0\\5.76 & 4.32 & 0 & 0 & -5.76 & -4.32 & 0 & 0\\-15 & 0 & 15 & 0 & 0 & 0 & 0 & 0\\0 & 0 & 0 & 20 & 0 & -20 & 0 & 0\\-7.68 & -5.76 & 0 & 0 & 22.68 & 5.76 & -15 & 0\\-5.76 & -4.32 & 0 & -20 & 5.76 & 24.32 & 0 & 0\\0 & 0 & 0 & 0 & -15 & 0 & 15 & 0\\0 & 0 & 0 & 0 & 0 & 0 & 0 & 0\end{bmatrix}$$

在局部坐标下杆单元的等效温度载荷为

$$\boldsymbol{F}_{\varepsilon_0}^{e} = \int_{\Omega^e}\boldsymbol{B}^{\mathrm{T}}\boldsymbol{D}\boldsymbol{\varepsilon}_0\mathrm{d}\Omega = \int_l\begin{bmatrix}-\dfrac{1}{l}\\\dfrac{1}{l}\end{bmatrix}E\alpha\Delta T(A\mathrm{d}x) = EA\alpha\Delta T\begin{bmatrix}-1\\1\end{bmatrix}\begin{matrix}\leftarrow\delta_i\\\leftarrow\delta_j\end{matrix}$$

杆单元的平面坐标转换矩阵为

$$\boldsymbol{T}^e=\begin{bmatrix}\cos(x,\bar{x}) & \cos(x,\bar{y}) & 0 & 0\\ 0 & 0 & \cos(x,\bar{x}) & \cos(x,\bar{y})\end{bmatrix}$$

在总体坐标系下的等效温度载荷为

$$\boldsymbol{F}_0^e=\boldsymbol{T}^{e\mathrm{T}}\boldsymbol{F}_{\varepsilon_0}^e=EA\alpha\Delta T\begin{bmatrix}-\cos(x,\bar{y})\\ -\cos(x,\bar{y})\\ \cos(x,\bar{y})\\ \cos(x,\bar{y})\end{bmatrix}\begin{matrix}\leftarrow u_i\\ \leftarrow v_i\\ \leftarrow u_j\\ \leftarrow v_j\end{matrix}$$

对于单元②，$\cos(x,\bar{x})=0$，$\cos(x,\bar{y})=1$，则

$$\boldsymbol{F}_0^{(2)}=EA\alpha\Delta T^{(2)}\begin{bmatrix}0\\ -1\\ 0\\ 1\end{bmatrix}\begin{matrix}\leftarrow u_2\\ \leftarrow v_2\\ \leftarrow u_3\\ \leftarrow v_3\end{matrix}$$

对于单元③，$\cos(x,\bar{x})=\dfrac{4}{5}=0.8$，$\cos(x,\bar{y})=\dfrac{3}{5}=0.6$，则

$$\boldsymbol{F}_0^{(3)}=EA\alpha\Delta T^{(3)}\begin{bmatrix}-0.8\\ -0.6\\ 0.8\\ 0.6\end{bmatrix}\begin{matrix}\leftarrow u_1\\ \leftarrow v_1\\ \leftarrow u_3\\ \leftarrow v_3\end{matrix}$$

引入约束后的总体刚度方程为

$$\frac{29.5\times10^6}{6000}\times\begin{bmatrix}15 & 0 & 0\\ 0 & 22.68 & 5.76\\ 0 & 5.76 & 24.32\end{bmatrix}\begin{bmatrix}u_2\\ u_3\\ v_3\end{bmatrix}=\frac{29.5\times10^6\times50}{150000}\times\begin{bmatrix}0\\ 0.8\\ 1.6\end{bmatrix}$$

解得$[u_2\quad u_3\quad v_3]^{\mathrm{T}}=[0\quad 0.03951\quad 0.1222]^{\mathrm{T}}$，整个结构的结点位移为

$$\boldsymbol{a}=[u_1\quad v_1\quad u_2\quad v_2\quad u_3\quad v_3\quad u_4\quad v_4]^{\mathrm{T}}=[0\quad 0\quad 0\quad 0\quad 0.03951\quad 0.1222\quad 0\quad 0]^{\mathrm{T}}\,\mathrm{mm}$$

计算杆单元的应力为

$$\boldsymbol{\sigma}^e=E(\varepsilon-\varepsilon^0)=E\boldsymbol{B}\boldsymbol{a}^e-E\varepsilon^0=E\boldsymbol{B}\boldsymbol{T}^e\,\bar{\boldsymbol{a}}^e-E\varepsilon_0$$

$$=E\begin{bmatrix}-\dfrac{1}{l} & \dfrac{1}{l}\end{bmatrix}\begin{bmatrix}\cos(x,\bar{x}) & \cos(x,\bar{y}) & 0 & 0\\ 0 & 0 & \cos(x,\bar{x}) & \cos(x,\bar{y})\end{bmatrix}\begin{bmatrix}u_i\\ v_i\\ u_j\\ v_j\end{bmatrix}-E\varepsilon^0$$

$$=E/l[-u_i\cos(x,\bar{x})\quad -v_i\cos(x,\bar{y})\quad u_j\cos(x,\bar{x})\quad v_j\cos(x,\bar{y})]-\alpha E\Delta T$$

$$\sigma^{(1)}=0\mathrm{N/mm^2},\quad \sigma^{(2)}=21.76\mathrm{N/mm^2},\quad \sigma^{(3)}=-36.31\mathrm{N/mm^2},\quad \sigma^{(4)}=29.03\mathrm{N/mm^2}$$

例 11.3　图 11.4 为无限长平板，其宽度为 0.2m，热传导系数 $k=1\mathrm{W/(m\cdot℃)}$，左侧介质温度 $T_{1\infty}=100$℃，右侧介质温度 $T_{2\infty}=0$℃，介质对平板的换热系数 $h_c=20\mathrm{W/(m^2\cdot℃)}$，设该问题无内热源，且为一个稳定传热过程，用有限元法求该平板的温度分布。

解（1）结构离散化与编号。

在 y 方向取 $l=0.1\text{m}$ 高的截面，划分 4 个三角形单元，单元编号及结点编号如图 11.5 所示，结点和单元的信息如表 11.1 所示。

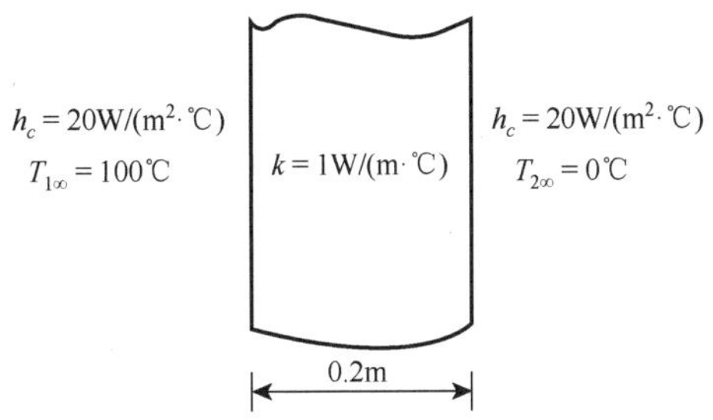

图 11.4　无限长平板

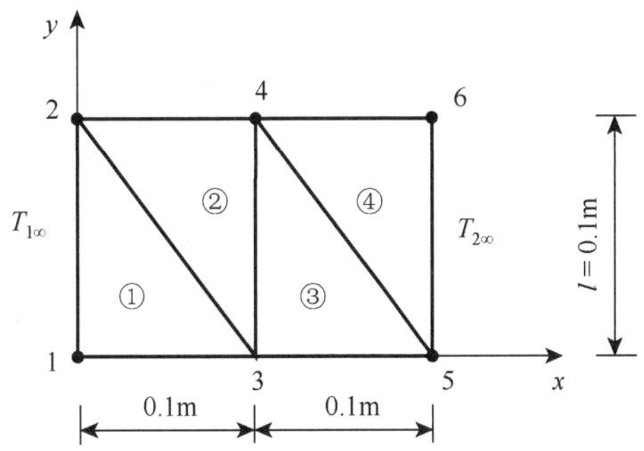

图 11.5　传热问题的单元划分及编号

表 11.1　单元编号及结点编号

单元编号	结点编号	单元编号	结点编号
①	3 2 1	③	5 4 3
②	2 3 4	④	4 5 6

结点温度列阵为

$$\boldsymbol{a}_T=[T_1\quad T_2\quad T_3\quad T_4\quad T_5\quad T_6]^{\mathrm{T}}$$

（2）各个单元描述。

注意：单元①的结点编号为 3、2、1；单元②的结点编号为 2、3、4；单元③的结点编号为 5、4、3；单元④的结点编号为 4、5、6。得到各单元传热矩阵为

$$\boldsymbol{K}_T^{(1)}=\begin{bmatrix}0.5 & 0 & -0.5\\ 0 & 0.167 & -0.167\\ -0.5 & -0.167 & 1.667\end{bmatrix},\quad \boldsymbol{K}_T^{(2)}=\begin{bmatrix}0.5 & 0 & -0.5\\ 0 & 0.5 & -0.5\\ -0.5 & -0.5 & 1.0\end{bmatrix}$$

$$\boldsymbol{K}_T^{(3)}=\begin{bmatrix}0.5 & 0 & -0.5\\ 0 & 0.5 & -0.5\\ -0.5 & -0.5 & 1.0\end{bmatrix},\quad \boldsymbol{K}_T^{(4)}=\begin{bmatrix}0.5 & 0 & -0.5\\ 0 & 0.167 & -0.167\\ -0.5 & -0.167 & 1.667\end{bmatrix}$$

各单元的结点等效温度载荷列阵为

$$\boldsymbol{F}_T^{(1)}=\frac{h_c l}{2}T_{1\infty}\begin{Bmatrix}0\\1\\1\end{Bmatrix}=\begin{Bmatrix}0\\100\\100\end{Bmatrix},\quad \boldsymbol{F}_T^{(2)}=\begin{Bmatrix}0\\0\\0\end{Bmatrix},\quad \boldsymbol{F}_T^{(3)}=\begin{Bmatrix}0\\0\\0\end{Bmatrix},\quad \boldsymbol{F}_T^{(4)}=\frac{h_c l T_{2\infty}}{2}\begin{Bmatrix}0\\1\\1\end{Bmatrix}=\begin{Bmatrix}0\\0\\0\end{Bmatrix}$$

（3）建立整体有限元方程：

$$\begin{bmatrix} 1.667 & -0.167 & -0.5 & 0 & 0 & 0 \\ -0.167 & 1.667 & 0 & -0.5 & 0 & 0 \\ -0.5 & 0 & 2 & -1 & -0.5 & 0 \\ 0 & -0.5 & -1 & 2 & 0 & -0.5 \\ 0 & 0 & -0.5 & 0 & 1.667 & -0.167 \\ 0 & 0 & 0 & -0.5 & -0.167 & 1.667 \end{bmatrix} \begin{bmatrix} T_1 \\ T_2 \\ T_3 \\ T_4 \\ T_5 \\ T_6 \end{bmatrix} = \begin{bmatrix} 100 \\ 100 \\ 0 \\ 0 \\ 0 \\ 0 \end{bmatrix}$$

（4）边界条件的处理及方程求解。

前面计算单元相关矩阵时已考虑，可直接对上式进行求解，得到

$$\boldsymbol{a}_T = [T_1 \quad T_2 \quad T_3 \quad T_4 \quad T_5 \quad T_6]^{\mathrm{T}} = [83.35 \quad 83.35 \quad 50 \quad 50 \quad 16.65 \quad 16.65]^{\mathrm{T}}℃ 。$$

11.4　本 章 小 结

本章介绍了结构稳态温度场、瞬态温度场和由温度变化引起的应力场的有限元法。在稳态热传导有限元法部分，从三维稳态热传导基本方程和边界条件出发，给出了能量泛函，通过单元温度插值函数推导了有限元热平衡方程，对热传导、热交换对热传导矩阵 $\boldsymbol{K}$ 的贡献机理进行了阐述，对热流、热交换和热源对温度载荷 $\boldsymbol{F}$ 的贡献进行了说明。在瞬态热传导有限元法部分，基于瞬态热传导方程和边界条件给出了等效积分形式，并由此推导了瞬态热传导温度的有限元方程，给出了求解瞬态热传导有限元方程的模态叠加法和直接积分法，讨论了直接积分法中数值解稳定的时间步长及相关参数的取值方法。在热应力有限元法部分，从温度变化引起的结构初应变出发，给出了引入温度应变的势能泛函，并基于该泛函给出了考虑热效应的有限元平衡方程。

11.5　习　　题

【习题 11.1】　导出稳态热传导问题的变分原理，并给出求解稳态温度场的有限元表达式。

【习题 11.2】　推导四边形四结点轴对称等参单元稳态热传导有限元公式，给出热传导矩阵和等效结点热载荷的数值积分表达式。

【习题 11.3】　二维稳态热传导方程为

$$\varphi(T) = \frac{\partial}{\partial x}\left(k\frac{\partial T}{\partial x}\right) + \frac{\partial}{\partial y}\left(k\frac{\partial T}{\partial y}\right) = 0 \quad (在\varOmega内)$$

边界条件为

$$\bar{\varphi}(T) = \begin{cases} T - \bar{T} = 0 & (在\varGamma_T上) \\ k\dfrac{\partial T}{\partial n} - \bar{q}_f = 0 & (在\varGamma_q上) \end{cases}$$

其中，T 为温度；k 为热传导系数；$\bar{T}$ 和 $\bar{q}_f$ 为边界上温度和热流的给定值；n 为边界的外法线方向。若近似解取 $\hat{T}(x,y) = \sum_{i=1}^{n} N_i q_i$ ，其中 q_i 为结点温度，并设 $\hat{T}(x,y)$ 已事先满足所

有边界条件，用加权残值法构造二维传热问题的有限元方程。

【习题 11.4】 习题 11.4 图为一长柱体的横截面，柱体的中心有一贯穿正方形孔。截面左边界温度 350℃，右边界温度 60℃。上下表面和方孔表面均为绝热边界，即热流密度 $q_n = 0$。柱体的热导率 κ 为 1W/(m·K)。该问题可简化为二维问题，用有限元法计算其温度场。

【习题 11.5】 求习题 11.5 图具有均匀能量产生的方形区域中的温度分布，设在 z 方向没有温度变化。$k = 300\text{W/(cm·℃)}$，$L = 10\text{cm}$，$T_\infty = 50℃$ 及 $Q = 100\text{W/cm}^2$。

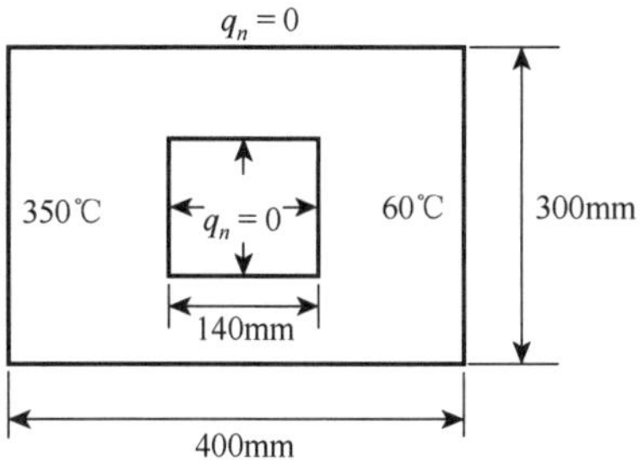

习题 11.4 图

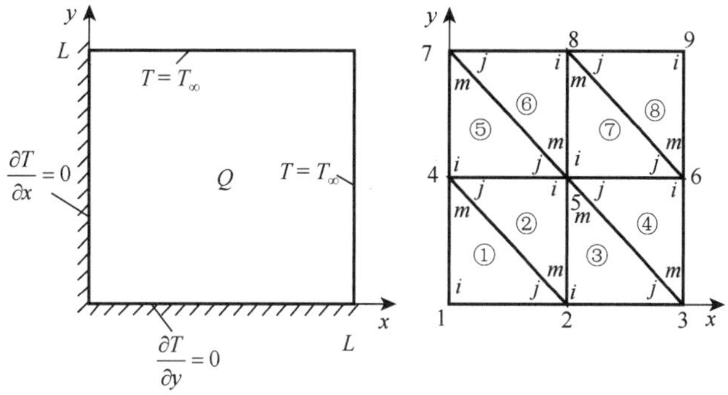

习题 11.5 图

【习题 11.6】 一维传热问题（习题 11.6 图）微分方程为

$$k\frac{\mathrm{d}^2 T}{\mathrm{d}x^2} + Q = 0$$

温度边界条件为

$$T(x=0) = T_0$$

表面上的热流量和对流条件为

$$k\frac{\mathrm{d}T}{\mathrm{d}x}n_x + \bar{h}_c(T - T_\infty) + \bar{q}_f = 0$$

散热片是一个一维热传导问题的例子，散热片的一端连接热源（温度已知），通过周围表面和端部向外界环境散热。并且 $Q = \bar{q}_f = 0$，用一个单元和两个单元分别求图示一维散热片的温度分布。

【习题 11.7】 如习题 11.7 图所示横截面面积 1m×1m 的物体。材料热导率 $k_0 = 15\text{W/(m·K)}$。上表面温度保持在 250℃，下表面温度保持在 50℃，另外两个面与外界存在热交换，其环境温度 T_a 为 25℃，传热系数 $k = 60\text{W/(m}^2\text{·K)}$。用有限元法计算其温度场。

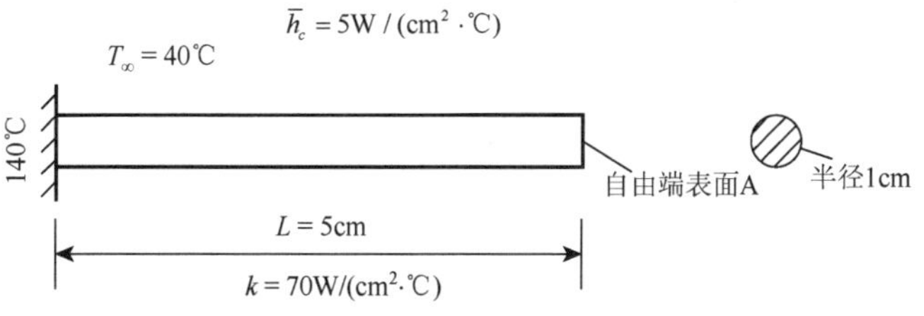

习题 11.6 图

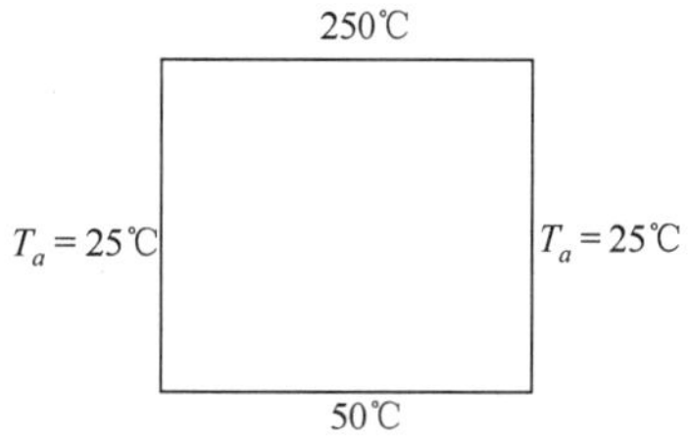

习题 11.7 图

【习题 11.8】 厚度为 15cm 的平面墙壁的初始温度分布为 $T(x, t = 0) = 500\sin(\pi x/L)$，其中 $x = 0$ 和 $x = L$ 表示墙壁的两个表面，每一表面的温度保持为零，且随时间增加时，墙壁接近于热平衡。当热扩散率 $\lambda = k/(\rho c_T) = 10\text{cm}^2/\text{h}$ 时，用有限元法分析墙壁中的温度分布随时间的变化。

【习题 11.9】 习题 11.9 图所示矩形物体横截面，宽度 5m，高度 1m。材料的热导率 $k = 10\text{W}/(\text{m}\cdot\text{K})$，密度 10kg/m^3，比热容 $c = 0.2\text{J}/(\text{kg}\cdot\text{K})$。矩形左右两边及上表面为绝热条件 $q(t)$，初始温度为 $T(t) = 0$，底边承受图示瞬态热流载荷 $q(t)$作用。用有限元法计算其温度场和热流场随时间的变化过程。

【习题 11.10】 习题 11.10 图长 l 的两端固定细杆，温度变化 ΔT，材料的热膨胀系数 α_T，用一个单元计算该细杆的热应力 σ 及热应变 ε_0。

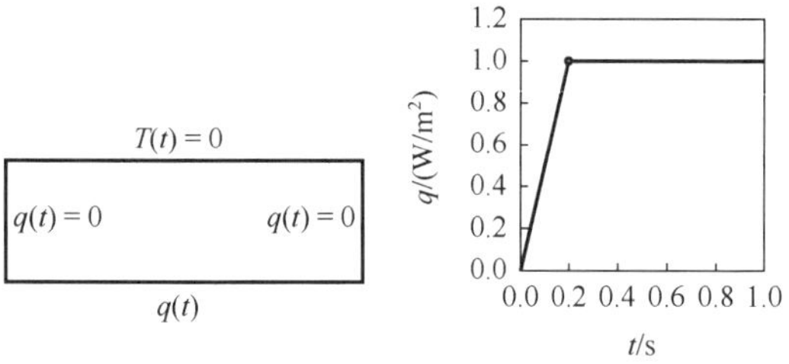

习题 11.9 图

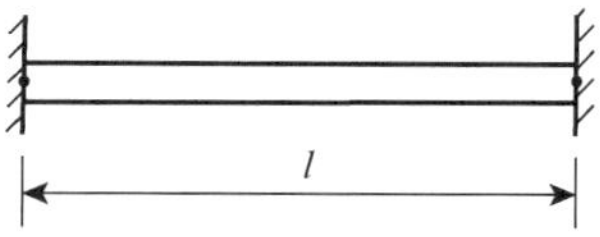

习题 11.10 图

【习题 11.11】 对于习题 11.11 图平面传热问题，若上端有给定的热流 $\bar{q}_f$，结构下端固定，并有确定的温度 T_0，周围介质温度为 T_f，换热系数为 $\bar{h}_c$。用有限元法分析其稳定温度场及热应力，并说明如何处理边界条件。

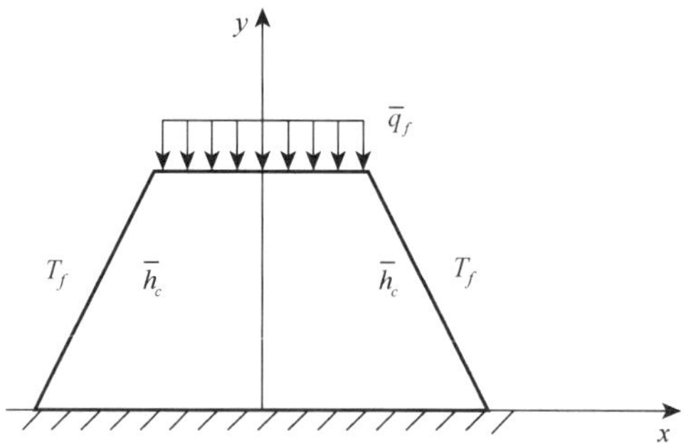

习题 11.11 图

习题解答

主要参考文献

杜廷松，沈艳军，覃太贵. 2006. 数值分析及实验[M]. 北京：科学出版社.

老大中. 2024. 变分法基础[M]. 4 版. 北京：国防工业出版社.

李世芸，肖正明. 2022. 弹性力学及有限元[M]. 北京：机械工业出版社.

梁清香. 2019. 有限元原理与程序可视化设计[M]. 北京：清华大学出版社.

林金木. 2003. 有限单元法变分原理与应用[M]. 长沙：湖南大学出版社.

钱伟长. 1980. 变分法及有限元：上册[M]. 北京：科学出版社.

王光钦，丁桂宝，杨杰. 2004. 弹性力学[M]. 2 版. 北京：清华大学出版社.

王焕定，王伟. 2003. 有限单元法教程[M]. 哈尔滨：哈尔滨工业大学出版社.

王勖成. 2003. 有限单元法[M]. 北京：清华大学出版社.

薛守义. 2005. 有限单元法[M]. 北京：中国建材工业出版社.

严波. 2022. 有限单元法基础[M]. 北京：高等教育出版社.

尹飞鸿. 2018. 有限元法基本原理及应用[M]. 2 版. 北京：高等教育出版社.

张雄. 2023. 有限元法基础[M]. 北京：高等教育出版社.

张雄，王天舒. 2007. 计算动力学[M]. 北京：清华大学出版社.

曾攀. 2004. 有限元分析及应用[M]. 北京：清华大学出版社.

赵经文，王宏钰. 2001. 结构有限元分析[M]. 2 版. 北京：科学出版社.

朱伯芳. 1998. 有限单元法原理与应用[M]. 2 版. 北京：中国水利水电出版社.

钱德拉佩特拉，贝莱冈度. 2015. 工程中的有限元方法：原书第 4 版[M]. 曾攀，雷丽萍，译. 北京：机械工业出版社.

Bathe K J. 2014. Finite Element Procedures[M]. 2nd ed. New York：Prentice Hall.

Clough R W. 1960. The finite element method in plane stress analysis[C]. Proceedings of the 2nd Conference on Electronic Computation.

Courant R. 2012. Variational methods for the solution of problems of equilibrium and vibrations[J]. Bulletin of the American Mathematical Society，49（1）：1-23.

Fried I，Malkus D S. 1975. Finite element mass matrix lumping by numerical integration with no convergence rate loss[J]. International Journal of Solids and Structures，11（4）：461-466.

Hinton E，Rock T，Zienkiewicz O C. 1976. A note on mass lumping and related processes in the finite element method[J]. Earthquake Engineering & Structural Dynamics，4（3）：245-249.

Oden J T. 1972. Finite Element for Nonlinear Continua[M]. New York：McGraw-Hill.

Taylor R L，Beresford P J，Wilson E L. 1976. A non-conforming element for stress analysis[J]. International Journal for Numerical Methods in Engineering，10（6）：1211-1219.

Turner M J，Clough R W，Martin H C，et al. 1956. Stiffness and deflection analysis of complex structures[J]. Journal of the Aeronautical Sciences，23（9）：805-823.

Wilson E L，Taylor R L，Doherty W P，et al. 1973. Incompatible Displacement Models[M]. Amsterdam：Elsevier.

Zienkiewicz O C，Cheung Y K. 1967. The Finite Element Method in Structural and Continuum Mechanics[M]. London：McGraw-Hill.

Zienkiewicz O C，Taylor R L，Zhu J Z. 2008. Finite Element Method：Its Basis & Fundamentals[M]. 6th ed. Singapore：Elsevier Pte Ltd.